일러스트
공룡
대백과

Dinopedia

G. Masukawa 지음
쓰쿠노스케 그림
김효진 옮김

다 큰 어른들이 진지한 얼굴로 공룡과 마주하며, 때로는 좌절과 고통을 맛보면서
도 여전히 공룡에게서 벗어날 수 없는 그런 세계에서 살고 있다.

세상에는 다양한 직업이 있다. 공룡을 연구하며 박물관이나 대학교에서 월급을
받으며 사는 사람이 있는가 하면, 나처럼 그런 기관의 의뢰를 받아 공룡을 복원하며
생계를 이어가는 사람도 소수지만 존재한다.

'공룡'이라는 콘텐츠는 종종 대중성이 강조되어 이야기되고, 때로는 괴수나 다름
없는 취급을 받으며 미디어를 떠들썩하게 장식하기도 한다. 하지만 다 큰 어른들이
매일 진지한 얼굴로 화석을 들여다보며 연구에 매진하는 것 역시 공룡이다. 텔레비
전에 나온 공룡을 보며 아이들이 눈을 반짝이며 빠져들 때, 공룡 전문가들은 때로는
머리를 싸매고, 때로는 연구실 바닥을 구르며 괴로워하면서도 도망치지 않고 공룡
에 맞서고 있는 것이다.

아득히 오래전에 멸종한 공룡들의 모습은 화석으로밖에 확인할 길이 없다. 화석
이야말로 공룡의 '진짜 모습'을 담고 있는 만큼, 공룡이 살아 있던 당시의 모습에 다
가가는 방법은 한 가지뿐이다. 화석을 통해 공룡의 모습을 그려내는 과정, 즉 공룡
연구의 세계를 아는 것이다.

공룡 연구의 세계를 아는 것과 공룡 연구자가 되는 것은 전혀 다른 문제이다. 그
러나 그저 돌덩이처럼 보이는 화석에서 공룡의 모습을 그려내는 방법이나 연구자
들이 책상 앞에 앉아 공룡과 씨름하는 모습을 조금이라도 알게 된다면, 우리의 삶은
조금 더 흥미로워질 수 있다.

공룡 연구는 '고생물학'의 한 분야이다. 고생물학은 다양한 학문 분야에 걸쳐 있으
며, 공룡 연구 역시 그런 면이 강하다. 일상생활에서는 본 적도, 들어본 적도 없는
용어들이 난무하는 공룡 연구의 세계는 그 자체로 굉장히 매력적이다.

이 책에서는 그런 공룡 세계에서 일상적으로 오가는 용어들을 석사 편, 박사 편,
번외 편으로 단계를 나누어 해설한다.

나는 공룡을 좋아한다. 공룡을 좋아하다 보니 여기까지 온 것은 분명하지만, 왜

공룡을 좋아하는지는 잘 모르겠다. 이 책을 집필하는 과정은, 내가 왜 공룡을 좋아하는지 그 이유를 스스로 발굴해내고 그것을 언어화하는 작업이기도 했다. 그러나 발굴은 실패로 끝났고, 결국 내가 공룡을 좋아하는 이유는 여전히 알 수 없는 채로 남아 있다. 다만 '공룡의 어떤 점이 좋은가?'라는 질문에 대한 답은 찾아낼 수 있었던 것 같다.

공룡과 화석의 매력을 이 책 한 권에 모두 담아내기란 쉬운 일이 아니다. 무엇보다 나 한 사람의 힘으로는 도저히 불가능한 이야기이다. 이 책의 내용은 철저히 내가 생각하는 '공룡의 이런 점이 좋다'는 부분에 치우쳐 있다. 공룡 이외에 화석에 대한 이야기가 많다고 느꼈다면 그것 역시 내가 '좋아하는' 마음의 표현일 것이다. 이 책에 담지 못한 부분일지라도 각자 자기만의 '좋아하는' 것을 찾을 수 있다면 더할 나위 없이 기쁠 것이다.

이 책을 집필하는 과정에서 학창시절에 사 모았던 책들과 대학에서 공부할 때 본 참고서들이 큰 도움이 되었다. 한 살도 채 되지 않은 나를 박물관에 데려가고, 미래에 대한 뚜렷한 전망도 없이 공룡만 보고 달려온 나를 말리는 대신 그저 믿고 지켜봐준 가족과 친척들에게는 말로 다 할 수 없는 감사를 전한다. 그리고 지금까지 만나온 모든 선배들—돌덩이와 땅을 상대로 악전고투하면서도 눈부신 시선으로 그것들을 바라보던 연구자, 학생, 아티스트, 박물관 관계자 여러분들에게도 이 자리를 빌려 감사하는 마음을 전하고 싶다.

마지막으로, 나의 무리한 요청도 너그럽게 이해해주고 재미있는 일러스트로 이 책을 장식해준 쓰쿠노스케 씨, 끊임없이 나의 이야기에 귀 기울여준 편집자 후지모토 준코(藤本淳子) 씨, 마쓰시타 다이키(松下大樹) 씨에게도 깊이 감사드린다. 앞으로도 좋은 인연을 이어갈 수 있기를 진심으로 바란다.

G. Masukawa

Contents

Introduction

Chapter 1

석사 편

Chapter 2

박사 편

Chapter 3

번외 편

공룡은 어떤 동물일까?

공룡은 어떤 생물일까? 당신이 떠올리는 공룡은 거대한 괴수와 같은 모습일지도 모른다. 지금
으로부터 약 2억 3000만 년 전, 삼첩기 후기에 출현해 약 6604만 년 전 백악기 말까지, 1억
6000만 년 이상에 걸쳐 육상에서 크게 번성한 동물의 거대한 그룹이 바로 공룡이다. 그리고 그 공
룡의 후손이 오늘날에도 번성을 이어가고 있다. 우리가 새라고 부르는 것들이다.

::: 공룡의 다양성

19세기 이후, 세계 각지의 지층(→p.106)에서 놀랄 만큼 다양한 모습의 공룡 화석들이 발견되고 있다. 19세기부터 '공룡＝몸집이 큰 파충류'라는 이미지가 뿌리 깊게 자리 잡았지만 사실 공룡은 몸집과 체형이 다양하며 크고 작은 온갖 비늘로 몸을 덮고 있는 것부터 울퉁불퉁한 가시로 온몸을 감싸거나 여기저기 체모와 같은 깃털이 난 것도 있었다고 한다. 우리가 쉽게 떠올리는 공룡의 형상부터 도저히 공룡이라고 보기 어려운 외형까지, 공룡의 세계는 결코 질리지 않는다.

:: 새는 공룡일까?

'새는 공룡이다'라는 말이 있다. 조류가 공룡의 한 그룹에서 갈라져 나왔다는 주장은 확실시되고 있다.

생물을 대략적으로 분류할 때, 전통적이고 일반적인 방식은 생김새를 기준으로 한 개념을 바탕으로 한다. 그러나 생물의 진화를 다룰 때는 진화의 흐름(계통 관계)을 반영한 개념인 계통 분류를 사용한다.

계통 분류는 진화의 흐름을 나무에 비유한 계통수(系統樹)로 표현하고, 계통수의 가지 단위로 분류 그룹을 나누는 방식이다. 전통적인 분류에서 '어류'나 '파충류'는 여러

큰 가지의 집합체로 양서류, 포유류, 조류는 각각 하나의 큰 가지로 구성된다. 또한 조류라는 가지는 공룡이라는 큰 가지에서 갈라져 나온 것이다.

'새는 공룡이다'라는 말은 이런 계통 분류의 개념을 반영한 것이다. 조류를 공룡의 한 그룹으로 취급할 경우, 일반적으로 공룡이라고 부르는 생물(새가 아닌 공룡)은 '비조류 공룡'이라고 표현한다. 물론, 비조류 공룡을 단순히 공룡이라 부르며 조류와 구분하는 것도 가능하다. 이 책에서는 특별한 언급이 없는 경우, 비조류 공룡을 단순히 공룡이라고 부르기로 한다.

척추동물의 계통수 예시

	전통적인 분류	계통 분류
		연골 어류
		조기류
	어류	실러캔스류
		폐어류
	양서류	양서류
	포유류	단궁류
		인룡형류
	파충류	위악류
		익룡류
		공룡류
	조류	

공룡의 구조

조류를 제외하면, 지금의 우리는 화석이 된 모습으로밖에 공룡을 볼 수 없다. 화석이 되는 것은 대부분 뼈뿐이며, 그마저도 전신의 뼈가 고스란히 화석이 되는 일은 매우 드물다. 그럼에도 200년에 걸친 고생물학의 역사 속에서 인류는 공룡이 살았던 당시의 모습에 조금씩 가까이 다가가고 있다. 지금까지의 연구로 밝혀진 공룡의 몸 구조를 살펴보자.

:: 공룡의 골격

공룡은 2족 보행을 하는 종류, 4족 보행을 하는 종류 그리고 2족 보행과 4족 보행의 전환이 가능했던 종류가 있다. 공룡도 저마다 골격의 형태가 다양하지만, 단순하고 튼튼한 구조의 사지는 모든 공룡에서 공통적으로 볼 수 있는 특징으로, 이는 조류도 마찬가지이다. 또 뼈 내부가 비어 있는 구조를 가진 종류도 꽤 많다.

공룡의 화석은 대부분 이빨이나 뼈만 남은 경우가 많기 때문에 공룡 연구는 주로 골격 화석을 중심으로 이루어진다. 골격은 복원(→p.134)에도 중요한 단서가 된다. 발견된 화석이 많지 않아 골격의 구조가 거의 알려지지 않은 공룡도 상당히 많다.

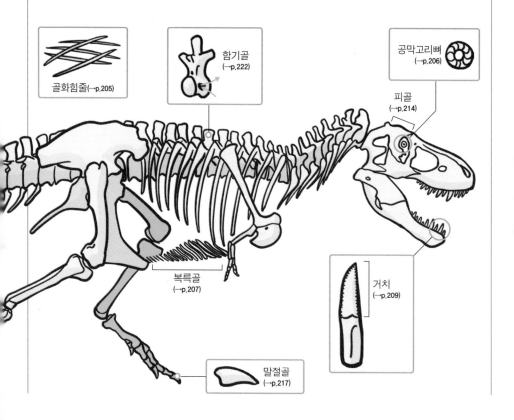

골화힘줄(→p.205)

함기골
(→p.222)

공막고리뼈
(→p.206)

피골
(→p.214)

복륵골
(→p.207)

거치
(→p.209)

말절골
(→p.217)

⁑ 공룡의 연조직

뼈나 이빨과 같이 단단한 '경조직'과 달리 근육, 내장, 피부, 비늘, 털과 같은 부드러운 조직을 '연조직'이라고 한다. 연조직은 경조직에 비해 분해되기 쉬워 화석화 과정에서 소실되는 경우가 많다. 그런 이유로 공룡의 화석은 대부분 뼈나 이빨과 같은 경조직이 많다.

하지만 예외적인 조건 아래 연조직이 그대로 화석화되는 경우가 있다. 또 연조직의 형태가 주변 흙에 찍혀 있거나 연조직에 포함된 쉽게 분해되지 않는 물질이 화석으로 남아 있을 때도 있다.

간혹 연조직을 감싸고 있던 경조직이 화석화된 경우, 연조직의 형상을 복원하는 것도 가능하다. 공룡 화석 중에는 피부가 어느 정도 입체적인 형상을 유지한 채 화석화된 '미라 화석(→p.162)'도 존재한다.

이런 작은 단서들을 이용해 공룡의 연조직에 관한 연구도 활발히 이루어지고 있다. 공룡의 모습을 더욱 정확하게 복원하는 실마리가 될 뿐 아니라 공룡의 생태에 대해서도 중요한 단서가 될 정보를 얻을 수 있는 것이다.

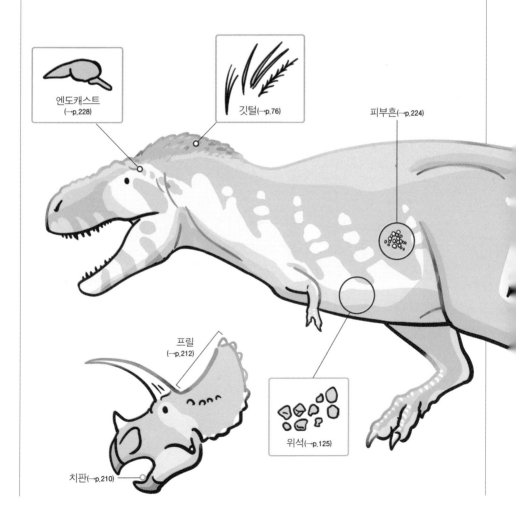

엔도캐스트
(→p.228)

깃털(→p.76)

피부흔(→p.224)

프릴
(→p.212)

위석(→p.125)

치판(→p.210)

공룡의 분류

공룡은 1억 6000만 년이 넘는 긴 세월 동안 번성한 동물인 만큼 그 그룹도 무척 다양하다. 현생 생물과 달리 연조직의 형태나 유전 정보를 바탕으로 분류할 수 없기 때문에 골격의 형태를 바탕으로 계통 분류 방식을 이용한다. 공룡의 주요 분류 그룹에 대해 살펴보자

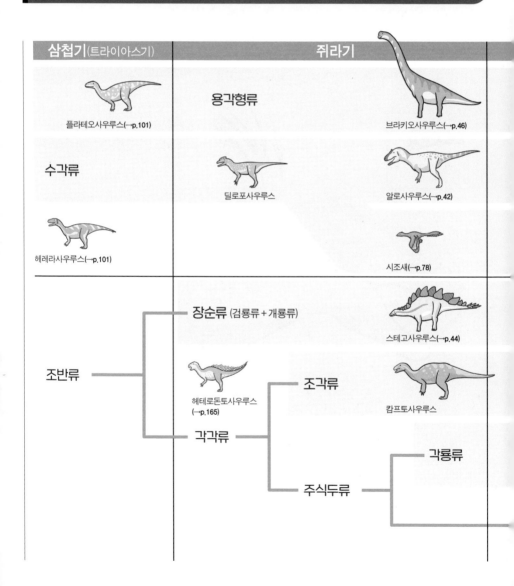

삼첩기(트라이아스기)　　　**쥐라기**

용각형류
플라테오사우루스(→p.101)　　　브라키오사우루스(→p.46)

수각류
딜로포사우루스　　　알로사우루스(→p.42)

헤레라사우루스(→p.101)　　　시조새(→p.78)

장순류 (검룡류 + 개룡류)
스테고사우루스(→p.44)

조반류
헤테로돈토사우루스(→p.165)
조각류
캄프토사우루스

각각류

주식두류

각룡류

:: 공룡의 대분류

공룡의 주요 그룹은 아래 그림과 같이 나뉘며, 조류는 수각류에서 갈라져 나온 것으로 알려져 있다. 전통적인 가설에서는 용각형류와 수각류를 묶어 '용반류'로 분류했지만, 수각류가 용각형류보다 조반류와 더 가깝다는 가설이 제기되며 수각류와 조반류를 묶어 '조후각목'(→p.152)으로 분류하는 의견도 있다.

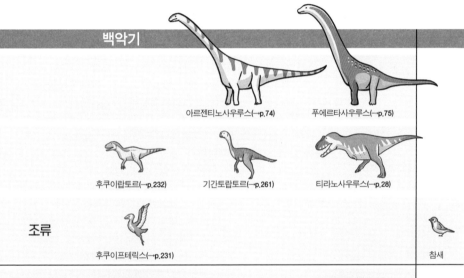

백악기

아르젠티노사우루스(→p.74) 푸에르타사우루스(→p.75)

후쿠이랍토르(→p.232) 기간토랍토르(→p.261) 티라노사우루스(→p.28)

조류

후쿠이프테릭스(→p.231)

참새

보레알로펠타(→p.109) 안킬로사우루스(→p.62)

이구아노돈(→p.34) 파라사우롤로푸스(→p.37)

프시타코사우루스(→p.77) 트리케라톱스(→p.30)

견두룡류

파키케팔로사우루스(→p.64)

공룡이 살았던 시대

공룡이 살았던 시대는 아득히 먼 옛날, 약 2억 3000만 년 전부터 약 6604만 년 전까지의 기간이다. 공룡의 멸종 이후 현재까지의 기간보다 공룡이 번성했던 기간이 훨씬 더 길었던 것이다.
지구의 역사는 다양한 환경 변동과 그로 말미암은 생물의 영고성쇠에 따라 주요한 시대를 구분한다. 공룡이 살았던 시대가 바로 중생대이다.

∷ 공룡 시대와 중생대

지구의 역사는 생물이 크게 번성한 결과로서 화석이 풍부하게 발견되는 시대와 그 이전 시대로 나뉜다. 전자는 '현생대'라고 불리며, 현생대는 오래된 순서대로 고생대, 중생대, 신생대로 구분된다. 공룡이 번성했던 중생대는 다시 오래된 순서대로 삼첩기(→p.100), 쥐라기(→p.102), 백악기(→p.104)로 구분된다.

중생대는 약 2억 5190만 년 전에 시작되어, 약 6604만 년 전 공룡의 멸종과 함께 막을 내렸다. '최초의 공룡'이 출현한 시기는 분명치 않지만, 아마도 삼첩기 중기(약 2억 4000만 년 전 무렵?)로 추정된다. 즉, 공룡은 약 1억 7000만 년 이상 번성했으며 그 후손인 조류는 오늘날에 이르기까지 신생대 내내 그 명맥을 이어온 것이다.

중생대를 구분하는 세 '기(紀)'는 그 길이가 균등하지 않다. 세 '기'는 다시 '세(世, 중생대의 경우는 단순히 전기·중기·후기)'로 나뉘며 '세'는 다시 '기(期, 여기서는 생략)'로 세분된다. 공룡 도감 등에서는 예컨대, 티라노사우루스(→p.28)의 생존 시기를 단순히 '백악기 후기'로만 표기하는 경우가 많다. 하지만 실제 티라노사우루스가 서식하던 시대는 백악기 후기 최후의 '기'인 마스트리히티안 후반으로, 백악기 후기 전체에 걸쳐 생존했던 것은 아니다.

연대 구분은 다양한 사건이 일어난 시기를 바탕으로 한다. 다만, 그것이 구체적으로 몇 년 전(절대 연대)의 사건이었는지는 어디까지나 추정치이며, 연구의 진전과 함께 갱신된다. 이 책에는 최신 추정치(2020년 발표)를 반영했지만 향후 수년 사이에 또다시 갱신될 것이다.

절대 연대는 오차를 포함한 수치로, 보통 100만 년 단위(Ma)로 표기된다(약 6604만 년 전→66.04Ma). 반올림할 때는 주의가 필요하다.

중생대의 국제 연대층서표

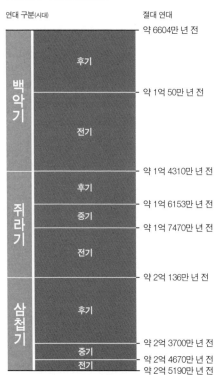

연대 구분(시대)

절대 연대

백악기	후기	약 6604만 년 전
		약 1억 50만 년 전
	전기	
		약 1억 4310만 년 전
쥐라기	후기	약 1억 6153만 년 전
	중기	약 1억 7470만 년 전
	전기	
		약 2억 136만 년 전
삼첩기	후기	
		약 2억 3700만 년 전
	중기	약 2억 4670만 년 전
	전기	약 2억 5190만 년 전

공룡은 왜 멸종했을까

지금으로부터 약 6604만 년 전, 최후의 공룡 한 마리가 땅에 쓰러져 숨을 거두면서 중생대가 막을 내렸다. 공룡은 조류만을 남겨두고 백악기 말에 멸종하고 말았다. 새롭게 막을 연 신생대에는 포유류들이 육상 생태계를 지배하는 존재가 되었다. 1억 6000만 년 넘게 지구상에서 번영을 누린 공룡들은 왜 멸종한 것일까?

::: 공룡 멸종의 수수께끼

삼첩기 후기부터 백악기 말에 이르는 기간 동안 다양한 공룡들이 영고성쇠를 거듭했다. 1억 6000만 년이 넘는 '공룡 시대'에 다양한 공룡 종이 번영과 절멸을 반복했으며 그중에는 검룡류와 같이 백악기 전기에 사라진 큰 무리도 있었다. 하지만 공룡류 전체의 번영은 계속되었으며 백악기 말까지 그 기세는 멈추지 않았다. 그런 공룡이 왜 조류 이외에는 모두 백악기 말에 멸종하고 만 것일까? 공룡의 멸종 원인을 밝히는 데 중요한 단서를 제공하는 것은 백악기 말에 멸종한 생물 그룹이 공룡만은 아니라는 사실이다. 육상에서는 공룡 이외에 익룡(→p.80)이 있었으며, 바다에서는 수장룡(→p.86), 모사사우루스류(→p.92), 암모나이트(→p.114) 그리고 다양한 플랑크톤이 백악기 말에 멸종했다. 조류나 포유류도 백악기에 번성한 종 대부분이 공룡과 같은 시기에 멸종했다. 이것이 우연일 리는 없다.

'공룡 멸종'은 백악기 말에 일어난 대량 멸종의 극히 일부일 뿐이다. 과연 무슨 이유로 백악기 말에 대량 멸종이 일어나 지구의 생태계가 격변하게 되었을까?

::: 공룡 멸종의 원인

공룡이 멸종한 원인에 대한 다양한 설이 제기되었다. 수긍이 가는 의견이 있는가 하면 '터무니없는' 가설까지 난무하는 혼란한 상황이었다.

20세기 중반 무렵까지 비교적 많은 지지를 받았던 것이 '계통으로서의 노화' 설이다. 생물의 계통에는 수명이 존재하며 오랜 세월 동안 번성한 공룡은 백악기 말에 계통으로서의 수명을 다했다는 것이다. 백악기 후기 후반에 번성한 조반류는 대부분 머리 주변에 독특한 장식이 있었는데 이런 '이상한 특징'이 계통으로서의 수명이 다한 것을 보여준다는 것이었다. 공룡 이외에도 백악기 후기 '이상돌기'라고 불리는 암모나이트가 번성한 것이 알려졌는데, 이것도 암모나이트라는 계통의 수명을 보여주는 것이라고 해석되었다.

지금은 '계통으로서의 노화'가 터무니없는 개념이지만 애초에 공룡의 멸종은 백악기 말 대량 멸종의 일부에 불과했다. '공룡의 멸종 원인'은 공룡 이외의 생물이 멸종한 이유까지 설명해야 한다. 공룡을 비롯한 지구상의 다양한 생물의 대량 멸종을 초래한 원인은 지구 규모의 환경 변동 이외에는 설명할 수 없는 것이다.

20세기 후반이 되면 이런 관점에서 연구가 진행되면서 '운석 충돌설'과 '화산 분화설'이 지지를 받았다. 운석 충돌설은 칙술루브 충돌구(→p.194), 화산 분화설은 데칸 트랩(→p.196)이라는 강력한 물적 증거가 있었기 때문에 어느 쪽이 대량 멸종의 주된 원인인지는 최근까지도 논의가 계속되었다. 현재는 거대 운석 충돌에 의한 급격한 환경 변동이 대량 멸종의 원인이었을 것으로 보는 견해가 압도적이다.

이것도 공룡?

공룡(비조류 공룡)은 무척 다양한 그룹이 존재하지만 조류를 포함해 하나의 조상에서 갈라져 나온 그룹이기도 하다. 몸집이 크거나 더 오랜 시대에 살았다고 해서 전부 공룡인 것은 아니다. 이번에는 종종 공룡과 혼동하기 쉬운 다른 그룹의 동물들에 대해 살펴보자.

▓ 익룡(→p.80)

'하늘을 나는 공룡'으로 소개되곤 하는 익룡은 실제 공룡과 유연관계가 깊은 그룹으로, 공룡과 같은 중생대에 크게 번성했다. 다만, 어디까지나 공룡과는 다른 그룹에 속한다. 익룡과 공룡·조류를 포함한 큰 그룹을 '조경류(Ornithodira)'라고 부른다.

▓ 디메트로돈(→p.96)

공룡처럼 생겼지만 포유류(→p.98)에 속하는 '단궁류'(→p.94)라는 큰 그룹의 일원으로, 공룡과는 전혀 별개의 계통이다. 중생대 이전에 최상위 포식자로서 번성했다.

▓ 수장룡·어룡·모사사우루스류
(→p.86~93)

과거에는 '바다의 공룡', 최근에는 '해룡'으로 뭉뚱그려 소개되기도 하는 이들 해양 파충류는 저마다 다른 그룹에 속한다. 공룡이나 익룡은 물론이고 악어나 거북과도 상당히 멀고 굳이 따지자면 도마뱀이나 뱀에 더 가깝다. 모사사우루스류는 뱀의 조상과 비교적 근연인 것으로 추정된다.

공룡과 함께 살았던 생물

중생대 지구에서 공룡과 함께 살았던 생물은 익룡, 수장룡, 어룡, 모사사우루스류만이 아니다. 중생대는 오늘날에도 명맥을 잇고 있는 다양한 동물이 출현한 시대이자 포유류가 출현하고 다양화된 시대이기도 하다. 식물 역시 지금도 흔히 볼 수 있는 속씨식물이 출현해 전 세계로 퍼져나 갔다. 이런 고생물 연구도 왕성히 이루어지고 있다.

▓ 중생대의 생물

'공룡 시대'는 삼첩기 후기부터 백악기 말까지 중생대의 대부분에 해당한다. 중생대는 고생대에 번영한 생물 그룹이 신생대에 번성하는 그룹과 교체되는 시대로도 볼 수 있는데, 신생대에 크게 번성한 다양한 그룹이 처음으로 출현한 시기이기도 하다. 그러다 보니 삼첩기 후기와 백악기 말 중생대 생물들의 면면이 상당히 다르다. 삼첩기와 쥐라기에는 낯선 형태의 동식물이 다수 존재하는 한편, 백악기가 되면 지금도 낯설지 않은 다양한 동식물 그룹이 출현한다.

중생대에 크게 번성했지만 공룡과 함께 멸종한 파충류 그룹으로는 익룡(→p.80), 수장룡(→p.86), 모사사우루스류(→p.92)가 유명하다. 어룡(→p.90)은 삼첩기부터 쥐라기에 걸쳐 번성했으나 백악기 중반 무렵에 멸망했다. 암모나이트(→p.114)와 이노케라무스(→p.115) 같은 연체동물도 중생대 바다에서 크게 번성했으나 백악기 말에 멸종했다.

한편, 백악기 말의 대량 멸종에서 살아남아 오늘날까지 간신히 그 명맥을 유지하고 있는 그룹도 있다. '살아있는 화석'(→p.116)이라고도 불리는 이런 생물들 중에는 가로수로도 널리 쓰이는 은행나무, 앵무조개, 실러캔스(→p.117) 등의 동물이 잘 알려져 있다.

▓ 무척추동물

중생대는 현대적인 외형의 무척추동물이 다수 출현한 시대이다. 바다에서는 게와 같이 조개를 먹는 갑각류가 출현하면서 이들 간의 '중생대 해양 혁명'이라고 불리는 격렬한 군확(軍擴) 경쟁이 시작되었다. 육상에서는 곤충이 번성했으며 현생 종으로 이어지는 일대 그룹이 잇따라 출현했다. 속씨식물이 다양화된 백악기 후기가 되면 오늘날에도 흔히 볼 수 있는 꽃을 이용하는 곤충이 다양화되었다.

▓ 포유류(→p.98)

단궁류(→p.94)는 고생대 페름기에 크게 번성했으나 페름기 말의 대량 멸종으로 사라졌다. 일부 살아남은 단궁류의 하나가 포유류로, 쥐라기·백악기에 다양화되었다.

에우보스트리코케라스
(백악기 후기의 암모나이트)

사사야마밀로스
(백악기 전기의 진수류)

화석이란 무엇일까?

현생 조류를 제외한 공룡은 오늘날 화석으로만 남아 있다. 화석은 대부분 차가운 돌덩어리에 불과하지만 그것이야말로 공룡의 '본모습'이라고도 할 수 있다. 고생물학자들은 그런 화석을 연구하며 공룡을 비롯한 고생물들에 관한 다양한 사실을 해명하고자 노력하고 있다. 과연 화석이란 무엇일까?

∷ 화석의 정의

화석이란, 지질 시대(지구가 형성된 이후부터 현재까지의 시대) 생물의 유해 및 생활 흔적이 퇴적물 안에 보존되어 있는 것을 말한다. 족적(→p.120)이나 배설물(→p.124)은 생물이 활동한 흔적으로, 생물의 유해는 아니지만 화석으로 취급한다.

수만 년 전이라는 (지질학적으로는) 매우 새로운 시대의 화석의 경우, 본래의 조직의 성질이 상당 부분 남아 있기도 하다. 이런 화석은 '준화석' 또는 '반화석'이라고도 부른다. 또 얼어 있는 매머드도 (실질적으로는 냉동육이

지만) 화석으로 취급한다. 호박(→p.198) 안에 든 벌레와 같이 천연 수지에 둘러싸여 보존된 경우도 화석이다.

유적에서 발견된 인골이나 동물의 사체 또는 패총 등 인위적인 영향을 받은 유해는 화석으로 보지 않는다. 이런 유해는 고생물학이 아닌 고고학(→p.274)에서 다루는데 연구 방식은 크게 다르지 않다.

지구상에서 일어난 다양한 생명 활동뿐 아니라 자연 현상의 흔적도 지층이나 암석으로 보존된다. 자연 현상의 흔적은 화석이라고 부르지 않지만 '지구의 화석'이라고 보는 것도 흥미로운 관점일 수 있다.

생흔화석(→p.118) 족적 등 생물의 생활 흔적이 퇴적물 안에 보존되어 있는 것을 말한다.

족적 화석

분화석(糞化石)

두개골 화석

피부흔
(→p.224)

체화석 생물의 유해가 그대로 화석화된 것이 체화석이다. 근육이나 피부와 같은 연조직이 화석화되는 일은 매우 드물지만 라거슈테텐(→p.172)이라고 불리는 특수한 화석 산지에서 대량 산출되기도 한다.

인상(→p.226) 원래 생물의 형태가 퇴적물에 찍혀 있는 것을 인상(인상화석)이라고 한다. 공룡의 비늘 형태와 같이 체화석으로는 보존되기 힘든 것들이 인상으로 남아 있는 경우가 있다.

공룡의 화석은 어떻게 만들어졌을까?

도시든 시골이든 우리 주변에는 다양한 생물들로 넘쳐난다. 하지만 그런 생물들의 유해가 지표를 뒤덮는 일은 일어나지 않는다. 지표에 방치된 유해는 순식간에 다른 생물의 먹이가 되어 사라지고 껍데기나 뼈조차 분해되어버린다. 지표는 유해를 보존하기에는 적합지 않은 환경이다. 유해가 화석화되려면 어떻게든 지표를 벗어날 필요가 있다.

▪▪ 화석이 만들어지는 과정

화석이 만들어지는 과정은 다양하지만 크게 나눠 생물의 유해·흔적이 퇴적물에 매몰되기까지의 과정과 지층 안에서 생물의 유해·흔적이 '속성 작용'으로 변질되는 과정이 있다. 이런 과정을 연구하는 것을 '타포노미'(→p.158)라고 부른다. 또 화석화된 유해·흔적이 지표에 드러나기까지의 과정도 중요하다.

생물이 화석화되려면 우선, 유해가 완전히 분해되기 전에 매몰되는 행운이 필요하다. 동물의 유해는 사후, 퇴적물에 매몰되기까지 어느 정도의 시간이 걸리는 경우가 많으며 썩은 고기를 먹는 동물들에 의해 뼈에 이빨 자국이 남거나(생흔화석, →p.118) '데스 포즈'(→p.258)라고 불리는 기묘한 자세를 취하고 있는 경우도 있다.

퇴적물에 매몰된 유해는 지하수가 침투하면서 그 안에 든 광물질이 세포 내부나 틈새에 침착된다. '광화'라고 불리는 이런 작용 때문에 생물의 유해는 원래의 미세한

단백질 구조나 성분이 남아 있는 상태로 돌처럼 변질된다. 지층이 쌓일수록 더 깊은 지하로 내려가게 되는 유해는 높은 압력과 열로 말미암아 계속해서 변질된다. 원래의 형상에서 크게 변형되기도 한다. 이런 일련의 과정이 속성작용이다.

산의 경사면이나 작은 섬에서는 침식만 진행되고 토사가 퇴적되지 않아 생물의 유해가 매몰되기 어렵다. 이런 장소의 생물은 본래 화석화되기 힘들다.

오늘날 알려진 공룡 대부분은 큰 강 주변이나 바닷가와 같이 화석화가 일어나기 쉬운 퇴적 환경 근처에서 살았던 듯하다. 화석은 태곳적 살았던 생물에 대해 알 수 있는 거의 유일한 수단이지만 화석이라는 작고 흐릿한 창을 통해 엿볼 수 있는 것은 그 세계의 극히 일부에 불과하다.

❶ 유해가 매몰된다.

❷ 지층 내에서 속성작용이 일어난다.

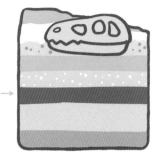

❸ 화석이 지표로 드러난다.

공룡의 연구

고생물학자는 고생물을 연구한다. 그리고 고생물 연구에는 반드시 발굴된 화석이 필요하다. 세심한 주의를 기울여 발굴된 화석은 박물관으로 보내지고 그곳에서 고생물학의 연구 자료—표본으로 다듬어진다. 공룡을 연구하는 고생물학자들은 가능한 모든 연구 방법을 동원해 표본화된 공룡 화석에서 새로운 사실을 찾아낸다.

:: 화석에서 표본으로

발굴된 화석이 무사히 박물관에 도착해도 그대로는 연구를 진행할 수 없다. 화석에 부착된 모암(주변 퇴적물)을 제거하고 부서지기 쉬운 부분을 보강하는 등 고생물학자가 자유롭게 관찰할 수 있는 상태로 다듬어야 한다. 화석에서 모암을 제거하는 작업을 '클리닝'(→p.130)이라고 하며, 클리닝을 포함한 일련의 전처리 공정을 프레퍼레이션(→p.128)이라고 부른다.

:: 공룡 연구의 동향

프레퍼레이션을 마친 표본은 보통 전시실에서 공개하거나 수장고에 보관한다. 이런 공적 기관의 표본은 다른 연구 기관의 연구자나 학생들에게도 개방되기 때문에 고생물학자나 예비 고생물학자들은 세계 각지의 수장고를 찾아다니며 연구한다.

공룡에 대한 가장 기초적인 연구가 표본의 특징을 조사·비교해 논문으로 정리해 공표하는 '기재'(→p.138)이다. 꾸준한 작업의 연속이지만, 미지의 종을 발견해 그 존재를 증명함으로써 새로운 종으로 명명하는 눈부신 성과를 얻기도 한다. 한번 논문으로 공표된 기재는 이후 연구의 기초로서 많은 고생물학자들에 의해 참조·갱신된다.

오늘날 공룡을 비롯한 고생물 연구는 지질학이나 생물학 등 다양한 분야에 걸쳐 있다. 공룡과의 비교 검토를 위해 현생동물을 연구하는 고생물학자도 적지 않으며 '공룡학자'라고 해도 연구 내용은 굉장히 다양하다.

기능형태학(→p.156)
생물의 '형상'에 주목해 그 기능과 의의를 해명하려는 연구가 기능형태학이다. 공룡의 고생태를 밝히는 비장의 카드로서 최근 연구가 활발하다. 해부학적인 측면이 큰 연구로, 화석이 지층에 매몰되어 있을 당시의 정보(산상[產狀] →p.160)도 중요하다.

공룡의 발굴

연구에는 연구 재료가 필요하다. 공룡 연구의 재료는 공룡 화석뿐이다. 공룡의 발굴이 공룡 연구의 첫걸음인 것이다. 고생물학자들은 아직 본 적 없는 연구 재료를 찾아 현장으로 향한다. 공룡 발굴이 시작된 지 어언 200년 남짓이 흘렀지만 기본적인 방식은 현재까지 크게 달라지지 않았다. 오늘날의 공룡 발굴 과정에 대해 살펴보자.

▓ 공룡의 발굴 과정

① 조사 계획 입안·준비

먼저, 논문 등을 뒤져 화석이 발견될 만한 지층·장소를 추정하고 발굴·연구에 필요한 허가를 취득한다.

무사히 허가를 받아도 맨몸으로 화석을 찾아 나설 수는 없다. 현지까지의 이동 수단, 화석을 가지고 돌아올 방법, 조사 중에 필요한 물·식량·연료 등 사전에 준비해야 할 것이 산더미처럼 쌓여 있다.

② 화석을 찾는다

무사히 조사 현장에 도착했다면 지질 조사와 함께 화석을 찾아 나선다. 무작정 지면을 파헤치는 것은 현실적이지 않다. 지층이 노출된 부분(노두)을 중심으로 지표에 드러나 있는 화석을 찾는 것이 기본이다. 고생물학자는 작은 단서 하나를 찾기 위해 걷고 또 걷는다.

③ 화석을 발굴한다

화석을 발견하면 산상(産狀, 화석이 묻혀 있는 상황, →p.160)을 가능한 한 상세히 기록하고 조심스럽게 발굴한다.

화석은 풍화 작용으로 부서지기 쉬운 경우가 많기 때문에 발굴 도중에 부서지는 불상사도 적지 않다. 순간접착제를 이용해 보강하거나 주위의 퇴적물과 함께 '재킷'(→p.126) 또는 '모노리스'로 단단히 덮은 후 발굴하는 경우가 많다.

채집한 화석은 단단히 포장해 박물관으로 가져간다. 자동차가 접근하기 어려운 장소에서는 헬리콥터로 운반

하기도 한다. 무사히 표본을 가지고 돌아오는 것까지가 발굴이다.

공룡의 전시

진짜 공룡이 있는 장소, 바로 박물관이다. 박물관은 발굴된 화석을 수장·보관하는 시설로 그런 수장 표본을 연구하는 기관이자 수장 표본을 전시·공개하는 교육 시설이기도 하다. 오늘날 공룡은 관광 자원으로 주목받을 만큼 인기가 있는데 공룡 연구의 여명기인 19세기 후반에도 그 인기는 여전했다.

▪▪ 공룡과 전시의 역사

19세기 중반 무렵, 당시 과학의 중심이었던 유럽에서는 고생물학 연구가 활발히 이루어졌다. 영국, 프랑스, 독일 등 각지에서 잇따라 발견된 어룡(→p.90), 수장룡(→p.86), 익룡(→p.80)과 같은 선사 시대 멸종동물들의 화석은 대중의 인기를 끌었다. 그러던 중, 발견된 공룡은 파충류이지만 새나 포유류(→p.98)와 같은 특징도 가지고 있는 기묘하고 거대한 동물로, 과학계와 대중 모두의 관심을 한데 모았다.

1854년 영국 런던의 수정궁(→p.148)에서 공룡을 비롯한 고생물의 실물 크기의 복원상(→p.134)이 옥외에 전시되어 큰 반향을 불러일으켰다. 공룡의 복원 골격이 처음으로 조립된 것은 1868년 이후로 이 복원상을 전시한 미국의 박물관은 공룡 효과로 관람객 수가 폭발적으로 증가했다고 한다.

그 후, 오늘날까지 공룡은 자연사계 박물관에서 가장 인기 있는 전시로 대중의 사랑을 받고 있다. 박물관에서는 실물 화석을 조립해 복원 골격을 만들기도 하고, 화석의 보전 및 연구 자료로서의 활용을 우선해 레플리카(복제품, →p.132)를 제작해 전시하기도 한다. 공룡 연구와 인연이 깊지 않은 박물관에서도 이런 복원 골격의 레플리카를 구입해 전시하는 경우도 많다. 오늘날 자연사계 박물관의 전시 의의에 대한 다양한 논의가 끊이지 않고 있지만 공룡은 아득한 과거 시대의 전령으로서 현대인들을 맞이하고 있다.

▪▪ 공룡이 전시되기까지

박물관에서 전시되는 표본은 프레퍼레이션(→p.128)을 거친 것이 대부분이다. 수장고에 보관된 표본과 달리 늘 전시실의 강한 조명을 받는 등의 손상 위험이 있다. 전시 표본으로 프레퍼레이션하는 경우, 추가로 보강 조치를 하기도 한다.

복원 골격을 전시용으로 고정하거나 배치하는 마운트(→p.264) 작업에는 골격이 결손된 부분을 보충하는 아티팩트(→p.136)도 필요하다. 아티팩트는 외부 전문가에게 의뢰해 제작하는 경우도 많다. 또 복원 골격을 지지하는 철골을 조립할 때에도 외부업자가 투입된다. 전시 공간이나 조명 설계도 외부업자와 박물관 직원이 협력해 진행한다.

박물관에는 각양각색의 전시 패널이나 복원 모형·디오라마가 설치되기도 한다. 이런 전시 패널의 복원화나 모형 역시 외부 전문가와 박물관 소속의 연구자 그리고 프레퍼레이터들이 협력해 만들어내는 것이다.

박물관에서 볼 수 있는 공룡 전시물은 다양한 사람들의 작업이 결집된 작품이다. 그리고 전시된 공룡 화석은 박물관 수장고에 있는 화석 중에서도 극히 일부일 뿐이다. 공룡이 살아 있을 당시의 모습뿐 아니라 전시물의 배후에서 함께 힘을 모은 여러 전문가들의 작업을 상상해 보는 것도 공룡 전시를 즐기는 방법 중 하나일 것이다.

공룡과 문화

공룡 연구는 19세기 중반 무렵에 시작되었지만 지금도 공룡은 과학계뿐 아니라 대중문화계에서도 꾸준한 인기를 누리고 있다. 공룡 연구가 정체된 시기도 있었지만 대중문화에서의 공룡의 인기는 사그라지지 않았다. 공룡과 공룡에게서 영감을 얻은 다양한 디자인·캐릭터는 지금도 여기저기에서 찾아볼 수 있다. 공룡은 왜 이렇게 인기가 있는 것일까?

공룡이 인기 있는 이유

공룡이 인기 있는 이유를 설명할 때 자주 거론되는 것이 '실재했지만 멸종했다'는 말이다.

공룡은 드래건이나 용과 같은 상상 속의 괴물이 아니다. 물론, 상상 속의 괴물을 떠올리게 만드는 공룡도 많다. 그렇지만 공룡은 분명 지구상에 존재했던 생물이다.

또 멸종했기 때문에 누구도 살아 있을 당시의 모습을 볼 수 없다. 더 명확한 복원을 목표로 악전고투하는 고생물학자들은 제쳐두고, 상상의 여지가 남아 있다는 '로망' 역시 사람들을 매료시키는 점일지 모른다.

공룡이 살았던 증거는 화석이라는 기묘한 돌덩이로 발굴되는데, 이런 발굴에는 모험이 따른다. 그 때문에 공룡 연구의 여명기 당시부터 '공룡학자'들의 흥미로운 일화가 지면을 장식했다. 공룡 연구가 계속되는 한 공룡의 인기도 계속될 것이다.

팔레오아트의 진화

19세기부터 공룡을 비롯한 고생물의 인기를 이끈 것은 책과 신문에 실린 복원화와 그 존재감을 실물 크기로 드러낸 복원 모형이었다. 이런 복원화와 복원 모형은 공룡 연구의 성과를 일반 대중이 이해하기 쉽게 보여주기 위해 제작된 것으로, 공룡 연구에서 갈라져 나온 분야라고도 할 수 있다. 이런 '팔레오아트'는 공룡의 복원 골격보다 역사가 깊다. 대중들은 공룡의 모습을 화석이 아닌 팔레오아트를 통해 보았던 것이다.

지금도 팔레오아트는 일반 대중에게 고생물의 최신 연구 성과를 알리는 가교로서 큰 역할을 한다. 바탕이 된 연구가 쇠락해도 연구의 역사를 알리는 수단으로 그리고 예술작품으로서의 생명력을 잃지 않는 것이 훌륭한 팔레오아트의 조건이다.

괴수와 공룡

흔히 '괴수'라고 부르는 상상 속 괴물들은 고대부터 세계 각지의 신화와 이야기에 등장하는 친숙한 존재이다. 고대인들이 우연히 발견한 공룡 화석에서 영감을 얻은 것으로 보이는 것들도 적지 않지만 그것을 증명할 명백한 증거는 찾지 못했다.

공룡 연구가 시작되고 그 모습을 표현한 팔레오아트가 널리 소개되면서 공룡에게서 영감을 받은 괴수가 창조되었다. 이런 괴수는 팔레오아트에 그려진 공룡의 특징을 과장한 듯한 모습으로, 다양한 이야기의 주인공 또는 악당으로 인기를 모으고 있다. 공룡을 대상으로 한 복원 연구가 발전할 때마다 새롭게 영감을 받은 괴수가 세상에 등장하고 있다. 그뿐만 아니라 괴수의 이름을 딴 공룡도 늘고 있다.

공룡의 이름

같은 생물이라도 언어와 지역, 때로는 성장 단계에 따라서도 다양한 명칭이 있다. 전 세계인들이 읽는다는 것을 전제로 한 학술 논문에서는 '이명법(二名法)'이라고 불리는 방식으로 명명된 학명으로 생물의 종을 나타낸다. 공룡을 비롯한 고생물은 대부분 현생 생물과 같은 기준·방식으로 명명된 학명으로 불리는 경우가 많다.

::학명의 구조

이명법이란, 속명과 종소명을 조합해 종의 학명을 나타내는 방식이다. 학명은 알파벳으로 표기하며, 속명과 종소명은 다른 단어와 구별되도록 이탤릭체로 표기된다. 수기(手記)와 같이 이탤릭체로 표기하기 어려운 경우에는 속명·종소명에 밑줄을 그어 표시한다.

인류(현생인류)의 학명은 *Homo sapiens*(호모 사피엔스)로, 속명은 '*Homo*', 종소명은 '*sapiens*'이다. 종명은 반드시 속명과 종소명을 함께 표기하며, 종소명만으로 특정 종을 나타낼 수 없다. 속명을 생략하고 종명을 쓸 때는 *H. sapiens*라고 표기한다. 인류와 유연관계가 깊지만 대개 다른 종으로 판단되는 네안데르탈인은 같은 호모속의 *Homo neanderthalensis*(호모 네안데르탈렌시스)라는 동속별종(同屬別種)으로 다뤄진다.

동속별종으로 볼지, 별속으로 볼지는 분류하는 연구자에 따라 의견이 갈리기 쉽다. 단순한 형태 비교뿐 아니라 계통 분석(→p.154) 결과까지도 참고해 판단이 내려진다.

::공룡의 학명

공룡의 학명에 관한 법칙은 현생 동물과 동일하다. 일반 대중용 도감에서는 속명으로만 표기하기도 하는데, 많은 공룡들이 한 가지 속에 한 가지 종만 존재하는 경우가 많기 때문에 속명만으로 표기해도 크게 문제되지 않는 사례가 많다.

종소명까지 널리 알려진 공룡 종으로는 *Tyrannosaurus rex*(티라노사우루스·렉스)를 들 수 있다. 생략형은 *T. rex*이며 일반 대중용 서적에서는 'T-REX'와 같이 표기하기도 한다.

오늘날 학문의 세계에서는 영어를 공통어로 사용하지만 과거에는 라틴어가 세계적인 공통어로 사용되었다. 그런 이유로 학명은 라틴어 단어를 조합하는 것이 기본이다. 하지만 발견 장소의 지명을 딴 명칭을 붙이는 경우, 현지어를 알파벳으로 표기해 조합하거나 최근에는 현지어의 알파벳 표기만을 이용해 학명을 명명하기도 한다.

학명은 대상 생물의 형태적인 특징이나 산지에 관련된 것이 많지만 간혹 괴물이나 신화 속 등장인물(신)의 이름을 따서 붙이기도 한다. 해당 종의 중요한 표본을 발견한 인물이나 발굴 자금을 제공한 후원자 또는 그 분야에서 큰 성과를 이룬 인물 등 연구에 공헌한 인물의 이름을 학명에 붙이는 경우도 적지 않다. 가족이나 연인의 이름을 따거나 캐릭터명을 딴 학명을 가진 공룡도 존재한다.

글에는 오·탈자가 있게 마련인데, 새로운 종을 명명하는 논문에서도 종종 일어난다. 익숙지 않은 현지어를 딴 이름을 붙이다 보니 스펠링이 잘못 기재된 학명도 존재한다.

:: 학명을 읽는 방법

학명에는 다양한 의미가 있다. 학명만 보아도 해당 종이 걸어온 분류학적 연구의 과정이 보이기도 한다.

현생 생물은 아속(속명과 종소명 사이에 괄호를 이용해 아속명을 표기한다)과 아종(여기서는 호모·사피엔스·사피엔스)까지 명명

되는 경우도 적지 않다.

고생물은 그렇게까지 자세히 분류하는 것이 어렵기 때문에 아속은 물론 아종이라는 분류 단위가 사용되는(아종까지 구별하는) 일 자체가 없다.

호모·사피엔스·사피엔스(인간)

| 속명 | 종소명 | 아종소명 | 명명자의 성씨 | 명명 연도 |

Homo sapiens sapiens Linnaeus, 1758

(인간)　　　(현명하다)

트리케라톱스·호리두스는 원래 1889년 '케라톱스·호리두스'로 명명되었다. 그 후, 얼마 지나지 않아 해당 종을 케라톱스속에 포함하는 것이 적합지 않다는 의견을

받아들여 새로운 속 '트리케라톱스'가 해당 종을 위해 만들어졌다. 이런 경우, 종명을 전부 표기할 때는 원래의 종을 명명한 인물·명명 연도를 괄호 안에 표기한다.

티라노사우루스·렉스

| 속명 | 종소명 | 명명자의 성씨 | 명명 연도 |

Tyrannosaurus rex Osborn, 1905

(폭군 도마뱀)　　(왕)

트리케라톱스·호리두스

| 속명 | 종소명 | 명명자의 성씨 | 명명 연도 |

Triceratops horridus (Marsh, 1889)

(세 개의 뿔이 난 얼굴)　　(난폭하다·무섭다)

이 책을 보는 방법 🔍

이 책은 공룡에 관한 일반적, 학술적, 전문적인 모든 용어에 대해 일러스트를 곁들여 자세히 해설한다. 책에 실린 자료는 2023년 6월 현재의 정보를 바탕으로 작성했다.

용어의 장르 | 용어를 다음의 여섯 가지 장르로 나누고, 아이콘으로 표시했다.

 공룡의 형태와 분류

 공룡 시대의 공룡 이외의 생물

 연구·발굴

 지구사

 화석

 역사·문화

용어 | 공룡학·고생물학계에서 자주 사용되는 용어로, 영어 표기(종의 경우에는 학명)를 함께 실었다.

페이지 | 위의 숫자가 왼쪽, 아래 숫자가 오른쪽 페이지를 나타낸다.

해설 | 용어에 관한 자세한 해설이다. 용어의 의미, 특징, 역사, 사용례 등을 소개한다.

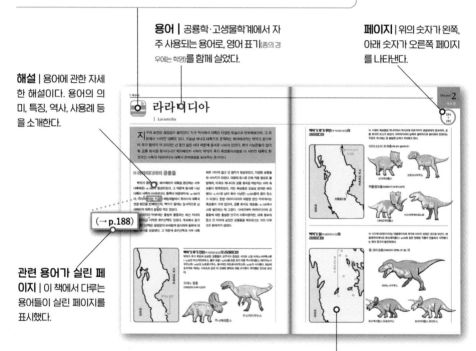

관련 용어가 실린 페이지 | 이 책에서 다루는 용어들이 실린 페이지를 표시했다.

(→ p.188)

도설 | 이해를 돕기 위한 일러스트를 곁들였다.

용어 검색

공룡에 관한 책, 도감, 뉴스 기사, 박물관 전시, 강연 등에서 낯선 용어나 자세히 알아보고 싶은 용어를 만났다면 4페이지의 Contents 또는 285페이지의 색인에서 용어를 찾아보기 바란다.

Dinopedia

1

Chapter

석사 편

박물관의 전시나 공룡에 대해 쓴 책에는
공룡의 이름과 공룡에 관련된 다양한 용어가 가득하다.
단순한 명사로 그냥 지나쳤다면
이번 기회에 다양한 용어의 이면을 함께 살펴보자.

티라노사우루스

| *Tyrannosaurus*

1902년, 미국 자연사박물관 관장 헨리 페어필드 오스본의 의뢰를 받은 화석 사냥꾼 바넘 브라운과 그의 조수 럴은 몬태나주에 펼쳐진 배드랜드에서 미지의 초거대 수각류 화석을 발견했다. 당시 알려진 수각류 중에서도 기이할 정도로 거대했으며 백악기 후기의 수각류로서는 가장 완전한 골격이었다. 오스본은 이 화석을 미국 자연사박물관의 대표 전시물로 기획하기로 마음먹었다.

∷ 폭군 왕 도마뱀의 탄생

1902년, 인기를 끌 만한 화석을 찾고 있던 미국 자연사박물관의 관장 오스본은 지인으로부터의 정보를 바탕으로 화석 사냥꾼(→p.250)으로 이름을 날리던 브라운과 그의 조수 럴을 몬태나주로 보냈다. 두 사람은 무사히 트리케라톱스(→p.30)의 두개골을 채집하는 데 성공하고 그 과정에서 거대한 수각류의 골격까지 발견했다.

부분적인 골격에 불과했지만 그것만으로도 당시 알려진 백악기 후기의 수각류 중에서는 가장 완전한 상태였으며 보존 상태도 매우 양호했다. 모암이 워낙 단단해서 발굴에 난항을 겪었지만 오스본은 골격을 다 발굴하기도 전에 이 공룡을 기재(→p.138)하기로 했다. 경쟁 관계였던 카네기 자연사박물관도 같은 지층에서 같은 종으로 추정

되는 거대 수각류를 발견했기 때문에 카네기 박물관이 먼저 명명할 경우, 모처럼 찾은 주력 전시 후보가 동물이명(同物異名, →p.140)이 되어버릴 우려가 있었던 것이다. 1905년, 오스본은 이 골격을 정기준 표본(새로운 종을 명명할 때 기준이 되는 표본)으로 삼아 티라노사우루스·렉스(폭군 왕 도마뱀)라는 화려한 학명을 붙였다. 또 다른 부분 골격에도 디나모사우루스·임페리오수스(강력한 황제 도마뱀)라는 화려한 학명을 붙였는데 이것은 이듬해 오스본이 직접 티라노사우루스·렉스의 동물이명이라는 것을 확인했다.

∷ 복원을 서둘러라!

대개 연구를 총결산하는 의미에서 복원(→p.134)이 이루어지던 20세기 초, 오스본은 클리닝(→p.130)이 끝날 때까지 기다리지 못하고 티라노사우루스의 골격도와 복원화를 작성하게 했다. 1905년 말, 티라노사우루스의 명명 기사가 신문에 실리고 1906년에는 정기준 표본의 골반과 뒷다리를 마운트(→p.264)해 박물관에 전시·공개했다.

1908년, 브라운은 티라노사우루스의 교련 골격(→p.164)을 발견했다. 이 표본 AMNH 5027(→P.238)은 사지와 꼬리의 뒤쪽 절반을 제외한 완전한 상태로, 정기준 표본과도 실질적으로 같은 크기의 개체였다. 이렇게 AMNH 5027의 결손부를 정기준 표본의 레플리카(→p.132)로 보완한 컴포지트(→p.262)를 조립해 1915년 '고지라 자세'(→p.270)로 유명한 티라노사우루스의 복원 골격이 미국 자연사박물관에서 공개되었다.

AMNH 5027의 복원 골격은 공개되자마자 큰 반향을 불러일으켰으며, 그 후 30년 가까운 세월 동안 세계에서 유일한 티라노사우루스의 복원 골격이라는 위치를 고수했다. 두 번째 티라노사우루스의 복원 골격은 미국 자연사박물관이 재정난 때문에 카네기 자연사박물관에 매각한 정기준 표본을 조립한 것이었다.

∷ 티라노사우루스의 인기

티라노사우루스가 발견된 이후 100년 이상이 흘렀지만 더 거대하다고 할 만한 수각류는 일부밖에 발견되지 않았다. 기가노토사우루스(→p.70)나 스피노사우루스(→p.66)는 티라노사우루스보다 전장(→p.142)이 약간 길지만 둘 다 티라노사우루스와 비교하면 체격이 훨씬 작았다.

티라노사우루스는 보존 상태가 좋은 골격이 다수 발견되었으며, 다른 거대 수각류에 비해 더 많이 연구되었다. 한편 워낙 인기가 높다 보니 개인 수집가에게 골격이 매각되는 사례도 있어 연구에 지장을 초래하는 측면도 있다.

티라노사우루스과의 화석은 아시아에서도 발견되었다. 몽골의 타르보사우루스와 중국의 주청티라누스는 티라노사우루스와 특히 유연관계가 깊으며 성체의 화석이 매우 유사하다. 나노티라누스(→p.242)라고 불리던 중형 티라노사우루스류는 현재는 티라노사우루스의 유체(幼体)로 추정된다.

머리 몸에 비해 큰 편으로 성체는 후두부의 좌우 너비가 매우 넓다. 수각류 중에서도 특히 단단한 구조로, 무는 힘이 가히 최강이었던 듯하다. 안와(眼窩, 눈알이 박혀 있는 구멍)는 다른 수각류에 비해 앞쪽을 향해 있고, 육식 포유류에서 흔히 볼 수 있는 양안 입체시도 가능했던 것으로 보인다. 성체의 이빨은 매우 굵었으며, 거대한 치근과 함께 바나나에 비유되기도 한다.

목~몸통 목이 짧은 성체에 비해 유체는 약간 긴 편이었던 듯하다. 티라노사우루스과의 몸통은 다른 대형 수각류에 비해 짧고, 좌우 폭이 넓은 구조로 티라노사우루스는 그중에서도 특히 육중한 편이다.

꼬리 다부진 상반신과의 균형 때문인지 다른 티라노사우루스류에 비해 묵직하다.

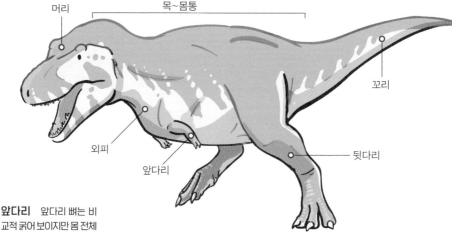

머리 　목~몸통 　꼬리 　외피 　앞다리 　뒷다리

앞다리 앞다리 뼈는 비교적 굵어 보이지만 몸 전체에 비하면 매우 작고 다른 티라노사우루스류와 비교해도 퇴화했다. 유체에는 제3지(세 번째 손가락) 뼈가 존재하는데 성장과 함께 제3 중수골에 유합되는 듯하다.

외피 콧등부터 눈 위쪽까지 단단한 각질로 덮여 있던 듯하다. 목과 허리 그리고 꼬리가 시작되는 부근의 피부은(→p.224)이 발견된 바 있으며, 비늘은 매우 촘촘해서 전장 10m가 넘는 개체도 지름이 1~2mm이다. 깃털(→p.76)의 유무에 대해서는 밝혀지지 않았지만 만약 있었다면 단순한 섬유 형태였을 것으로 생각된다.

뒷다리 대형 수각류치고는 상당히 길고 묵직하다. 발은 악토메타타잘(→p.218)화했다. 유체는 현저하게 긴 뒷다리를 가졌으며, 무척 빨리 달릴 수 있었을 것으로 추정된다.

트리케라톱스

| *Triceratops*

화석 전쟁이 한창일 때, 오스니얼 찰스 마시(Othniel Charles Marsh)가 입수한 '바이슨의 화석'의 정체는 뿔을 가진 공룡이었다. 티라노사우루스와 나란히 절정의 인기를 누린 이 공룡의 전설은 화석 사냥꾼들의 치열한 경쟁으로 탄생했다.

∷ 덴버의 바이슨

콜로라도주 덴버는 미국 서부를 대표하는 대도시이지만 19세기에는 아직 이곳저곳에 노두(露頭, →p.106)가 남아 있었다. 그곳에서 한 쌍의 거대한 뿔 화석이 발견된 것이다. 이를 본 마시는 신생대 바이슨의 화석이라고 생각했다. 화석을 발굴한 지역 연구자들은 백악기 지층에서 나온 화석이라고 마시를 끈질기게 설득했지만 1887년, 마시는 이 화석을 멸망한 바이슨의 신종 비손 알티코르니스로 기재(→p.138)했다.

∷ 3개의 뿔을 가진 얼굴

1888년 가을, 몬태나주의 백악기 후기 지층에서 공룡의 뿔 화석이 발견되었다. 마시는 이 화석에 '몬태나산(産) 뿔이 난 머리'라는 의미의 케라톱스·몬타누스라는 학명을 붙이고, 긴꼬리류로 수정했다.

마시 휘하의 화석 사냥꾼 존 벨 해처(John Bell Hatcher)는 케라톱스를 발굴한 후, 돌아가는 길에 마시의 지시로 다른 장소를 조사하게 되었다. 조사는 실패했지만 도중에 들른 와이오밍주에서 솔깃한 정보를 얻게 된다. 지역의 화석 수집가가 케라톱스와 매우 비슷한 커다란 뿔 화석을 보여준 것이었다. 수집가는 두개골 본체는 끝내 발굴하지 못하고 현지에 그냥 두고 왔다고 했다.

이듬해 조사를 마치고 돌아온 해처는 처음으로 비손 알티코르니스를 대면했다. 케라톱스와 와이오밍에서 본 뿔 화석과 똑같다는 것을 깨달은 해처는 마시의 지시로 급거 한겨울의 배드랜드(badlands, 곳곳에 노두가 펼쳐진 건조한 황야. 북아메리카에서는 종종 목초지로 이용되었다)로 돌아가 남겨진 두개골 본체를 발굴하게 되었다.

해처가 발굴한 이 두개골을 케라톱스의 신종이라고 생각한 마시는 이 화석에 케라톱스·호리두스라는 학명을 붙였다. 하지만 현지에 남아 발굴을 계속하던 해처는 잇따라 새로운 두개골을 보내왔다. 이를 본 마시는 생각을 바꾸었다. 1889년 7월, 마시는 케라톱스·호리두스를 트리케라톱스·호리두스(3개의 뿔을 가진 얼굴)로 재기재했다. 마시는 케라톱스나 트리케라톱스를 각룡이라는 새로운 그룹으로 분류하고, 비손 알티코르니스도 각룡일 것으로 추정했다.

∷ 트리케라톱스의 종

1889년 트리케라톱스·호리두스가 명명된 이래, 다수의 종이 트리케라톱스속으로 명명되었다. 하지만 대부분 동물이명 또는 의문명(疑問名, →p.140)으로 밝혀져 현재 독자성을 가진 종으로 인정되는 것은 2종에 그친다.

┊┊ 트리케라톱스의 성장

트리케라톱스의 두개골은 길이 40cm가량의 유체에서 2.4m에 달하는 커다란 성체까지 다양한 크기가 발견되었다.

트리케라톱스·프로르수스는 트리케라톱스·호리두스에서 진화한 것으로 보이며 트리케라톱스·호리두스보다 이후 시대에 살았다. 양자의 중간형으로 추정되는 화석도 발견되었다. 또 유체일 때는 두개골의 형태만으로 양자를 구별할 수 없는 듯하다. 토로사우루스를 트리케라톱스의 노령 개체라고 보는 설도 있지만 현재는 거의 부정되고 있다.

유체(두개골 길이 약 40cm)

● 상안와각(上眼窩角)이 매우 짧다
● 프릴(→p.212)은 각진 상자형으로 가장자리가 물결 모양으로 주름져 있다.

대형 유체(두개골 길이 약 1.4m)

● 상안와각이 위를 향해 구부러지며 자란다.
● 프릴이 부채꼴 형태로 퍼진다.
● 프릴 가장자리에 화살촉 모양의 연후두골이 있다.

대형 아성체(두개골 길이 약 1.8m)

● 상안와각이 시작되는 부근에서부터 앞쪽으로 구부러진 형태이다.
● 연후두골이 뭉툭해진다.

트리케라톱스·호리두스

길다.
굵다.

트리케라톱스·프로르수스

강한 곡선을 그린다.

성체(두개골 길이 최대 2.4m)

● 상안와각 전체가 앞쪽으로 구부러져 있다.
● 두개골 전체의 유합이 진행된다.
● 안와 주변의 돌출이 발달한다.

프릴 다소 짧은 편이며, 두정골 창이 이차적으로 퇴화했다. 티라노사우루스(→p.28)에게 물렸다 치유된 흔적이 남아 있는 화석이 알려져 있다.

피부 몸통의 넓은 범위에서 피부흔(→p.224)이 발견되었다. 매우 큼지막한 비늘로 덮여 있고 일부는 가시 모양으로 돌출되어 있다. 복부의 비늘은 악어와 비슷하다.

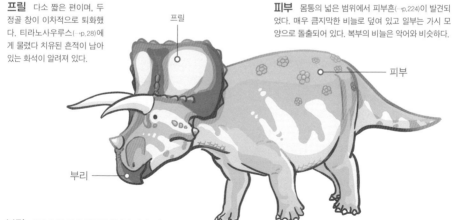

프릴

피부

부리

부리 위아래 턱 끝에 발달된 부리가 있다. 이 빨은 치판(→p.210)으로 형성되어 식물을 잘게 씹는 능력이 뛰어났던 듯하다.

체형 각룡치고는 몸집이 상당히 거대하고 육중하다. 전장(→p.142)은 최대 9m 정도이지만 체중(→p.143)은 티라노사우루스보다 훨씬 많이 나간다.

메갈로사우루스

| *Megalosaurus*

1824년, 성직자이자 뛰어난 고생물학자였던 윌리엄 버클랜드(William Buckland)에 의해 '최초의 공룡'이 명명되었다. '거대한 도마뱀'을 뜻하는 이름을 가진 그것은 태고의 거대한 파충류라는 공룡의 이미지를 결정지었다. 이후, 육식 공룡의 대명사가 될 것으로 여겨졌던 메갈로사우루스를 기다리는 것은 '쓰레기통'이 될 운명이었다.

▪▪ '최초의 공룡' 발견

공룡 화석은 17세기부터 영국에서 종종 발견되었지만 제대로 분류되지는 못했다. 거기에는 '물고기의 이빨'이라고 불리는 것이나 로마 군이 브리튼섬에 데려온 전투 코끼리 혹은 성경 속 거인의 대퇴골이라고 여긴 화석(무슨 이유에서인지 '거인의 음낭'이라는 뜻의 스크로툼·후마눔이라고도 불렸다)도 있었지만 그 이상의 연구는 진행되지 않았다.

18세기 후반부터 19세기 초에 걸쳐 영국 스톤스필드의 채석장에서 거대한 동물 화석이 발견되었다. 이 화석 연구에 뛰어든 버클랜드는 윌리엄 대니얼 코니베어(William Daniel Conybeare, 수장룡[→p.86] 연구로 유명), 프랑스의 조지 퀴비에(Georges Cuvier, 비교해부학의 권위자로, 다양한 고생물 연구 경험이 있었다)와 같은 동료들과 함께 이 화석이 거대한 멸종 파충류의 것이라는 것을 확인했다. 퀴비에로부터 연구 발표를 종용받던 버클랜드는 코니베어의 아이디어를 채용해 이 거대한 파충류에 '거대한 도마뱀'이라는 의미의 메갈로사우루스라는 이름을 붙였다.

버클랜드는 메갈로사우루스의 전장을 약 12m로 추정하고(후에 다른 표본을 바탕으로 18~21m로 상향 수정했다) 수륙양생의 특성을 가졌을 것으로 생각했다. 버클랜드는 부분적인 화석 안에서 독특한 형태의 대퇴골을 발견하고, 이 동물이 도마뱀이나 악어와 달리 직립 보행을 했다는 것을 간파했다.

▪▪ 쓰레기통 분류군

리처드 오언은 1842년 '공룡'이라는 분류군을 만들었다. 이 분류군의 초기 멤버가 된 것은 메갈로사우루스, 이구아노돈(→p.34), 힐라에오사우루스였다. 당시 이구아노돈은 비교적 많은 수의 부분 골격(후에 만텔리사우루스로 추정하게 되었다)이 발견되었지만, 메갈로사우루스의 화석은 스톤스필드와 그 이외의 산지에서 발견된 다양한 화석을 긁어모은 것이나 다름없는 상황이었다. 그러던 차에 수정궁(→p.148) 정원에 실물 크기의 공룡 복원상을 제작·전시하게 된 오언은 악어와 곰의 혼종과 같은 동물로서 메갈로사우루스를 복원(→p.134)했다.

그 후, 다양한 화석이 발견되어 메갈로사우루스가 2족 보행을 했다는 것이 확실시되는 듯했다. 한편, 보존 상태가 좋은 수각류의 골격이 잇따라 발견되면서 정작 메갈로사우루스는 실체가 불분명한 공룡이 되어갔다. '전형적인 수각류'라는 것 이상의 실체를 밝혀내지 못한 채 메갈로사우루스속은 정체불명의 수각류 종을 한데 모아두는 '쓰레기통 분류군(wastebasket taxon)'으로 전락하고 말았다. 영화로도 널리 알려진 딜로포사우루스조차 당초에는 메갈로사우루스속의 신종으로 명명되는 상황이었다.

:: 메갈로사우루스의 복권

메갈로사우루스속이 쓰레기통 분류군처럼 여겨지던 상황은 1970년대부터 서서히 개선되었다. 다양한 종이 새로운 속으로 배정되면서 최종적으로 메갈로사우루스속은 기준종(속을 설립할 때의 기준이 된 종)인 메갈로사우루스·버클란디만 남았다.

수각류에 대한 현대적인 연구가 진행될수록 유럽 각지의 쥐라기 중기부터 후기에 걸친 지층에서 발견되었던 다양한 수각류(메갈로사우루스속으로 추정되었던 것도 있다)가 메갈로사우루스와 근연이라는 것이 밝혀졌으며, 미국 모리슨층(→p.178)에서 발굴된 토르보사우루스까지 메갈로사우루스류라고 판명되었다.

메갈로사우루스류는 쥐라기 중기부터 후기에 걸쳐 세계 각지에서 번성한 그룹으로, 메갈로사우루스는 그 초기의 멤버였다. 여전히 제대로 된 골격이 발견되지 않아 그 진짜 모습은 베일에 싸여 있는 상태이다.

메갈로사우루스 오늘날 메갈로사우루스로 추정하는 화석은 위아래 턱, 어깨, 허리, 사지의 뼈가 주로 발견되었다. 전장은 7m 이상으로 생각되며, 몸집은 쥐라기 전기의 수각류에 비해 다부지다.

토르보사우루스 최대이자 최후로 발견된 메갈로사우루스류로, 메갈로사우루스와 유연관계가 깊은 것으로 추정된다. 메갈로사우루스와 마찬가지로 무척 길고 날카로운 이빨을 가졌으며 수각류치고는 비교적 머리가 큰 편이었던 듯하다. 튼튼한 앞다리를 가졌지만 의외로 체격이 작다.

에우스트렙토스폰딜루스 원시적인 메갈로사우루스류로, 어딘지 모르게 스피노사우루스류(→p.66)와 비슷한 외형을 가졌다. 메갈로사우루스류 중에서 가장 완전한 골격이 발견되었는데 비교적 어린 개체의 골격으로 체구도 날렵한 편이다.

이구아노돈

| *Iguanodon*

이구아노돈은 메갈로사우루스와 함께 '최초로 발견된 공룡'으로 유명하다. 거대한 초식성 파충류가 태고의 영국을 호령했다는 사실은 사람들을 열광시키며 공룡 붐을 일으켰다. 이윽고 바다 건너 벨기에에서 대량의 이구아노돈 전신 골격이 발견되었으나 사태는 예상치 못한 방향으로 흘러갔다.

이구아노돈의 명명

19세기 초, 영국에서는 다양한 아마추어 지질학자와 화석 사냥꾼들이 고생물학의 여명기를 이끌었다. 젊은 개업의였던 기디언 만텔(Gideon Mantell)도 그중 한 사람으로, 동시대의 메리 애닝(Mary Anning)(→p.250)의 영향을 받아 왕성한 화석 채집 활동을 펼치며 학계에서도 이름을 널리 알렸다.

1822년, 만텔은 아내 메리와 함께 왕진을 나섰다. 그때 메리 부인이 남편이 진찰 중이던 장소 근처의 공사 현장에서 기묘한 이빨 화석을 발견했다(만텔이 발견했다는 이야기도 있다). 만텔은 이 화석에 큰 관심을 보였다. 그 후, 인근 채석장에서도 비슷한 이빨을 발견한다. 만텔은 이 이빨 화석이 거대한 식물식 파충류의 것이라고 생각해 런던 왕립협회에서 발표했지만 학계의 반응은 냉담했다.

비교해부학의 권위자인 프랑스의 조지 퀴비에는 이것을 코뿔소의 이빨로 동정(同定)했지만 만텔은 끈질기게 연구를 계속했다. 당초 발견된 화석은 마모된 이빨뿐이었지만 마침내 만텔은 마모되지 않은(새로 나기 전의) 이빨 화석을 발견했다. 이를 본 퀴비에는 식물식 파충류의 이빨이 틀림없다고 보증했다. 만텔 부부가 발견한 화석의 중요성이 마침내 인정받은 것이다.

만텔은 이 이빨이 이구아나의 것과 비슷하다는 것을 알아채고, 직전에 명명되었던 메갈로사우루스를 모방한 것인지 이구아나사우루스라고 명명하려고 했다. 하지만 지인인 윌리엄 대니얼 코니베어의 조언에 귀를 기울여 이구아노돈으로 명명했다. 메갈로사우루스가 명명된 지 1년이 지난 1825년의 일이었다.

복원을 향한 여정

1834년, 영국에서 거대한 동물의 부분 골격이 발견되었다. 이빨의 형태를 보고 이구아노돈의 골격으로 동정한 만텔은 거금을 들여 그 동물 골격을 구입했다. '만텔 피스(Mantel-piece)'라고 통칭되는 이 골격은 비교적 대량으로 발견된 최초의 공룡의 골격이었다. 만텔은 다른 장소에서 발견된 '뿔' 화석을 조합해 이구아노돈의 복원(→p.134)을 시도했다.

1842년, 학계에서 만텔과 적대 관계였던 리처드 오언(Richard Owen)은 메갈로사우루스와 이구아노돈 그리고 힐라에오사우루스(1833년 만텔이 명명)를 아우르는 분류체계로 '공룡'을 제창했다. 오언은 공룡이 '포유류적' 파충류라는 것을 지적하고, 이구아나의 확대판에 불과한 만텔의 복원을 비판했다.

1854년, 오언은 수정궁(→p.148) 정원에 자신의 연구의 결정체로서 '만텔 피스'를 바탕으로 한 이구아노돈의 복원 모형을 제작·전시했다. 당시 만텔은 '만텔 피스'의 앞다리가 가늘다는 것을 알아챘지만 그의 의견이 복원에 반영되는 일은 없었다.

:: 베르니사르 광산으로

그 후, 미국에서 하드로사우루스(→p.36)가 발견되면서 오언의 이구아노돈 복원은 의문에 휩싸이게 된다. 1878년, 벨기에의 베르니사르 탄광(→p.252) 지하 깊숙한 곳에서 대량의 이구아노돈 화석이 발견되어 하룻밤 만에 이구아노돈의 전모가 밝혀졌다. 거의 완전한 교련 골격(→p.164)이 다수 발견되면서 1882년 '고지라 자세'(→p.270)로 마운트(→p.264)된 골격이 공개되었다. 그리하여 만텔의 복원 이후 이구아노돈의 부리에 올라가 있던 '뿔'이 앞발 제1지(첫 번째 손가락)의 말절골(끝마디뼈, →p.217)이라는 것도 밝혀졌다.

이구아노돈 연구는 그 후로도 계속되었으며, 영국 와이트섬에서도 보존 상태가 좋은 골격이 발견되었다. 그리고 만텔이 최초로 기재(→p.138)한 '이구아나의 것과 비슷한 이빨'이 정말 이구아노돈의 것인지에 관해 의문이 제기되었다. 베르니사르 탄광을 시작으로 몸집이 '육중한 형태' 그리고 '날렵한 형태'의 이구아노돈이 각지에서 발견되었는데 이들과 이구아노돈의 근연속을 이빨의 형태로는 구별할 수 없었던 것이다.

우여곡절 끝에 이구아노돈의 기준종(模式種)은 베르니사르 탄광에서 발견된 '육중한 형태'의 골격을 바탕으로 이구아노돈·베르니사르텐시스로 변경되었으며, 만텔이 최초로 기재한 이빨에 붙여진 이구아노돈·앙리쿠스라는 학명은 의문명(→p.140)이 되었다.

또 '만텔 피스'는 와이트섬과 베르니사르 탄광에서 발견된 '날렵한 형태'의 이구아노돈과 같은 종으로 추정되었으나 현재는 이구아노돈속조차 아닌 것으로 판단되어 만텔리사우루스·아테르피엘덴시스라고 불리고 있다.

이구아노돈 복원의 변천

1834년
만텔에 의한 '만텔 피스(만텔리사우루스)'를 바탕으로 한 복원

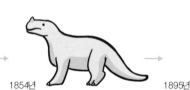

1854년
오언과 벤저민 워터하우스 호킨스에 의한 '만텔 피스'를 바탕으로 한 복원

1895년
베르니사르 탄광의 이구아노돈을 바탕으로 한 복원

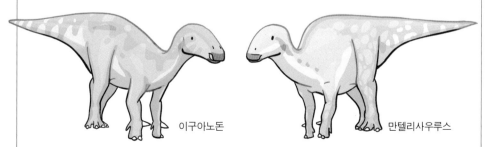

이구아노돈   만텔리사우루스

이구아노돈과 만텔리사우루스 둘 다 같은 지층(→p.106)에서 대량 발견되었으며, 하나의 골층(→p.170)에 혼재되어 있기도 했다. 같은 종의 성적이형(性的異形, 암수의 형태가 크게 다른 현상)으로 보는 의견도 있었지만, 세부적인 특징도 서로 다르다.

하드로사우루스

| *Hadrosaurus*

오늘날에는 공룡 왕국, 공룡 연구의 본고장으로 유명한 미국이지만 공룡 화석 연구는 유럽에 비해 상당히 늦게 시작되었으며, 당초에는 이빨 화석밖에 발견되지 않았다. 그런 미국의 운명을 바꾼 것은 1858년 여름, 뉴저지의 농장 한구석에서 일어난 사건이었다.

▪▪ 바캉스와 공룡

1858년 여름, 전미 자연과학아카데미 회원이었던 윌리엄 파커 폴크(William Parker Foulke)는 미 동부, 뉴저지주의 해던필드에서 바캉스를 즐기고 있었다. 이때 폴크는 해던필드에 사는 홉킨스라는 남자가 20년 전쯤 농장에서 화석을 발굴했다는 이야기를 들었다. 농장 한편에는 해성층(→p.108)을 구성하는 이회토(비료에 사용되는 해록석을 함유하고 있다) 채굴 갱이 있었는데 그곳에서 대량의 화석이 발견되었다는 것이다. 폴크는 아카데미 일원인 고생물학자 조지프 레이디(Joseph Leidy)에게 협력을 요청했다. 그리하여 유럽산 공룡을 능가하는 완전에 가까운 골격이 모습을 드러냈다.

▪▪ 사상 최초! 공룡의 복원 골격

레이디는 이 공룡이 이구아노돈(→p.34)과 유사한 신종이라는 것을 간파하고 연내에 하드로사우루스·폴키(폴크의 큰 도마뱀)라고 명명했다.

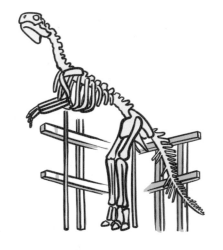

앞다리가 뒷다리에 비해 훨씬 짧고 가늘었기 때문에 레이디는 하드로사우루스가 2족 보행을 했을 것으로 생각했다. 6년 전, 수정궁(→p.148)에서 전시된 공룡 모형은 4족 보행을 전제로 했기 때문에 하드로사우루스의 발견은 공룡 복원(→p.134)에 혁명을 가져오게 되었다.

1860년대 후반이 되자 뉴욕시 센트럴파크에 고생물 박물관을 건설하는 계획이 세워지면서 하드로사우루스 등의 복원 골격을 대대적으로 전시하기로 했다. 수정궁의 복원 모형을 제작한 벤저민 워터하우스 호킨스(Benjamin Waterhouse Hawkins)를 초빙하고 레이디가 감수한 사상 최초의 공룡 복원 골격을 마운트(→p.264)하기로 한 것이다.

호킨스는 센트럴파크에 공방을 짓고 그곳에서 레플리카(→p.132)를 제작하고 복원 골격을 조립했다. 하드로사우루스 복원 골격의 제1호 양산 모형은 무사히 완성되었지만 뉴욕시의 박물관 시설에 관한 보조금을 둘러싼 정쟁에 휘말려 무뢰한들의 습격을 받아 골격이 전부 파괴되고 말았다. 호킨스는 간신히 하드로사우루스의 레플리카를 가지고 나와 다른 박물관의 전시용으로 여러 점의 복원 골격을 양산했다.

::: 하드로사우루스의 동료들

미국에서 공룡 연구의 막을 연 하드로사우루스였지만 이후 새로운 골격은 발견되지 않았다. 발굴의 중심지는 화석 전쟁(→p.144)과 함께 미국 서부로 이동했으며, 그곳에서 하드로사우루스의 근연종이 잇따라 발견되었다.

현재는 오스트레일리아를 제외한 모든 대륙의 백악기 후기 지층에서 하드로사우루스류의 화석이 발견되면서 하드로사우루스류가 '백악기의 소'라고 불릴 정도로 크게

번성했다는 사실이 밝혀졌다. 여러 종의 전신 골격뿐 아니라 피부흔(→p.224)과 미라 화석(→p.162)도 여럿 발견되었다. 일본에서도 카무이사우루스(→p.38)와 야마토사우루스가 발견·명명되었다.

하드로사우루스류는 매우 다양한 그룹으로 특히 두개골의 크레스트(crest, 볏 또는 등지느러미 형상 등의 장식 구조)가 종에 따라 다양한 형태를 보인다. 하드로사우루스는 두개골이 거의 남아 있지 않아 크레스트의 유무는 알 수 없는 상황이다.

에드몬토사우루스 캐나다와 미국에서 다수의 화석이 발견되었으며, 대규모 골층(→p.170)과 미라 화석도 여럿 알려져 있다. 등에는 연조직으로 이루어진 각진 크레스트가 이어져 있고, 종에 따라서는 두정부에도 연조직으로 된 볏이 있었다. 넓은 부리가 있어서 '오리너구리 공룡'이라고도 불렸다. 에드몬토사우루스나 근연종인 산퉁고사우루스는 몸집이 육중한데 특히 후자는 전장이 15m에 달했다.

사우롤로푸스 람베오사우루스 아과(亞科)와 달리 볏 모양의 뼈 안쪽이 비어 있지 않다. 날렵한 체형이 많은 하드로사우루스류 중에서도 다부진 체형이 특징이다. 캐나다와 몽골에서 다수의 화석이 발견되었다.

파라사우롤로푸스 하드로사우루스류에는 골질(骨質)에 속이 비어 있는 크레스트를 가진 그룹(람베오사우루스 아과)과 속이 비어 있는 볏이 없는 그룹(사우롤로푸스 아과)이 있는데, 파라사우롤로푸스는 전자의 대표 격이다. 캐나다, 미국 외에도 멕시코와 중국에서도 근연종이 발견되었다.

카무이사우루스

| *Kamuysaurus*

1980년대부터 일본 각지에서 잇따라 공룡 화석이 발견되었는데, 대부분 육성층에서 나왔으며 해성층에서는 거의 발견되지 않을 것으로 생각했다. 그러던 중, 홋카이도에서 발견된 '수장룡의 뼈'가 하드로사우루스류의 것으로 판명되었다. 그곳에서 발견된 것은 거의 완전한 '용 카무이(아이누어로 신이라는 의미)'였다.

발견과 발굴

홋카이도 서쪽에서는 백악기 후기 주로 바다에서 퇴적된 지층인 '에조 층군(層群)'을 곳곳에서 볼 수 있다. 무카와초(町) 호베쓰지구(地區)의 에조 층군인 하코부치층은 암모나이트(→p.114)와 이노케라무스(→p.115)의 산지로도 유명하다.

2003년, 지역의 화석 수집가가 발견해 무카와초 호베쓰 박물관에 가져간 화석은 당초 수장룡(→p.86)의 꼬리뼈로 추정되었다. 클리닝(→p.130) 우선도가 낮은 표본이었으나 2011년에는 이 뼈가 무카와초 최초의 공룡 화석, 그것도 하드로사우루스류(→p.36)의 꼬리 끝 부분이라는 것이 밝혀졌다.

발견 지점에서 재조사를 실시한 결과, 전장 8m가량의 하드로사우루스류의 골격이 묻혀 있을 가능성이 떠올랐다. 2013년 '무카와 용'이라는 애칭으로 불리는 화석의 발굴이 시작되었다.

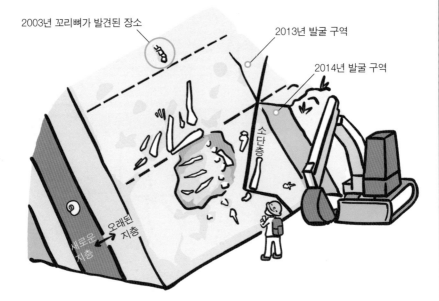

2003년 꼬리뼈가 발견된 장소
2013년 발굴 구역
2014년 발굴 구역
소단층
새로운 지층 → 오래된 지층

무카와 용이 발견된 것은 임간도로에 접한 벼랑 중간 지점으로 중장비로 벼랑을 파내려가며 발굴이 이루어졌다. 무카와 용의 골격은 관절이 연결된 상태(→p.164)로 몸의 오른쪽을 과거의 해저면을 향해 눕힌 상태로 묻혀 있었다. 지층이 역전되어 있었기 때문에 무카와 용의 오른쪽 절반 측, 즉 과거의 해저면 측에서 발굴된 것이다.

∷ 무카와 용에서 카무이사우루스로

무카와 용의 발굴은 2014년에 거의 종료되었으며, 2018년 3월까지 클리닝이 계속 진행되었다. 그 결과, 부리와 꼬리 끝부분을 제외한 거의 전신의 골격이 보존되어 있다는 사실이 밝혀졌다. 2018년 9월 6일 발생한 홋카이도 이부리 동부 지진을 극복하고 2019년 9월 무카와 용은 신속·신종의 하드로사우루스류 카무이사우루스·자포니쿠스(Kamuysaurus japonicus)로 기재(→p.138)·명명되었다.

카무이사우루스

에드몬토사우루스

머리 카무이사우루스는 하드로사우루스류 중에서도 에드몬토사우루스나 산통고사우루스의 근연으로 추정된다. 한편, 머리 위쪽에는 브라키오사우루스와 같은 골질의 볏이 있었을 가능성이 지적되었다.

널찍한 판 형태의 볏(미발견)

하드로사우루스류 중에서도 높이가 높은 두개골

극상돌기 살을 붙이면 드러나지 않는다. 몸통의 중간 정도에서는 척추뼈의 극상돌기가 대각선 앞쪽을 향해 있다. 이는 하드로사우루스류 중에서도 카무이사우루스에서만 볼 수 있는 특징이다.

부리는 미발견

가늘고 긴 앞다리

카무이사우루스의 정기준 표본은 전장 8m가량으로 추정되며, 하드로사우루스류 중에서는 중간 정도의 크기이다. 추정 체중은 뒷다리만으로 몸을 지지했다고 가정할 경우 약 4t, 사지로 몸을 지지했다고 가정할 경우에는 약 5.3t으로 보고 있다. 카무이사우루스도 다른 하드로사우루스류와 마찬가지로 2족 보행과 4족 보행이 모두 가능했을 것이다.

골격이 근해의 지층에서 발견되었기 때문에 바닷가 근처에서 살던 공룡이 사후에 바다에 쓸려나가 가라앉았다가 그대로 매몰되었을 가능성이 높다. 한편, 카무이사우루스의 정기준 표본에는 벌레 먹은 듯한 형상의 구멍이 다수 발견되었는데 아마도 바다에 가라앉았을 때 바다에 사는 작은 생물들이 뼈를 갉아먹은 듯했다. 화석의 보고로 알려진 하코부치층에서는 암모나이트, 이노케라무스, 모사사우루스류(→p.92)의 화석도 발견되었다. 육상 식물의 화석도 풍부하고 육상에서 퇴적한 지층도 일부 포함되어 있다.

일본의 중생대 지층은 대부분 하코부치층과 같은 해성층(→p.108)으로, 공룡의 발견은 크게 기대되지 않았으나 카무이사우루스의 발견으로 해성층에서의 공룡 화석 탐사가 활발해졌다.

마이아사우라
| *Maiasaura*

공룡의 알 화석은 19세기 중반에 이미 발견된 바 있다. 1920년대에는 화석 사냥꾼 로이 채프먼 앤드루스가 이끄는 미국 자연사박물관 조사대에 의해 대량의 표본이 채집되었다. 하지만 배아나 부화 직후의 유체는 발견되지 않았다. 공룡의 번식 양식은 오랫동안 베일에 싸인 상태였다.

∷ 육아 공룡(?)의 발견

미국 몬태나주에는 백악기 후기 후반, 라라미디아(→p.184) 의 내륙에서 퇴적된 투 메디신층의 노두가 펼쳐져 있다. 이 지층은 20세기 초 실시된 조사에서 각룡과 개룡의 화석이 발견되었으나 그 이후 본격적인 공룡 발굴은 이루어지지 않은 지층이었다.

1978년, 투 메디신층이 펼쳐진 배드랜드(→p.107)의 한 목장에서 작은 공룡 화석이 흩어져 있는 것을 발견했다. 연락을 받고 달려온 고생물학자 존 호너와 그의 동료 밥 마켈라가 목격한 것은 움푹한 구덩이 안에 흩어져 있는 작은 공룡의 화석이었다. 발굴해보니 작은 공룡의 골격 조각들이 대량 산출되었을 뿐 아니라 알껍데기(→p.122)까지 발견되었다. 의문의 구덩이는 공룡의 둥지가 매몰된 것으로, 그 안에서 발견된 것은 공룡의 뉴체와 알껍데기였다.

둥지 안에서 11마리 분량, 둥지에서 2m 이내의 장소에서 추가로 4마리 분량의 하드로사우루스류(→p.36) 유체의 골격이 발견되었는데, 이들 하드로사우루스류는 전장이 약 90cm로 둥지에 남은 파편으로 복원한 알에 비해 명백히 큰 크기였다. 게다가 둥지에서 100m 정도 떨어진 장소에서는 미지의 하드로사우루스류의 성체까지 발견되었다. 이들 하드로사우루스류는 전부 같은 종에 속한 것으로 보아도 무방해 보였다.

둥지 안에서 부화한 후, 어느 정도 성장한 유체가 대량으로 산출되고 인근에서 어미로 보이는 개체도 발견되었기 때문에 호너는 이것을 하드로사우루스류가 새끼를 보살핀 증거로 보았다. 공룡 르네상스(→p.150)의 기세가 멈출 줄 모르던 1979년, 호너와 마켈라는 이들 하드로사우루스류에 '착한 어미 도마뱀'이라는 의미의 마이아사우라라는 속명을 붙였다.

∷ 마이아사우라가 살았던 풍경

그 후, 마이아사우라의 둥지가 밀집되어 있는 것이 발견되면서 마이아사우라가 집단으로 새끼를 길렀다는 것이 밝혀졌다. 그 밖에도 마이아사우라의 대규모 골층(→p.170)이 발견되면서 뼈의 단면을 관찰하는 조직학적(→p.204) 연구도 왕성히 이루어졌다. 다양한 나이대의 개체가 발견된 덕분에 공룡의 번식과 성장에 관한 이해는 크게 깊어질 수 있었다.

투 메디신층은 마이아사우라의 발견으로 크게 주목받게 되었다. 그 후 현재에 이르기까지 활발한 조사가 이루어지고 있다. 복수의 트루돈류의 알과 둥지 화석도 성체의 골격과 함께 발견된 것으로 보아 일대는 마이아사우라와 트루돈류가 새끼를 키우기에 적합한 장소였던 듯하다. 지금도 투 메디신층은 다양한 그룹의 공룡 화석 일대 산지로 유명하다.

마이아사우라의 영소지 마이아사우라의 둥지는 지름 3m, 높이 약 1.5m의 둔덕에 있었으며, 각각의 둥지는 7m가량 떨어져 있었다. 이 거리는 마이아사우라 성체의 전장과도 비슷한데 아마도 어미가 실수로 둥지를 짓밟지 않도록 거리를 유지했던 것으로 보인다.

영소지(집단 둥지)가 있던 곳은 라라미디아 내륙부의 표고가 약간 높은 지역으로, 서부 내륙해로(→p.186) 인근의 저지대와 비교하면 건조했던 것으로 보인다.

마이아사우라의 둥지 둔덕 중심에는 지름 약 2m, 깊이 90cm 정도의 구덩이가 파여 있으며, 여기에 긴지름 15cm가량의 알(스페루리투스 난과)을 낳았다. 하나의 둥지에 낳는 알의 개수는 분명치 않지만 대략 20~30개 정도로 추정된다. 알의 표면을 식물로 덮어, 햇빛과 식물의 발효열로 따뜻하게 데웠던 것 같다. 부화했을 때의 크기는 전장 35cm가량이었을 것으로 생각된다.

복원된 알의 크기
(긴지름 15cm)

⁞⁞ 실은 새끼를 보살피지 않았다?

마이아사우라의 영소지(營巢地)에서는 전장 약 35cm의 개체(배아 내지는 부화 직후)가 대량으로 산출된 예가 있으며, 전장 약 90cm의 개체가 대량으로 산출된 예, 그리고 그 두 가지가 섞여서 산출된 예가 있다. 그중에 더 작은 개체는 사지 뼈의 관절이 골화되지 않았기 때문에 부화 직후에는 걷지 못했을 것으로 생각된다. 그런 이유로 전장이 1m 정도 될 때까지 1~2개월간은 둥지 안에서 어미의 보살핌을 받았을 것으로 추정된다.

하지만 닭의 새끼는 관절이 골화되지 않은 시기에도 걸을 수 있기 때문에 어쩌면 마이아사우라의 유체도 부화 직후부터 걸었을 것으로 보는 의견도 있다. 현생 파충류에서도 유체가 한곳에 모여 사는 예가 알려져 있는 만큼 마이아사우라가 부화한 새끼를 보살폈을 것이라는 의견에는 반론도 만만찮다. 공룡의 번식 양식에 관해서는 왕성한 연구가 이루어지고 있으며, 향후에도 논의는 계속될 것으로 보인다.

알로사우루스

| *Allosaurus*

일본에서 가장 유명한 공룡은 무엇일까. 오늘날 가장 유명한 공룡이 티라노사우루스라는 사실은 분명하지만, 일본에서는 과거 티라노사우루스보다 인지도가 높았던 수각류가 있다. 일찍이 안트로데무스라고 불린 알로사우루스는 일본에서 처음으로 복원 골격이 전시된 공룡으로, 대표적인 육식 공룡으로서 괴수의 모티브가 되기도 했다.

알로사우루스의 발견

화석 전쟁(→p.144)이 한창일 때, 모리슨층(→p.178)에서 최초의 알로사우루스 화석이 발견되었다. 이 표본은 극히 일부에 불과해 지금의 관점으로는 종으로서의 독자성을 인식하기 어려운 면이 있었지만, 에드워드 드링커 코프(Edward Drinker Cope)와 치열한 '전쟁' 중이던 오스니얼 찰스 마시는 척추뼈의 함기화(→p.222)에 주목했다. 척추뼈의 특징이 당시 알려진 어떤 공룡과도 달랐던 것이다. 마시는 이 부분 골격을 정기준 표본으로 삼아 알로사우루스·프라길리스(이상한 도마뱀)라고 명명했다.

화석 전쟁이 계속되는 가운데, 코프와 마시 진영 모두 상당수의 알로사우루스 골격을 발견하게 되었다. 코프는 거의 완전한 골격을 입수했지만 이 표본의 중요성을 깨닫지 못하고 재킷(→p.126)조차 제대로 개봉하지 않은 상태였다. 한편, 마시 진영은 정기준 표본이 산출된 것과 같은 골층(→p.170)에서 또 하나의 완전한 골격을 발견했다. 데스 포즈(→p.258)로 보존되어 있던 이 표본은 발파 과정에서 그만 꼬리가 부서져버리는 비극을 맞았다. 코프와 마시 모두 모리슨층에서 발굴된 알로사우루스와 비슷한 수각류를 다수 신종으로 명명했지만 그사이 알로사우루스에 대한 연구는 거의 이루어지지 않았다.

안트로데무스의 발견

코프가 입수한 알로사우루스의 골격은 다른 수집품들과 함께 미국 자연사박물관에 매각되었으며, 1908년 아파토사우루스의 사체를 먹고 있는 디오라마 양식의 복원(→p.134) 골격으로 전시·공개되었다. 이 골격은 공룡으로서는 최초로 지지대 없이 마운트(→p.265)된 것으로 '고지라 자세'(→p.265)가 아닌 현대적인 수평 자세에 가까웠다. 마시가 입수한(파괴된 꼬리를 제외한) 거의 완전한 골격은 스미소니언 박물관으로 옮겨졌으며 찰스 휘트니 길모어(Charles Whitney Gilmore)가 연구에 뛰어들었다. 길모어는 이 골격이야말로 알로사우루스·프라길리스의 정기준 표본에 걸맞다고 여겼으나 알로사우루스·프라길리스 명명 이전에 이미 비슷한 공룡이 명명된 것을 발견했다. 꼬리뼈 1점(게다가 불완전한)뿐인 정기준 표본이었는데 길모어는 이 안트로데무스·발렌스가 알로사우루스·프라길리스의 상위 동물이명(→p.140)이라고 지적했다. 이후, 알로사우루스는 안트로데무스라고 불리게 되었다.

오늘날 안트로데무스는 알로사우루스의 동물이명이 될 수 없는 의문명(→p.140)으로 취급된다. 알로사우루스·프라길리스의 정기준 표본도 극히 일부에 불과하기 때문에 스미소니언 박물관의 골격을 신기준 표본으로 지정하려는 움직임이 계속되고 있다.

:: 알로사우루스의 무덤과 일본

1927년, 미 유타주의 모리슨층에서 대규모 공룡의 골층이 발견되었다. 모리슨층에서는 공룡의 골층이 드문 것이 아니었지만 1960년 시작된 본격적인 발굴로 대부분의 화석이 크고 작은 알로사우루스의 골격이라는 것이 밝혀졌다. 이후 '클리블랜드 로이드 공룡 채석장'이라고 불리게 된 이 산지에서는 최소 46마리 분량의 알로사우루스 골격이 발견되어 일약 알로사우루스 화석의 주요 공급원으로 이름을 알리게 되었다. 이곳에서 발견된 골격 중 크기가 맞는 것을 찾아 컴포지트(→p.262)한 복원 골격이 세계 각지로 판매되었다. 그중 한 점이 미국에 거주하는 일본인 실업가 오가와 유키치에 의해 도쿄 우에노의 국립 과학박물관에 기증되어 1964년 지금의 일본 전시관 정면 홀에 전시되었다. 두개골의 대부분을 제외하면 거의 모든 골격이 실물 화석의 컴포지트로 구성된 이 골격은 일본에서 처음으로 전시된 공룡의 복원 골격이었다. 그 밖에도 다수의 화석을 수집·기증해 오늘날 일본 각지의 박물관에서 그의 수집품들을 만나볼 수 있다.

머리 둥근 형태부터 길고 가름한 형태까지 같은 골층에서 나온 화석이라도 개체에 따라 형태가 전혀 다르다. 안와 앞쪽에는 삼각형 뿔 모양의 돌기가 있고, 콧등을 따라 두 줄로 길게 골이 패어 있다. 이 부분은 종에 따라 발달 정도가 다른 듯하다. 입을 매우 크게 벌릴 수 있었으며, 짧은 나이프 모양의 이빨이 나 있는 위턱으로 내리찍듯이 사냥감을 공격했을 것으로 추정된다.

머리

목 대형 수각류치고는 꽤 길다. 머리를 내리치는 동작이 특기였던 듯 턱으로 상대를 내리찍는 공격 방식에 적합하다.

꼬리 알로사우루스의 복원 골격은 대부분 컴포지트로 구성되었는데 특히 꼬리가 매우 길게 복원된 경우가 많다. 실제 꼬리는 다른 대형 수각류와 비슷한 길이로, 끝 부분이 상당히 가늘다.

꼬리

목

사지

알 알로사우루스로 단정할 수 있는 배아와 알 그리고 둥지의 화석이 발견되었지만 본격적인 연구는 이제부터이다.

사지 앞뒤 다리 모두 적당한 길이이며 3개의 발가락이 모두 잘 발달되어 있다. 골절되거나 감염증으로 뼈가 변형된 예도 있어 가혹한 환경에서 살았을 것으로 추정된다.

알로사우루스의 종 오늘날 널리 인정되는 알로사우루스속의 종은 3종뿐이며, 같은 시대에 복수의 종이 공존한 것도 아니었을 것으로 추정된다. 미국의 모리슨층뿐 아니라 동시대 포르투갈의 지층에서도 산출된 예가 있다. 모리슨층에서는 알로사우루스보다 몸집이 큰 사우로파가낙스도 발견되었는데 이것도 알로사우루스속에 포함시키려는 의견도 강하다.

스테고사우루스
| *Stegosaurus*

스 테고사우루스는 등에 커다란 골판을 가진 독특한 외형으로 일찍부터 높은 지명도를 자랑해왔
다. 다양한 복원의 역사를 거치며, 수많은 괴수 디자인에 영감을 준 이 공룡은 지금도 여전히
인기 공룡의 지위를 지키고 있다.

∷ 발견과 복원의 역사

미 서부에서 펼쳐진 화석 전쟁(→p.144) 과정에서 수많
은 공룡이 발견·명명되었는데, 스테고사우루스도 그중 하
나였다. 1877년 오스니얼 찰스 마시는 모리슨층(→p.178)
에서 나온 거대한 골판(→p.214) 일부가 포함된 부분 골격
을 기재(→p.138)하고, 스테고사우루스·아르마투스라고
명명했다(현재는 의문명, →p.140). 발견된 골판은 1장뿐이었
지만 기왓장과 같이 등을 덮고 있었을 것으로 여겨 '지붕
도마뱀'이라는 속명을 붙인 것이다.

이듬해에는 더 완전한 부분 골격이 발견되었다. 마시
는 이것을 스테고사우루스·웅굴라투스라고 명명했다.
이 표본에는 여러 장의 골판과 함께 뾰족한 골침도 여러
개 포함되어 있었으며, 골판과 함께 등에 나 있었을 것으
로 수정했다.

1885년에는 스테고사우루스의 거의 완전한 관절 상
태(→p.164)의 골격이 발견되었다. 등을 따라 두 줄의 골판
이 교차하는 상태로 보존되어 있었으며, 목 부근에는 작
은 피골들이 흩어져 있었다. 이 골격에서는 꼬리의 골침
이 흩어진 상태였지만 다른 스테고사우루스류 표본에서
는 꼬리의 교련 골격 끝 부분에 2쌍(4개)의 골침이 배열되
어 있는 것도 발견되었다. 후에 '로드 킬(차에 치인 것처럼 보
였기 때문에)'이라고 불리게 된 이 골격은 프레퍼레이션
(→p.128)에 난항을 겪었다. 마시는 스테고사우루스의 골
격도를 제작할 때 스테고사우루스·웅굴라투스를 중심으
로 이미 클리닝(→p.130)이 끝나 있던 스테고사우루스·스
테놉스의 머리와 골판을 조합하기로 했다. 그리하여 등
에 한 줄의 거대한 골판과 꼬리에 4쌍(8개)의 골침이 있는
스테고사우루스·웅굴라투스의 복원(→p.134) 골격이 탄생
했다.

'로드 킬'의 프레퍼레이션이 끝나자 스테고사우루
스·스테놉스의 골판이 스테고사우루스·웅굴라투스의
것보다 더 크다는 사실이 밝혀졌다. 골판이 '로드 킬'의
산상(→p.160)에서 보았던 것처럼 두 줄로 교차하며 배열
되어 있었는지 아니면 좌우 대칭으로 배열되어 있었는지
에 대해서는 의견이 갈렸지만 결국 두 줄이 엇갈리게 배
열되어 있던 것이 분명하다고 여겨졌다.

스테고사우루스·웅굴라투스 복원의 변천

∷ 스테고사우루스와 동료들

다수의 화석이 발견된 스테고사우루스는 검룡류의 대표적인 예로, 그 독특한 형상 덕분에 다양한 측면에서의 연구가 이루어졌다. 화석은 미국뿐 아니라 포르투갈의 동시대 지층에서도 산출되었기 때문에 널리 분포했을 것으로 추정되었다.

검룡류는 주로 쥐라기 후기에 번성했지만 '지붕'과 같은 커다란 골판을 가진 것은 스테고사우루스나 스테고사우루스의 직접적인 조상으로 추정되는 헤스페로사우루스 그리고 여전히 의심의 여지가 있는 백악기의 우에르호사우루스뿐이다. 지금까지 발견된 대부분의 검룡은 골침과 골판의 중간형과 같은 피골을 가졌으며, 등에 두 줄로 좌우 대칭을 이루며 배열되어 있었을 것으로 생각된다.

검룡류의 진화의 역사는 여전히 의문이 많지만, 백악기 전기에 멸종했을 것으로 보는 견해가 강하다. 인도의 백악기 후기 지층에서 검룡류로 추정되는 화석이 종종 보고되었지만 보존 상태가 매우 좋지 않은 것도 많아 실태를 확실히 파악하기에는 무리가 있다.

골판 표면은 각질로 덮여 있으며 종에 따라 형태나 개수가 다르다. 기능에 대해서는 다양한 의견이 있지만 디스플레이 즉, 구애나 위협을 위해 몸집이나 몸짓을 과시하는 행동이나 체온 조절과 같은 기능을 겸했다는 것이 분명해 보인다. 어느 정도 좌우로 움직일 수 있었다거나 흥분하면 표면의 혈관이 확장되어 붉게 보였을 것이라는 의견도 있지만 특별히 지지를 받고 있지는 않다.

골판

꼬리의 골침

머리

골격 골판이 더해지면서 높이가 더욱 높아졌다. 사지는 용각류와 매우 비슷한 구조로, 빨리 달리지는 못했던 것으로 보인다. 목이나 허벅지 부근에는 검룡과 작은 피골이 흩어져 있다.

머리 공룡 중에서도 유독 얼굴이 작으며 이빨도 단순한 구조이다. 입가는 둥근 형태의 부리로 되어 있다. 척수가 든 공간이 허리 부분에서 비대해지는 것으로 보아 본래의 뇌를 보조하는 '제2의 뇌'였을 것으로 생각하는 의견도 있다. 조류는 여기에 '제2의 뇌'가 아닌 글리코겐체(glycogen body)라고 불리는 구조가 존재하는데 스테고사우루스도 동일했을 것으로 보고 있다.

꼬리의 골침 골침(→p.216)이라고 불리는 뾰족한 2쌍의 가시가 나 있었다. 유체의 골침은 비교적 부드럽지만 성체는 매우 치밀한 뼈로 이루어져 포식자를 퇴치하는 강력한 무기로 쓰였을 것이다. 부러진 부분을 통해 감염증에 걸린 개체도 있었던 것으로 알려진다.

브라키오사우루스

| *Brachiosaurus*

ㅂ 라키오사우루스는 오랫동안 '세계 최대의 공룡'으로 군림해왔다. 골격에 대한 연구도 활발히 이루어졌다. 명실공히 가장 널리 알려진 용각류 브라키오사우루스였지만 최근 십수 년 사이 의문의 공룡으로 퇴보하는 상황이다. 심지어 가장 유명한 브라키오사우루스로 알려진 아프리카산 ⑥ 종은 실은 브라키오사우루스가 아니었다.

░ 미국의 브라키오사우루스

화석 전쟁(→p.144)이 일단락된 1900년, 브라키오사우루스속의 기준종인 브라키오사우루스·알티토락스의 정기준 표본이 발견되었다. 시카고 필드 박물관의 조사대는 콜로라도주 황야에 펼쳐진 모리슨층(→p.178)에서 거대한 용각류의 부분 골격을 발견했다. 조사대원이 거대한 '대퇴골'(실제로는 상완골이었다) 옆에 드러누워 기념사진을 찍었을 정도로, 소문을 듣고 찾아온 수많은 지역 주민들 앞에서 발굴이 이루어졌다.

골격의 프레퍼레이션(→p.128)이 진행되는 과정에서 대퇴골이라고 생각했던 뼈가 실은 상완골이었으며, 상완골 내지는 앞다리가 뒷다리보다 훨씬 길어 보인다는 사실이 밝혀졌다. 골격은 몸통, 어깨, 꼬리 일부, 상완골, 대퇴골

밖에 남아 있지 않았지만 조사대를 이끌었던 엘머 S. 리그스(Elmer S. Riggs)는 이 용각류가 기린과 같은 체형으로 꼬리가 매우 짧다는 것을 정확히 간파하고 '(동체가 높은) 팔 도마뱀'이라는 의미의 학명을 붙인 것이다.

브라키오사우루스·알티토락스의 화석은 모리슨층에서도 매우 드물게 발견되었다. 리그스 조사대의 발견 이후 100년이 넘게 흐른 현재까지도 대부분의 골격이 발견되지 않은 상황이다. 한편, 과거 '브론토사우루스의 두개골'(→p.244)이라고 여긴 화석이 실제로는 브라키오사우루스의 두개골이라는 사실이 최근에야 판명되었다. 또 울트라사우루스의 것으로 여겨졌던 몇몇 화석도 브라키오사우루스의 골격인 것으로 드러났다.

░ 아프리카의 브라키오사우루스

20세기 초, 독일 제국의 식민지였던 아프리카 탄자니아에서 독일의 지질학자, 고생물학자들에 의해 왕성한 조사가 이루어졌다. 공룡의 골층(→p.170)이 다수 발견되었으며, 브라키오사우루스속으로 보이는 대량의 화석도 발굴되었다. 거기에는 완전한 두개골과 대부분의 골격이 포함되어 있었다. 브라키오사우루스·브란카이로서 기재(→p.138)된 이들 화석과 레플리카(→p.132)를 이용해 '세계에서 가장 큰 공룡'의 복원(→p.134) 골격이 제작되었다.

브라키오사우루스·알티토락스의 골격이 완전하지 못했던 이유도 있어 '브라키오사우루스라고 하면, 브라키오사우루스·브란카이'라는 인식이 자리 잡았다. 또 브라키

오사우루스·알티토락스를 마운트(→p.264)할 때에도 부족한 부분을 브라키오사우루스·브란카이의 레플리카로 보완했다.

하지만 1980년대가 되면서 브라키오사우루스·브란카이를 다른 속으로 분류해야 한다는 지적이 제기되었다. 당시에는 쉽게 받아들여지지 않은 설이었지만 지금은 널리 인정되어 기라파티탄·브란카이(브란카의 거대한 기린)라고 불린다. 거의 완전한 골격이 발견되었기 때문에 브라키오사우루스과에 관한 이해는 대부분 기라파티탄에 의지하는 상황이다.

머리 두개골은 길이가 1m 정도나 되지만 전체 골격으로 보면 매우 작은 편이다. 골격은 외비강이 두정부에 있지만 살아 있었을 때는 입가에 가까운 장소에 콧구멍이 있었던 듯하다. 브라키오사우루스는 기라파티탄보다 부리가 짧다. 영화에서 종종 볼 수 있는 것처럼 식물을 씹지 않고 그대로 삼켰던 것 같다.

▌▌ 브라키오사우루스와 기라파티탄

오늘날 브라키오사우루스속으로 널리 인정되는 종은 브라키오사우루스·알티토락스뿐이며 거의 완전한 골격이 발견된 기라파티탄·브란카이에 비해 알려진 것도 많지 않다. 하지만 둘 다 쥐라기 후기의 공룡 중에서는 최대급의 체격을 가지고 있었던 것만은 분명하다. 브라키오사우루스와 기라파티탄을 비롯한 브라키오사우루스과는 쥐라기 후기부터 백악기 전기에 걸쳐 북아메리카와 유럽 그리고 아프리카에서 크게 번성했다.

몸통 척추뼈의 함기화(→p.222)는 용각류 중에서도 가장 많이 진행되었다. 브라키오사우루스와 기라파티탄은 몸통의 길이가 다른데, 기라파티탄보다 브라키오사우루스의 몸통이 약간 더 길다. 기라파티탄의 등은 어깨 부근이 높게 솟아 있으며, 브라키오사우루스는 등이 더 완만했던 듯하다.

브라키오사우루스

사지 브라키오사우루스와 기라파티탄 모두 사지가 매우 길고 가늘며 용각류 중에서도 유독 날씬하다. 앞발의 발가락은 거의 퇴화했으며 발톱 형태의 말절골(→p.217)은 제1지(첫 번째 손가락)에만 남아 있다. 뒷다리도 가늘고 날씬하지만 앞다리에 비해 훨씬 짧다.

기라파티탄

골격과 자세 브라키오사우루스류의 동체는 대각선 위쪽으로 들린 상태로, 목도 대각선 위쪽을 향해 쭉 뻗어 있었던 것 같다. 전장은 '세이스모사우루스'(→p.246)와 같은 꼬리가 긴 디플로도쿠스류에는 미치지 못하지만 체중은 훨씬 무거웠을 가능성이 높다. 긴 목과 두정부에 있는 비강 때문에 용각류가 수중 생활을 했을 것이라는 견해도 있지만 지금은 완전히 부정되고 있다.

데이노니쿠스

| *Deinonychus*

1930년대 초반, 미국 자연사박물관의 화석 사냥꾼 바넘 브라운(Barnum Brown)이 이끄는 조사대가 미국 몬태나주 백악기 전기의 지층에서 발굴 조사를 실시했다. 신속·신종이 분명해 보이는 공룡 화석이 다수 발굴되었지만 이 공룡들이 기재되는 일은 일어나지 않았다.

세월이 흘러 1964년, 존 오스트롬(John H. Ostrom)이 이끄는 예일 피바디 박물관의 조사대가 그곳을 다시 찾았다. 그들이 발견한 화석은 공룡 연구의 암흑시대를 끝내고 '공룡 르네상스'를 불러일으켰다.

⠿ 낫 모양 발톱

1964년 8월, 오스트롬이 이끄는 조사대가 만난 것은 소형 수각류의 골층(→p.170)이었다. 수각류의 부분 골격이 5개, 중형 조각류의 부분 골격도 1개 포함되어 있었는데 수각류의 화석이 매우 기이했다. 발의 제2지에 거대한 낫 모양의 말절골(→p.217, 굴곡 안쪽에 '날'이 있었다)이 있고, 꼬리의 교련 골격(→p.164)에는 관절 돌기와 혈도궁(미추골 끝에 매달리듯 연결된 뼈로, 혈관이 지나는 커다란 공간이 있다)이 결합되어 있었다.

오스트롬은 당초 이 수각류의 화석이 완전히 새로운 발견이라고 생각했지만 표본 관찰을 위해 방문한 미국 자연사박물관에서 같은 종으로 보이는 부분 골격 2개체를 만났다. '다프토사우루스'라는 임시명이 붙어 있던 그

공룡은 마운트(→p.264) 작업을 위해 드릴로 구멍을 뚫은 상태로 수장고에 잠들어 있었다. 또한 오스트롬은 미국 자연사박물관에 수장되어 있던 드로마에오사우루스와 벨로키랍토르(→p.50)의 부분 화석도 매우 비슷한 형태라는 것을 알아챘다.

1969년, 오스트롬은 단보(短報)를 발표해 자신의 조사대가 발견한 수각류를 데이노니쿠스·안티로푸스(꼬리로 균형을 잡는, 무시무시한 갈고리 발톱)로 명명했다. 막대처럼 긴 꼬리를 이용해 격렬한 사냥 중에도 균형을 잃지 않고 움직일 수 있었다는 추정에서 붙여진 이름이다. 오스트롬은 단보에 이어 상세한 기재(→p.138)를 출간했는데 표지에는 제자인 로버트 바커가 그린 질주하는 데이노니쿠스의 일러스트가 실려 있었다. 이렇게 약동감 넘치는 공룡의 복원화가 논문에 실린 것은 수십 년 만의 일로, 마침내 바커는 '공룡 온혈설(공룡이 새나 포유류와 같이 늘 높은 체온을 유지하며 활발하게 활동할 수 있었다는 설)'을 적극 주장할 수 있게 되었다. 이렇게 19세기부터 20세기 초에 걸친 '공룡에 대한 오래된 견해'가 다양한 과학 분야와의 협업을 통해 부활하며 '공룡 르네상스(→p.150)'의 막이 올랐다.

▦ 새의 기원

오스트롬은 데이노니쿠스의 발견을 계기로, 수각류와 조류에 관한 연구에 힘을 쏟게 되었다. 당시에 조류는 공룡과는 근연이기는 하지만 완전히 다른 계통이라고 보는 의견이 주류였는데 데이노니쿠스의 화석은 놀라울 만큼 '최초의 새' 시조새(→p.78)와 비슷했던 것이다. 데이노니쿠스는 시조새보다 훨씬 새로운 시대의 동물이었지만 오스트롬은 데이노니쿠스와 비슷한 모습의 공룡이 새의 조

상이었을 것으로 생각했다. 주류로 떠오른 이 의견은 중국에서 '깃털 공룡'(→p.76)이 발견되고 시조새보다 오래된 시대의 지층에서 다수의 깃털 공룡이 발견되면서 확실시되었다.

데이노니쿠스의 완전한 전신 골격은 아직 발견되지 않았다. 하지만 현재도 다양한 측면에서 연구가 계속되고 있으며, 드로마에오사우루스과 중에서도 특히 유명한 공룡으로 존재감을 드러내고 있다.

머리 몸에 비해 매우 크다. 드로마에오사우루스류치고는 다부진 형태로 부리도 짧은 편이다. 함기화(→p.222)가 진행되어 무게도 상당히 가볍다. 이빨은 그리 길지 않다.

꼬리 꼬리가 시작되는 부분은 위아래로 움직일 수 있는 가동성이 높고 수직으로 들어 올리는 것도 가능했던 듯하다. 시작 부분 이외에는 긴 막대 모양으로 되어 있으며, 어느 정도 수평 방향으로 구부리는 것도 가능했을 것이다.

몸통 작지만 다부진 몸집에 수각류치고는 가로 너비가 넓은 편이다. 흉부, 늑골, 골반의 구조는 조류와 비슷하다.

머리

몸통

꼬리

앞다리

앞다리 매우 길고 크다. 조류와 마찬가지로 관절과 연동해 발목을 접을 수 있으며, 말절골도 잘 발달해 있다.

뒷다리 가늘고 길지만, 특별히 고속 주행에 적합한 구조는 아니었던 듯하다. 다부진 발과 '갈고리 발톱(낫과 같은 형태로, 다른 발톱에 비해 극단적으로 커진 말절골)'을 가졌으며 다른 말절골도 큰 편이다.

뒷다리

깃털

깃털 데이노니쿠스의 화석에서는 깃털의 흔적이 발견되지 않았지만, 계통 관계로 판단할 때 깃털이 있었던 것이 거의 확실해 보인다. 한편 데이노니쿠스는 최대 크기가 전장 4m로, 드로마에오사우루스류 중에서도 꽤 크기 때문에 그 부분도 고려해 복원할 필요가 있다.

생태 오스트롬의 조사대가 발견한 골층은 테논토사우루스와 맞닥뜨린 데이노니쿠스의 무리였을 것으로 해석하기도 한다. 한편 이 '무리'가 오늘날 늑대 등에서 볼 수 있는 집단이었는지에 대해서는 의문점도 많고, 데이노니쿠스의 동족상잔의 결과라고 보는 견해도 있다.

벨로키랍토르

| *Velociraptor*

벨로키랍토르는 영화 속에서 주연급으로 다뤄지면서 오늘날 가장 유명한 공룡 중 하나가 되었다. '랍토르(랩터)'라는 속칭으로도 유명한데 실제 벨로키랍토르와 영화 속 '랍토르'는 크게 비슷한 면이 없다. 캐릭터가 아닌 실재한 벨로키랍토르는 어떤 동물이었을까?

∷ 최초의 발견

벨로키랍토르의 화석이 처음으로 발견된 것은 1923년 화석 사냥꾼(→p.250) 로이 채프먼 앤드루스가 이끄는 미국 자연사박물관 중앙아시아 탐험대의 발굴 조사에서였다. '불타는 절벽(Flaming Cliffs)'을 조사하던 중, 대량의 '프롭토케라톱스의 알'(→p.52, p.122)과 함께 오비랍토르(→p.54)를 비롯한 다양한 수각류 화석이 발견되었는데, 거기에는 날렵한 소형 수각류의 완전한 두개골이 포함되어 있었다.

연구를 시작한 헨리 페어필드 오스본은 당초 이 공룡을 '오비랍토르·자닥타리'라고 불렀으나 이내 생각을 바꿔 벨로키랍토르·몽골리엔시스라고 명명했다. 함께 명명된 오비랍토르가 '알 도둑'으로 유명해진 한편, 두개골과 앞발 일부만이 발견된 벨로키랍토르는 지명도가 매우 낮았다고 한다. 실은 이때 턱의 부분 골격과 함께 '갈고리 발톱'을 포함한 발의 골격도 대부분 발견되었지만 데이노니쿠스(→p.48)의 화석이 발견되기까지 크게 주목받지 못했다.

∷ 인기 공룡이 되기까지

벨로키랍토르가 각광을 받게 된 것은 1970년대에 들어서면서였다. '몽골 낭자군'으로 알려진 폴란드·몽골 공동 조사대가 고비사막에서 프로토케라톱스와 벨로키랍토르의 관절 상태(→p.164)의 골격이 뒤엉켜 있는 '격투 화석'(→p.166)을 발견했다. 굉장히 흥미로운 산상(→p.160)인데다 벨로키랍토르 그리고 드로마에오사우루스류의 완전한 골격이 발견된 것은 처음 있는 일이었다.

1980년대가 되자 벨로키랍토르에 관한 다양한 의견이 제기되었다. 데이노니쿠스를 벨로키랍토르의 동물이명(→p.140) 즉, 데이노니쿠스·안티로푸스를 벨로키랍토르·안티로푸스라고 보는 의견이었다. 벨로키랍토르의 기재(→p.138)가 거의 진행되지 않았던 이유도 있어, 다른 연구자들의 지지를 전혀 받지 못하던 이 설이 일반 대중용 서적에 소개되면서 뜻밖의 혼란을 낳았다. 한 SF작가가 이 서적을 참고로 집필한 소설이 크게 히트하면서 영화화된 것이다. 세계적인 인기를 누린 영화 〈쥐라기 공원〉의 '랍토르'(→P.260)로 등장한 벨로키랍토르는 벨로키랍토르·안티로푸스, 즉 데이노니쿠스를 모티브로 한 것이었다.

데이노니쿠스를 모티브로 한 영화 속 '랍토르'는 지금도 여전히 인기 있는 공룡 캐릭터로, 벨로키랍토르 연구도 여전히 활발히 이루어지고 있다. 현생 조류에서 볼 수 있는 날개깃과 비슷한 구조가 벨로키랍토르에서도 확인되었으며, 온몸이 깃털(→p.76)에 덮여 있던 것도 거의 확실시되었다. 벨로키랍토르속이 복수의 종을 포함했을 가능성도 지적되었다.

∷ 벨로키랍토르의 모습

머리 종에 따라 부리 길이가 달랐던 듯한데 대부분 데이노니쿠스나 영화 속 '랍토르'에 비해 긴 편이라 머리가 매우 커 보였을 것이다. 공막 고리뼈(→p.206) 연구를 통해 야행성이었을 가능성이 지적되었다.

현재까지 비교적 많은 벨로키랍토르의 화석이 발견되었으며. 그중에는 관절 상태의 골격도 적지 않다. 백악기 후기의 고비사막에서는 흔히 볼 수 있는 공룡이었던 듯하다. 영화 등에서 일반화된 '캐릭터'로서의 모습과의 차이를 비교해보자.

머리   목·몸통·꼬리

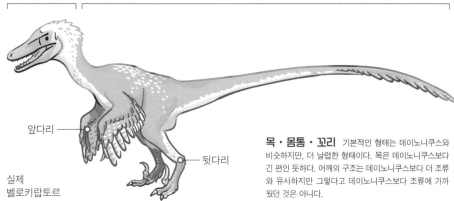

앞다리

뒷다리

실제
벨로키랍토르

목 · 몸통 · 꼬리 기본적인 형태는 데이노니쿠스와 비슷하지만, 더 날렵한 형태이다. 목은 데이노니쿠스보다 긴 편인 듯하다. 어깨의 구조는 데이노니쿠스보다 더 조류와 유사하지만 그렇다고 데이노니쿠스보다 조류에 가까웠던 것은 아니다.

앞다리 데이노니쿠스와 비슷하지만, 약간 더 짧고 말절골(→p.217)도 작은 편이다. 새처럼 접거나 날갯짓에 가까운 움직임이 가능하지만 인간과 같이 발목을 회전하는 것은 불가능했다. 조류의 골격에서 볼 수 있는 날개깃의 부착점과 유사한 구조가 확인되지만 조류에 비해 훨씬 빈약하다. 날개에 가까운 구조였을 가능성이 높지만 현생 조류와 같은 것이었을지는 다른 문제이다.

뒷다리 데이노니쿠스와 매우 비슷하지만, 더 길다. 갈고리 발톱은 굴곡이 완만하고 데이노니쿠스에 비해 가늘어 보인다.

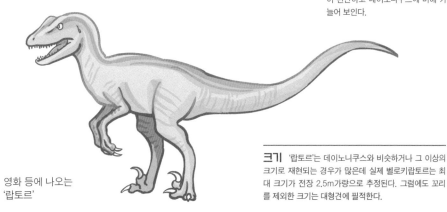

영화 등에 나오는
'랍토르'

크기 '랍토르'는 데이노니쿠스와 비슷하거나 그 이상의 크기로 재현되는 경우가 많은데 실제 벨로키랍토르는 최대 크기가 전장 2.5m가량으로 추정된다. 그럼에도 꼬리를 제외한 크기는 대형견에 필적한다.

프로토케라톱스

| *Protoceratops*

> **'각**룡'이라고 하면 거대한 뿔로 유명하지만 각룡이 진화해온 역시를 볼 때 뿔은 가장 최후에 등장한 그룹뿐이었다. 일찍이 '뿔이 없는 각룡'으로 널리 알려진 프로토케라톱스는 방대한 양의 화석으로도 유명하다.

▪▪ 수수께끼의 동물 화석

1922년 9월, 화석 사냥꾼(→p.250) 로이 채프먼 앤드루스가 이끄는 중앙아시아 탐험대는 다수의 공룡과 포유류의 화석을 채집하며 첫해의 조사를 마치려던 참이었다. 이미 초가을에 접어든 고비사막에 점차 추위가 찾아오면서 하루빨리 철수해야 했지만 그만 중간에 길을 잃어 사흘이나 지체하고 말았다. 9월 2일, 혼자 남아 차가 도착하기를 기다리던 발굴대의 카메라맨은 석양에 불타듯 빛나는 절벽에서 두 손으로 간신히 들 정도로 큰 동물의 두개골 화석을 발견했다. 불타는 절벽(Flaming Cliffs)이라고 불리던 그곳에서 해가 지기 전까지 여러 개의 부분 골격과 알의 껍데기(→p.122)가 발견되었으나 서둘러 복귀하던 중이었기 때문에 본격적인 조사는 이듬해에야 시작되었다.

불타는 절벽은 당초 신생대 지층으로 추정했기 때문에 발견된 두개골도 포유류의 것으로 생각했다. 하지만 클리닝(→p.130)을 마치고 드러난 것은, 뿔이 없는 것 이외에는 각룡과 똑같은 화석이었다. 그 뒤로 이 화석은 정기준 표본으로 1923년 프로토케라톱스·앤드루시(앤드루스의 원시적인 뿔 얼굴)라고 명명되었다. 프릴(→p.212)조차 없었을 것으로 추정된 이 표본은 같은 해 발굴 조사에서 방대한 양의 프로토케라톱스의 추가 표본이 발견되면서 프릴이 떨어진 유체였다는 것을 알게 되었다.

1923년의 조사에서는 불타는 절벽에서 대량의 알과 둥지의 화석이 발견되었다. 실제로는 오비랍토르(→p.54)와 그 근연종의 것이었지만, 당시 배아의 화석이 발견되지 않아 소거법을 적용해 이 산지에서 가장 많이 발견된 프로토케라톱스의 알일 것으로 판단했다.

▪▪ 백악기의 양

앤드루스 탐험대의 발견 이후 약 100년이 흘렀지만, 그 후로도 방대한 양의 프로토케라톱스의 화석이 계속 발견되었다. 프로토케라톱스 화석은 과거 사막이나 반사막 환경에서 퇴적한 지층에서 산출되었으며, '격투 화석'(→p.166)으로도 유명하다. 관절 상태(→p.164)의 골격이 대각선 위 또는 바로 위를 향한 상태로 발견되는 경우도 많고, 생매장되어 탈출하려고 몸부림치거나 둥지에서 휴식을 취하다 그대로 모래폭풍에 매몰되었을 가능성이 지적되었다.

앤드루스 탐험대가 발견하지 못한 유체와 진짜 '프로토케라톱스의 알' 또는 둥지나 배아는 최근에서야 발견되어 프로토케라톱스의 알이 도마뱀이나 악어와 같이 부드러운 껍질에 싸여 있었다는 것이 밝혀졌다. 그 이상 각룡의 알 화석으로 단정할 수 있는 것은 없었는데, 알을 둘러싼 껍질이 부드러워 화석화되기 어려웠을 가능성도 이유일 것이다.

프로토케라톱스나 그 근연종은 다수의 화석이 존재하기 때문에 공룡 중에서도 특히 활발한 연구가 이루어진 종이다. 그 많은 산출량 덕분에 '백악기의 양'이라고까지 불리며, 때로는 화석 사냥꾼들을 질리게 했던 프로토케라톱스의 발굴 기세는 여전히 사그라지지 않고 있다.

프로토케라톱스의 동료들

고비사막 일대에서 프로토케라톱스와 그 근연종의 화석이 다수 발굴되었으나 프로토케라톱스과는 중앙아시아에서만 발견되었다. 북아메리카에서도 비슷한 형상의 원시 각룡류가 발견되었으나 현재는 다른 그룹(렙토케라톱스과)으로 여겨진다.

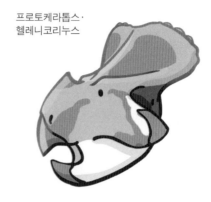

프로토케라톱스·
헬레니코리누스

생태 비슷한 크기의 개체가 무더기로 산출되는 경우가 있어, 무리가 한꺼번에 매몰되었을 것으로 본다. 공막 고리뼈(→p.206)의 형태로 보아 밤낮에 관계없이 활동했을 가능성이 지적되었다.

몸통·꼬리 몸통은 앞뒤 길이가 매우 짧은 대신 좌우 너비가 넓다. 허리는 좌우 폭이 매우 좁아 프시타코사우루스와 같은 2족 보행의 좀 더 원시적인 각룡에 가까운 듯하다. 꼬리는 극상 돌기가 지느러미 형태로 뻗어 있는데, 헤엄칠 때 사용했다는 의견은 크게 지지받지 못하고 있다.

머리 각룡 중에서도 유독 머리가 크다. 정면에서 보면 머리에 사지가 달린 것처럼 보일 정도이다. 프릴 가장자리에는 연후두골과 같은 이랑이 있고, 부리에는 뿔처럼 돌기가 솟아 있다. 프로토케라톱스·앤드루시는 입가에 못 형태의 이빨이 있었으나 후에 나타난 프로토케라톱스·헬레니코리누스에서는 퇴화했다.

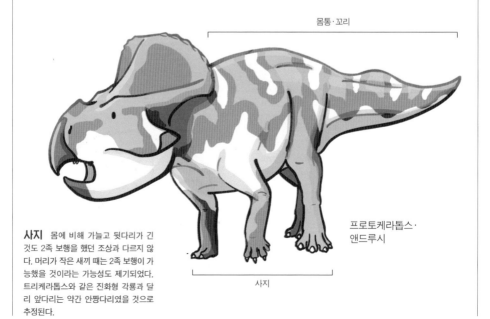

몸통·꼬리

사지 몸에 비해 가늘고 뒷다리가 긴 것도 2족 보행을 했던 조상과 다르지 않다. 머리가 작은 새끼 때는 2족 보행이 가능했을 것이라는 가능성도 제기되었다. 트리케라톱스와 같은 진화형 각룡과 달리 앞다리는 약간 안짱다리였을 것으로 추정된다.

프로토케라톱스·
앤드루시

사지

오비랍토르

| *Oviraptor*

몽골에서 발견된 많은 수의 공룡 알 화석. 둥지 옆에서 숨을 거둔 그 소형 수각류는 알 도둑의 오명을 쓰게 된다. 그로부터 100년이 흘러 오비랍토르는 알 도둑이라는 오명은 벗었지만 여전히 그 정체는 몽골의 모래 속에 묻혀 있다.

∷ '알 도둑'의 발견

1920년 전반, 전설의 화석 사냥꾼(→p.250) 로이 채프먼 앤드루스가 이끄는 미국 자연사박물관의 중앙아시아 탐험대는 몽골에서 왕성히 조사를 실시했다. 특히 '불타는 절벽'에서 이루어진 발굴 조사에서 대량의 공룡 알 화석(→p.122)을 발견했다. 내용물은 남아 있지 않았지만 일대에서 발견된 공룡 화석 대부분이 프로토케라톱스(→p.52)였기 때문에 알 화석도 프로토케라톱스의 알이라고 생각되었다. '불타는 절벽'에서는 '프로토케라톱스의 둥지'와 그 위를 덮고 있던 미지의 소형 수각류의 골격도 발견되었다. 이 골격은 풍화로 하반신이 소실되었지만 상반신은 관절이 연결된 상태(→p.164)로 보존되어 있었다. '프로토케라톱스의 둥지'를 습격한 소형 수각류가 모래폭풍을 만나 둥지와 함께 산 채로 매몰되었다고 판단한 헨리 페어필드 오스본은 이 공룡에게 '각룡의 알을 좋아하는 알 도둑'이라는 의미의 오비랍토르·필로케라톱스라는 학명을 붙였다.

∷ 벗겨진 누명과 정체

이렇게 '알 도둑'이라는 누명을 쓰게 된 오비랍토르였지만 1990년대가 되자 상황은 일변했다. 중국 네이멍구 자치구에서 발견된 '프로토케라톱스의 둥지' 한가운데에서 현생 조류가 알을 품는 자세와 비슷한 자세로 앉은 오비랍토르류의 골격이 발견된 것이다.

몽골에서도 '프로토케라톱스의 알'에 든 오비랍토르류의 배아 화석이 확인되었다. 프로토케라톱스의 알로 추정했던 화석은 모두 오비랍토르류의 알이었던 것이다. 또한 '오비랍토르류의 둥지'에 앉아 있는 오비랍토르류의 화석이 잇따라 발견되면서 '알 도둑'이 누명이었다는 사실이 분명해졌다. 오비랍토르의 정기준 표본도 실은 자신의 알을 지키다 생매장된 것이었다.

누명이 벗겨진 한편, 분류학적인 연구가 진행되면서 그때까지 오비랍토르·필로케라톱스로 추정했던 화석 대부분이 다른 종인 것으로 판명되었다. 결국 오비랍토르의 화석은 보존 상태가 좋지 않은 정기준 표본과 알 그리고 그 옆에서 새롭게 발견된 배아의 화석만 남았다.

둔덕 형태의 둥지에는 알이 2개씩 도넛 모양으로 놓여 있었다. 복수의 암컷이 둥지를 공동으로 이용하기도 했던 모양이다. 새끼는 부화한 후 금방 걸었을 것으로 추정된다. 알은 길고 갸름한 형태로 중국에서는 청록색 색소가 남아 있는 화석도 발견되었다.

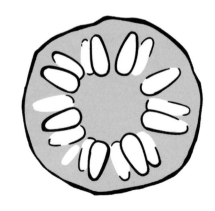

오비랍토르의 동료들

오비랍토르과의 화석은 아시아에서만 발견되었지만 근연인 카에나그나투스과는 북아메리카에서도 발견되었으며, 거기에는 전장 7m에 달하는 기간토랍토르도 포함되어 있다. 대부분 머리에 크레스트를 가지고 있는 종이 많았는데, 정작 오비랍토르의 크레스트는 발견되지 않았다.

오비랍토르과의 조상에 가까운 카우딥테릭스는 목에서 몸통까지 깃털(→p.76)로 덮여 있었다는 것이 확인되었으며, 앞다리와 꼬리 끝부분에는 장식깃과 같은 긴 깃털이 있었다. 오비랍토르과나 카에나그나투스과에서도 미좌골(→p.221)이 발견되었기 때문에 꼬리에 장식깃이 있었을 가능성이 있다.

둥지를 지키던 개체가 직접 알을 품었을지는 확실치 않다. 같은 오비랍토르과의 키티파티는 수컷이 둥지를 지켰을 가능성이 있다.

앞다리 오비랍토르과의 앞다리 길이는 다양하다. 오비랍토르나 키티파티의 앞다리(위쪽)는 길지만 옥소코의 앞다리(아래쪽)는 매우 짧고 발가락도 2개뿐이다.

머리 가벼운 구조이지만 아래턱은 무척 튼튼해 보인다. 오비랍토르의 크레스트는 발견되지 않았지만 같은 과의 린첸이아(오른쪽)나 키티파티(왼쪽)에 가까운 형태였을 것으로 추정된다.

과연 무엇을 먹었을까?

오비랍토르과의 두개골은 매우 특이한 형태로, 식성에 관한 다양한 의견이 제기되었다. 한 연구자는 오비랍토르과가 반수생이었으며, 아래턱이 튼튼한 것으로 보아 조개를 먹었을 것이라고 생각했다. 이 견해는 현재 긍정적으로 받아들여지지 않는데 오비랍토르과의 화석이 사막의 풍성층(風成層)에서 발견되는 사례도 많기 때문이다.

오비랍토르과는 고기를 잘게 찢거나 물어뜯기 위한 이빨이나 날카로운 부리가 없기 때문에 육식 공룡은 아니었을 것이라는 점에서는 연구자들의 의견이 일치한다.

여러 연구자들이 식물식의 가능성을 지적했으며, 나무 열매나 종자를 먹었을 것으로 추정했다. 한편 오비랍토르가 산출되는 지층에서는 꽃가루(→p.202) 화석이 많이 발견되지 않았기 때문에 당시의 식생을 밝히기 어려운 경우도 많다.

오비랍토르과의 두개골이 나무 열매나 종자와 같은 단단한 것을 먹는 데 적합한 구조였다면, 알껍데기를 깨뜨리는 것도 가능했을지 모른다. 영양이 풍부한 알이 눈앞에 있다면 과연 오비랍토르는 어떻게 행동했을까?

데이노케이루스

| *Deinocheirus*

2013년, 한 발표가 학계를 전율케 했다. 40년 넘게 베일에 싸여 있던 데이노케이루스의 골격이 한꺼번에 2구나 보고된 것이다. 두개골과 발을 제외하면 거의 완전했던 그 골격은 2000년대에 추정했던 모습과는 완전히 달랐다. 그리고 2014년, 발표된 내용을 정리한 논문이 출간되면서 학계는 더욱 소란스러워졌다. 머리와 발까지 갖춘 데이노케이루스의 모습이 공개된 것이다.

፥ 몽골의 초거대 수각류

1960년대, 폴란드는 몽골과 공동으로 고비사막에서 활발한 발굴 조사를 실시했다. 폴란드 측 여성 연구자들이 다수 참가했기 때문에 후에 중국 연구자들은 이 조사대를 '낭자군'이라고 불렀다. 그리고 1965년, 네메그트층에서 거대한 공룡의 팔이 발견되었다.

현장에 남아 있던 것은 완전한 팔이음뼈와 앞다리 그리고 늑골과 복륵골의 부분 골격뿐이었다. 형태는 분명수각류의 골격이었지만, 앞다리만 무려 2.4m에 달했다.

기재(→p.138)를 준비하던 할스카 오스몰스카(Halszka Osmolska)는 이 화석의 특징 대부분이 오르니토미무스류(→p.58)와 일치하는 것을 깨달았다. 한편, 말절골(→p.217)의 형태는 기존에 알려진 것과 큰 차이가 있었는데 오르니토미무스류치고는 지나치게 거대했다. '무서운 손'을 뜻하는 데이노케이루스라는 속명을 붙인 오스몰스카는 고민 끝에 이 표본을 메갈로사우루스류(→p.32)로 분류했다.

፥ 의문의 거대 타조 공룡

데이노케이루스의 새로운 표본이 전혀 발견되지 않는 상황에서 테리지노사우루스(→p.60)와 데이노케이루스 모두 긴 팔을 가지고 있었다는 점에서 이들을 근연으로 보는 연구자들이 나타났다. 또 1990년대 초반에는 거대한 팔을 가진 티라노사우루스(→p.28)와 같은 모습부터 전장 10m가 넘는 거대 오르니토미무스류 혹은 '세그노사우루스류'와 같은 모습까지 다양한 데이노케이루스의 복원(→p.134)상이 난립했다.

2000년대가 되면서 데이노케이루스가 오르니토미모사우루스류(오르니토미무스류를 포함하는 더 큰 그룹)라는 것이 확실시되고 학계의 권위자가 되어 있던 오스몰스카도 이를 지지했다. 데이노케이루스와 오르니토미무스류의 유사성을 간파한 오스몰스카의 안목이 옳았던 것이다. 그럼에도 여전히 데이노케이루스의 표본은

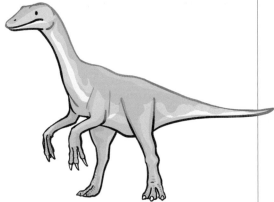

정기준 표본뿐이었기 때문에 복원에는 기존 오르니토미무스류의 팔로 대체하는 방법이 최선이었다.

∷ 도굴된 전신 골격

2006년부터 한국과 몽골의 공동 조사대가 고비사막에서 발굴 조사를 실시했다. 이 조사에는 일본, 미국, 캐나다, 중국의 연구자들도 참여해 국제색이 풍성한 팀이 꾸려졌다.

조사 첫해인 2006년, 네메그토층에서 기묘한 수각류의 골격이 발견되었다. 도굴꾼에 의해 심하게 훼손되었지만 그럼에도 조사대는 어깨부터 꼬리까지 이어진 척추뼈와 골반 일부 그리고 발을 제외한 뒷다리를 채집할 수 있었다. 이 공룡은 전장이 7m 이상이었을 것으로 추정되었으며, 기존에 네메그토층에서 발견된 공룡 화석과 일치하는 특징은 찾지 못했다.

2008년, 한국·몽골 공동 조사대는 데이노케이루스의 정기준 표본이 나왔던 발굴 현장을 재발견하고 남겨진

화석이 없는지 조사했다. 그곳에서 타르보사우루스의 이빨 모양이 남아 있는 뼈가 발견되면서 데이노케이루스의 정기준 표본이 타르보사우루스에게 잡아먹혔을 가능성이 떠올랐다. 하지만 더 이상의 화석은 발견되지 않았다.

2009년, 한국·몽골 공동 조사대는 거대한 도굴 현장을 목격했다. 당초 타르보사우루스의 도굴 흔적이라고 생각했던 그곳에서 발견된 것은 데이노케이루스의 팔이음뼈였다.

발굴 현장에 남아 있던 골격은 관절 상태(→p.164)였으며 머리, 손, 발은 도굴꾼들에 의해 사라진 상태였다. 이 골격의 특징이 2006년에 발견된 것과 일치하면서 2006년에 발견된 골격도 데이노케이루스의 것이었다는 사실이 밝혀졌다.

2011년, 화석 판매업자에게 얻은 정보를 바탕으로 연구자들이 벨기에로 날아갔다. 거기에 있던 것은 2009년 발견된 골격의 머리와 손 그리고 발이었다. 도굴된 화석이 일본을 경유해 벨기에의 수집가에게 팔렸던 것이다. 이 화석은 2013년 몽골에 반환되어 2014년 일거에 논문으로 발표되었다.

머리 기본적인 구조는 다른 오르니토미무스류와 동일하지만 부리가 매우 길고 아래턱이 높아서 겉보기에는 전혀 달라 보인다. 입가의 좌우 폭이 넓은 것이 하드로사우루스류와 비슷하다.

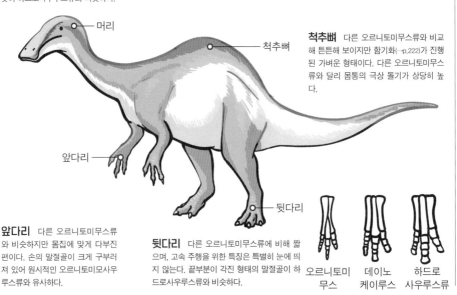

머리

척추뼈

척추뼈 다른 오르니토미무스류와 비교해 튼튼해 보이지만 함기화(→p.222)가 진행된 가벼운 형태이다. 다른 오르니토미무스류와 달리 몸통의 극상 돌기가 상당히 높다.

앞다리

뒷다리

오르니토미무스

데이노케이루스류

하드로사우루스류

앞다리 다른 오르니토미무스류와 비슷하지만 몸집에 맞게 다부진 편이다. 손의 말절골이 크게 구부러져 있어 원시적인 오르니토미모사우루스류와 유사하다.

뒷다리 다른 오르니토미무스류에 비해 짧으며, 고속 주행을 위한 특징은 특별히 눈에 띄지 않는다. 끝부분이 각진 형태의 말절골이 하드로사우루스류와 비슷하다.

오르니토미무스
| *Ornithomimus*

일찍이 '타조 공룡'으로 널리 알려진 것이 오르니토미무스를 비롯한 오르니토미모사우루스류이다. 오르니토미모사우루스류는 20세기 초부터 타조와 비슷한 모습의 전신 골격이 다수 발견되었지만 그 진화나 생태에 대해 자세히 알려진 것은 비교적 최근의 일이었다.

:: 마시의 '유사 조류'

오르니토미모사우루스류의 최초의 화석이 발견된 것은 '화석 전쟁'(→p.144)이 한창이던 1889년이었다. 미국 콜로라도주에서 발견된 손과 발의 부분 골격은 오스니얼 찰스 마시가 손에 넣었다. 발의 형태는 그때까지 발견된 어떤 공룡보다도 현생 조류와 비슷했으며 후에 '악토메타타잘'(→p.218)이라고 불린 독특한 구조를 가지고 있었다. 발의 구조는 현생 조류와 비슷했지만 손은 크게 비슷한 점이 없었기 때문에 마시는 이 공룡에게 '새를 닮았다'는 의미의 오르니토미무스라는 속명을 붙였다.

그 후, 미 서부에서 비슷한 발 화석이 여럿 발견되자 마시는 그것들도 오르니토미무스속으로 분류했다. 실제 이 화석들은 오르니토미모사우루스류가 아니라 소형 알바레즈사우루스류 또는 커다란 티라노사우루스류(→p.28)의 것까지 포함되어 있었다. 마시가 오르니토미무스의 일종으로 추정한 화석 중에는 티라노사우루스·렉스의 뒷다리까지 포함되어 있었는데 그 사실이 밝혀진 것은 티라노사우루스가 명명된 이후 한참이 지난 후였다.

:: 세계의 타조 공룡

20세기, 캐나다에서 보존 상태가 좋은 골격이 여럿 발견되면서 오르니토미무스가 '타조와 닮은' 모습이었다는 사실이 밝혀졌다. 오르니토미무스속과 그 근연종은 타조처럼 긴 목에 작은 머리 그리고 긴 뒷다리를 가진 한편, 가늘고 긴 앞다리와 비교적 긴 꼬리도 함께 가지고 있었다. 이후, 아시아와 유럽에서도 오르니토미모사우루스류가 발견되면서 백악기 로라시아(→p.176)에 널리 분포했다는 것을 알게 되었다.

백악기 후기의 오르니토미모사우루스류는 대부분 '타조 공룡'이라고 불러도 무방한 모습이었으며 백악기 전기에도 크게 다르지 않은 모습이었다. 오르니토미모사우루스류는 진화 과정에서 일찍이 그 기본적인 모습이 완성되었으며 이후, 골격의 구조가 서서히 발달한 듯했다. 한편, 최근에는 데이노케이루스(→p.56)와 같이 '타조 공룡'과는 거리가 먼 체형 및 크기를 가진 종류가 있었다는 사실이 밝혀지면서 오르니토미모사우루스류의 모습과 생태가 지금껏 생각했던 것보다 훨씬 다양했다는 것을 알게 되었다.

오르니토미모사우루스류는 종종 골층(→p.170)으로 발견되는 경우도 있어 집단으로 행동했을 가능성도 제기되었다. 이빨이나 부리의 형태가 육식에 적합지 않고 위석(→p.125)도 발견되었기 때문에 잡식 내지는 식물식이었을 것으로 추정된다. 깃털(→p.76)이나 부리의 각질이 화석화된 것도 발견되면서 다양한 관점에서 연구가 진행되고 있다.

▒ 타조 공룡의 진화

오르니토미모사우루스류의 화석은 대부분 로라시아에 해당하던 지역에서 발견되었으며, 가장 오래된 오르니토미모사우루스 은퀘바사우루스는 당시 곤드와나(→p.182)였던 남아프리카의 백악기 초기 지층에서 산출되었다. 그 밖에 곤드와나에서 오르니토미모사우루스류로 단정할 수 있는 화석은 발견되지 않았으며 쥐라기의 오르니토미모사우루스류 화석도 알려진 바 없다. 거리는 꽤 멀지만 외형이 비슷한 노아사우루스류의 화석과 혼동하는 경우도 있는 등 혼란이 계속되었다.

원시적인 오르니토미모사우루스류는 작은 이빨이 있었는데 그중에는 이빨이 약 220개에 이르는 펠레카니미무스도 알려져 있다. 원시적인 오르니토미모사우루스류는 다른 수각류와 마찬가지로 발가락이 4개였으나 백악기 후기에 나타난 진화형은 제1지(첫 번째 발가락)가 퇴화해 3개뿐이었으며 발등도 악토메타잘 구조로 고속 주행에 적합한 형태였다고 한다.

머리 몸집에 비해 매우 작으며, 거대한 안와가 두드러진다. 종에 따라 부리 끝부분의 형태가 다르다. 펠레카니미무스는 후두부에 연조직의 작은 크레스트가 보존되어 있는 것 외에도 목 부근에서 주머니 형태의 구조도 확인되었다.

몸통·꼬리 진화형 수각류치고는 몸통이 앞뒤로 긴 편이다. 몇몇 오르니토미모사우루스에서 대량의 위석이 발견된 예가 있다. 꼬리는 약간 짧지만 오비랍토르사우루스류와 비교하면 훨씬 길다. 중간쯤부터 급격히 가늘어져 막대 모양으로 뻗어 있다. 데이노케이루스는 끝부분이 미좌골(→p.221)로 변형되었다.

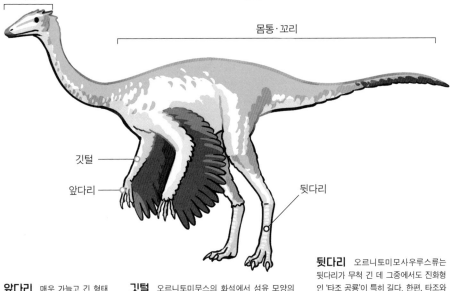

머리

몸통·꼬리

깃털

앞다리

뒷다리

앞다리 매우 가늘고 긴 형태로, 손가락도 길다. 손의 형태는 종마다 차이가 크지만 기본적으로 사냥감을 덮치기에는 적합지 않은 구조이다.

깃털 오르니토미무스의 화석에서 섬유 모양의 단조로운 깃털이 발견되었다. 또 앞다리 뼈에서는 깃털이 부착되어 있던 구조도 확인되었다. 꼬리 끝부분에도 장식깃과 같은 것이 있었을 가능성이 있지만 직접적인 증거는 아직 발견되지 않았다.

뒷다리 오르니토미모사우루스류는 뒷다리가 무척 긴 데 그중에서도 진화형인 '타조 공룡'이 특히 길다. 한편, 타조와는 달리 진화형도 땅에 닿는 발가락은 3개뿐이다. 악토메타잘 구조의 발등은 진화형 티라노사우루스의 유체와 구별하기 어렵다.

테리지노사우루스

| *Therizinosaurus*

21세기를 맞은 지 20년 이상이 경과된 오늘날에도 수수께끼의 공룡은 수없이 존재한다. 몽골에서 발견된 테리지노사우루스는 당초 공룡인지 아닌지조차 확신하지 못했다. 근연종에 대한 연구가 발전함에 따라 서서히 그 모습이 드러나고 있기는 하지만 여전히 테리지노사우루스의 정체는 베일에 싸여 있다.

▓ 수수께끼의 거대 거북?

1948년, 몽골에서 공룡 화석의 새로운 산지를 개척한 옛 소련의 조사대는 네메그토 층에서 거대한 말절골(→p.217) 화석 3개를 발견했다. 그중 하나는 길이가 50cm가 넘었으며 근처에는 중수골로 보이는 뼈와 길이 1.2m가 넘는 늑골의 부분 골격도 흩어져 있었다. 늑

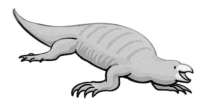

골은 기이할 정도로 굵고 폭이 넓어 프로토스테가나 아르케론과 같은 백악기의 거대한 바다거북과 비슷해 보였다. 이 동물의 정체는 도무지 알 수 없었지만 늑골의 유사성을 볼 때 거북과 같이 폭이 넓고 납작한 체형의 수생 동물일 것으로 추정했다. 말절골은 아마도 앞다리에 있던 것으로 수초를 거머쥘 때 사용했을 것으로 보인다.

▓ 용각류? 수각류? 그것도 아니면?

1970년대가 되자 테리지노사우루스의 정체에 대한 커다란 단서를 얻을 수 있었다. 1973년에 팔이음뼈와 앞다리의 화석이 발견된 것이다. 이 무렵, 몽골에서는 기묘한 공룡의 화석이 잇따라 발견되었다. 세그노사우루스류라고 불린 이들 공룡은 '고(古)용각류'와 같은 두개골과 발 그리고 긴 목에 넓은 몸통을 가지고 있었다. 치골이 뒤쪽으로 향한 골반은 수각류의 것과는 크게 달라 보였다.

테리지노사우루스의 어깨와 앞다리는 세그노사우루스류와 비슷해 보였다. 1990년대가 되면서 테리지노사우루스는 거대한 세그노사우루스류라고 생각하게 되었다. 1954년, 테리지노사우루스가 명명되었을 때 테리지노사우루스과도 만들어졌기 때문에 세그노사우루스류는 테리지노사우루스류라고 불리게 되었다.

세그노사우루스류의 분류에 대해서는 1990년대까지 격렬한 논의가 오가며 수각류가 아닌 '고(古)용각류'에 가까운 그룹이라고 보는 의견도 강했다. 하지만 1999년 중국에서 발견된 원시적인 테리지노사우루스류 베이피아오사우루스는 수각류의 특징을 다수 갖추고 있었다. 테리지노사우루스류에서 볼 수 있는 '고(古)용각류'적인 특징이 독자적으로 발달한 것으로 생각되면서 테리지노사우루스류가 수각류였다는 것으로 의견이 일치했다.

테리지노사우루스류의 분류를 둘러싼 논쟁은 수습되었지만 여전히 테리지노사우루스의 화석은 팔이음뼈와 팔 그리고 테리지노사우루스인지 아니면 다른 테리지노사우루스류의 것인지 불분명한 발뼈뿐이다. 같은 네메그토층에서 발견된 '팔만 공룡'인 데이노케이루스(→p.56)는 최근에서야 전신 골격이 발견되었다. 테리지노사우루스는 언제쯤 전신 골격이 발견될 수 있을까?

::: 테리지노사우루스의 몸

테리지노사우루스로 단정할 수 있는 화석은 팔이음뼈와 앞다리뿐이지만, 테리지노사우루스류 전체로 눈을 돌리면 다양한 부분 화석이 발견되었다. 언제쯤 '정답 맞히기'가 가능할지 모르겠지만, 여기서 테리지노사우루스의 전신에 대해 상상해보자.

머리 소형 테리지노사우루스류인 에를리코사우루스는 완전한 두개골 골격이 발견되었다. 같은 지층에서 발견된 세그노사우루스는 아래턱이 아래를 향해 구부러져 있었다. 테리지노사우루스류의 두개골이 매우 다양했던 것을 알 수 있다.

— 머리

깃털
베이피아오사우루스에서는 깃털(→p.76)이 발견되었는데 조류에서는 볼 수 없는 단순한 구조의 깃털이 온몸을 덮고 있었던 듯하다. 미좌골(→p.221)도 발견되면서 장식깃이 있었을 가능성을 보여주었다. 한편, 테리지노사우루스는 전장이 베이피아오사우루스의 4배가 넘는다. 베이피아오사우루스에 비해 온난한 환경에서 살았을 것으로 추정되며, 깃털로 몸을 따뜻하게 할 필요는 없던 듯하다.

깃털

목·몸통·꼬리 난쉬웅고사우루스의 거의 완전한 목과 몸통의 화석이 발견되었다. 몸통은 허리 부근이 매우 넓고, 골반은 몸통을 떠받치기 위해 좌우로 크게 벌어져 있다. 꼬리는 짧고 굵은 편이며 허리에서부터 살짝 들리듯 뻗어 있다. 다른 2족 보행 공룡과 달리 상반신을 세우고 걸었을 것으로 추정된다.

앞다리 —

뒷다리

앞다리 몸에 비해 크게 긴 편은 아니었을 것이다. 테리지노사우루스의 앞다리는 테리지노사우루스류 중에서도 독특한 형태로, 말절골이 매우 얇고 완만하게 구부러져 있다. 테리지노사우루스류의 앞다리는 가동 범위가 그리 크지 않았을 것으로 보기 때문에 팔을 크게 펼쳐 발톱을 휘두르는 동작이 가능했을지는 의문이다.

뒷다리 발견된 화석만으로 판단하면 테리지노사우루스류는 정강이가 긴 편이었던 듯하다. 전체적으로 매우 튼튼한 형태로, 발목 아래쪽은 '고(古)용각류'와 같은 구조를 보인다. 발의 말절골은 4개 모두 매우 크고 얇은 갈고리 발톱 형태이다. 이 4개의 발가락이 특징적인 족적을 남긴 듯하다.

안킬로사우루스

| *Ankylosaurus*

피골을 발달시킨 장순류 중에서 등에 판 모양의 피골이 덮여 있고 꼬리에는 골침이 뻗어 있는 것이 검룡류, 피골이 온몸을 전부 덮은 것이 개룡류이다. 개룡 중에서도 특히 유명한 것이 안 킬로사우루스이지만 그 실태는 아직 분명히 밝혀지지 않았다.

▦ 개룡의 발견

개룡류는 공룡 중에서도 가장 초기에 발견된 것 중 하나이다. 1832년, 영국에서 발견된 개룡의 화석은 공룡 사상 최초로 발견된 부분적인 관절 상태(→p.164)의 골격이었으며, 이듬해인 1833년에 기디언 만텔은 이 골격에 '무장한 숲의 도마뱀'이라는 의미의 힐라에오사우루스·아르마투스라는 학명을 붙였다. 이것은 메갈로사우루스(→p.32), 이구아노돈(→p.34)에 이어 사상 세 번째로 명명된 공룡이었지만 이후 다른 화석이 거의 발견되지 않아 오늘날에도 실태가 거의 알려져 있지 않다.

▦ 안킬로사우루스의 수수께끼

개룡의 골격은 그 후 유럽뿐 아니라 미국에서도 발견되었지만 '개룡류'라는 분류는 1920년대까지 확립되지 않았으며, 스테고사우루스(→p.44)와 같은 검룡류에 속하는 것으로 보았다.

개룡 중에서도 특히 유명한 안킬로사우루스의 화석이 발견된 것은 20세기 이후였다. 1906년, 전설의 화석 사냥꾼(→p.250) 바넘 브라운이 이끄는 미국 자연사박물관의 조사대가 미국 몬태나주의 배드랜드(→p.107)에서 두개골을 포함한 부분 골격을 발견한 것이다. 1908년, 브라운은 이 골격을 안킬로사우루스로 명명했지만 발견된 골격이 너무 적어서 꼬리를 포함한 결손부를 스테고사우루스로 보완한 골격도 남아 있다.

1920년대가 되면서 마침내 꼬리 끝에 곤봉 모양의 뼈 뭉치가 있는 개룡이 존재했다는 것이 확인되었다. 또 개룡 중에는 이런 곤봉 모양의 뼈 뭉치가 있는 종류와 없는 종류가 있다는 것도 처음으로 밝혀졌다. 안킬로사우루스는 곤봉을 가진 종류로, 마침내 그 화석도 발견되기에 이르렀다. 하지만 현재까지도 안킬로사우루스의 전신 골격은 발견되지 않은 상태이다.

▦ 기적의 화석

몽골에서는 모래폭풍에 휩싸여 산 채로 매몰되거나 죽은 후 빠르게 매몰된 결과, 전신의 관절이 연결된 상태로 남아 있는 개룡의 화석이 여럿 발견되었다. 이 골격들은 엎드린 상태로 발견되었는데 옆구리 부분의 골판까지 온전히 보존되어 있었지만 등 부분의 골판은 풍화·침식으로 소실되기 쉬운 상황이었다. 북아메리카에서는 물에 떠내려갈 때 부패가스의 영향으로 몸이 뒤집히거나 이후 가스가 빠져나가 가라앉은 개룡의 화석이 종종 발견되었다. 이런 골격들은 옆구리 부분의 골판은 보존되기 힘들지만 몸통에 깔린 등 부분의 골판은 온전한 상태인 경우가 많다. 간혹 보레알로펠타와 같이 상반신이 그대로 미라화(→p.162)된 것도 있다.

∷ 개룡의 복원

개룡류 그룹 내에서의 계통 관계는 아직 해명되지 못한 부분이 많아 논의가 활발한 상황이다. 일반적으로 진화형 개룡류는 안킬로사우루스류와 노도사우루스류로 나뉘며, 그 이전에 갈라져 나온 그룹이 백악기 말까지 곤드와나(→p.182)에서 살아남았던 것으로 보인다. 개룡의 가장 큰 특징인 판처럼 생긴 피골(→p.214) '갑옷'은 그 완전한 배치를 알 수 있는 화석이 존재하지 않는다. 개룡의 복원(→p.134)은 공룡 중에서도 특히 어려운 과제이지만 근연종 간에는 골판의 배열 형태가 공통되는 것으로 보인다.

주울(안킬로사우루스류)

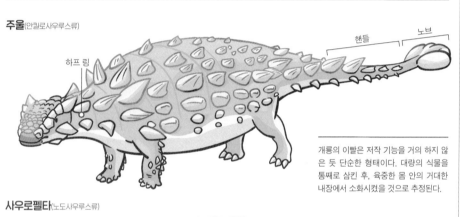

하프 링 / 핸들 / 노브

개룡의 이빨은 저작 기능을 거의 하지 않은 듯 단순한 형태이다. 대량의 식물을 통째로 삼킨 후, 육중한 몸 안의 거대한 내장에서 소화시켰을 것으로 추정된다.

사우로펠타(노도사우루스류)

하프 링

하프 링

개룡의 목에는 피골로 이루어진 반원형의 띠와 골침이 결합한 '하프 링(half-ring)'이 여럿 존재한다. 안킬로사우루스류의 꼬리 뒷부분은 특수화된 꼬리뼈와 골화 힘줄(→p.105)의 상승 효과로 단단한 막대 모양의 '핸들(handle)'이라고 불리는 구조를 이루고 있으며, 그 끝에는 여러 개의 피골이 뭉쳐진 곤봉 형태의 '노브(knob)'가 달려 있다. 핸들과 노브로 이루어진 이 뼈 뭉치는 포식자를 물리치거나 종내 경쟁에 이용되었을 것으로 추정된다.

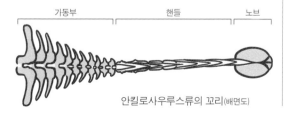

가동부 / 핸들 / 노브

안킬로사우루스류의 꼬리(배면도)

파키케팔로사우루스

| *Pachycephalosaurus*

파키케팔로사우루스로 대표되는 견두룡류(또는 후두룡류)는 외관상 머리 모양이 약간 독특한 조각류처럼 보인다. 하지만 견두룡류는 각룡류와 유연관계가 깊은 그룹으로, 체형도 조각류와는 전혀 다르다. '돔' 형태의 화석만 발견되면서 유명해진 견두룡류였지만 최근에는 연구도 크게 진전되고 있다.

∷ 견두룡류와 트루돈

최초의 견두룡류 화석은 19세기 후반 미국에서 발견되었다. 두개골 일부가 발견되었지만 당초에는 도마뱀이나 아르마딜로 등의 화석일 것으로 생각하고 큰 관심을 받지 못했다.

견두룡류가 공룡으로 인식된 것은 20세기 이후부터였다. 캐나다의 백악기 후기 지층에서 두정부의 '돔' 화석이 발견되면서 스테고케라스로 명명되었다. 하지만 그것만으로는 전체적인 모습을 전혀 알 수 없었던 탓에 각룡의 코뿔(속명은 '지붕 모양의 뿔'이라는 의미) 혹은 개룡이라고도 생각되었으나 1920년대가 되면서 상황이 급변했다. 완전한 두개골이 포함된 스테고케라스의 부분 골격이 발견된 것이다.

이를 연구한 찰스 길모어는 '스테고케라스의 두개골'에 나 있던 이빨이 트루돈이라고 불리던 화석과 매우 유사하다는 점에 주목했다. 오늘날에는 조류와 유연관계가 깊은 수각류로 널리 알려진 트루돈류이지만 당시에는 이빨 화석만 발견되어 공룡인지 아닌지도 불분명한 상황이었다. 길모어는 스테고케라스가 트루돈의 본모습일 것으로 판단하고, 스테고케라스를 트루돈의 동물이명(→p.140)으로 지목했다. 그 뒤 견두룡류는 트루돈류라고 불리게 되었다.

∷ 파키케팔로사우루스 탄생

'트루돈의 골격'은 몇 가지 기묘한 특징을 가지고 있었지만 척추뼈가 거의 남아 있지 않아 체형에 대한 의문은 더욱 커졌을 뿐이었다. 그러던 중 캐나다와 미국에서 견두룡류의 화석이 발견되었는데 이번에도 역시 '돔' 화석뿐 두개골 전체는커녕 척추뼈조차도 충분히 발굴되지 않았다.

1931년, 미국 와이오밍주의 백악기 말 지층에서 '트루돈의 신종'이 발견되었다. 이 트루돈·와이오밍엔시스도 '돔' 화석뿐이었지만 그 뒤로 헬 크리크층(→p.190)에서 '트루돈의 두개골'과는 현저히 다른 견두룡류의 거의 완전한 두개골이 발견되어 파키케팔로사우루스·그란게리로 명명되었다. 그 후, 이 두 종이 같은 종으로 판단되면서 학명은 파키케팔로사우루스·와이오밍엔시스가 되었다.

1940년대 후반이 되자 트루돈이 수각류이며 견두룡류와는 전혀 다른 공룡이라는 사실이 밝혀졌다. 하지만 그 후로도 일반 대중용 서적 등에서는 여전히 스테고케라스를 트루돈으로 소개하는 상황이 계속되었다. 1960년대 이후, 몽골의 고비사막에서 폴란드와 몽골의 공동 조사가 이루어지면서 프레노케팔레와 호말로케팔레라는 새로운 견두룡류가 발굴되었다. 특히 대다수 골격이 보존되어 있던 호말로케팔레는 스테고케라스의 골격과 합쳐져 견두룡류의 기묘한 골격 구조를 밝히는 데 큰 역할을 했다. 최근에는 파키케팔로사우루스로 보이는 부분 골격도 발견되어 두개골 이외의 연구도 진행되고 있다.

▪▪ 별종? 동일종?

견두룡류는 같은 지층에서 여러 종이 기재(→p.138)된 예가 있으며, 두정부에 '돔' 구조가 있는 것과 없는 것이 같은 지층에서 산출되기도 했다. 과거에는 '돔'이 없는 것을 단순히 원시적인 견두룡류라고 생각했는데 실제로는 '돔' 이외의 두개골 장식(후두부에 있는 뾰족한 골침의 배치나 개수 또는 형태 등)이 같은 지층에서 산출된 '돔'이 있는 것과 유사하다는 것이 확인되면서 돔이 있는 공룡의 어린 개체로 보는 의견도 제기되었다. 최근 성장에 따른 공룡의 형태 변화 연구가 활발히 이루어지는 가운데 견두룡류는 각룡류와 함께 좋은 연구 소재가 되고 있다.

머리 뾰족한 골침으로 덮여 있으며, 기본형은 원시적인 각룡과 매우 비슷하다. 두정부의 '돔'은 몸집이 커지면서 급속히 발달하는 듯하다. 뇌의 크기는 조반류 중에서도 최대급이다. 위아래 턱 끝부분에는 엄니와 같은 이빨이 여러 개 나 있다.

몸통·꼬리 몸통부터 꼬리가 시작되는 부분까지, 2족 보행을 하는 공룡치고는 이상할 정도로 좌우 폭이 넓다. 거대한 내장을 가졌던 것으로 추정된다. 꼬리 뒤쪽은 근막이 골화된 특수한 형태의 구조가 발달해 꼬리뼈를 감싸고 있다.

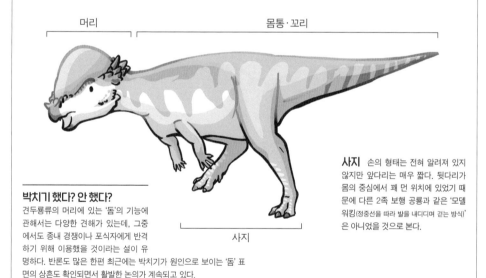

머리

몸통·꼬리

사지

사지 손의 형태는 전혀 알려져 있지 않지만 앞다리는 매우 짧다. 뒷다리가 몸의 중심에서 꽤 먼 위치에 있었기 때문에 다른 2족 보행 공룡과 같은 '모델 워킹(정중선을 따라 발을 내디디며 걷는 방식)' 은 아니었을 것으로 본다.

박치기 했다? 안 했다?
견두룡류의 머리에 있는 '돔'의 기능에 관해서는 다양한 견해가 있는데, 그중에서도 종내 경쟁이나 포식자에게 반격하기 위해 이용했을 것이라는 설이 유명하다. 반론도 많은 한편 최근에는 박치기가 원인으로 보이는 '돔' 표면의 상흔도 확인되면서 활발한 논의가 계속되고 있다.

파키케팔로사우루스   스티기몰로크   드라코렉스

파키케팔로사우루스의 성장
파키케팔로사우루스가 산출된 헬 크리크층에서는 그 밖에도 스티기몰로크와 드라코렉스가 발굴되었다. 이들의 두개골은 돔의 유무와 골침의 길이 이외에는 파키케팔로사우루스와 똑같았다. 드라코렉스는 파키케팔로사우루스의 어린 개체, 스티기몰로크는 파키케팔로사우루스의 아성체일 것으로 추정된다.

스피노사우루스
| *Spinosaurus*

독특한 외형과 거대한 몸집으로 인기를 모은 스피노사우루스는 최근까지도 의문이 많은 공룡이다. 스피노사우루스는 오늘날에도 열띤 논의가 계속되는 가장 뜨거운 공룡 중 하나이다.

∷ 소실된 정기준 표본

20세기 초, 세계에서도 손꼽을 정도의 과학 대국이던 독일은 식민지를 비롯한 여러 나라에서 왕성한 학술 원정 조사를 실시했다. 이때 독일의 귀족이자 지질학자였던 에른스트 스트로머(Ernst Freiherr Stromer)가 화석 사냥꾼(→p.250)들을 이끌고 당시 영국의 식민지였던 이집트의 오지를 찾아갔다. 일행은 바하리야 오아시스에서 백악기 중반의 동물 화석을 다수 발견했다. 이후, 제1차 세계대전으로 영국과 적대 관계가 되기까지의 수년간 공룡을 비롯한 방대한 양의 화석을 발굴해 독일로 보냈다. 스트로머는 뮌헨의 박물관에서 이들 화석을 기재(→p.138)하느라 바쁜 나날을 보냈다. 그중에서도 그의 눈길을 끈 것은 거대한 '등지느러미'를 가진 수각류의 부분 골격이었다. 사지는 전혀 남아 있지 않았지만 몸통의 골격은 비교적 잘 보존되어 있었으며, 흉요추의 극상 돌기는 지금까지 어떤 공룡에서도 보지 못했을 만큼 길게 뻗어 있었다. 이 극상 돌기가 거대한 '등지느러미'를 형성했을 것으로 추정했다.

스트로머는 이 공룡을 '이집트의 가시 도마뱀'을 의미하는 스피노사우루스·아에깁티아쿠스라고 명명하고 연구에 매진했다. 바하리야 오아시스에서는 스피노사우루스의 것으로 추정되는 뒷다리를 포함한 작은 부분 골격도 발견되었다. 스트로머는 이 골격을 '스피노사우루스B'라고 불렀다.

제2차 세계대전이 발발하자 스트로머는 뮌헨의 박물관에 수장된 일련의 바하리야 오아시스산(產) 화석을 안전한 곳으로 옮기도록 박물관장에게 호소했다. 하지만 열정적인 나치 당원이었던 관장은 평소 나치와 관계가 좋지 않던 스트로머의 말에 귀를 기울이지 않았다. 1944년 4월 24일, 박물관과 함께 스피노사우루스의 화석 2개체도 잿더미가 되고 말았다. 결국 남은 것은 논문의 도판과 박물관에 전시되었을 당시의 사진 몇 장뿐이었다.

∷ 새로운 동료들

정기준 표본(그리고 진짜 스피노사우루스인지 아닌지 분명치 않은 '스피노사우루스B')이 소실되었기 때문에 제2차 세계대전 이후 스피노사우루스 연구는 쉽지 않은 상황이었다. 하지만 곳곳에 바하리야 오아시스와 동시대의 지층이 존재하던 북아프리카에서 간혹 스피노사우루스로 보이는 화석이 새롭게 발견되기도 했다.

1990년대가 되자 모로코에서 바하리야 오아시스산과 같은 종의 공룡이 발견되었다. 스피노사우루스의 골격이 무더기로 발견되는 일은 없었지만 모로코의 백악기 중반 지층은 상업 표본의 산지로 주목받으며 모로코산 스피노사우루스의 이빨 화석이 대량으로 유통되었다. 또 바리오닉스를 비롯한 백악기 전기의 스피노사우루스류 연구도 이루어졌다. 이렇게 소실된 정기준 표본과 모로코산 부분 화석 그리고 백악기 전기 근연종에 관한 정보를 조합해 티라노사우루스(→p.28)를 뛰어넘는 스피노사우루스의 거대한 몸체가 복원(→p.134)되었다.

∷ '신(新)복원'과 현재

이렇게 복원된 스피노사우루스는 같은 과의 바리오닉스나 수코미무스와 같이 날씬하고 긴 뒷다리를 가진 모습이었다. 하지만 2014년 충격적인 '신복원'이 발표되었다. 모로코에서 새롭게 발견된 부분 골격의 뒷다리는 '스피노사우루스B'와 매우 비슷한 형태로, 몸집에 비해 무척 짧고 빈약했던 것이다. '신복원'을 발표한 연구팀은 다양한 특징으로 볼 때 스피노사우루스는 반수생(半水生)이었으며, 육상에서는 (뒷다리가 짧기 때문에) 앞다리까지 사용해 4족 보행을 했을 것으로 추정했다. 또한 연구팀은 새롭게 발견된 부분 골격을 소실된 정기준 표본을 대신할 신기준 표본으로 지정했다. 한편 신기준 표본이 키메라(chimera, 복수의 분류군의 화석이 섞인 상태)일 것으로 의심하는 의견도 있었다.

그런 이유로 '신복원'을 발표한 연구팀은 신기준 표본의 산지를 재발굴해 남아 있던 거의 완전한 꼬리를 발견한다. 이 발견으로 신기준 표본이 키메라가 아님을 증명했을 뿐 아니라 스피노사우루스의 꼬리가 수생·반수생의 양서류나 파충류와 비슷한 형태였다는 것도 밝혀냈다. 연구팀은 스피노사우루스가 빠르게 헤엄치며 수중에서 먹이를 사냥하는 사냥꾼이었을 것으로 생각했는데 여기에는 다른 의견도 많다.

명명 이후 100년이 넘는 세월이 흐른 지금, 스피노사우루스 연구는 거우 출발점에 섰을 뿐이다.

머리 발견된 화석은 거의 부리뿐이지만, 좌우 폭이 좁고 긴 두개골을 가지고 있었던 것만은 분명하다. 콧구멍이 꽤 뒤편에 있어서 코끝을 물에 담근 상태에서도 호흡이 가능했다. 이빨은 어식성 악어와 매우 유사한 형태로, 물고기를 먹었던 것은 분명해 보인다. 낮은 크레스트를 가지고 있었지만 형태는 분명치 않다.

등지느러미 체온 조절용 혹은 과시용 등의 기능에 관해서는 다양한 의견이 있으나 자세한 사항은 밝혀지지 않았으며, 등지느러미 전체의 형상조차 분명히 알 수 없는 상황이다. 스피노사우루스와 근연종인 이크티오베나토르의 극상 돌기가 심하게 구부러진 상태로 산출된 것을 보면 유연성이 높은 뼈였을지도 모른다.

꼬리 스피노사우루스를 비롯한 몇몇 스피노사우루스류에서 지느러미 형태의 꼬리가 발견되었다. 겉보기에는 악어와 같이 꼬리로 물을 헤치며 이동하는 동물과도 비슷해 보이지만 그 정도로 근육질은 아니었던 듯하다.

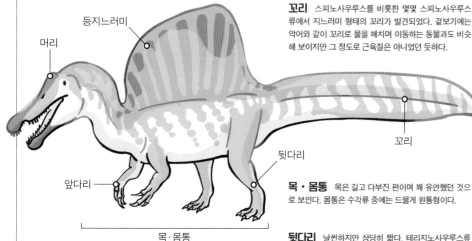

머리
등지느러미
앞다리
뒷다리
꼬리
목·몸통

목·몸통 목은 길고 다부진 편이며 꽤 유연했던 것으로 보인다. 몸통은 수각류 중에는 드물게 원통형이다.

뒷다리 날씬하지만 상당히 짧다. 테리지노사우루스류 이외의 수각류로서는 드물게 발의 제1지(첫 번째 손가락)도 땅을 짚었던 것으로 보인다. 물갈퀴가 있었을 가능성도 제기되었는데 물속이나 습지를 이동할 때 도움이 되었을 것이다.

앞다리 발가락은 길었던 것 같지만 그 이상은 거의 알려진 것이 없다. 바리오닉스나 수코미무스의 앞다리는 튼튼하지만 매우 짧은 편이다.

카르노타우루스

| *Carnotaurus*

백악기 곤드와나에는 로라시아와는 다른 그룹의 공룡들이 번성했는데, 그 사실이 밝혀진 것은 비교적 최근이었다. 백악기 곤드와나에서 번성한 중형~대형 육식 공룡 아벨리사우루스류가 그룹으로 인식된 것은 1980년대 중반, 카르노타우루스가 발견된 이후였다.

▓▓ 육식 황소

인도나 아르헨티나의 백악기 후기 지층은 20세기 전반부터 연구되었으며, 당시에도 다양한 곤드와나(→p.182)산 용각류 및 수각류가 발견·기재(→p.138)되었다. 하지만 당시의 공룡 화석은 모두 부분 골격뿐이었으며, 특히 수각류에 관해서는 분류조차 의심스러운 것들이 많았다. 예컨대 오늘날 인도산 아벨리사우루스류로 알려진 인도수쿠스는 당초 알로사우루스류(→p.42)로 추정되었으며, 1960년대부터 1980년대에는 티라노사우루스류(→p.28)로 생각했을 정도였다.

1970년대 후반부터 아르헨티나에서 공룡 발굴이 활발해지면서 보존 상태가 좋은 공룡 화석이 잇따라 채집되었다. 그때 남미 최초로 대형 수각류의 관절 상태(→p.164)의 골격이 발견되었다.

단단한 능철석 단괴(→p.168)에 둘러싸여 클리닝(→p.130)에 상당한 시간이 걸린 이 골격은 발굴 직후부터 그 기묘한 특징이 두드러졌다. 대형 수각류치고는 얼굴이 무척 작았으며, 머리에는 황소와 같은 2개의 짧은 뿔이 나 있었던 것이다. 앞다리는 티라노사우루스보다 더 짧았으며, 골격 주변에는 피부흔(→p.224)까지 남아 있었다.

이 공룡은 1985년 황소와 같은 뿔과 발굴 현장이었던 목장 소유자의 이름을 따 '사스트레의 육식 황소'라는 의미의 카르노타우루스·사스트레이로 명명되었다. 같은 해, 부분적인 두개골 화석을 바탕으로 명명된 아벨리사우루스와 카르노타우루스와 근연이라는 것도 밝혀져 이들 공룡을 아벨리사우루스류라고 부르게 되었다. 또한 그때까지 인도와 아르헨티나에서 발견되었던 대형 수각류의 부분 화석들이 모두 아벨리사우루스류의 골격으로 밝혀졌다. 이렇게 백악기 곤드와나에서는 아벨리사우루스류가 일반적인 존재였다는 사실이 드러났다.

▓▓ 곤드와나의 왕자

1990년대가 되자 마다가스카르에서 보존 상태가 좋은 마준가사우루스의 화석이 잇따라 발견되어 카르노타우루스와는 체형이 크게 다른 아벨리사우루스류도 존재한다는 것이 판명되었다. 또한 유럽에서도 아벨리사우루스류의 화석이 여럿 발견되면서 백악기 후기에는 곤드와나의 아벨리사우루스류가 유입·정착했다는 것도 밝혀졌다.

지금까지는 백악기 중반, 기가노토사우루스(→p.70)를 비롯한 카르카로돈토사우루스류가 멸종한 후, 곤드와나에서 최상위 포식자의 자리를 차지한 것은 아벨리사우루스류였을 것으로 생각했다. 하지만 최근 들어 대형 메가랍토르류(→p.72)가 백악기 말까지 남미에 존재했다는 사실이 밝혀졌다. 곤드와나에 서식했던 공룡에 대한 연구는 이제 시작이다. 전 세계 고생물학자들이 뜨거운 시선으로 지켜보고 있다.

∷ 케라토사우루스의 계보

아벨리사우루스류는 쥐라기 후기의 케라토사우루스와 유연관계가 깊은 그룹으로, 골격 면에서도 다수의 특징을 계승하고 있다. 케라토사우루스와 동시대에 이미 곤드와나에 분포되었으며 백악기를 맞아 세력을 넓힌 것으로 보인다. 아벨리사우루스류는 케라토사우루스와 달리 이빨이 짧지만 두개골이 단단해서 다부진 목을 이용해 먹이를 물어뜯었을 것이다.

케라토사우루스와 근연인 또 다른 그룹 중 하나로 노아사우루스류가 있는데 이 그룹은 아벨리사우루스류 이상으로 의문점이 많다. 쥐라기 후기에는 곤드와나뿐 아니라 로라시아에서도 번성했으나 백악기 후기가 되면 곤드와나에서만 발견된다. 성장과 함께 이빨이 소실된 개체도 발견되었다. 적어도 일부 노아사우루스류는 식물식을 했던 것으로 보인다. 노아사우루스류는 전장 2m가량의 개체가 많지만, 전장이 7m가 넘는 개체도 있었다.

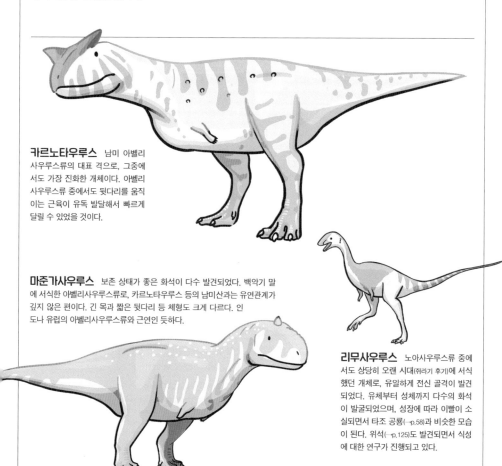

카르노타우루스 남미 아벨리사우루스류의 대표 격으로, 그중에서도 가장 진화한 개체이다. 아벨리사우루스류 중에서도 뒷다리를 움직이는 근육이 유독 발달해서 빠르게 달릴 수 있었을 것이다.

마준가사우루스 보존 상태가 좋은 화석이 다수 발견되었다. 백악기 말에 서식한 아벨리사우루스류로, 카르노타우루스 등의 남미산과는 유연관계가 깊지 않은 편이다. 긴 목과 짧은 뒷다리 등 체형도 크게 다르다. 인도나 유럽의 아벨리사우루스류와 근연인 듯하다.

리무사우루스 노아사우루스류 중에서도 상당히 오랜 시대(쥐라기 후기)에 서식했던 개체로, 유일하게 전신 골격이 발견되었다. 유체부터 성체까지 다수의 화석이 발굴되었으며, 성장에 따라 이빨이 소실되면서 타조 공룡(→p.58)과 비슷한 모습이 된다. 위석(→p.125)도 발견되면서 식성에 대한 연구가 진행되고 있다.

기가노토사우루스

| *Giganotosaurus*

1 995년, 오랫동안 최대·최강의 수각류로 군림하던 티라노사우루스의 왕좌를 뒤흔드는 사건이 일어났다. 아르헨티나에서 발견된 초거대 수각류 기가노토사우루스가 명명된 것이다. '티라노 사우루스보다 거대하다'는 선전 문구로 일약 인기 공룡의 자리에 올라선 기가노토사우루스였지만 그 실태에는 여전히 의문이 많다.

엘 초콘 호수의 괴물

1980년대 이래, 남미에서 공룡 발굴이 급물살을 타면서 알려진 게 거의 없던 곤드와나(→p.182)의 공룡에 대한 이해가 급속도로 진전되었다. 새로운 공룡이 잇따라 기재(→p.138)·명명되던 그때, 아르젠티나사우루스(→p.74)처럼 연구자들을 깜짝 놀라게 한 발견도 이어졌다.

1993년, 아르헨티나에서는 파타고니아의 배드랜드(→p.107)를 가로지르는 엘 초콘 호숫가에서 아마추어 화석 사냥꾼이 거대한 '용각류' 화석을 발견했다. 하지만 연락을 받고 현장으로 달려간 지역 연구자들이 확인한 것은 거대한 수각류였다. 전신의 상당 부분이 보존되어 있었으며, 일부는 관절이 연결된(→p.164) 상태였다. 두개골이 불완전하긴 했지만 그럼에도 이 공룡이 티라노사우루스(→p.28)와 호각을 겨룰 정도의 크기라는 것만은 틀림없었다.

1995년, 이 거대 수각류는 발견자의 이름을 따 '카롤리니의 거대한 남쪽 도마뱀'이라는 의미의 기가노토사우루스·카롤리니로 명명되었다. 분류에 대해서는 확실히 밝혀진 것이 없었지만 이집트나 모로코에서 산출된 거대 수각류 카르카로돈토사우루스의 근연으로 보는 의견과 곤드와나 각지에서 발견되었던 아벨리사우루스류로 보는 의견이 있었다. 명명 후 얼마 지나지 않아 복원(→p.134) 골격이 공개되었는데, 전장이 약 13m로 최대급의 티라노사우루스보다 약간 더 컸다. 아벨리사우루스를 참고하여 복원된 두개골은 길이가 약 180cm로, 티라노사우루스보다 30cm가량 컸다. 이 복원 골격은 카르카로돈토사우루스에 비해 상당히 늘어난 형상이었기 때문에 기가노토사우루스를 키르카로돈토사우루스류라고 생각한 연구자들의 비판이 일었다.

카르카로돈토사우루스류의 왕자

이후의 연구로 기가노토사우루스가 카르카로돈토사우루스류가 분명하다는 것이 밝혀지자 복원 골격의 아티팩트(→p.136)가 어떤 근거도 없는 부적절한 복원이 되고 말았다. 아크로칸토사우루스 등 완전한 상태로 발견된 카르카로돈토사우루스류의 두개골은 비교적 알로사우루스(→p.42)와 비슷했던 것이다.

이후 기가노토사우루스의 화석은 아래턱의 부분 골격이 발견되었을 뿐이었지만 남미에서는 그 후로도 다양한 카르카로돈토사우루스류의 화석이 잇따라 발굴되었다.

기가노토사우루스의 미발견 부위도 다른 남미산 카르카로돈토사우루스류를 통해 확인할 수 있게 되면서 기가노토사우루스의 복원이 한층 더 정밀해졌다. 새로운 발견이 잇따르던 중에도 기가노토사우루스는 최대급 카르카로돈토사우루스류의 지위를 고수하며 티라노사우루스와 우열을 가리기 힘들 정도의 거구를 자랑하는 공룡으로 군림했다.

∷ 집중 비교! 티라노사우루스 VS. 기가노토사우루스

티라노사우루스와 기가노토사우루스 모두 수각류로서는 무척 거대한 몸집을 가진 최대·최강급 '육식 공룡'으로 거론된다. 생태계의 정점에 군림한 두 거대 수각류에 대해 살펴보자.

머리 카르카로돈토사우루스류치고는 튼튼한 구조로, 콧등과 안와 위로 볼록하게 두드러진 각질 구조가 있었던 것 같다. 복원 골격의 아티팩트가 지나치게 길긴 했지만, 그럼에도 기가노토사우루스의 두개골이 최대급의 티라노사우루스보다 길었던 듯하다. 한편 티라노사우루스와 비교하면 훨씬 약한 구조로, 이빨도 얇은 나이프 형태이다. 굵은 이빨과 강인한 턱으로 먹이를 뼈째 씹어 삼켰던 티라노사우루스와 달리 날카로운 이빨로 찢어발기는 것이 특기였던 듯하다.

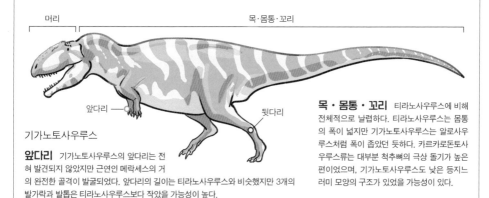

머리 / 목·몸통·꼬리

앞다리 / 뒷다리

기가노토사우루스

앞다리 기가노토사우루스의 앞다리는 전혀 발견되지 않았지만 근연인 메락세스의 거의 완전한 골격이 발굴되었다. 앞다리의 길이는 티라노사우루스와 비슷했지만 3개의 발가락과 발톱은 티라노사우루스보다 작았을 가능성이 높다.

목·몸통·꼬리 티라노사우루스에 비해 전체적으로 날렵하다. 티라노사우루스는 몸통의 폭이 넓지만 기가노토사우루스는 알로사우루스처럼 폭이 좁았던 듯하다. 카르카로돈토사우루스류는 대부분 척추뼈의 극상 돌기가 높은 편이었으며, 기가노토사우루스도 낮은 등지느러미 모양의 구조가 있었을 가능성이 있다.

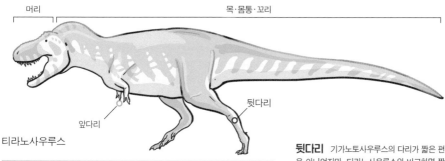

머리 / 목·몸통·꼬리

뒷다리

앞다리

티라노사우루스

크기 일러스트는 기가노토사우루스의 정기준 표본(위)과 최대급 티라노사우루스로 알려진 '수'(→p.240)을 동일 축척으로 배치한 것이다. 기가노토사우루스는 정기준 표본보다 약간 큰 개체의 화석이 발견된 한편 '수'보다 크다고 단언할 수 있는 티라노사우루스의 골격은 발견되지 않았다. 기가노토사우루스의 전장이 티라노사우루스보다 길었다는 것은 거의 확실하지만, 티라노사우루스에 비해 상당히 날렵한 편으로 빠르게 달릴 수 있는 특징을 가졌던 것 같다. 티라노사우루스의 가장 큰 개체가 기가노토사우루스의 가장 큰 개체보다 무거웠을 가능성이 높다.

뒷다리 기가노토사우루스의 다리가 짧은 편은 아니었지만, 티라노사우루스와 비교하면 짧은 편이다. 티라노사우루스가 악토메타타잘(→p.218)과 같은 특수한 구조를 가진 것에 비해 기가노토사우루스의 뒷다리는 극히 평범한 형태이다. 완전한 발 골격이 발견된 메락세스를 참고하면 기가노토사우루스도 메락세스와 같이 제2지(두 번째 발가락)에 상당히 큰 말절골(→p.217)이 있었을지도 모른다.

메가랍토르

| *Megaraptor*

백악기 후기에 곤드와나 대륙에는 거대한 갈고리 발톱을 가진 수각류가 번성했다. 메가랍토르류라고 불린 그 공룡들의 실체가 서서히 드러나고 있다.

발톱이 손가락에?

1980년대부터 남미에서 공룡 화석 발굴이 활발해지면서 그때까지 알려져 있지 않던 다양한 그룹의 공룡이 발견되었다. 거기에는 중형 수각류의 사지 일부와 거대한 갈고리 발톱처럼 보이는 말절골(→p.217)로 이루어진 표본도 포함되어 있었다.

사지의 특징은 그때까지 알려진 다른 수각류와 일치하지 않았지만 어딘지 모르게 코엘루로사우루스류와 비슷한 형태였다. 거대하고 얇은 갈고리 발톱의 식칼과 같은 단면 형상은 드로마에오사우루스류의 '갈고리 발톱'과 똑같았다. 드로마에오사우루스류로 단정하기는 어려웠지만 그럼에도 이 공룡은 드로마에오사우루스류와 비슷한 외형을 가졌던 것으로 추정되었다. 유타랍토르와 같은 거대 드로마에오사우루스류와 비슷하거나 혹은 더 컸을 것으로 추정된 이 공룡에게는 '메가랍토르'라는 속명이 붙었다.

2002년, 고대하던 메가랍토르의 새로운 표본이 발견되면서 충격적인 사실이 밝혀졌다. 새로운 표본은 팔꿈치 아래가 관절 상태(→p.164)로 보존되어 있었는데 발의 제2지(두 번째 발가락)가 아닌 손의 제1지(첫 번째 손가락)에 갈고리 발톱이 있었던 것이다. 이 새로운 표본은 팔꿈치부터 손끝을 제외하면 매우 불완전한 골격이기 때문에 메가랍토르의 분류에 대해서는 여전히 알 수 없는 상황이었다. 이 새로운 표본을 바탕으로 카르카로돈사우루스류와 비슷한 복원(→p.134) 골격이 제작되는 한편, 메가랍토르가 스피노사우루스류(→p.66)일 가능성을 지적하는 연구자도 등장했다.

정체불명의 갈고리 발톱

2010년대에 들어서면서 메가랍토르를 둘러싼 상황은 크게 바뀌었다. 남미에서 발견된 다양한 수각류들이 메가랍토르와 근연이라는 사실이 밝혀진 것이다. 오스트레일리아에서 발견된 오스트랄로베나토르와 일본의 후쿠이랍토르(→p.232)도 원시적인 메가랍토르류로 여겨지게 되었다. 또 이 시기가 되면 상반신 대부분이 관절이 연결된 상태로 보존된 메가랍토르의 유체(幼体)와 메가랍토르류의 비교적 완전한 상태의 후두부 등도 발견되었다. 이로써 메가랍토르류 전체로 볼 때 골격의 상당 부분이 모인 것이다.

수각류 안에서도 메가랍토르류의 위치에 대해서는 카르카로돈토사우루스류에 가깝다고 보는 의견과 원시적인 코엘루로사우루스류로 보는 두 가지 의견으로 나뉘며 현재까지도 논의가 계속되고 있다. 최근 들어 백악기 말기 지층에서도 대형 메가랍토르류 화석이 발견되면서 전장 9m가 넘는 메가랍토르류가 백악기 최후까지 번성했다는 것이 밝혀졌다.

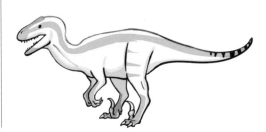

∷ 메가랍토르류의 미래

지금까지 메가랍토르류의 골격은 한 개체 분량이 통째로 발견된 예가 없으며, 같은 종 중에서도 복수의 부분 골격이 발견된 예도 메가랍토르뿐이다. 그래서 메가랍토르류를 복원할 때는 다양한 메가랍토르류를 조합해야 했다. 사지의 골격만 발견된 후쿠이랍토르는 이후 시대의 진화된 메가랍토르류와 비교하면 앞다리가 짧고 손의 말절골도 훨씬 작다. 같은 메가랍토르류라고 해도 장소와 시대 그리고 형태가 다양하기 때문에 골격을 조합해 복원할 때는 세심한 주의가 필요하다.

실태가 불분명하다 보니 여전히 메가랍토르류의 분류에 관해서는 다양한 견해가 충돌하는 상황이다. 백악기 중반의 지층에서 발견된 수각류의 부분 골격이 메가랍토르류로 분류되는 경우가 적지 않은데, 그것들이 진짜 메가랍토르류인지 아닌지도 의심스러운 경우가 있다.

곤드와나 대륙(→p.182), 적어도 지금의 남미에서는 아벨리사우루스류와 함께 백악기 최후까지 번성한 메가랍토르류였지만 북반구에서는 늦어도 백악기 중반 무렵에는 카르카로돈토사우루스류와 함께 멸종해 진화형 티라노사우루스류(→p.28)로 교체되었던 것 같다. 메가랍토르류는 공룡들의 흥망사를 밝혀내는 데 중요한 열쇠를 쥐고 있다.

머리 메가랍토르류의 완전한 두개골은 아직 발견되지 않았지만 메가랍토르의 유체에서 부리와 후두부 일부 그리고 무루스랍토르에서는 비교적 완전한 후두부 골격과 아래턱 절반이 발견되었다. 진화형은 머리가 작고, 부리는 가늘고 긴 편이다.

목·몸통·꼬리 진화형 메가랍토르류인 메가랍토르 유체(幼体)는 거의 완전한 상태의 목과 몸통의 골격이 남아 있었으며, 같은 진화형 아에로스테온, 트라타에니아도 몸통과 허리의 골격 대부분이 발견되었다. 목이 약간 길고, 몸통은 티라노사우루스류와 비슷하며, 가슴의 폭이 상당히 넓은 편이다. 다리이음뼈도 티라노사우루스류와 유사하다. 꼬리의 화석은 거의 발견되지 않았다.

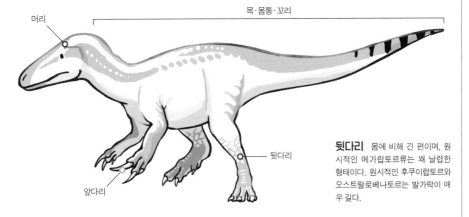

목·몸통·꼬리

머리

뒷다리

앞다리

뒷다리 몸에 비해 긴 편이며, 원시적인 메가랍토르류는 꽤 날렵한 형태이다. 원시적인 후쿠이랍토르와 오스트랄로베나토르는 발가락이 매우 길다.

앞다리 후쿠이랍토르와 같은 원시적인 메가랍토르류는 말절골이 얇아졌지만 기본적인 형태는 알로사우루스(→p.42) 등과 크게 다르지 않았던 듯하다. 메가랍토르 등의 진화형은 손이 매우 크고 특히 제1지(첫 번째 손가락)의 말절골이 현저히 긴 데다 갈고리 발톱까지 있다. 제3지(세 번째 손가락)가 매우 짧고 말절골도 작다. 제4중수골(네 번째 손가락 윗등)이 소실되지 않고 남아 있다.

아르젠티노사우루스

Argentinosaurus

1970년대부터 1990년대에 걸쳐 '가장 큰 공룡'을 둘러싼 논쟁이 과열되었다. 북아메리카에서 잇따라 거대한 디플로도쿠스류와 브라키오사우루스류의 화석이 발견되면서 한때는 전장 52m 라고까지 알려진 '세이스모사우루스'를 필두로 추정 전장과 체중을 두고 경합하는 상황이 벌어진 것이다. 그런 와중에 1993년 아르헨티나에서 진짜가 등장한 것이다.

세계에서 가장 무거운 공룡

아르헨티나에서 공룡 발굴이 활발하던 1987년, 중서부 네우켄주의 백악기 중반 지층에서 거대한 '규화목'(→p. 203)이 발견되었다. 연락을 받고 현지를 방문한 지역 박물관 직원은 그것이 나무줄기가 아니라 용각류의 정강이 화석 일부라는 것을 확인하고 1989년부터 주변 지역에 대한 본격적인 발굴 조사가 이루어졌다. 그 결과, 거대한 흉요추와 골반이 발견되었다. 흉요추와 골반은 그때까지 발견된 용각류는 물론이고 육상 생물 중에서도 최대 크기였다.

이 공룡은 1993년 아르젠티노사우루스·후인쿨렌시스로 기재(→p.138)·명명되었다. 북아메리카에서 산출된 쥐라기의 거대 공룡과 달리 백악기 곤드와나(→p.182)에서 번성한 원시적인 티라노사우루스류로 추정되었다.

당시에는 티라노사우루스류의 체형과 다양성에 대해 자세히 알려진 것이 없었다. 아르젠티노사우루스의 전장 (→p.142)은 육중한 몸집의 소형 티라노사우루스류와 비슷한 30m 정도로, 목과 꼬리가 긴 체형이었다면 35~40m 가량으로 추정되었다. 한편 당시에도 티라노사우루스류가 전체적으로 디플로도쿠스류나 브라키오사우루스류 (→p.46)에 비해 육중한 체구를 가졌다는 것이 알려져 있었기 때문에 아르젠티노사우루스의 체중(→p.143)이 다른 어떤 공룡보다 무거웠다는 것이 확실시되었다. 전장은 목과 꼬리가 무척 긴 디플로도쿠스류에 미치지 못한다 해도 체중 면에서는 분명 세계 최대급 공룡이라고 할 수 있었다. 아르젠티노사우루스의 체중은 80~100t가량으로 추정되었다.

거대 티라노사우루스류의 왕국

2000년대가 되자 아르헨티나의 백악기 지층에서 잇따라 거대한 티라노사우루스류의 화석이 산출되었다. 그 중에서도 푸탈롱코사우루스는 아르젠티노사우루스에 비해 몸집이 확실히 작았지만 목과 몸통 그리고 골반이 거의 완전한 관절 상태(→p.164)로 발견되었다. 이 발견으로 대형 티라노사우루스류 중에도 목이 긴 체형이 존재했다는 사실이 밝혀졌다. 그 밖에도 보존 상태가 좋은 다양한 화석이 발견되면서 대형 티라노사우루스류가 대부분 티라노사우루스류치고는 목이 긴 체형이었다는 사실이 판명되었다.

그러던 중, 2010년에 아르헨티나에서 거대한 티라노사우루스류의 골층(→p.170)이 발견되었다. 대부분의 골격이 뿔뿔이 흩어진 불완전한 상태였지만 그것들을 조합하자 두개골을 제외한 비교적 완전한 골격이 완성되었다. 전장 37m, 체중 69t으로 추정된 이 공룡은 파타고티탄으로 명명되었으며, 아르젠티노사우루스와 유연관계가 깊은 것으로 밝혀졌다.

∷∷ 사상 최대의 공룡

파타고티탄은 아르젠티노사우루스보다 약간 더 큰 것으로 기재되었는데, 두 표본의 중복된 화석을 살펴보면 아르젠티노사우루스가 약간 더 컸기 때문에 비판의 목소리도 많았다. 또 파타고티탄의 추정 꼬리 길이가 지나치게 길다는 의견도 있다. 하지만 '세이스모사우루스'(→p.246)를 비롯해 북아메리카에서 산출된 쥐라기 디플로도쿠스류의 추정 전장이 모두 하향 수정된 현재로서는 파타고티탄이 가장 길고 무거운 공룡인 것은 분명하다. 그리고 아르젠티노사우루스는 그런 파타고티탄보다 약간 더 컸을 가능성이 있다.

남미에서는 전장 30m가 넘는 거대한 티라노사우루스류가 백악기 전기부터 후기에 걸쳐 번성했으며, 그중 일부는 북아메리카에까지 유입되었을 것으로 여겨진다. 곤드와나에 살았던 공룡에 관한 연구는 로라시아(→p.176)에 비하면 아직 갈 길이 멀지만, 향후 아르젠티노사우루스보다 거대하고 완전한 티라노사우루스류의 화석이 발견될 가능성도 크다.

아르젠티노사우루스
파타고티탄보다 약간 더 크고 다부진 체구였던 듯하다. 티라노사우루스류치고는 등의 극상 돌기가 높다.

파타고티탄
거대한 티라노사우루스류 중에서는 비교적 완전한 전신 골격이 발견되면서 그 실태를 밝히는 데 큰 기대를 모으고 있다. 2017년 기재를 마쳤기 때문에 자세한 연구는 이제부터이다.

푸에르타사우루스
척추뼈가 몇 점 발견되었을 뿐이지만 목이나 몸통의 폭이 매우 넓고 심지어 몸통은 아르젠티노사우루스보다 더 넓었을 것으로 여겨진다. 파타고티탄보다는 확실히 목이 길고, 전장이나 체중도 아르젠티노사우루스를 뛰어넘을 가능성이 있다.

깃털

| feather

1996년, 충격적인 뉴스가 학계를 뒤흔들었다. 중국 라오닝성의 제홀 층군에서 발굴된 작은 공룡 화석에서 전신을 덮은 깃털이 발견된 것이다.

그로부터 25년 이상이 흐른 지금, 깃털이 그려진 복원화는 더 이상 희귀한 것이 아니었다. 깃털이 보존된 공룡 화석도 다수 발견되면서 깃털을 가진 공룡의 존재는 더는 의심할 여지가 없어진 것이다.

▦ 깃털이 확인된 공룡의 그룹

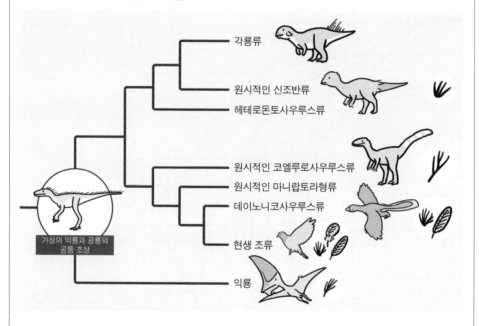

각룡류

원시적인 신조반류

헤테로돈토사우루스류

원시적인 코엘루로사우루스류

원시적인 마니랍토라형류

데이노니코사우루스류

현생 조류

익룡

가상의 익룡과 공룡의
공통 조상

시조새   현생 조류

데이노니코사우루스류의 미크로랍토르, 안키오르니스, 시조새(→p.78)는 날개깃으로 이루어진 날개를 가졌으며, 이 깃털 한 장 한 장이 현생 조류에 비해 훨씬 가늘고 약한 구조였던 듯하다. 현생 조류에 비해 깃털의 장수가 훨씬 많고 우비깃으로 덮인 범위가 넓어 비행에 필요한 강도를 확보했던 것 같다.

∷ 다양한 깃털 공룡

깃털을 가진 공룡 화석이 드물었던 시기에는 그런 공룡을 '깃털 공룡'이라고 불렀지만 '깃털 공룡'의 화석이 범람하게 된 지금은 잘 쓰이지 않게 되었다. 깃털은 뼈보다 쉽게 분해되고 사후 몸에서 빠지는 경우도 많다. 깃털이 화석으로 보존되려면 사체가 빠르게 퇴적물 등에 매몰되어 산소가 차단되어야 하는 등의 다양한 조건이 필요하다. 그런 이유로 깃털 화석이 발견되는 지층은 한정적일 수밖에 없는데 그런 특수한 퇴적 환경을 라거슈테텐 (→p.172)이라고 한다. 반대로 말하면, 그런 지층 이외에서 '깃털 공룡'의 깃털이 화석으로 발견될 가능성은 거의 없다고 볼 수 있다.

깃털 화석에는 멜라노솜이라고 불리는 색소를 포함한 세포 소기관이 보존되어 있는 경우가 있는데 그것으로 깃털의 색을 대강 추정할 수 있다. 깃털 공룡의 전체적인 색과 무늬가 밝혀지고 있는 것이다.

프시타코사우루스(각룡류)

깃털의 화석 증거가 발견된 공룡이 다수 발견되었다. 깃털이 없는 공룡도 조상은 깃털 공룡이었을 가능성이 있는 것이다.

안키오르니스
(아비알라이류
[광의의 조류])

시노사우롭테릭스
(원시적인 코엘루로사우루스류)

쿨린다드로메우스
(원시적인 신조반류)

시조새

| *Archaeopteryx*

1860년경, 당시 이미 화석의 명산지로 유명했던 독일의 졸른호펜 석회암층에서 화석화된 날개 깃 한 장이 발견되었다. 일대가 석판 인쇄(lithography)에 쓰이는 석회암 채석장이었던 이유로 이 화석은 '석판 시조새'라는 의미의 아르카이오프테릭스·리토그라피카로 명명되었으며, 이듬해에는 거의 완전한 골격이 발견되었다.

∷ 시조새의 발견

1861년 졸른호펜 석회암(→p.173)에서 발견된 조류로 추정되는 동물의 거의 완전한 골격은 대영 자연사박물관이 사들여 '공룡'이라는 분류를 만든 것으로 유명한 리처드 오언(Richard Owen)이 연구에 돌입했다. 날개로부터 독립된 손가락과 파충류와 같은 긴 꼬리까지 있던 이 표본은 '파충류에서 조류로의 이행 단계를 보여주는 화석'으로 논란에 휩싸였다. 다윈이 《종의 기원》으로 진화론을 확립한 지 불과 2년 후의 일로, 오언 자신을 포함해 진화론에 강경하게 반대하는 연구자도 많았던 것이다. 오언은 이 '런던 표본'이 시조새의 화석이며 골격이 현생 조류의 배아와 유사하다는 것을 간파했다. 한편 '이빨을 가진 조류'라는 개념이 없던 시대였기 때문에 오언은 런던 표본에 보존된 이빨이 나 있는 위턱을 어류의 것으로 오인한 것이다.

1874년경, 졸른호펜에서 새로운 시조새 화석이 발견되었다. 두개골까지 포함된 거의 완전한 상태의 골격으로, 깃털의 인상(印象, →p.226)도 런던 표본보다 훨씬 양호한 상태로 보존되어 있었다. 런던 표본과 마찬가지로 이 표본을 입수하기 위한 암투가 벌어진 끝에 지금의 베를린 자연사박물관이 표본을 손에 넣었다. 그렇게 이 표본은 '베를린 표본'으로 불리게 되었다.

그 후로 오랫동안 시조새의 화석은 발견되지 않았지만 런던 표본과 베를린 표본은 '최초의 새' 시조새의 화석으로 널리 알려지게 되었다. 시조새가 새와 파충류 사이를 잇는 '잃어버린 고리(missing link)'라는 견해도 널리 받아들여지게 되었다. '파충류와 새의 중간 생물'로서, 진화론을 체현한 존재인 시조새는 오늘날 교과서에도 반드시 실릴 정도로 유명해졌다.

∷ 조류의 기원

조류가 파충류에서 갈라져 나왔다는 개념이 널리 정착했지만 시조새의 조상에 대해서는 여전히 베일에 싸여 있었다. 19세기 후반부터 20세기 초에 걸쳐 다양한 연구자들이 시조새의 골격이 공룡과 매우 유사하다는 점을 지적했으며, 20세기 전반에는 창사골(暢思骨, 일부 공룡과 조류에서 볼 수 있는 두 갈래로 나뉜 형태의 뼈)의 유무에 중점을 둔 논의가 이루어졌다. 수각류는 창사골은커녕 그 원형으로 볼 수 있는 쇄골조차 없었던 것으로 추정된다. 수각류는 조상으로부터 물려받은 쇄골을 완전히 퇴화시켰으며, 시조새와의 유사성은 수렴 진화 즉, 다른 유래에서 기인한 외형적인 유사 구조인 것으로 여겨졌다. 그런 이유로 시조새는 공룡보다 원시적인 쇄골을 가진 파충류에서 진화했다고 생각하게 된 것이다.

시조새와 공룡 골격의 유사성은 '공룡 르네상스'(→p.150)로 또다시 주목받게 되었다. 그리고 '깃털 공룡'(→p.76)과 수각류의 창사골이 발견되면서 조류가 공룡으로부터 진화했다는 것이 확실시되었다. 조류는 특수화된 수각류의 한 그룹이었던 것이다.

:: 시조새의 현재

조류가 공룡으로부터 진화했다는 것이 확실시되는 한편, 시조새의 계통적 위치에 대해서는 논의가 계속되었다. 아비알라이류(광의의 조류)에 포함된다는 의견이 우세했지만 한편으로는 드로마에오사우루스류나 트루돈류와 가까운 관계(=아비알라이류가 아니다)로 보는 견해도 있다.

'깃털 공룡'이 발견된 당초에는 쥐라기 후기의 시조새보다 훨씬 이후 시대의 공룡이라는 점이 문제시되기도 했다. 하지만 현재까지 안키오르니스를 비롯한 시조새와 유사한 쥐라기 중기의 다양한 화석들이 발견되었다. 쥐라기 중기부터 후기에 걸쳐 세계 각지에서 공룡인지 조류인지 알 수 없는 동물이 번성했던 것이다.

오늘날 '시조새' 아르카이오프테릭스는 여러 종으로 구성된 것으로 여겨지며, 베를린 표본은 아르카이오프테릭스·지멘시로 분류되는 경우가 많다. 한편 런던 표본은 오늘날 아르카에오프테릭스·리토그라피카의 신기준 표본으로 지정되었다. 또 시조새라고 불린 표본 중에는 안키오르니스와 근연 관계에 있는 다른 속으로 분류된 표본도 있다. 현재 골격 및 깃털과 함께 형태가 명확히 알려진 것은 아르카이오프테릭스·지멘시뿐이며, 시조새 자체에 관한 연구도 계속되고 있다.

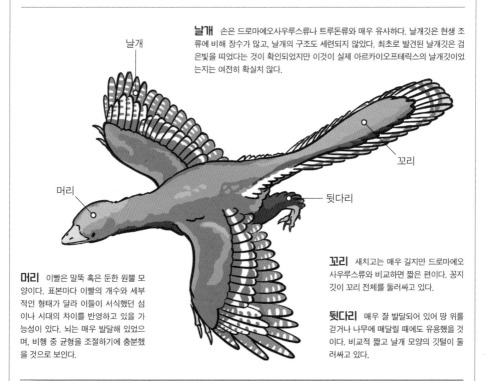

날개 손은 드로마에오사우루스류나 트루돈류와 매우 유사하다. 날개깃은 현생 조류에 비해 장수가 많고, 날개의 구조도 세련되지 않았다. 최초로 발견된 날개깃은 검은빛을 띠었다는 것이 확인되었지만 이것이 실제 아르카이오프테릭스의 날개깃이었는지는 여전히 확실치 않다.

날개

꼬리

머리

뒷다리

머리 이빨은 말뚝 혹은 둔한 원뿔 모양이다. 표본마다 이빨의 개수와 세부적인 형태가 달라 이들이 서식했던 섬이나 시대의 차이를 반영하고 있을 가능성이 있다. 뇌는 매우 발달해 있었으며, 비행 중 균형을 조절하기에 충분했을 것으로 보인다.

꼬리 새치고는 매우 길지만 드로마에오사우루스류와 비교하면 짧은 편이다. 꽁지깃이 꼬리 전체를 둘러싸고 있다.

뒷다리 매우 잘 발달되어 있어 땅 위를 걷거나 나무에 매달릴 때에도 유용했을 것이다. 비교적 짧고 날개 모양의 깃털이 둘러싸고 있다.

비행 능력 시조새는 백악기 이후의 조류에서 볼 수 있는 골화된 흉골이 없어 날개를 치며 비행하는 능력은 서툴렀을 가능성이 지적되었다. 열대의 얕은 바다에 떠 있는 섬에서 살았던 것으로 생각된다. 이런 섬들에는 관목 정도의 낮은 나무만 있었을 것으로 여겨지나 활강 비행으로 날아오르기에는 충분했을 것이다.

익룡
| Pterosauria

삼첩기 후기에 날갯짓 비행이 가능한 척추동물이 지구 역사상 최초로 모습을 드러냈다. 그렇게 등장한 익룡은 이후 백악기 말까지 긴 시간 동안 크게 번성했다. 종종 공룡과 혼동되는 익룡류는 명확히 다른 그룹에 속하지만 공룡과는 꽤 가까운 근연이기도 하다. 일찍이 비행 동물로서 완성된 모습으로 등장한 익룡은 과연 어떤 동물이었을까?

∷ 익룡의 기원과 진화

익룡의 화석이 처음 발견된 것은 1784년이었다. 라거슈테텐(→p.172)으로 유명한 독일의 졸른호펜 석회암에서 소형 익룡 프테로닥틸루스의 완전한 골격이 발견된 것이다. 날개처럼 생긴 지느러미로 헤엄치는 동물 혹은 박쥐의 유대류로 생각된 적도 있었지만 19세기 전반에는 하늘을 나는 파충류로 이해하게 되었다. 세계 각지에서 다양한 시대의 익룡이 발견되었지만 함기화(→p.222)가 진행된 골격은 화석화되기 어려워 보존 상태가 좋은 골격의 산지는 세계적으로도 손에 꼽을 정도이다.

가장 오래된 익룡 화석에 대한 기록은 삼첩기 후기까지 거슬러 올라간다. 동시대의 공룡들이 조상인 조경류(鳥頸類)의 특징을 강하게 보였던 반면 '가장 오래된 익룡'들은 하나같이 익룡이라고밖에 할 수 없는 독특한 모습이었다. 그런 이유로 가날픈 공룡처럼 생긴 조경류가 어떻게 익룡으로 진화했는지에 대해서는 거의 알려진 것이 없다.

초기의 익룡은 긴 꼬리를 가진 것이 많았지만 쥐라기 후기가 되면 짧은 꼬리를 가진 진화형이 나타나 원시적인 형태로 교체되었다. 원시적인 형태의 익룡은 큰 것도 날개를 펼쳤을 때의 길이(→p.142)가 2m 정도였으나 진화형은 편 날개 길이가 5m에 달하는 것도 드물지 않았으며, 백악기 후기에는 10m나 되는 익룡도 출현했다. 소형 익룡은 신생 그룹인 조류에 밀려 생태적 지위를 잃었을 것으로도 여겨진다. 최근에는 백악기 말기의 지층에서도 소형 익룡이 잇따라 발견되는 등 앞으로의 연구가 기대되고 있다.

머리 다양한 형태가 알려져 있다. 진화형은 이빨이 소실되거나 거대한 크레스트를 가진 것도 많다. 이빨을 고래의 수염과 같이 변화시키거나 플라밍고처럼 여과 섭식을 하는 익룡도 있었다.

깃털(→p.76) 몇몇 종에서 단순한 구조의 깃털이 발견되었으며, 이는 체온을 유지하는 용도였던 듯하다.

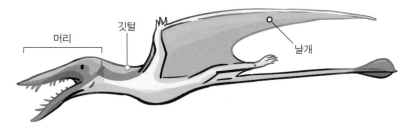

머리   깃털   날개

골격 함기화가 매우 잘 이루어졌다. 특히 진화형은 날갯짓을 하는 근육을 지지하는 어깨와 가슴 골격이 튼튼하고 어깨 부근의 척추뼈가 일체화된 '노타리움(notarium)'이라고 불리는 구조로 되어 있다.

날개 제4지(네 번째 손가락)가 길게 뻗어 튼튼한 피막을 지지하고 있다. 원시적인 익룡은 뒷다리와 꼬리 사이에도 피막(퇴간막)이 있었으며, 꼬리가 짧은 진화형은 어떤 형상이었을지 알려지지 않았다. 긴 꼬리 끝에 작은 지느러미가 달린 것도 발견되었는데 이는 꼬리 날개로서 기능했을 것으로 추정된다.

∷ 익룡과 비행

보존 상태가 좋은 익룡 화석의 산지는 세계적으로도 손에 꼽을 정도이며, 익룡에 관한 연구는 이런 한정된 시대·지역의 표본에 의존하고 있다. 피막의 인상(→p.226)이나 몸을 덮은 깃털이 보존된 화석 산지는 더욱 제한적이기 때문에 날개의 형상을 정확히 추정할 수 있는 익룡은 극히 드물다. 그런 이유로 익룡의 공기 역학적 특성이나 비행 능력에 관한 연구는 쉬운 일이 아니다.

원시적인 형태의 익룡은 지상에서는 네 발로 기어 다니는 방식으로밖에 이동할 수 없었을 것으로 보이지만 비행 능력은 처음부터 상당히 뛰어났던 것 같다. 진화형 익룡 중에는 반쯤 몸을 세우고 가볍게 걸을 수 있었던 종도 있었던 듯하다. 한편 프테라노돈(→p.82)이나 그 근연종인 닉토사우루스와 같이 비행 능력에 특화되어 지상이나 나무 위에서의 운동 능력을 거의 포기한 것처럼 보이는 진화형 익룡도 존재한다. 수면에서 헤엄을 치거나 잠수해 먹이를 사냥하는 개체도 있었다는 의견도 제기되었다.

비행 방식(짧은 거리를 계속 날갯짓하며 비행하거나 기류를 타고 최소한의 날갯짓으로 장거리를 비행하는 방식 등)과 지상에서의 운동 능력은 개체에 따라 크게 달랐던 것으로 보인다. 이는 현생 조류에서도 유사한 현상이 나타나며, 익룡의 생태가 다양했다는 것을 보여준다.

익룡의 번식 양식에 대해서는 의문이 많지만, 단단한 껍데기에 싸여 있지 않은 알(→p.122)도 발견된 바 있다. 배아나 유체의 화석은 드물지만 기본적으로 부화 직후부터 비행이 가능했을 것으로 추정되며, 어릴 때는 성체와 다른 장소에서 생활했을 가능성도 제기되었다.

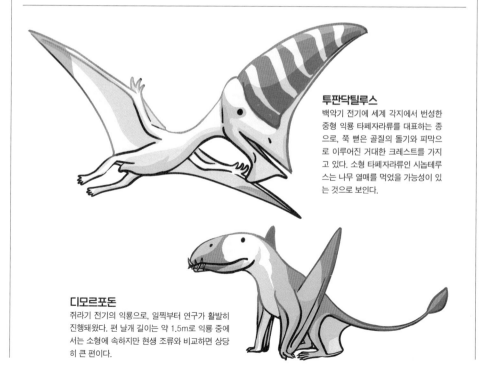

투판닥틸루스
백악기 전기에 세계 각지에서 번성한 중형 익룡 타페자라류를 대표하는 종으로, 쪽 뻗은 골질의 돌기와 피막으로 이루어진 거대한 크레스트를 가지고 있다. 소형 타페자라류인 시놉테루스는 나무 열매를 먹었을 가능성이 있는 것으로 보인다.

디모르포돈
쥐라기 전기의 익룡으로, 일찍부터 연구가 활발히 진행돼왔다. 편 날개 길이는 약 1.5m로 익룡 중에서는 소형에 속하지만 현생 조류와 비교하면 상당히 큰 편이다.

프테라노돈

| *Pteranodon*

중 생대 하늘의 지배자, 익룡 중에서도 특히 유명한 것이 프테라노돈이다. 거대한 크레스트의 강렬한 존재감 덕분에 '공룡 시대'를 묘사한 일러스트에서는 화산을 배경으로 티라노사우루스의 머리 위를 비행하는 모습이 정석처럼 그려지곤 한다.

프테라노돈 연구는 1990년대에 비약적으로 발전했다. 오늘날 알려진 프테라노돈의 이미지 역시 과거와 크게 다르지 않다. 현대의 연구로 밝혀진 프테라노돈의 진짜 모습은 과연 어떤 것이었을까?

▒ 프테라노돈이 살았던 시대

프테라노돈의 화석 산지는 미국에 한정되어 있으며, 그중에서도 캔자스주와 콜로라도주의 해성층(→p.108)에 집중되어 있다. 이들 해성층이 퇴적된 것은 약 8550만~7950만 년 전으로 추정되며, 프테라노돈은 티라노사우루스가 출현하기 1000만 년 이상 전에 멸종한 것으로 보인다. 해성층에서 화석이 발견된 것은 어느 정도 자란 프테라노돈이 바다 위를 날며 생활했다는 것을 알려준다. 티라노사우루스(→p.28)의 조상도 프테라노돈과 같은 시대, 같은 지역에서 살았겠지만 두 종이 대면할 기회는 드물었을 것이다.

▒ 프테라노돈의 성별

두정부에 있던 크레스트의 형태를 바탕으로 다수의 프테라노돈류의 종이 명명되었다. 현재 일반적으로 인정되는 것은 2종뿐이지만 같은 종 중에도 크레스트의 형태와 체격이 다른 두 가지 유형이 확인되었다. 이는 성적이형(性的異形)을 의미하는 것으로 해석된다. 체격이 큰 유형(수컷?)은 어느 정도 성장한 후에야 크레스트가 크게 발달한 것으로 보인다. 프테라노돈·스턴버기를 다른 속인 게 오스턴버기아로 보는 의견도 있지만 이는 널리 받아들여지지 않았다.

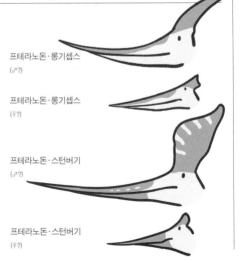

프테라노돈·롱기셉스
(♂?)

프테라노돈·롱기셉스
(♀?)

프테라노돈·스턴버기
(♂?)

프테라노돈·스턴버기
(♀?)

▓ 프테라노돈의 모습

다수의 프테라노돈 화석이 발견되었지만 대부분 뿔뿔이 흩어진 골격의 일부만 발견되었을 뿐 관절 상태(→p.164)의 전신 골격이 발견된 예는 매우 드물다. 프테라노돈·롱기셉스의 수컷으로 추정된 것 중에는 편 날개 길이(→p.142)가 7m가 넘는 것까지 발견되었다.

북아메리카에서는 대형 프테라노돈류가 약 7950만 년 전 모습을 감추었지만 가까운 계통의 닉토사우루스류는 백악기 말까지 번성했던 듯하다. 프테라노돈과 공존했던 닉토사우루스는 체구가 훨씬 작고 손가락도 완전히 퇴화했다. 프테라노돈과 닉토사우루스는 앨버트로스처럼 상당히 긴 시간과 거리를 날 수 있었던 것으로 추정되는 한편, 지상에서는 거의 무방비 상태였을 것이다.

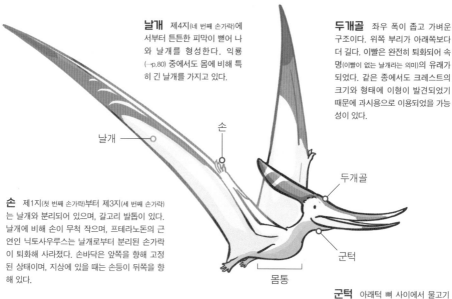

날개 제4지(네 번째 손가락)에서부터 튼튼한 피막이 뻗어 나와 날개를 형성한다. 익룡(→p.80) 중에서도 몸에 비해 특히 긴 날개를 가지고 있다.

두개골 좌우 폭이 좁고 가벼운 구조이다. 위쪽 부리가 아래쪽보다 더 길다. 이빨은 완전히 퇴화되어 속명(이빨이 없는 날개라는 의미)의 유래가 되었다. 같은 종에서도 크레스트의 크기와 형태에 이형이 발견되었기 때문에 과시용으로 이용되었을 가능성이 있다.

손 제1지(첫 번째 손가락)부터 제3지(세 번째 손가락)는 날개와 분리되어 있으며, 갈고리 발톱이 있다. 날개에 비해 손이 무척 작으며, 프테라노돈의 근연인 닉토사우루스는 날개로부터 분리된 손가락이 퇴화해 사라졌다. 손바닥은 앞쪽을 향해 고정된 상태이며, 지상에 있을 때는 손등이 뒤쪽을 향해 있다.

군턱 아래턱 뼈 사이에서 물고기 화석이 발견된 예가 있는 것으로 보아 물고기를 통째로 삼켜서 군턱에 보관했던 듯하다.

몸통 가슴 부근의 척추뼈와 늑골이 일체화된 '노타리움' 구조로 되어 있다. 노타리움과 가슴뼈는 익룡 중에서도 특히 잘 발달했으며, 강력한 등과 가슴 근육을 가졌던 것으로 보인다. 성장과 함께 척추뼈는 어깨에서부터 허리까지 완전히 결합된다.

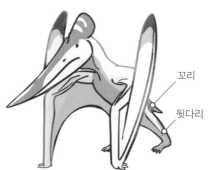

꼬리

뒷다리 날렵한 다리에 발톱이 매우 작아서 사냥에 이용하기는 힘들었을 것이다.

꼬리 짧고 가늘다. 후반부의 뼈가 결합되어 떼어내기 전의 나무젓가락 같은 기묘한 구조로 되어 있다.

케찰코아틀루스
| *Quetzalcoatlus*

백악기의 진화형 익룡 중에는 편 날개 길이가 5m가 넘는 종이 적지 않다. 프테라노돈과 같이 편 날개 길이가 7m에 달하는 것도 발견되었다. 하지만 그보다 더 큰 익룡은 일부 그룹에 한정된다. 거대한 아즈다르코류 중에서도 특히 더 거대한 크기를 자랑하며 '최대의 익룡'으로 널리 알려진 종이 케찰코아틀루스이다.

﹕﹕케찰코아틀루스의 발견

1971년, 멕시코 국경에 인접한 미국 텍사스주 빅벤드 국립공원에서 길고 거대한 화석 한 개체가 발견되었다. 백악기 말 무렵의 지층에서의 발견된 이 화석은 공룡으로 보기에는 함기화(→p.222)가 지나치게 진행된 상태였으며, 익룡(→.80)이나 조류로 보기에는 너무 거대한 정체불명의 화석이었다. 하지만 발견 장소를 재조사한 결과, 익룡의 화석이라는 사실이 밝혀지면서 미지의 거대 익룡의 존재가 드러났다.

1973년, 빅벤드 국립공원에서 잇따라 익룡의 골층

(→p.170)이 발견되었다. 발굴된 익룡 화석은 모두 1971년에 발견된 거대 익룡의 절반 정도 크기였지만 형태가 매우 비슷해서 적어도 같은 속에 속하는 것으로 보였다. 그리하여 1975년, 거대 익룡의 화석을 정기준 표본으로 케찰코아틀루스·노스로피가 명명되었다. 속명은 아스테카 신화의 '깃털 달린 뱀'의 신에서 따온 것이며, 종소명은 익룡과 비슷한 거대한 전익기(全翼機, 기체가 거대한 한 장의 날개 형상으로 만들어진 비행기)를 만든 군용기 제조사의 이름을 따서 지어졌다.

﹕﹕반세기 만의 기재

케찰코아틀루스·노스로피의 정기준 표본은 왼쪽 날개의 골격만 남아 있었지만 '케찰코아틀루스의 일종'으로 추정된 골층에서 발견된 중형 익룡은 방대한 양의 화석이 채집되었다. 하지만 이 골층의 화석은 프레퍼레이션(→p.128)에 난항을 겪으며 연구가 거의 진전되지 못했다. 익룡 연구자들조차도 케찰코아틀루스의 화석을 보지 못하는 상황이 이어졌다.

케찰코아틀루스·노스로피의 편 날개 길이(→p.142)는 당초 약 15.5~21m로, 프테라노돈의 2배 이상일 것으로 여겨졌다. 하지만 이후 로라시아(→p.176) 각지의 백악기 후기 지층에서 근연종의 골격이 발견되면서 편 날개 길이의 추정치는 약 10~12m로 크게 하향 수정되었다. 그럼에도 케찰코아틀루스가 몇몇 근연종과 함께 최대급 익룡 중 하나라는 사실은 달라지지 않았다.

케찰코아틀루스를 비롯한 아즈다르코류 중에서 골격 대부분이 발견된 것은 '케찰코아틀루스의 일종'과 중국의 제이앙곱테루스뿐이었다. 그리하여 1990년대 이후 이들 익룡을 조합한 케찰코아틀루스가 복원(→p.134)되었다. 한편 '케찰코아틀루스의 일종'에 관한 연구는 거의 진행되지 않았다.

2021년, 발견된 지 반세기가 지난 후에야 케찰코아틀루스·노스로피와 '케찰코아틀루스의 일종'인 케찰코아틀루스·라우소니의 상세한 기재 논문(→p.138)이 발표되었다. 케찰코아틀루스의 명명으로부터 50년이 흐른 뒤 마침내 연구가 시작된 것이다.

▪▪ 날 수 있다? 없다?

케찰코아틀루스·노스로피는 그 거대한 크기로 주목을 받았지만 명명 직후부터 비행 능력에 대한 다양한 논란이 제기되었다. 조류를 모델로 할 경우, 추정 체중(→p.143)이 약 500kg 정도에 이르기 때문에 도저히 날 수 없었을 것이라는 의견부터 인간과 비슷한 정도의 체중이었기 때문에 충분히 날 수 있었다는 의견도 있었는데, 이런 논의는 케찰코아틀루스의 실제 화석을 바탕으로 한 모델을 이용한 것이 아니었다. 케찰코아틀루스속의 골격을 처음으로 자세히 기재한 2021년의 연구에서는 편 날개 길이 약 4.5m인 케찰코아틀루스·라우소니의 체중을 20kg, 추정 편 날개 길이 약 10m의 케찰코아틀루스·노

스로피의 체중을 150kg으로 추정했다. 익룡의 비행 능력에 대한 연구는 현생 조류를 참고로 할 수밖에 없는 것이 현실이지만 향후에는 케찰코아틀루스의 실제 화석을 활용한 연구도 가능할 것이다.

케찰코아틀루스속의 화석은 모든 종이 내륙부에서 퇴적된 지층에서 발견되었다. 부리가 매우 길고 좌우 폭도 좁아서 공룡을 공격했다고 보기에는 무리가 있으며, 바닷가에서 고둥이나 패각류를 젓가락으로 집듯이 잡아먹었을 것으로 생각된다. 한국에서 발견된 대형 아즈다르코류의 족적 화석(→p.120)을 보면 네 발로 가볍게 이동했던 것으로 보인다. 비행 능력의 유무와 관계없이 케찰코아틀루스는 지상을 돌아다니며 먹이를 먹었을 가능성이 높다고 여겨진다.

목·몸통 목이 무척 길고 경추 하나하나의 길이도 길다. 다만 좌우 방향으로의 움직임이 제한적이라 옆으로 고개를 돌리는 것도 어려웠던 듯하다. 몸통은 프테라노돈에 비해 가늘지만 어깨와 가슴의 뼈가 잘 발달해 있으며, 어깨 너비가 넓은 역삼각형 체형은 다른 익룡들과 비슷하다. 꼬리는 발견되지 않았지만, 거의 완전히 퇴화한 것으로 보인다.

머리 케찰코아틀루스·라우소니는 머리에 작은 골질 크레스트를 가지고 있다. 잘 발달한 개체와 그렇지 않은 개체가 확인되어 성적이형의 가능성이 제기되고 있다. 머리가 매우 커 보이지만 두개골의 좌우 너비가 좁고 경량화된 구조를 가지고 있다.

날개 아즈다르코류의 날개는 다른 익룡에 비해 짧다. 한편 케찰코아틀루스·노스로피의 날개는 케찰코아틀루스·라우소니보다 긴 편이었던 듯하다. 손의 말절골(→p.217)은 익룡치고는 매우 크다. 비행 시에는 손바닥이 앞쪽을 향하고 걸을 때는 3개의 손가락이 뒤쪽을 향해 있다.

뒷다리 매우 길고 가늘다. 발가락이 짧고 발톱도 빈약해 먹이를 움켜쥐는 것은 불가능했을 것이다. 걸을 때는 체중의 대부분을 앞다리로 지지했을 가능성이 있다.

수장룡
| Plesiosauria

중생대의 바다는 다양한 해상 파충류의 왕국이었지만, 그중에서도 삼첩기 말부터 백악기 말까지 번성했던 것이 수장룡(首長龍)이다. 오늘날에도 흔히 '바다의 공룡'으로 소개되며, 공룡(특히 긴 목을 가진 용각류)과 혼동되기도 하는 수장룡은 과연 어떤 동물이었을까?

기룡류와 수장룡류

수장룡(장경룡류라고도 함)의 진화에는 여전히 의문이 많고, 그 기원과 분류에 대해서도 여러 가지 의견이 나뉘고 있다. 현재는 수장룡류가 기룡류(鰭竜類)라고 불리는 해양(海生) 파충류 그룹에 포함된다고 여겨진다. 기룡류는 어룡류(→p.90)의 근연으로 알려져 있으며, 등에 거북의 등딱지와 같은 골판(→p.214)이 발달한 것도 발견되었다. 삼첩기에 다양한 기룡류가 번성했는데, 그중에서 쥐라기까지 살아남은 것은 수장룡류뿐이었다.

수장룡은 매우 다양해서 쥐라기부터 백악기까지 여러 계통으로 나뉘었다. 수장룡 중에는 '목이 긴' 수장룡과 '목이 짧은' 수장룡이 존재하는데 목의 길이는 분류와는 특별히 관계가 없다.

모든 수장룡이 긴 지느러미 형태의 사지를 가지고 있으며, 이를 사용해 물속에서 날갯짓하듯 헤엄쳤던 것으로 보인다. 어깨와 허리의 뼈는 등이 아니라 배 쪽으로 이동해 있었는데 이런 구조 때문에 육지에 올라가면 자기 체중에 몸통이 짓눌렸던 듯하다. 영화 등에서는 장경룡이 알에서 부화하는 장면이 그려지기도 하지만 체내에서 태아의 골격이 발견된 사례도 있는 것으로 볼 때 굳이 육지에 올라가 알을 낳을 필요가 없는 난태생이었던 것이 분명하다.

널리 알려진 후타바사우루스(→p.88)를 비롯해 일본 각지의 백악기 후기 해성층(→p.108)에서 수장룡류의 화석이 발견된 바 있다. 홋카이도에서는 '호베쓰아라키류'를 비롯한 부분 골격이 다수 산출되었으며, 가고시마현에서는 엘라스모사우루스류로는 아시아(북서 태평양)에서 가장 오래된 '사쓰마우쓰노미야류'도 발견되었다.

머리 목이 짧은 대형 종은 길이가 거의 3m에 이른다. 이빨은 기본적으로 가늘고 긴 원뿔형이지만 작은 이빨을 가진 종도 발견된 것으로 볼 때 작은 동물을 먹기 위해 여과 섭식을 했을 가능성도 있는 것으로 보인다.

꼬리 피부흔(→p.224)이 보존된 표본에서 작은 꼬리지느러미 같은 구조가 확인되었다.

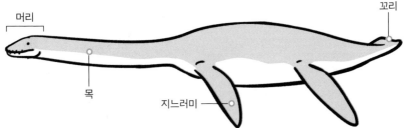

머리

꼬리

목

지느러미

목 고개를 처든 익룡(→p.80)이나 조류를 사냥하는 모습의 복원화(→p.134)가 자주 그려졌는데 실제로는 목의 가동성이 부족했던 듯하다.

지느러미 사지의 뼈가 판 모양으로 변화했다. 살아 있었을 때의 크기는 화석으로 보는 것보다 훨씬 컸을 가능성이 있다.

플레시오사우루스

어룡 익티오사우루스와 함께 화석 사냥꾼(→p.250) 메리 애닝에 의해 발견되면서 유명해졌다. 수장룡 중에서도 상당히 원시적인 종으로, 백악기 후기의 목이 긴 종과 비교하면 목이 상당히 짧다.

:: 다양한 수장룡류

매우 다양한 그룹이 있는 수장룡류는 쥐라기, 백악기를 거치며 다양한 그룹이 번성과 멸종을 거듭했던 것으로 보인다. 최초로 발견되어 그룹명의 유래가 되기도 한 쥐라기 전기의 플레시오사우루스는 상당히 원시적인 형태로, 같은 목이 긴 수장룡의 대명사인 백악기 후기의 엘라스모사우루스와는 계통적으로 그리 가깝지 않았던 듯하다.

플리오사우루스

대표적인 '목이 짧은 수장룡'의 하나로, 쥐라기 후기에 바다의 최상위 포식자로 군림했다. 플리오사우루스류는 그 후로도 번성했지만 백악기 후기 초반에 멸종한 듯하다.

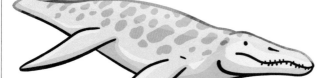

아리스토넥테스

백악기 후기의 '목이 긴 수장룡'인 엘라스모사우루스류에 속하지만 그중에서도 목이 짧은 편이다. 플리오사우루스와 함께 최대급 수장룡의 하나였으며, 작은 이빨을 다수 가지고 있던 것으로 보아 여과 섭식을 했을 가능성이 있다.

후타바사우루스

| *Futabasaurus suzukii*

1968년, 일본의 국립 과학박물관에 후쿠시마현에 사는 한 고교생의 편지가 도착했다. 숙모 집 뒤편에 흐르는 강기슭에서 동물의 뼈 화석을 발견했다는 내용이었다. 세심한 발굴 끝에 모습을 드러낸 것은 수장룡의 관절 골격이었다!

세기의 대발견

일본 후쿠시마현의 하마도리에는 다양한 시대의 지층이 노출되어 있다. 신제3기의 지층에서는 석탄이 산출되었기 때문에 이 일대는 일찌감치 지질 조사가 이루어졌다. 그 과정에서 이와키시와 그 주변에 노출된 후타바 층군에 대한 조사도 어느 정도 진행되었다. 후타바 층군은 백악기 후기의 해성층(→p.108)으로, 암모나이트(→p.114)와 이노케라무스(→p.115) 그리고 상어 이빨 화석이 산출되면서 유명해졌다.

중학생 시절, 동네의 헌 책방에서 발견한 책을 보고 고향의 화석에 흥미를 갖게 된 스즈키 소년은 종종 숙모 집 뒤편에 흐르는 오쿠강에서 화석을 채집했다. 오쿠강은 후타바 층군을 깎아 흐르는 하천으로, 강기슭과 강바닥이 후타바 층군의 노두를 형성하고 있었다. 스즈키 소년은 국립 과학박물관에 편지를 보내 화석에 대해 질문하거나 때로는 자신이 발견한 화석을 연구 표본으로 기증하기도 했다. 그러던 1968년 가을, 상어 이빨 화석을 채집하던 스즈키 소년이 오쿠강에서 발견한 것은 관절이 연결된 상태(→p.164)의 척추뼈였다.

이듬해 초, 스즈키 소년의 안내로 현지를 방문한 국립 과학박물관 연구자는 강기슭에서 수장룡(→p.86)의 관절 골격을 발견했다. 자비를 들여 진행한 1차 발굴에서 두개골, 다리이음뼈, 뒷지느러미가 잇따라 발견되자 1970년 가을부터 본격적인 2차 발굴이 이루어지게 되었다.

당시 일본에 있던 백악기 동물 화석 연구자들은 대부분 암모나이트나 이노케라무스 같은 화석에 집중하고 있었으며, 공룡은커녕 중생대 척추동물 화석에 관한 전문가조차 없었다. 그때 우연히 일본을 방문했던 미국의 연구자가 이 화석을 새로운 속과 종으로 평가하며 이를 지지하는 의견을 제시했다.

세심한 발굴

2차 발굴을 앞두고 화석의 발견을 널리 알리게 되었고 그 과정에서 '장경룡'의 일반적인 용어로 '수장룡'이라는 단어가 고안되었다. 그리고 이 수장룡 화석에는 지층의 이름과 스즈키 소년을 기념하여 '후타바스즈키류'라는 애칭이 붙었다.

신문사의 후원으로 지역 토목사무소와 연구회까지 참여한 대규모 발굴 조사가 실시되었다. 도로를 새로 낼 정도의 대규모 발굴은 드문 일이었으며, 모든 것이 처음인 상태에서 진행된 발굴이었다고 한다. 그렇기 때문에 발굴은 더욱 신중하고 세심하게 이루어졌으며, 발굴 상황 역시 상세히 기록되었다. 발굴 현장에는 대략 1만 명 이상이 방문했으며, 발굴 마지막 날 골격 블록을 운반할 때는 제사까지 지냈다. 석고 재킷(→p.126)은 제작하지 않고 화석이 노출된 부분만 석고로 덮어 반출했다.

세심한 프레퍼레이션(→p.128)이 진행되었으며, 클리닝(→p.130) 중의 후타바사우루스 골격은 블록째 순회 전시를 통해 공개되어 큰 관심을 모았다. 미국산 수장룡 화석을 참고하며 제작된 복원(→p.134) 골격 제1호는 이와키시로 돌아갔다.

∷ 그리고 명명까지...

후타바사우루스의 발견은 큰 화제를 불러일으켰고 '바다의 공룡'이라는 선전 문구로 소개되면서 '일본의 공룡＝후타바사우루스'라는 도식이 탄생했다. 유명 만화와 그 애니메이션 영화에서도 후타바사우루스의 새끼를 모델로 한 캐릭터가 등장했으며, 그 제목에는 당당히 '공룡'이라는 단어가 붙어 있었다. 당시에 일본 전역을 휩쓸었던 '네시 열풍'(→p.278)까지 가세해 후타바사우루스는 높은 인지도를 얻게 되었다.

일본의 중생대를 대표하는 화석으로 유명해진 한편, 후타바사우루스 연구는 좀처럼 진전되지 않았다. 후타바사우루스의 골격은 대부분 잘 보존되어 있었지만 분류상 중요한 두개골은 발굴 중 상당한 손상을 입었고, 일본 내에 수장룡 전문가가 없었던 탓에 다른 수장룡 화석과의 비교·분석이 어려웠다. 새로운 속과 종이라는 사실은 발굴 직후부터 확실시되었지만 논문으로 정리하기에는 쉽지 않은 상황이 이어졌다. 새로운 속과 종의 가능성을 제기한 미국의 연구자와 스즈키 소년의 이름을 딴 '웰스사우루스·스즈키이'라는 학명이 제안되었지만 그 이름으로 기재(→p.138)되지는 못했다.

2003년이 되면서 마침내 본격적인 기재가 가능한 상황이 마련되었다. 그리고 2006년, 드디어 후타바사우루스는 '후타바사우루스·스즈키이'로 기재되었다.

후타바 층군에서는 그 후로도 수장룡의 화석이 종종 발견되면서 후타바사우루스의 타포노미(→p.158) 연구도 진행되고 있다. 발견된 지 50년이 넘었지만 후타바사우루스에 대한 연구는 아직 끝나지 않았다.

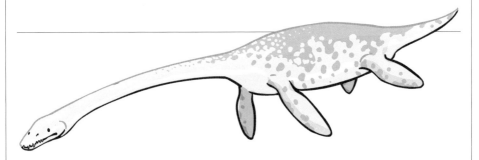

후타바사우루스의 골격
골격 복원에 참고한 것은 주로 미국산 히드로테로사우루스와 탈라소메돈이다. 후타바사우루스의 경추가 몇 개였는지는 분명치 않지만 엘라스모사우루스과 중에서는 상대적으로 적었을 가능성이 지적되었다.

후타바사우루스와 그 동료
후타바사우루스는 엘라스모사우루스과에 속하며 그중에서도 뉴질랜드의 종과 특히 근연일 가능성이 제기되었다. 백악기 후기, 태평양 남북 지역에서 매우 유사한 형태의 수장룡이 살았을지도 모른다.

위석(→p.125)
수장룡 화석에서는 종종 위석이 발견되는 경우가 있다. 소화를 도왔을 뿐 아니라 수중에서 몸을 안정시키는 밸러스트(추)의 역할을 했을 가능성도 제기되었다. 후타바사우루스에서도 위석으로 추정되는 다양한 크기의 둥근 돌이 발견되었다.

상어의 습격?
후타바사우루스의 골격과 함께 80개가 넘는 쥐상어류의 이빨 화석이 발견되었으며, 그중 몇 개는 뼈에 박힌 상태였다. 후타바사우루스의 골격은 허리가 뒷지느러미와 함께 찢어진 상태로 화석화되어 있었다. 적어도 두 마리의 크고 작은 상어의 공격을 받았을 것으로 추정된다. 후타바사우루스의 사체는 그 후 갯벌로 밀려와 그곳에서 화석화된 것으로 보인다.

어룡

| *Ichthyosauria*

삼첩기의 다양한 파충류 그룹이 해양 진출에 성공했는데 그중에서도 특히 유체역학적으로 세련된 체제(體制)를 갖추게 된 것이 어룡류이다. 글자 그대로 물고기와 같은 체형을 가진 어룡은 백악기 중반에 멸종하고 만다. 오늘날 돌고래나 고래의 선구자로 여겨지는 어룡은 어떤 동물이었을까?

∷ 어룡의 발견

어룡의 화석은 17세기 말부터 발견되었지만, 본격적인 연구는 19세기 초 화석 사냥꾼 메리 애닝(→p.250)에 의해 보존 상태가 좋은 골격이 대량 발견된 이후부터였다. 공룡이 발견되기 전 시대에는 태고의 기묘한 파충류인 어룡과 수장룡(→p.86)이 대중적인 인기를 누렸다. 19세기 중반까지 어룡의 복원(→p.134)은 현대의 관점에서 보면 상당히 부정확한 수준이었으며, 수정궁(→p.148)의 복원상도 원래는 안구 안에 있어야 할 공막 고리뼈(→p.206)가 튀어나온 형상으로 조형되어 있었다.

19세기 후반, 독일의 라거슈테텐(→p.172)에서 연조직의 윤곽이 보존된 전신 골격이 여럿 발견되면서 어룡이 그야말로 물고기와 같은 체형이었다는 사실이 밝혀졌다. 연조직으로 구성된 삼각형의 등지느러미와 초승달 모양의 꼬리지느러미를 가진 것이 판명된 동시에 임신 중인 개체의 화석도 여럿 발견되면서 난태생이라는 것도 밝혀졌다.

∷ 어룡의 기원과 진화

어룡류는 삼첩기 전기에 출현했는데, 초기의 어룡류는 장어와 같이 가늘고 긴 체형으로 등지느러미가 없고 꼬리지느러미도 충분히 발달하지 못했던 것으로 보인다. 삼첩기에는 어룡류와 근연인 다양한 해양 파충류 그룹들도 번성했지만 삼첩기 중기에는 대부분 멸종한 듯하다.

어룡의 다양성은 삼첩기 후기에 정점에 달했으며, 그중에는 전장이 20m가 넘는 것까지 있었던 것으로 보인다. 삼첩기 후기에는 더욱 '물고기'에 가까운 세련된 체형으로, 온몸을 사용할 필요 없이 꼬리만 좌우로 흔들며 빠르게 헤엄칠 수 있는 진화형이 출현했다. 진화형 어룡은 쥐라기에 더욱 세련된 체형으로 발전했으며, 백악기 전기까지 전 세계 바다에서 번성했지만 백악기 후기 초반에는 자취를 감추고 말았다.

어룡의 멸종 원인에 대해서는 다양한 의견이 있지만, 백악기 중반에 빈발한 해양 무산소 현상(세계적 규모로 발생한 해수 중의 산소 결핍 상태로 해양 환경이 격변하는 현상. 지구온난화로 유발된다)에 의한 해양 생태계 붕괴가 커다란 원인이었을 것으로 추정된다.

일본 도호쿠 지방의 태평양 연안부에는 삼첩기부터 쥐라기에 걸친 해성층(→p.108)이 노출되었으며, 특히 미야기현 미나미산리쿠초에서 볼 수 있는 삼첩기 전기의 지층은 세계적으로 유명하다. 이곳에서 극히 원시적인 어룡인 우타츠사우루스의 골격이 다수 발견되었으며, 어룡의 초기 진화를 추측하는 중요한 산지가 되었다. 그 밖에도 미나미산리쿠초에서는 삼첩기 중기의 '쿠다노하마류'와 쥐라기의 '호소우라 공룡'이 발견되어 자세한 연구에 기대가 모아지고 있다.

어룡이 멸종한 이후, 백악기의 바다에서는 모사사우루스류(→p.92)가 번성하게 되었다. 모사사우루스류 중에는 어룡과 비슷한 체형을 가진 종도 출현했는데, 그 체형은 삼첩기의 어룡과 유사했지만 진화형 어룡의 세련된 체형에는 미치지 못했다.

▦ 다양한 어룡

어룡류는 매우 다양한 그룹이 존재했으며, 특히 진화형 어룡은 모두 세련된 체형을 가졌기 때문에 살을 붙이면 그 차이를 구분하기 어려웠을 것으로 보인다.

우타츠사우루스
가장 오래된 어룡 중 하나로, 동시대의 어룡과 근연인 다른 그룹의 해양 파충류에 비해 상당히 세련된 체형을 가지고 있다. 캐나다에서도 유사한 화석이 발견되었는데 광범위하게 분포할 정도의 유영 능력을 갖추었던 것으로 추정된다.

쇼니사우루스 삼첩기 후기의 거대한 어룡으로, 전장이 약 15m에 달했을 것으로 보인다. 대규모 골층(→p.170)이 발견되었다.

에우리노사우루스
쥐라기 전기의 중형 어룡으로, 청새치류처럼 부리가 가늘고 길게 뻗어 있다. 생태도 청새치류와 비슷했던 것으로 보인다.

오프탈모사우루스
쥐라기 중기부터 백악기 후기 초반까지 번성한 오프탈모사우루스류의 대표 격으로, 어룡 중에서도 특히 세련된 체형을 가지고 있다. 거대한 눈을 가졌기 때문에 '눈도마뱀'이라는 의미의 속명이 붙었지만 이는 어룡 전반에 공통된 특징이었던 것으로 보인다.

모사사우루스
| *Mosasaurus*

중생대의 해양 파충류, 흔히 말하는 '해룡(海龍)'은 다양한 그룹이 번성했는데 백악기 이후 출현한 것이 모사사우루스류이다. 전 세계 바다에 적응한 모사사우루스류는 백악기 최후까지 번성했다.

모사사우루스의 발견

백악기 후기의 유럽에는 얕은 바다가 펼쳐져 있었으며, 원석 조류(식물 플랑크톤의 일종)가 무수히 떠다니고 있었다. 탄산칼슘 껍데기에 싸인 원석 조류의 사체는 오랜 세월에 걸쳐 대량으로 퇴적되어 유럽 각지에서 석회질의 천해층을 형성했다.

탄산칼슘 채석장으로도 이용된 이런 천해층에서는 다양한 화석이 발견되었다. 그리고 1760년대부터 1780년대에 걸쳐 네덜란드 마스트리히트 근교에 있던 채석장에서 거대한 동물의 두개골 화석 두 점이 잇따라 발견되었다.

처음 발견된 두개골은 턱만 남아 있었지만, 두 번째 발견된 두개골은 거의 온전한 상태로 보존되어 있었다. 1794년, 마스트리히트가 나폴레옹이 이끄는 프랑스 군에 점령되자 프랑스 군은 이 두 번째 두개골을 전리품으로 파리로 보냈다.

마스트리히트의 외과의였던 요한 레오나르드 호프만은 이 화석을 악어의 두개골이라고 생각했지만, 거대한 이빨 고래라고 생각하는 학자도 있었다. 1800년대 초반에는 네덜란드의 페트루스 캄퍼와 프랑스의 조지 퀴비에가 왕도마뱀과 유사하다는 의견을 제기했지만 당시에는 화석에 학명이 붙지 않았다. 1822년 영국의 윌리엄 코니베어가 '모사사우루스'라는 속명을 붙이고 1829년 마침내 기디언 만텔이 호프만의 이름을 따 '호프마니'라는 종소명을 붙였다. 정기준 표본은 파리로 보내진 두 번째 두개골이 지정되었다.

19세기 후반, 미국에서도 모사사우루스류의 화석이 대량으로 발견되면서 이 '바다 도마뱀' 골격에 대한 세부 사항들이 밝혀졌다. 피부 인상(→p.226)이 보존된 골격도 발견되는 등 모사사우루스류의 진정한 모습이 점차 명확해지고 있다.

이빨
육식 공룡과 달리 입을 다물면 위아래 턱의 이빨이 맞물린다. 목에는 날개 모양의 이빨이 있다.

비늘 마름모꼴의 촘촘한 비늘이 온몸을 덮고 있었다. 과거의 복원에서는 등에 프릴 모양의 등지느러미가 있었는데 이것은 화석화된 기관을 오인했던 것으로 보인다.

:: 모사사우루스류의 특징

최근 영화에 등장하면서 모사사우루스의 인기가 더욱 높아지고 있다. 영화에서 묘사된 모습과는 상당히 다른 모사사우루스류의 특징을 살펴보자.

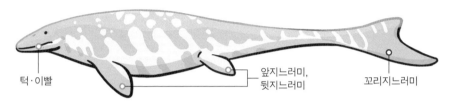

턱 · 이빨

앞지느러미, 뒷지느러미

꼬리지느러미

턱 모사사우루스류의 두개골은 대개 도마뱀처럼 유연한 구조로 아래턱의 뼈를 벌릴 수 있었다.

앞지느러미 · 뒷지느러미 인상화석의 발견으로 살아 있을 당시의 지느러미가 골격으로 보는 것보다 훨씬 컸다는 사실이 확인되었다.

꼬리지느러미 꼬리의 뼈는 완만하게 아래로 구부러져 있고, 그 위에 육질의 지느러미가 있었다.

:: 3대(大) 모사사우루스류

영화에 묘사된 크기에는 한참 못 미치지만 그럼에도 모사사우루스류 중에는 전장 10m가 넘는 종도 적지 않다. 모사사우루스의 화석은 백악기 말의 북아메리카에서도 종종 발견된 것으로 보아 티라노사우루스(→p.28)와 마주칠 기회도 있었을지 모른다.

모사사우루스 여러 종이 알려져 있으며, 모사사우루스 · 호프마니는 아래턱의 길이가 최대 1.7m에 달한다. 모사사우루스 · 호프마니는 완전한 골격이 발견되지 않았지만 전장이 최대 13m 정도로 추정되며 모사사우루스류 중에서도 최대급에 속한다. 다부진 체형에 부리가 긴 편이다.

프로그나토돈 짧은 부리와 튼튼한 이빨을 가지고 있었다. 물고기보다 바다거북과 같은 커다란 먹이를 물어뜯었을 가능성도 있다. 부리는 짧지만 아래턱의 길이가 1.5m에 달하는 종도 발견되었다.

틸로사우루스 큰 종의 전장이 모사사우루스 · 호프마니에 필적하지만 골격은 다소 가늘었다. 부리 끝부분이 돌출되어 있어 먹이나 적에 부딪혔을 가능성도 있다.

단궁류

| *Synapsida*

지난 30년간 생물의 계통과 그 진화에 대한 이해가 크게 발전하면서 계통 관계를 바탕으로 한 분류의 재검토가 진행되고 있다. 한때 파충류에서 '포유류형 파충류'를 거쳐 포유류가 진화했다고 여겨졌지만 현재는 파충류와 '포유류형 파충류'는 완전히 별개의 계통군으로 간주되며 '포유류형 파충류'와 포유류를 합친 그룹을 '단궁류(單弓類)'라고 부른다.

▪▪ 단궁류의 출현과 '반룡류'

가장 오래된 단궁류 화석은 고생대 석탄기 말기의 지층에서 발견되었으며, 그 모습은 도마뱀과 크게 다르지 않았던 듯하다. 이런 '포유류형 파충류' 중에서도 특히 원시적인 종은 이어지는 고생대 페름기에 다양화되었으며, 등에 '돛'이 있는 육식 디메트로돈(→p.96)이나 식물식 에다포사우루스와 같이 유명한 종이 출현했다. 흔히 '반룡류(盤龍類)'라고 불리는 이런 그룹은 페름기 초기부터 중기에 걸쳐 크게 번성했으며, 육상 생활에 적응한 대형 양서류와 함께 육상 생태계에서 두드러진 존재가 되었다. 종종 공룡으로 오인되기도 한 디메트로돈이 육상의 최상위 포식자로 군림했던 반면, 이 시대의 파충류는 육상에서 크게 눈에 띄는 존재가 아니었던 것으로 보인다.

▪▪ 수궁류의 번영과 두 번의 대멸종

'반룡류'는 페름기 후반에 급격히 쇠퇴하며 현생 포유류의 직접적인 조상을 포함한 좀 더 진화된 수궁류(獸弓類)에게 자리를 내주었다. 페름기의 수궁류는 '반룡류'에 비해 더 세련된 체형을 가졌으며, 꼬리는 훨씬 짧고 가늘었다. 또한 다양화에도 성공해 전장 4m가 넘는 대형 종도 출현했지만 페름기 말의 대멸종으로 대부분의 계통이 사라지고 말았다.

페름기 말의 대멸종을 극복한 수궁류 그룹이 키노돈류와 디키노돈류였다. 키노돈류는 큰 종도 전장이 2m 정도로, 다양한 식성을 가진 그룹이었다. 디키노돈류는 2개의 엄니와 부리가 특징인 초식성 그룹으로, 삼첩기 중기 이후에는 전장 3m가 넘는 종도 나타났다. 한편 페름기의 수궁류와 달리 삼첩기의 수궁류가 육상 생태계에서 최상위 포식자가 되지는 못했다. 삼첩기 육상 생태계의 최상위 포식자는 파충류였으며, 그중에서도 주룡형류라고 불리는 악어와 공룡으로 이어지는 계통이 주를 이루었다.

디키노돈류는 삼첩기 말에 쇠퇴했으며, 키노돈류도 삼첩기 말의 대멸종으로 큰 타격을 입었다.

▪▪ 키노돈류와 포유류

쥐라기까지 살아남은 단궁류는 키노돈류의 세 계통뿐이었으며, 그중 하나가 현생 포유류의 직접적인 조상을 포함하는 포유형류(→p.98)이다. 포유형류에서 포유류(단공류, 유대류, 유태반류)가 출현한 것은 쥐라기에 들어선 이후였던 것으로 보인다.

포유형류 이외의 키노돈류는 백악기 전기까지 살아남은 것으로 알려져 있다. 최후의 키노돈류로 추정되는 화석은 데토리 층군(→p.230)에서 발견되었다.

:: 다양한 '포유류형 파충류'

'단궁류'라는 말은 종종 '포유류형 파충류(= 원시적인 단궁류)'와 같은 의미로 사용되기도 한다. 파충류로밖에 보이지 않는 것부터 초기 공룡과 공존했던 것 그리고 포유류와 외견상 구별이 어려운 것까지 다양한 원시적인 단궁류를 소개한다.

코틸로린쿠스
'반룡류' 중에서도 특히 거대한 식물식 동물로, 전장이 6m에 달하는 종도 알려져 있다. 수생 동물이었을 가능성이 종종 제기된다. 페름기 중반에 번성했다.

이스키구알라스티아
디키노돈류 중에서도 최대급 중 하나로, 가장 초기의 공룡인 헤레라사우루스나 에오랍토르 그리고 에오드로마에우스 등과 공존했다.

에스템메노수쿠스
페름기 중반 이후에 번성한 초기 단궁류로, 전장이 4m에 달한다. 뿔과 엄니를 가진 무시무시한 외형이지만 어엿한 식물식 동물이다.

몬티릭투스
트리틸로돈과에 속하며 포유형류가 아닌 단궁류 중에서는 최후의 생존자이다. '구와시마 화석벽'을 뚫는 터널 공사 중 발견되었다. 전장은 30cm 정도이다.

디메트로돈

| *Dimetrodon*

> **'공**룡'을 다룬 콘텐츠에 당연한 듯 공룡이 아닌 고생물이 섞여 있는 사례는 이 책을 포함해 손에 꼽기 힘들 정도로 많다. 매머드나 검치호 등 '공룡 시대'의 생물이 아닐뿐더러 인류와 공존했던 동물이 공룡으로 취급되는 경우도 있다. 그중에서도 '돛이 있는 공룡'으로 오해받기 쉬운 것이 단궁류인 디메트로돈이다.

▪▪ '반룡류'의 왕

디메트로돈은 고생대 페름기 전기부터 중반에 걸쳐 번성한 동물로, 파충류가 아닌 단궁류(→p.94)에 속한다. 즉, 공룡이 아니라 포유류(→p.98)에 더 가까운 동물이다. 디메트로돈은 단궁류 중에서도 흔히 원시적인 '반룡류'로 불리며, 한때는 '포유류형 파충류'라고 불리던 대표적인 동물이다.

디메트로돈의 최초의 화석이 발견된 것은 19세기 중반이었다. 캐나다 동부의 프린스에드워드섬에서 발견된 이 상악골은 삼첩기의 화석으로 추정되었으며, 공룡의 뼈로 동정(同定)되어 1853년 바티그나투스·보레알리스로 명명되었다.

'화석 전쟁'(→p.144)이 한창이던 1870년대에는 미국 텍사스주에서 에드워드 코프가 이끄는 화석 사냥꾼들에 의해 다수의 화석이 발견되었다. 코프는 그 표본을 다양한 속과 종으로 분류하고 1878년에는 디메트로돈속을 명명했다. 그 후, 다양한 종이 디메트로돈속에 포함되었다. 또 바티그나투스도 디메트로돈과 같은 속으로 간주했으나 선취권이 인정되지 않아 널리 알려진 디메트로돈이라는 속명이 '보존명'으로 남게 되었다.

오늘날 디메트로돈속은 다수의 종을 포함하는 대형 그룹이 되었다. 속 전체의 생존 기간은 약 1000만 년으로 상당히 긴 기간 동안 크게 번성한 속이었던 것이 분명하다. 초기 디메트로돈속의 종은 전장이 2m가 안 되는 크기였지만 후기 종에서는 3m에 달하는 경우도 있었다.

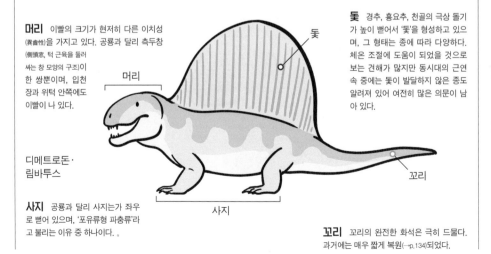

머리 이빨의 크기가 현저히 다른 이치성(異齒性)을 가지고 있다. 공룡과 달리 측두창(側頭窓, 턱 근육을 둘러싸는 창 모양의 구조이)한 쌍뿐이며, 입천장과 위턱 안쪽에도 이빨이 나 있다.

머리

디메트로돈·림바투스

돛 경추, 흉요추, 천골의 극상 돌기가 높이 뻗어서 '돛'을 형성하고 있으며, 그 형태는 종에 따라 다양하다. 체온 조절에 도움이 되었을 것으로 보는 견해가 많지만 동시대의 근연속 중에는 돛이 발달하지 않은 종도 알려져 있어 여전히 많은 의문이 남아 있다.

돛

꼬리

사지

사지 공룡과 달리 사지가 좌우로 뻗어 있으며, '포유류형 파충류'라고 불리는 이유 중 하나이다. 。

꼬리 꼬리의 완전한 화석은 극히 드물다. 과거에는 매우 짧게 복원(→p.134)되었다.

∷ 디메트로돈의 동료들

디메트로돈과 근연인 단궁류 그룹에는 등에 '돛'을 가
진 종이 꽤 많은데 이들은 디메트로돈과 마찬가지로 종
종 공룡으로 오해되기도 한다. 한편 디메트로돈의 근연
종 중에는 돛이 아예 없는 것들도 있
다.

스페나코돈 디메트로돈과 매우
가까운 근연으로, 더 오래된 시대부
터 존재했다. 돛이 없는 것 외에는
디메트로돈과 유사하다.

디메트로돈·그란디스
디메트로돈·림바투스보다 체격이 더
크고, 전장이 3m에 달한다. 돛의 형태
도 더 복잡하다. 거치(→p.209)가 매우
잘 발달한 이빨을 가졌으며, 고기를 찢
는 능력이 뛰어났던 것으로 보인다.

에다포사우루스 디메트로돈이나 스페나코돈과 비교적 가까운 근연이지만, 식물식 동물
이다. '돛'의 극상 돌기는 디메트로돈에 비해 훨씬 굵고, 좌우로 다수의 가시가 발달해 있다. 좀
처럼 완전한 골격이 발견되지 않아 디메트로돈의 두개골이나 사지와 함께 컴포지트(→p.262)
한 복원 골격이 제작되기도 했다.

포유류

| Mammalia

깊은 밤, 달빛에 비친 작은 쥐와 같은 동물이 공룡의 둥지에 숨어들어 알을 훔쳐 먹는다. 지금도 '공룡 시대'의 포유류에는 이런 이미지가 따라다니지만 지난 30년 동안 이런 관점이 크게 수정되었다. 포유류가 출현한 지 2억 년, 그 대부분을 차지하는 '공룡 시대'의 포유류는 어떤 동물이었을까?

░░ 포유형류의 진화

페름기에 크게 번성한 단궁류(→p.94)는 페름기 말의 대멸종으로 큰 타격을 입고 진화형 단궁류인 수궁류 중 두 계통만 살아남았다. 이 중 키노돈류에서 삼첩기 후기의 포유형류(광의의 포유류)가 출현한 것이다.

중생대 포유형류는 모두 쥐와 같은 외형과 크기의 야행성 식충 동물만 있다고 여겨졌다. 하지만 지금은 형태와 크기가 매우 다양한 비버, 날다람쥐, 두더지와 같은 외형부터 중형 개 크기까지 발견되고 있다. 위 내용물에서 공룡의 유체가 발견된 예도 있었는데, 이는 결코 공룡에게서 도망치기만 했던 것은 아니었음을 보여준다.

중생대의 포유형류에는 다양한 계통이 존재했지만 대부분은 중생대에 멸종했다. 포유류(포유형류의 한 계통)의 출현 시기에 대해서는 논란이 계속되고 있으며, 포유형류의 출현과 거의 동시에 등장했을 가능성도 제기되었다. 이런 포유류 중에서도 다양한 계통이 중생대에 등장했지만 오늘날까지 계통은 단공류(오리너구리나 가시두더지), 유대류, 유태반류뿐이다.

유대류(有袋類)와 유태반류(有胎盤類)의 계통이 갈라진 것은 쥐라기 중반 무렵으로 여겨지지만 진정한 유대류와 유태반류가 등장한 것은 백악기 중반 이후였으며, 특히 유태반류의 현생 그룹이 갈라져 나온 것은 공룡이 멸종한 후인 것으로 보인다. 단공류(単孔類)의 기원에는 여전히 많은 수수께끼가 남아 있지만 진정한 단공류의 화석 기록은 현재로서는 백악기 전기까지만 거슬러 올라갈 수

있는 상황이다.

원시적인 단궁류(포유류형 파충류)는 귀 내부 구조가 '파충류형'으로, 귀 안에 있는 이소골(耳小骨, 고막의 진동을 내이로 전달하는 뼈)이 한 개뿐이다. 포유류 중에서도 수류(獸類, 유대류나 유태반류와 같은 진화형 포유류)는 턱 관절의 몇몇 뼈들이 추가적으로 이소골로 변형되었으며, 단공류나 그 밖의 포유형류는 '포유류형 파충류'와 수류의 중간적인 상태를 보인다. 단궁류는 원래 비늘이나 단순한 피부만을 가지고 있었지만, 원시적인 키노돈류는 부리에 감각모(포유류의 수염과 상동, →p.220)가 있었을 가능성도 제기되었다.

한편 털가죽이나 수유와 같은 특징은 키노돈류 중에서도 포유형류와 그 근연종에서만 볼 수 있었던 것으로 생각된다. 또 유태반류로 이어지는 계통일지라도 더 원시적인 것들은 단공류나 유대류처럼 알을 낳거나 작고 미숙한 새끼를 출산했을 가능성이 있다. 중생대의 포유류 중에는 사지가 바깥으로 벌어진 자세를 가진 것들도 많았다. 지금의 포유류와 같이 사지를 곧게 세운 종은 비교적 많지 않았던 것으로 보인다.

중생대 포유형류의 화석은 세계 각지에서 발견되었으며, 일본에서도 다양한 그룹의 이빨과 턱 화석이 발견된 바 있다. 최근에는 후쿠이현의 데토리 층군(→p.164)에서 다구치류(신생대 고 제3기에 멸종한 포유류의 계통)의 거의 완전한 상반신이 관절 상태(→p.164)로 발견되어 향후 연구가 기대되고 있다.

▦ 중생대의 포유형류

19세기부터 오랫동안 중생대의 포유형류는 이빨 화석만 발견되는 상황이 이어졌다. 이빨의 형태는 포유류를 분류할 때 상당히 유용하지만 한편으로는 전신의 모습이 밝혀지지 않은 경우가 대부분이었다. 그러나 오늘날에는 거의 완전한 골격이 잇따라 발견되면서 진화의 역사 대부분을 차지하는 '공룡 시대' 포유형류의 실체가 밝혀지고 있다.

카스토로카우다
비버의 부리를 늘린 것 같은 모습이지만, 포유류가 아니라 쥐라기 중기의 원시적인 포유형류이다. 수영과 굴 파기가 장기였던 듯하다.

델타테리디움
미국 자연사박물관의 중앙아시아 탐사대가 발견한 백악기 후기의 포유류로, 벨로키랍토르(→p.50), 오비랍토르(→p.54), 프로토케라톱스(→p.52)와 같은 지층에서 산출되었다. 최근의 연구에서 가장 오래된 유대류임이 밝혀졌다.

레페노마무스
백악기 전기의 포유류로, 깃털 공룡으로 유명한 제홀 층군(→p.173)에서 산출되었다. 중생대에 멸종한 계통인 진삼추치류에 속하며, 꼬리를 제외한 전체 길이는 중생대 단궁류 중에서도 최대급인 80cm 정도이다. 체내에서 소화되다만 프시타코사우루스의 유체(幼体)가 발견된 예가 있는 것으로 볼 때 어린 공룡에게는 천적이었던 것이 분명하다.

삼첩기

| Triassic

지구 역사상 최대 규모라고 일컬어지는 대멸종으로, 고생대의 마지막 '기'인 페름기가 막을 내렸다. 그리고 약 2억 5190만 년 전, 황폐한 생태계와 함께 중생대의 첫 번째 '기' 삼첩기의 막이 올랐다. 페름기의 생존자인 '포유류형 파충류'를 대신해 생태계에서의 존재감을 키워가던 파충류들 사이에서 '최초의 공룡'이 나지막이 숨 쉬고 있었다.

▓ 삼첩기의 지구

삼첩기의 지구에는 판게아(→p.174)라는 하나의 대륙만 존재했으며, 온난하고 습한 극지방을 제외하면 내륙부(늑 지구의 육지 대부분)는 덥고 건조한 기후가 형성돼 있었다. 하지만 삼첩기 후기 초반에는 기후가 크게 변하면서 세계적으로 더 습윤한 환경이 확산되었다. 식생은 침엽수, 은행나무류, 양치 종자식물(중생대에 멸종한 그룹), 양치식물이 중심이었으며 속씨식물은 아직 등장하지 않았다.

파충류는 삼첩기에 들어서면서 폭발적으로 다양화되었으며, 그중에서도 주룡형류는 육상 생태계에서 눈에 띄는 존재가 되었다. 특히 위악류(악어류를 포함한 주룡류의 큰 그룹)는 크게 번성하며 직립 2족 보행을 하는 종까지 출현했다. 또한 파충류는 바다로까지 진출해 다양한 그룹의 해양 파충류가 테티스해(→p.180)에서 번성했다.

위악류와 함께 또 하나의 그룹인 조중족골류(Avemetatarsalia)도 삼첩기에 폭발적으로 퍼졌다. 그중에서도 삼첩기 중반에 등장한 것이 익룡(→p.80) 그리고 공룡류였다.

삼첩기의 연대 구분 약 5000만 년의 기간밖에 되지 않는 삼첩기는 중생대의 '기(紀)' 중에서도 가장 짧다. 삼첩기는 전기·중기·후기로 나뉘며, 다시 7개의 '기(期)'로 세분된다. 삼첩기 후기는 전기·중기에 비해 상당히 길어 삼첩기 전체의 약 70%를 차지한다. '가장 오래된 공룡'이라고 단언할 수 있는 화석 기록은 삼첩기 후기 카니안까지 거슬러 올라가지만 이를 역산하면 '최초의 공룡'은 아마도 삼첩기 중기에 출현했을 것으로 보인다.

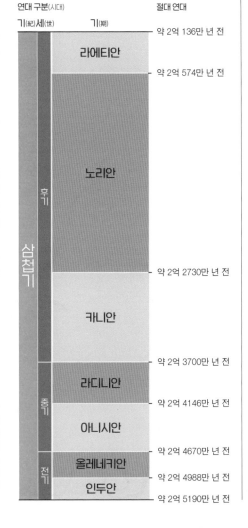

연대 구분(시대)

기(紀)세(世) | 기(期) | 절대 연대

약 2억 136만 년 전
라에티안
약 2억 574만 년 전

노리안

후기

약 2억 2730만 년 전
카니안

삼첩기

약 2억 3700만 년 전
라디니안
중기
약 2억 4146만 년 전
아니시안
약 2억 4670만 년 전
올레네키안
전기
약 2억 4988만 년 전
인두안
약 2억 5190만 년 전

▪▪ 삼첩기 후기의 육상 동물들

주요 대륙이 모두 육지로 이어져 있었기 때문에 삼첩기의 육상 동물은 지역에 관계없이 매우 유사한 특징을 보였다. 생태계의 상위에 있던 것은 거대한 디키노돈류와 식물식성의 대형 위악류 그리고 그들을 포식하는 4족 보행 내지는 2족 보행을 하는 대형 위악류였다. 또한 대형 양서류도 번성했다.

삼첩기의 공룡은 비교적 원시적인 조경류의 특징을 가지고 있었으며, 후대의 공룡과 비교하면 다리와 허리의 골격이 빈약한 편이었다. 진화 초기에 해당하는 시기로, 다양한 그룹의 특징이 혼재되어 있었기 때문에 분류가 정확지 않은 공룡도 많다. 또 조반류라고 단정할 수 있는 공룡 화석은 삼첩기의 지층에서는 발견되지 않았다.

삼첩기의 공룡은 대부분 전장이 약 2m 정도였지만 카니안기에는 전장이 4m가 넘는 육식성 헤레라사우루스류가 출현했으며, 삼첩기 말에는 전장이 약 10m에 달하는 용각류나 '고지라사우루스'(→p.269)와 같은 전장 5m가 넘는 수각류가 나타났다. 이런 중형~대형 공룡은 위악류를 대신해 생태계의 정점에 군림했던 것으로 보인다.

포스토수쿠스 2족 보행하는 대형 위악류로, 악어류의 조상에 가까운 것으로 추정된다. 두개골의 형태가 수각류와 비슷한 부분도 많아 티라노사우루스(→p.28)의 조상일 것으로 추정하는 연구자도 있었다. 초기 공룡류에게는 두려운 상대였을 것이다.

헤레라사우루스 가장 초기의 공룡 중 하나로, 보존 상태가 좋은 화석이 다수 발견되었지만 분류는 아직 확정되지 않았다. 대형 개체는 전장이 4m가 넘어 당시 생태계에서도 상당히 큰 동물이었던 듯하다. 헤레라사우루스류는 여러 지역에서 번성했지만 삼첩기 말기에 멸종한 것으로 추정된다.

플라테오사우루스 원시적인 용각형류로, 전형적인 '고(古)용각류'에 속한다. 일찍부터 골층(→p.170)이 발견되어 삼첩기의 공룡 중에서도 특히 연구가 진전된 공룡 중 하나이다. 4족 보행하는 모습으로 복원(→p.134)된 경우도 많았지만 기본적으로 2족 보행하는 동물이었다고 여겨진다.

쥐라기

| Jurassic

대량 멸종으로 황폐한 환경에서 시작된 삼첩기는 또 다른 대량 멸종으로 막을 내렸다. 삼첩기에 크게 번성한 다양한 육지와 바다의 파충류 그룹이 멸종하는 가운데, 공룡 그룹 전체의 피해는 비교적 경미했던 것으로 보인다. 대량 멸종으로 텅 비어버린 생태적 지위를 다양한 공룡들이 차지하게 되면서 본격적인 '공룡 시대'가 시작되었다.

쥐라기의 지구

초대륙 판게아(→p.174)가 서서히 분열되어 쥐라기 중기에는 로라시아(→p.176)와 곤드와나(→p.182)로 나뉘었다. 전반적으로 지금보다 온난한 기후가 전 세계적으로 퍼져 있었지만, 지구 규모의 온난화와 한랭화가 반복되었다. 대기 중 이산화탄소 농도는 시기에 따라서는 오늘날의 4배에 달했을 것으로 추정된다. 식물은 페름기 말의 대량 멸종의 영향을 크게 받지 않아 삼첩기와 큰 변화는 없었다.

삼첩기의 해양 파충류 중에서 쥐라기까지 살아남은 것은 어룡(→p.90)과 수장룡(→p.86)뿐이었다. 광의의 악어류를 제외한 위악류는 멸종했으며, 육상의 대형 식물식동물과 육식 동물의 자리를 공룡에게 내주게 되었다. 단궁류(→p.94)는 삼첩기 말에 거의 멸종했으나 살아남은 일부는 쥐라기 동안 크게 다양화되었다. 익룡(→p.80)과 공룡은 대량 멸종의 영향을 크게 받지 않은 것으로 보인다.

쥐라기에는 공룡의 대형화가 진행되어 쥐라기 후기에는 전장 30m에 달하는 대형 용각류까지 등장했다. 또 공룡의 주요 그룹도 후기까지 대부분 진용을 갖추었던 듯하다. 가장 오래된 광의의 조류 안키오르니스도 쥐라기 중기의 지층에서 발견되었다.

쥐라기의 연대 구분 쥐라기는 전기·중기·후기로 나뉘며, 다시 11개의 '기(期)'로 세분된다. 쥐라기 중기부터 후기에 걸쳐 독일의 졸른호펜 석회암(→p.173)과 미 서부의 모리슨층(→p.178)을 시작으로 세계 각지에서 다수의 라거슈테텐(→p.172)이 형성되었다.

연대 구분(시대)

기(紀)세(世)   기(期)   절대 연대

		약 1억 4310만 년 전
후기	티토니안	
		약 1억 4924만 년 전
	킴메리지안	
		약 1억 5478만 년 전
	옥스포디안	
		약 1억 6153만 년 전
	칼로비안	
		약 1억 6529만 년 전
중기	바토니안	
		약 1억 6817만 년 전
	바조시안	
		약 1억 7090만 년 전
	알레니안	
		약 1억 7470만 년 전
	토아르시안	
		약 1억 8420만 년 전
전기	플리엔스바치안	
		약 1억 9290만 년 전
	시네무리안	
	헤탄지안	약 1억 9946만 년 전
		약 2억 136만 년 전

쥐라기

∷ 쥐라기의 공룡

쥐라기 전기의 공룡은 본래 화석이 많이 발견되지 않았지만, 삼첩기 후기의 공룡과 큰 변화가 없는 경우도 많았던 것으로 보인다. 조반류(鳥盤類)로 단정할 수 있는 종은 쥐라기 전기에 출현했으며, 장순류(裝盾類)는 쥐라기 전기, 조각류(鳥脚類)와 주식두류(周飾頭類)도 쥐라기 후기에는 모습을 드러냈다. 쥐라기 후반까지는 전장이 약 10 m에 달하는 대형 수각류(獸脚類)도 출현했으며, 수각류의 주요 그룹도 쥐라기 중기에 형성된 것으로 보인다. 2족 보행하는 원시적인 용각형류(龍脚形類)는 쥐라기 중기까지 멸종했으며, 4족 보행하는 용각류는 쥐라기 후기에 걸쳐 더욱 대형화되었다.

쥐라기 중기에 로라시아와 곤드와나가 분열하면서 각 대륙에서 공룡들은 독자적인 진화를 이루게 되었다.

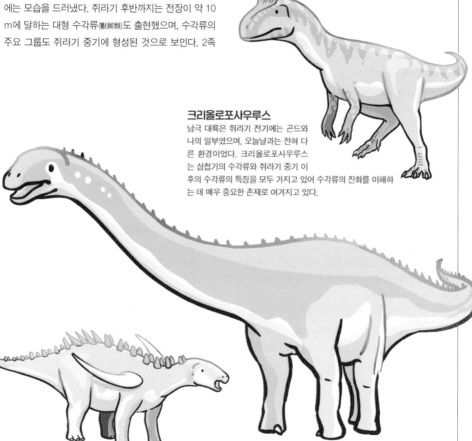

크리올로포사우루스
남극 대륙은 쥐라기 전기에는 곤드와나의 일부였으며, 오늘날과는 전혀 다른 환경이었다. 크리올로포사우루스는 삼첩기의 수각류와 쥐라기 중기 이후의 수각류의 특징을 모두 가지고 있어 수각류의 진화를 이해하는 데 매우 중요한 존재로 여겨지고 있다.

기간트스피노사우루스 오해를 부르기 쉬운 이름이지만 어엿한 검룡류이다. 검룡류는 쥐라기 후기에 전 세계적으로 번성했으며, 특히 중국에서 다양한 화석이 발견되었다.

수퍼사우루스 디플로도쿠스류는 쥐라기 후기에 크게 번성했는데, 그중에서도 수퍼사우루스는 전장이 30m가 넘는 거구를 자랑한다. 일정 크기 이상으로 성장하면 대형 수각류도 함부로 건드리지 못했을 것이다.

백악기

| Cretaceous

삼첩기나 쥐라기와는 달리 대량 멸종 없이 백악기가 막을 열었다. 다양한 공룡 그룹이 쥐라기 후기를 이어 번성하는 한편, 그때까지 크게 눈에 띄지 않던 그룹들이 백악기 중반 무렵 크게 약진했다. 오랜 백악기 동안 번성한 공룡들은 운석 충돌로 '공룡 시대'의 종지부를 찍고 말았다.

∷ 백악기의 지구

로라시아(→p.176)의 분열은 활발히 진행된 반면, 곤드와나(→p.182)의 분열은 훨씬 느리게 일어난 것으로 보인다. 기후는 전체적으로 지금보다 온난했지만, 온난 건조 기후에서 온난 습윤 기후 그리고 더 차고 건조한 기후로 변화했다는 것이 알려져 있다. 백악기에는 속씨식물이 출현하고 후기로 갈수록 지금과 크게 다르지 않은 식생이 나타났을 것으로 추정된다.

백악기 중반에는 지구온난화로 말미암은 해양 무산소 현상이 빈번히 발생하며 해양 생태계에 큰 타격을 입혔다. 그 때문에 어룡(→p.90)이 멸종하는 한편, 도마뱀류가 새롭게 바다로 진출해 모사사우루스류(→p.92)가 탄생했다. 쥐라기 중기부터 후기에 걸쳐 출현한 조류는 백악기에 다양화되었으나 현생 조류의 계통은 백악기 말기에 이르러서야 등장한 것으로 보인다.

백악기 전기의 공룡의 모습은 쥐라기 후기와 매우 유사했지만, 백악기 중반에 대전환이 일어났다는 것이 알려지면서 최근 활발히 연구되고 있다. 로라시아에서는 티라노사우루스류(→p.28)가 최상위 포식자로 두각을 드러냈으며, 속씨식물의 대두와 함께 신흥 그룹인 하드로사우루스류(→p.36)와 각룡도 크게 번성했다. 이렇게 '공룡 시대'는 황금기를 맞이했지만 운석 충돌과 그에 따른 칙술루브 충돌구(→p.194)의 형성으로 허무하게 종언을 맞았다.

백악기의 연대 구분 백악기는 약 8000만 년에 이르며 '공룡 시대'의 절반을 차지한다. 전기·후기로 나뉘며 바레미안~튜로니안을 백악기 '중기'라고 부르기도 한다.

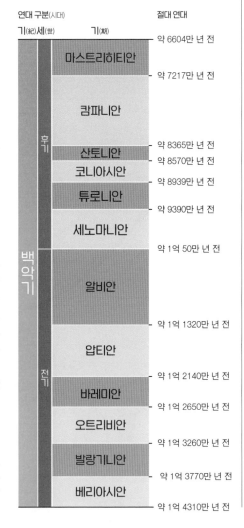

연대 구분(시대)		절대 연대
기(紀)세(世)	기(期)	
후기	마스트리히티안	약 6604만 년 전
	캄파니안	약 7217만 년 전
	산토니안	약 8365만 년 전
	코니아시안	약 8570만 년 전
	튜로니안	약 8939만 년 전
	세노마니안	약 9390만 년 전
백악기 전기	알비안	약 1억 50만 년 전
	압티안	약 1억 1320만 년 전
	바레미안	약 1억 2140만 년 전
	오트리비안	약 1억 2650만 년 전
	발랑기니안	약 1억 3260만 년 전
	베리아시안	약 1억 3770만 년 전
		약 1억 4310만 년 전

∷ 백악기 전기의 공룡

백악기 전기 공룡들의 모습은 쥐라기 후기와 크게 다르지 않은 모습이다. 판게아(→p.174)가 분열된 지 그리 오랜 시간이 지나지 않았기 때문에 스피노사우루스류(→p.

66)나 카르카로돈토사우루스류와 같이 로라시아와 곤드와나에서 번성한 그룹도 적지 않았다. 한편 티라노사우루스류나 각룡류도 크기는 작지만 꾸준히 진화를 해가고 있었다.

아크로칸토사우루스
카르카로돈토사우루스류로서는 다소 원시적인 종으로, 백악기 전기 후반에 북아메리카의 육상 생태계에서 정점에 군림하고 있었다.

시옹구안롱
백악기 전기 후반의 티라노사우루스류이지만, 골격의 형태는 백악기 후기의 것과 매우 유사하다.

∷ 백악기 후기의 공룡

백악기 전기와는 모습이 크게 달라졌다. 로라시아에서는 그동안 소형~중형에 머물렀던 티라노사우루스류와 각룡이 대형화되어 생태계의 상위에 군림하게 되었다. 또 곤드와나에서도 카르카로돈토사우루스류의 멸종과 함께 아벨리사우루스류와 메가랍토르류(→p.72)가 대형화된 것으로 보인다. 하드로사우루스류가 곤드와나까지 확산된 한편, 티타노사우루스류도 현저히 다양화되어 곤드와나에서 로라시아로 진출한 사례도 적지 않았다.

알라모사우루스
북아메리카에서는 용각류가 백악기 전기에 한 차례 멸종했지만 백악기 말 무렵 남미에서 진화형 티타노사우루스류가 유입되었다. 알라모사우루스를 대형 티라노사우루스류가 공격하는 광경도 볼 수 있었을 것이다.

지층

| stratum, strata

물은 낮은 곳으로 흐른다. 기복이 있는 장소에서는 높은 부분이 비바람에 노출되어 풍화되고, 침식되면서 생겨난 쇄설물이 더 낮은 곳으로 운반되어 웅덩이나 지면의 경사가 급격히 완만해지는 장소에 퇴적된다. 이런 풍화, 침식, 운반, 퇴적의 과정을 반복하며 쌓인 것이 지층이다. 퇴적된 쇄설물 속에는 화석이 매몰되어 있는 경우도 있다.

▦ 지층의 형성 과정

쇄설물은 입자의 크기에 따라 큰 순서대로 자갈, 모래, 진흙으로 나뉜다. 입자의 크기가 다르기 때문에 물속에서의 움직임도 다르고 수류(水流)의 강도에 따라 다르게 분류되기도 한다. 일반적으로 강 하구나 해안가에서는 자갈→모래→진흙 순으로 입자가 큰 것부터 퇴적되고, 연안의 해저에는 거의 진흙만 퇴적된다. 또한 화산재와 같이 바람에 실려 운반되는 것도 있다. 수류로 운반되는 쇄설물의 경우 쇄설물의 공급원에서 멀어질수록 입자의 모서리가 떨어져나가 둥글어지고 경사면에 퇴적할 때는 아래쪽으로 갈수록 두꺼운 층을 이루게 된다.

이처럼 지층을 구성하는 퇴적물은 퇴적 당시의 주변 지형이나 수류의 강도 등 퇴적 환경의 영향을 강하게 받는다. 반대로 지층을 구성하는 퇴적물을 주의 깊게 관찰

함으로써 당시의 퇴적 환경을 복원(→p.134)할 수 있다. 화석을 비롯한 지층 속에 포함된 다양한 정보를 통합하면 태고의 풍경을 그려낼 수 있는 것이다.

지층이 퇴적되면 자체의 무게로 퇴적물 속의 수분이 배출된다. 쇄설물 입자 사이의 미세한 틈은 지하수에 녹아 있던 광물질이 석출되면서 접착되고 응결되어 퇴적암으로 변화한다. 지층은 지하에서 열과 압력에 의해 점점 더 단단하게 변한다. 이런 속성 작용을 거친 지층이 다시 지표로 융기하고 침식되어 노두(露頭)로 드러남으로써 비로소 사람들의 눈에 띄게 되는 것이다. 지층은 단순한 돌덩어리가 아니라 지구의 역동적인 움직임 그 자체를 보여주는 아티팩트인 것이다.

일반적으로 수류가 강한 장소에서는 자갈이나 모래와 같은 입자가 큰 것이, 수류가 약한 장소에서는 고운 모래나 진흙이 퇴적된다. 화석은 퇴적된 입자가 작을수록 보존 상태가 좋은 경향이 있으며, 입자가 작은 응회암층에서는 종종 깃털 공룡(→p.76)이 산출된다.

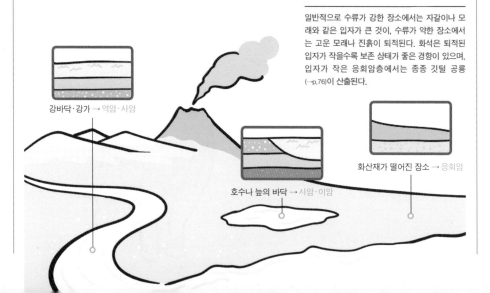

강바닥·강가 → 역암·사암

호수나 늪의 바닥 → 사암·이암

화산재가 떨어진 장소 → 응회암

:: 지층의 연구

지층은 띠 모양으로 보이는 경우가 많으며, 각 띠를 '단층', 띠의 경계를 층리면이라고 부른다. 또 지층 안의 특정한 지점과 그 가로 방향(동시간대)으로 확장된 양상을 '층준'이라고 한다. 비슷한 양상(암상)의 단층이 위아래로 연속된 범위(≒비슷한 퇴적 환경이 계속된 기간)를 '층(누층)'이라고 하며, 비슷한 층들이 연속된 범위를 모두 '층군'이라고 한다. 또한 층 속에 더 세밀한 '부층'이 있는 경우도 있다.

같은 시대에 가까운 장소에서 퇴적된 지층이라도 암상이 다르면 다른 층으로 취급된다. 또 퇴적 환경에 따라 1cm 두께의 지층이 쌓이는 데 1만 년이 걸리기도 하고 불과 몇 분 만에 1m가 쌓이는 경우도 있다. 한번 쌓인 지층이 다른 지층이 쌓일 때 거의 깎여나가기도 한다.

지층 사이에 시간 간격(어떤 원인으로 지층의 퇴적이 일어나지 않거나 그 사이에 쌓인 것이 침식으로 소실된 부분)이 발견되는 경우, 그것을 '부정합(不整合)'이라고 부른다. 1억 년 전 노두 위에 최근의 토사가 쌓이는 경우도 부정합이라고 할 수 있다.

지층은 오래된 시대에 쌓인 것일수록 속성 작용이 진전되는 경향이 있고, 매몰된 화석도 광화가 진행되어 원래의 뼈가 가진 성질이 사라진다. 다만 수천만 년 전 지층이라도 손으로 부술 수 있을 정도로 부드러운(미고결) 경우도 있다.

지층이 퇴적된 시대와 연대를 조사하는 방법은 여러 가지가 있지만 상대적인 연대(오래되거나 새로운)를 조사하는 데는 시준 화석(→p.112)이 사용되는 경우가 많다. 한편 절대 연대(구체적인 수치, →p.110)를 파악하는 데는 지층 내에 포함된 방사성 동위원소가 주로 이용된다. 퇴적 환경의 단서는 지층 자체의 축적 구조 외에도 시상 화석(→p.112)도 중요하다.

노두는 대개의 경우 간헐적으로만 확인되기 때문에 지층의 확산이 가로 방향(동시간대)인 경우에 넓은 범위에서 동시에 퇴적되는 강하 화산재층과 같은 '건층(鍵層, 지층의 대비나 특정에 이용되는 특징적인 지층)'이 중요해진다. 간헐적으로 확인되는 노두를 동시간대로 연결하면 태고의 풍경을 4차원적으로 복원할 수 있다.

외국의 노두 예시(배드랜드)

외국의 유명한 공룡 산지 대부분은 '배드랜드'라고 불리는 황무지에 위치해 있으며, 일대에는 노두가 넓게 펼쳐져 있다. 이런 장소는 지층이 거의 수평으로 쌓여 있어 같은 층준을 추척하는 것이 가능한 반면, 지층의 상하 연결을 추적하는 것은 어렵다.

일본의 노두 예시(저습지)

비가 많이 내리는 일본에서는 '배드랜드'를 볼 수 없으며, 자연적인 노두는 저습지 부근에 드문드문 분포한 경우가 많다. 지층은 뒤틀려(습곡) 크게 기울어져 있거나 단층에 의해 절단된 경우도 적지 않다. 또 지층의 상하가 반전되어 보이는 경우도 있다.

해성층

| marine strata

지|층은 다양한 장소에서 퇴적되는데, 그중에서도 바닷속에서 퇴적된 것을 해성층(海成層)이라고 한다. 해성층은 해양 생물 화석의 보고이며, 때로는 육상 생물의 화석이 발견되기도 한다. 공룡 연구의 역사에서 초기 연구를 이끈 것은 해성층에서 발견된 화석이었다. 일본의 중생대 지층은 전국 각지에서 발견되었는데 그 대부분이 해성층이다. 카무이사우루스의 발견으로 각지의 해성층에도 큰 기대가 모이고 있다.

▪▪ 해성층의 특징

육지에 가까운 해역에서는 육지에서 바다로 퇴적물이 운반되어 해성층이 형성된다. 육지에서 멀리 떨어진 해역에는 육지에서 운반된 퇴적물이 도달하지 않지만 플랑크톤의 사체가 침전되어 지층을 형성한다. 또한 대륙붕에서 한 번 퇴적된 것이 지진으로 붕괴되어 해저 경사면을 따라 흘러내리거나 육지에서 약간 떨어진 근해에 다시 퇴적되는 경우도 있다.

암모나이트(→p.114)나 이노케라무스(→p.115) 등 해양 생물의 화석 중에는 시준 화석(→p.112)으로 활용되는 것이 적지 않다. 한편 육상 생물의 화석은 시준 화석으로 사용하기 어려운 경우가 많고, 육성층에서 발견된 화석의 시대를 직접 추정하는 것은 상당히 어렵다. 해성층에서 육상 생물의 화석이 발견되면 같은 지층에서 발견된 암모나이트나 이노케라무스의 화석을 이용해 연대를 쉽고 상세히 추정할 수 있다.

천해성 지층의 예 일반적으로 대륙붕 위에 해당하는 수심 200m까지의 바다를 얕은 바다, 즉 천해(shallow sea)라고 하고 그보다 깊은 바다를 심해(abyss)라고 부른다. 해성층의 공룡 화석은 대부분 연안부에서 대륙붕(내측 육붕·외측 육붕)에 걸쳐 퇴적된 천해성 지층에서 발견된다.

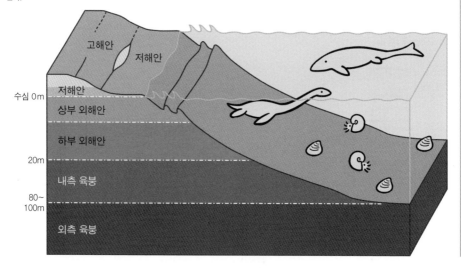

∷ 해성층에서 발견된 공룡들

해성층은 광물 자원을 얻기 위해 채굴되는 경우가 많고, 채석장이나 광산으로 이용되는 경우도 있다. 일찍이 알려진 공룡 화석 중에는 해성층을 이용한 채석장이나 광산에서 발견된 것이 적지 않다. 해성층에서 발견된 공룡 화석은 골격이 뿔뿔이 흩어져 있는 것이 많지만 거의 완전한 골격이나 미라 화석(→p.162)이 발견되는 경우도 있다.

메갈로사우루스·버클란디(→p.32)

발견 연도 : 1790년대 ?
산출층 : 테인턴 석회암층(영국)
시대 : 쥐라기 중기 바토니안 전기

'최초로 발견된 공룡' 메갈로사우루스는 석회암 채석장에서 채집된 것으로 보인다. 다수의 화석이 발견되었지만 대부분 흩어진 골격의 일부뿐이었다.

하드로사우루스·파울키(→p.36)

발견 연도 : 1838년경   산출층 : 우드버리층(미국)
시대 : 백악기 후기 캄파니안 전기

최초로 발견된 하드로사우루스류이지만 오늘날까지 부분적인 골격 1점만 발견되었다.

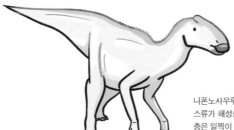

카무이사우루스·자포니쿠스(→p.38)

발견 연도 : 2003년
산출층 : 하코부치층(函淵層, 일본 홋카이도)
시대 : 백악기 후기 마스트리히티안 초기

니폰노사우루스, 프로사우롤로프스, 테티스하드로스 등 하드로사우루스류가 해성층에서 자주 발견된다. 카무이사우루스가 산출된 하코부치층은 일찍이 암모나이트의 산지로 유명하다.

보레알로펠타·마크미첼리

발견 연도 : 2011년   산출층 : 클리어 워터층(캐나다)
시대 : 백악기 전기 알비안 초기

오일 샌드 채굴 중 중장비에 분쇄되고 말았지만 상반신은 완전히 미라화된 상태로 발굴되어 '기적의 공룡'으로 불린다. 해안선에서 약 200km나 떨어져 화석화된 듯하다.

절대 연대

| absolute age

과거의 일이나 사건을 연구할 때 그 시계열(時系列)을 밝히는 것은 매우 중요하다. 연대를 측정하거나 추정하는 방법에는 크게 두 가지가 있다. 여러 사건들의 전후 관계로 알아낸 연대를 '상대 연대'라고 하며, '절대 연대'는 '절대적인(상대적인 값이 아닌) 연대를 오차 범위 내의 숫자로 나타내는 방법이다.

∷ 고생물학과 상대 연대

고고학(→p.274)에서는 고문서를 해독하고 그 안에 기록된 내용을 바탕으로 '어떤 사건'의 절대 연대를 특정할 수 있는 경우가 있다. 하지만 고생물학, 나아가 지질학에서 다루는 시대는 대개의 경우 유사 이전의 시대이기 때문에 당시의 사람이 글로 남긴 기록이라는 것은 존재하지 않는다. 그래서 등장하는 것이 상대 연대이다. 시준 화석(→p.112)은 상대 연대를 조사하기 위한 매우 중요한 도구로, 다양한 시준 화석의 정보를 결합함으로써 생층서(生層序) 구분(시준 화석의 변화를 통해 시대를 나타낸 것)을 확립할 수 있다(고고학의 경우에도 석기나 토기의 변화를 바탕으로 상대 연대를 나타내는 경우가 있다).

또한 특정 화산에서 분출된 화산재나 운석 충돌로 방출된 물질 등 넓은 범위에서 동시에 퇴적된 것으로 추정되는 특징적인 지층을 '건층(鍵層)'으로 이용해 상대 연대를 추정할 수도 있다. 더 나아가 지구의 자기장 방향이 시대에 따라 변화하는 것을 이용해 지층에 보존된 고(古)지자기를 분석함으로써 상대 연대를 밝히는 연구도 최근 활발히 이루어지고 있다.

이런 정보를 활용해 밝혀진 상대 연대는 '백악기 후기'와 같이 '시대(지질 연대)'로 표기된다. 고생물의 경우 시준 화석이나 건층 그리고 고지자기 정보를 결합하여 시대를 꽤 정확하게 추정할 수 있는 경우가 있다.

하지만 이런 도구를 정밀하게 이용할 수 있는 지층이 많지 않기 때문에 상대 연대를 정확히 추정할 수 없는 공론도 적지 않다.

∷ 절대 연대와 방사 연대

자연계에 존재하는 원소에는 저마다 다른 중성자 수를 가진 다른 동위 원소들이 존재한다. 동위 원소 중에는 방사선을 방출해 다른 원소로 변하는(방사성 붕괴) 방사성 동위 원소와 그렇지 않은 안정 동위 원소가 있으며, 방사성 붕괴 속도는 동위 원소의 종류마다 일정하다.

방사성 동위 원소는 생겨난 순간부터 방사성 붕괴를 시작하는데, 우주선의 영향으로 항상 생성되기 때문에 자연계에서는 안정 동위 원소와 방사성 동위 원소의 존재 비율이 언제 어디서나 거의 일정하다. 한편 외부와의 물질 교환이 차단되면 방사성 동위 원소는 새로 보충되지 않기 때문에 방사성 붕괴로 말미암아 계속해서 감소하게 된다.

이런 방사성 동위 원소의 성질을 이용해 측정된 절대 연대가 '방사 연대'이다. 고생물학과 지질학(또는 선사 시대를 다루는 고고학)에서는 달리 절대 연대를 조사할 수단이 없기 때문에 방사 연대가 매우 유용하게 쓰인다.

방사성 붕괴의 속도는 동위 원소에 따라 다양하기 때문에 대상이 되는 시대에 따라 방사 연대 측정에 이용할 수 있는 동위 원소가 달라진다. 고고학에서는 인류가 존재했던 시대를 다루기 때문에 인골에서부터 목재, 종이 등 유기물 전반에 포함된 탄소 14를 이용해 방사 연대를 측정하는 경우가 많다. 그와는 달리 탄소 14는 반감기(방사성 붕괴에 의해 어미 핵종이 반으로 줄어드는 기간)가 짧기 때문에 더 오래된 시대를 다루는 고생물학에서는 많이 이용되지 않는다.

▪▪ 공룡의 서식 연대

공룡 연구에서 문제가 되는 절대 연대는 바로 이 방사 연대이다. 방사 연대는 '물체가 외부 환경과 분리된 시점의 절대 연대'이기 때문에 측정 대상이나 결과의 의미를 신중히 검토해야 한다. 모래밭에서 채취한 모래의 방사 연대는 '원래의 모래알이 있던 암석이 형성된 절대 연대'이며, 모래밭이 만들어진 연대는 다른 문제이다.

공룡의 화석 자체에서 방사 연대(=공룡이 죽은 시점의 절대 연대)를 측정하는 것은 매우 어려운 일이며, 공룡의 서식 연대 연구에는 대부분 지층 내 광물의 방사 연대가 이용된다. 화석이 발견된 층준 자체의 방사 연대를 측정할 수 있는 경우는 거의 없지만, 그 위아래의 층준에서 방사 연대를 측정할 수 있다면 화석이 매몰된(≒원래 공룡이 살았던) 연대를 'OO만~OO만 년 전'(그사이의 어느 지점)이라는 상대 연대로 나타낼 수 있다. 화산재나 용암은 형성과 분출 및 퇴적 시기가 사실상 같기 때문에 지층이 퇴적된 절대 연대를 측정하는 데 유용하다.

고생물의 서식 시대나 서식 연대는 절대 연대와 상대 연대를 결합해 고려하는 것이 기본이다. 다양한 도구를 조합함으로써 수십 년 전에는 상상할 수 없었던 정밀도로 공룡들이 살았던 시기나 기간이 밝혀지고 있다.

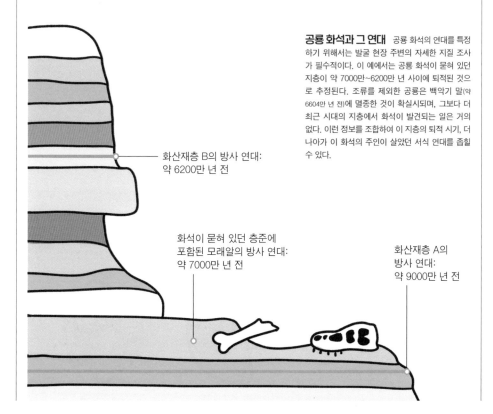

공룡 화석과 그 연대 공룡 화석의 연대를 특정하기 위해서는 발굴 현장 주변의 자세한 지질 조사가 필수적이다. 이 예에서는 공룡 화석이 묻혀 있던 지층이 약 7000만~6200만 년 사이에 퇴적된 것으로 추정된다. 조류를 제외한 공룡은 백악기 말(약 6604만 년 전)에 멸종한 것이 확실시되며, 그보다 더 최근 시대의 지층에서 화석이 발견되는 일은 거의 없다. 이런 정보를 조합하여 이 지층의 퇴적 시기, 더 나아가 이 화석의 주인이 살았던 서식 연대를 좁힐 수 있다.

화산재층 B의 방사 연대:
약 6200만 년 전

화석이 묻혀 있던 층준에
포함된 모래알의 방사 연대:
약 7000만 년 전

화산재층 A의
방사 연대:
약 9000만 년 전

시준 화석, 시상 화석

| index fossil / facies fossil

고생물학은 지질학과는 떼려야 뗄 수 없는 학문이며, 지질학은 공룡 연구에 중요한 배경 정보를 제공한다. 고생물학이 지질학의 '도구'로 이용되는 경우도 많으며, 상대 연대를 결정하거나 지층이 퇴적된 당시의 환경(고환경)을 추정하는 데 화석은 필수적이다.

∷ 시준 화석

지층에서 특정 생물 종의 화석이 산출되는 층준의 범위는 해당 생물 종이 지구상에 나타나서 멸종하기까지의 범위와 기본적으로 일치한다. 이 성질을 이용해 지층의 대조와 상대 연대(→p.110) 결정에 이용되는 화석을 시준 화석이라고 한다.

원리적으로는 모든 생물 종의 화석이 시준 화석이 될 수 있지만 도구로 사용되려면 실용성이 중요하다. 따라서 시준 화석에는 ① 생존 기간이 짧아 특정 시기를 정확히 지시할 수 있을 것, ② 분포 지역(산출 범위)이 넓어 멀리 떨어진 장소의 지층들 간의 대조에도 사용할 수 있을 것, ③ 화석이 되기 쉬워 대량으로 발견될 수 있을 것이라는 세 가지 조건이 요구된다.

이 조건을 모두 만족하는 생물 그룹은 의외로 많지 않다. 공룡을 비롯한 척추동물의 화석은 육지와 바다를 막론하고 비교적 드물기 때문에 실제 연구에서 시준 화석으로 이용하기에는 실용적이지 않다. 실용적인 시준 화석으로 이용되는 것은 대부분 해양 연체동물로, 중생대에서는 다양한 종의 암모나이트(→p.114)와 이노케라무스(→p.115)가 일반적인 도구로 사용된다. 또 다양한 플랑크톤의 화석인 미화석도 유용하게 쓰인다.

해성층(→p.108)의 시준 화석은 잘 갖추어져 있는 반면, 육성층에서 사용할 수 있는 시준 화석은 상당히 적다. 포유류의 이빨 화석이나 호수에 사는 플랑크톤의 화석, 꽃가루(→p.202) 등이 이용되는데 해성층의 시준 화석에 비해 대략적인 지표에 불과한 것이 현실이다.

그런 이유로 육성층에서 절대 연대 측정이 어려운 경우에는 상세한 시대나 연대 추정이 어려운 경우가 종종 있다. 이런 지층의 대표적인 예가 몽골 고비사막의 백악기 후기 지층으로, 벨로키랍토르(→p.50)나 프로토케라톱스(→p.52)와 같은 공룡의 서식 연대는 아직 잘 알려져 있지 않다. 한편 막연히 신생대 지층일 것으로 여겼던 지층에서 공룡 화석이 발견되어 중생대 지층으로 판명된 예도 있다.

다양한 시준 화석의 예

미화석

방산충(원생생물)

대형 화석

암모나이트(두족류)   포유류의 이빨

∷ 시상 화석

특정 환경의 존재, 즉 지금까지의 환경의 변화를 보여주는 화석이 시상 화석으로, 공룡이 살았던 시대의 환경을 추정하는 데 필수적인 요소이다. 간단한 예로, 산 위에 노출된 지층에서 해양 생물의 화석이 발견되면 그 지층은 해저에서 퇴적되었고 이후 해저가 융기해 산 위로 노출된 것으로 생각할 수 있다. 이런 발상은 고대 그리스 시대부터 존재했으나 '지질학'으로서 체계가 정립된 것은 근대에 들어서였다.

시상 화석은 단순하고 편리한 도구이지만 생물이 본래의 서식지에서 화석화된다고 단정할 수 없기 때문에 화석의 산상(→p.160)에는 주의가 필요하다. 또 유사한 현생 종과 비교해 환경을 추정하려는 경우 그 생물이 현생 종과 동일한 생태적 특성을 가지고 있었는지도 신중히 조사할 필요가 있다.

최근에는 화석에 포함된 다양한 원소의 안정 동위 원소 비율이 그 생물이 살았던 당시의 환경을 반영하고 있다는 것에 착안해 정량적인 방법으로 고환경을 추정하는 연구도 이루어지고 있다.

복원화와 그 배경 공룡의 복원화(→p.134)에 그려진 '배경' 역시 훌륭한 고환경 복원화이다. '공룡 르네상스'(→p.150)에 의해 시상 화석에서 얻을 수 있는 고환경 정보가 공룡 복원화에도 풍부하게 반영되었다. 또 복원화에서 부수적인 역할을 하는 다른 동물들도 시대와 분포 지역에 따라 엄격하게 선택되었다. 공룡 르네상스 이후의 복원화 중에는 추정되는 대기의 상태를 바탕으로 구름의 모양에 신경을 쓰거나 밤하늘에 떠 있는 달의 분화구까지 중생대 당시의 모습으로 그려진 것이 있는 등 복원화의 또 다른 볼거리를 제공하고 있다.

공룡의 '상상도'

공룡의 '생태 복원도'

다양한 지질학적 증거의 반영

암모나이트

| ammonite

공룡과 함께 고생물의 꽃이라고 할 수 있는 생물이 암모나이트이다. 오늘날 전문용어로서의 '암모나이트'는 화석에 한정되어 사용되며, 생물 자체를 지칭할 때는 '암모노이드'라는 단어가 더 자주 사용된다. 그럼에도 '암모나이트(아몬 신의 돌)'라는 표현은 여전히 널리 사용되고 있다.
암모나이트는 해양 연체동물로, 해성층이 아니면 공룡 화석과 함께 산출되지 않는다. 하지만 고생물학의 주춧돌이라 할 수 있는 암모나이트는 공룡 연구를 뒷받침하는 중요한 역할을 하고 있다.

∷ 암모나이트와의 조우

화석과 인류의 인연은 역사가 길다. 상어 이빨 화석을 요괴와 연관 짓거나 조개 화석을 악마의 발톱으로 여기기도 했다(→p.272). 암모나이트 역시 오래전부터 친숙한 존재였다. 중세 유럽에서는 신의 힘에 의해 머리가 잘린 작은 뱀이 돌로 변한 것이라 여겨져 인기 있는 부적으로 사용되었다.

일본에서도 홋카이도의 패총(→p.275)에서 가공된 암모나이트가 출토된 사례가 있으며, 아이누족은 이를 '호박석'이라고 불렀다. '암모나이트'라는 이름은 양의 뿔처럼 말려 있는 껍데기가 고대 이집트의 아몬 신(양의 머리를 가진)을 연상시킨 데서 유래했다.

암모나이트의 껍데기 구조는 앵무조개와 매우 비슷하지만 실은 오징어와 가까운 생물군에 속한다. 고생대 데본기 후기에 처음 등장해 번성과 쇠퇴를 거듭하며 백악기 말까지 전 세계에서 번성한 거대 세력이었지만 악판(顎板)을 제외한 연체부의 화석은 극히 드물다.

껍데기의 형태는 놀라울 정도로 다양하며, 말린 형태도 앵무조개와 유사한 것부터 '이상돌기'라고 불리는 독특한 형태까지 존재한다.

∷ 암모나이트와 공룡

암모나이트는 세계 각지에서 발견되며 종마다 생존 기간이 매우 짧은 경우가 많아 시준 화석(→p.112)으로서도 매우 중요하다. 고생물학의 기본이 되는 '시대 결정'을 항상 뒷받침해온 존재로 특정 암모나이트종의 등장과 멸종이 시대 구분의 기준이 되는 경우도 많다.

해성층(→p.108)에서 공룡 화석이 발견되는 경우, 그 주변에서 암모나이트가 발견되는 경우도 적지 않다. 암모나이트가 시준 화석으로 유용한 종이라면, 육성층에서 발견된 공룡 화석으로는 불가능한 수준의 정밀도로 해당 시대를 특정할 수 있다. 카무이사우루스(→p.38)의 발굴 당시에는 다양한 암모나이트가 발견되어 시대를 정확히 추정하는 데 도움이 되었다.

카무이사우루스와 함께 발견된 암모나이트

파키디스쿠스·자포니쿠스

디플로모케라스의 미정 종

이노케라무스

| inoceramus

중생대에는 다양한 해양 연체동물이 번성했으며, 이를 시준 화석으로 활용하는 경우도 많다. 진주조개목에 속하는 쌍각류인 이노케라무스는 풍부한 화석으로 잘 알려져 있으며, 특정 속을 가리키기보다는 주로 쥐라기부터 백악기에 번성한 이노케라무스류를 통칭하는 경우가 많다.

∷ 이노케라무스란

이노케라무스(류)는 진주조개목에 속하는 쌍각류로, 진주의 모패(母貝)로 이용되는 진주조개나 고급 식재료인 키조개와 비교적 근연으로 여겨진다. 고생대 페름기에 출현했다고 추정되지만 이노케라무스라고 하면 보통 중생대 쥐라기부터 백악기의 종들을 가리키며 백악기 말기가 되기 전에 멸종했다.

이노케라무스는 전 세계의 바다에서 번성했으며, 백악기 후기의 것만 해도 약 1300종이 알려져 있다. 껍데기의 형태는 종에 따라 다양하며, 표면에는 동심원륵이라고 불리는 구조가 발달했다. 껍데기 크기도 다양한데 작은 것은 약 8cm, 대형 종은 약 1m나 되며 2m에 달하는 화석도 알려져 있다.

이노케라무스는 종마다 분포가 넓은 데 비해 생존 기간이 비교적 짧기 때문에 전 세계적으로 시준 화석(→p. 112)으로 중시되고 있다. 여러 종의 이노케라무스가 같은 층준에서 발견된다면, 각 종의 생존 기간이 겹치는 범위를 통해 시대를 더욱 좁힐 수 있다.

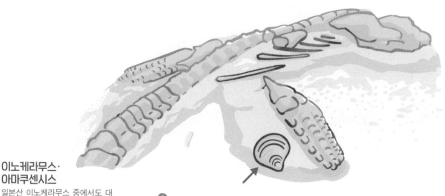

이노케라무스·아마쿠센시스

일본산 이노케라무스 중에서도 대형이다. 종소명은 일본 구마모토현의 아마쿠사시에서 유래했으나 전국 각지의 백악기 후기 산토니안의 해성층에서 산출된 것으로 알려져 있다. 후타바사우루스와 함께 발견된 예(위쪽 그림)가 보고되었으며, 후타바사우루스(→p.88)의 사체와 함께 갯벌로 떠밀려가 화석화된 것으로 보인다.

∷ 이노케라무스와 척추동물 화석

해성층(→p.108)에서 산출된 척추동물 화석은 종종 이노케라무스와 함께 발견되기도 한다. 시준 화석으로서뿐 아니라 타포노미(→p.158)의 관점에서도 중요하다.

살아 있는 화석

| living fossil

'진화'란 지금 이 순간에도 일어나고 있는, 생물이 존재하는 한 끊임없이 계속되는 현상이다. 생물은 진화 과정에서 조상들과는 상상도 할 수 없는 모습으로 변화한 것들이 적지 않지만 현생 생물 중에는 지질 시대의 생물—화석으로만 알려진 것과 매우 유사한 종들이 종종 발견된다. 조상들의 모습을 간직한 채 현대에도 살아 있는 '살아 있는 화석'에는 어떤 것들이 있을까?

▪▪ 살아 있는 화석이란

'살아 있는 화석(유존종이라고도 한다)'이라는 개념은 생물이 지구의 역사 속에서 모습을 바꿔왔다는 개념이 있어야 비로소 성립된다. '살아 있는 화석'이라는 용어를 처음 사용한 것은 진화론을 확립한 다윈이었다.

다윈은 그의 저서 《종의 기원》에서 오리너구리나 폐어를 언급할 때 이 용어를 사용하며 '지질 시대에 번영했던 생물의 후손으로, 생존 경쟁이 적은 제한된 장소에 서식했기 때문에 우연히 멸종을 면한 계통'이라고 정의했다. 오늘날에는 오리너구리나 폐어 외에도 다양한 생물이 '살아 있는 화석'으로 불리고 있다. 실러캔스(→p.117), 바다나리, 앵무조개와 같이 심해에 서식하는 '살아 있는 화석'은 다윈의 정의에 잘 들어맞는다.

한편, 투구게나 개맛처럼 다양한 생물이 뒤섞인 얕은 바다나 갯벌에서 서식하는 생물들도 '살아 있는 화석'으로 불린다.

이처럼 '살아 있는 화석'의 정의는 연구자에 따라 다르지만 ① 오래된 시기에 출현한 계통에 속한다 ② 조상과 매우 유사하다 ③ 원시적인 특징을 많이 간직하고 있다, 이 세 가지가 중요한 포인트가 된다. 또 '살아 있는 화석'을 포함한 계통은 현재 다양성이 부족한 점, 다윈이 가정한 것처럼 특수한 환경을 피난처(refugia)로 삼고 있다는 점도 여전히 중요하게 고려된다.

정의를 떠나 '살아 있는 화석'은 그 조상에 해당하는 계통의 화석을 연구할 때 매우 중요함을 제공한다. 화석으로는 결코 관찰할 수 없는 '살아 있는 모습'을 알려주는 것은 '살아 있는 화석'뿐이기 때문이다. 한편, 화석에는 남아 있지 않은 연조직의 형태나 생리 혹은 생태가 멸종된 조상과 현생 종 사이에서 얼마나 다른지에 대해 신중한 판단이 필요한 경우도 적지 않다.

▪▪ 공룡 시대의 산증인들

현생 생물 중에는 중생대의 근연종들과 모습이 거의 변하지 않은 것들도 적지 않다. 예를 들어, 가로수로도 자주 볼 수 있는 은행나무는 중생대는 물론 고생대 페름기부터 이어진 계통의 마지막 생존자로 '살아 있는 화석'의 전형적인 예로 여겨진다. 은행나무류의 현생 속(은행나무속)은 백악기부터 존재했으며, 공룡들에게도 익숙한 식물이었을 것이다. 반면, 마찬가지로 백악기부터 현생 속과 매우 유사한 것으로 알려진 목련, 플라타너스, 포도와 같은 식물은 식물의 역사에서는 새로운 계통에 속하는 속씨식물에 속하기 때문에 '살아 있는 화석'으로는 불리지 않는다. 실러캔스류처럼 모습은 거의 같아도 중생대 당시의 생태가 완전히 달랐던 '살아 있는 화석'도 알려져 있다.

실러캔스

| coelacanth

'**살**아 있는 화석' 중에서도 특히 널리 알려진 것이 데본기부터 계통이 이어져온 실러캔스이다. 현생 실러캔스는 단 한 속의 두 종만이 확인되어 멸종 위기에 처해 있다. 공룡들과 함께 살았던 실러캔스는 어떤 물고기였을까?

'살아 있는 화석'과 화석

실러캔스의 현생 속인 라티메리아는 두 종 모두 비교적 대형으로, 큰 종은 전장이 2m에 달한다. 두 종 모두 수심 수백 미터의 심해에서 서식하지만, 멸종된 실러캔스류는 담수역에서도 서식했던 것으로 알려져 있다. 특히 백악기의 대형 종 중에는 전장이 약 4m에 달하는 것도 있었다.

라티메리아의 화석 종은 아직 발견되지 않았지만 유전자 연구에 따르면 현생 실러캔스 두 종이 갈라져 나온 것은 약 3000만~4000만 년 전으로 추정된다. 또한 라티메리아와 가장 근연인 것으로 추정되는 멸종 속 스웬지아는 쥐라기 후기에 속하며, 라티메리아와는 1억 년 이상의 공백이 존재한다. '살아 있는 화석'과 화석을 연결하는 연구는 아직 갈 길이 멀다.

공룡 시대의 실러캔스

고생대의 실러캔스 중에는 상당히 독특한 외형을 가진 것도 있었던 듯하다. 중생대의 실러캔스는 그들과 비교하면 비교적 단순한 형태이다. 다만 현생 라티메리아와 근연일 것으로 보이는 실러캔스도 체형과 크기에는 상당히 차이가 있었으며, 서식 환경 또한 천해에서 담수역까지 다양했다. 1m가 넘는 비교적 대형 실러캔스류가 스피노사우루스류(→p.66)와 같은 지층에서 산출된 예도 잘 알려져 있다. 이들이 공룡의 먹잇감이었을 가능성이 매우 높아 보인다.

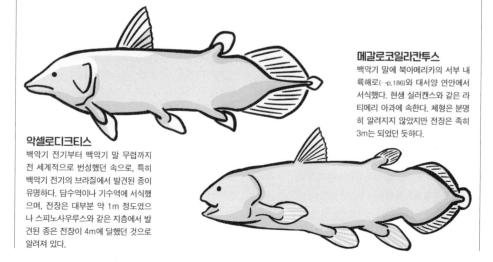

악셀로디크티스
백악기 전기부터 백악기 말 무렵까지 전 세계적으로 번성했던 속으로, 특히 백악기 전기의 브라질에서 발견된 종이 유명하다. 담수역이나 기수역에 서식했으며, 전장은 대부분 약 1m 정도였으나 스피노사우루스와 같은 지층에서 발견된 종은 전장이 4m에 달했던 것으로 알려져 있다.

메갈로코일라칸투스
백악기 말에 북아메리카의 서부 내륙해로(→p.186)와 대서양 연안에서 서식했다. 현생 실러캔스와 같은 라티메리 아과에 속한다. 체형은 분명히 알려지지 않았지만 전장은 족히 3m는 되었던 듯하다.

생흔 화석

| trace fossil, ichnofossil

공룡의 화석이라고 하면 가장 먼저 떠오르는 것은 뼈, 즉 생물의 유해 자체가 화석화된 것(체화석)이다. 하지만 족적이나 알껍데기처럼 생물 자체는 아니지만 생물이 살아 있던 흔적 또한 생물 기원의 화석으로 간주된다. 이런 화석을 생흔 화석이라고 부르며, 이를 통해 생물의 행동이나 서식 환경 등 멸종 생물의 생태에 관한 중요한 정보를 얻을 수 있다.

▪▪ 다양한 생흔 화석과 분류

생흔 화석에는 둥지, 기었던 흔적, 족적(→p.120), 알(→p.122), 배설물, 펠릿(토사물), 이빨 자국, 식물 뿌리의 흔적 등 다양한 종류가 알려져 있다. 둥지나 족적은 퇴적되어 있던 지층의 미고결 부분을 교란시키는데, 이를 생물 교란(bioturbation)이라고 부르며, 특히 공룡의 족적에 의해 교란되는 경우를 '공룡 교란(dinoturbation)'이라고 한다. 생흔 화석 중에는 원래 정체를 알 수 없는 화석 구조(problematica)로 취급되거나 체화석으로 여겨지던 것들도 있었다.

생흔 화석의 '주인'을 종 수준까지 특정하는 것은 대개의 경우 매우 어렵다. 그래서 생흔 화석에는 편의상 독자적인 분류체계가 부여된다. 생흔 화석은 형태나 내부 구조를 기준으로 구분되며 독자적인 과(생흔 과), 속(생흔 속), 종(생흔 종)이 있다. 같은 종의 동물이 남긴 족적 화석이라도 남겼을 당시의 조건 차이에 따라 크게 다른 형태가 될 수 있으며, 다른 생흔 속(족적 속)으로 분류되기도 한다. 또 알 화석처럼 특별히 근연이 아닌 동물이 낳은 알이라도 알의 형태가 비슷하면 같은 생흔 과(알 과)로 분류되는 경우도 있다.

▪▪ '주인'을 특정하라

생흔 화석은 글자 그래도 생물이 살았던 흔적이 화석화된 것으로, 체화석으로는 보존되지 않는 다양한 정보를 담고 있다.

동물의 둥지는 그 주인이 어떤 환경을 선호했는지 그리고 그곳에 어떤 환경이 존재했는지를 보여준다. 또 둥지의 주인이 휴식을 취하던 자세 그대로 생매장된 흔적이 발견되기도 한다.

기어간 흔적이나 족적(행적)은 그 생물의 이동 양식을 보여주는 직접적인 증거이다. 연속된 족적 화석의 보폭이나 앞발과 뒷발을 내딛는 방향은 체화석만으로는 알기 힘든 걸음걸이의 중요한 단서를 제공한다. 또한 해당 생물이 집단행동을 했다는 정보가 보존된 경우도 있다. 족적 화석은 손발의 형태를 직접적으로 반영하기 때문에 '주인'을 어느 정도까지 좁히는 데 용이하다.

알 화석은 해당 동물의 번식 생태에 대한 중요한 정보를 가지고 있다. 내부에 배아가 남아 있다면 알의 '주인'을 특정하는 데 도움을 줄 뿐 아니라 그 동물이 알 속에서 어떻게 발생했는지를 밝히는 데도 기여한다.

배설물의 화석(coprolite)에는 소화되지 않은 물질이 그대로 포함되어 있는 경우가 있어 배설한 주인이 무엇을 먹었는지를 알 수 있는 직접적인 증거가 된다.

이처럼 생흔 화석은 고생물을 '생물학적'으로 연구하는 데 꼭 필요한 존재이다. 생흔 화석 연구에서는 그 구조를 3차원적으로 파악하는 것이 중요하기 때문에 최근에는 CT 스캔(→p.227)이나 3D 프린터가 널리 활용되고 있다.

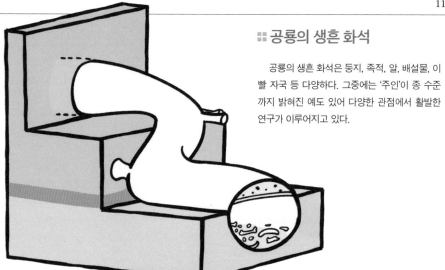

∷ 공룡의 생흔 화석

공룡의 생흔 화석은 둥지, 족적, 알, 배설물, 이빨 자국 등 다양하다. 그중에는 '주인'이 종 수준까지 밝혀진 예도 있어 다양한 관점에서 활발한 연구가 이루어지고 있다.

오릭토드로메우스와 둥지 백악기 '중기'의 소형 조반류 오릭토드로메우스는 성체 한 마리와 대형 유체 두 마리가 길이 약 2m, 폭 70cm 정도의 원통 구조물 안에서 발견되었다(위쪽 그림). 이 구조물은 둥지가 매몰되면서 화석화된 생흔 화석으로, 오릭토드로메우스가 둥지 안에서 죽은 지 얼마 후 둥지째 매몰된 것으로 추정된다. 둥지를 직접 팠는지 아니면 다른 동물이 파둔 둥지에 머물렀던 것인지는 밝혀지지 않았다.

족적

| footprint

지면에 남겨진 족적이 그대로 퇴적물에 묻혀 생흔 화석으로 보존되는 경우가 있다. 이런 족적 화석은 족적을 남긴 주인의 체화석에는 남아 있지 않은 다양한 정보를 보존하고 있으며, 족적 이 3개 이상 연속해서 남아 있는 '행적(trackway)'은 그 행적을 남긴 주인의 대강의 크기와 체형 그리 고 생태에 관한 매우 중요한 정보를 담고 있다.

▪▪ 공룡의 족적

무척추동물, 척추동물을 불문하고 다양한 동물의 족 적 화석이 발견되고 있다. 족적이나 행적 화석의 형태와 패턴을 통해 그 흔적을 남긴 동물의 정체를 상당히 좁힐 수 있으며, 체화석이 전혀 발견되지 않은 지층이라도 족 적 화석을 분석해 동물군의 구성을 알 수 있다. 족적 화석 은 지층의 층리면(= 과거의 지표면)에 남기 때문에 지층의 경사에 따라 수직으로 깎인 절벽 벽면에 남아 있기도 하 고 수평면에 남아 '공룡과 함께 걷는' 것이 가능한 산지도 있다.

공룡의 족적 화석 연구는 오랜 역사를 가지고 있다. '공룡'이라는 용어가 탄생한 19세기 중반에는 이미 미국 코네티컷 협곡의 쥐라기 전기 지층에서 다수의 행적 화

석이 발견되었다.

이것은 2족 보행을 하는 다양한 종류의 커다란 동물이 남긴 것으로, 연구를 맡았던 지질학자 에드워드 히치콕 (Edward Hitchcock)은 '거대한 새의 족적'으로 동정하고, 다 양한 족적 속과 종을 설립했다. 오늘날 히치콕이 연구한 족적 화석군은 쥐라기 전기의 다양한 공룡의 것임이 확 인되었다.

공룡의 족적 화석은 전 세계의 다양한 시대의 지층에 서 발견되고 있으며, 일본에서도 각지의 백악기 전기 지 층에서 산출된 다양한 행적 화석에 대한 연구가 진행되 고 있다. 족적 화석이 다수 발견된 산지는 지질 공원으로 서 관람객을 맞기도 하는 등 관광 명소로 유명한 곳도 많 다. 공룡의 행동이 고스란히 남겨진 족적 화석은 사람들 을 매료시킨다.

▪▪ 족적 화석의 분류

족적은 동물의 발 크기와 형태를 반영하며, 행적 화석 이라면 걷는 방식(발의 움직임)까지 반영되어 있다. 족적 화 석으로 얻을 수 있는 이런 정보를 골격의 형태와 비교함 으로써 흔적을 남긴 동물의 정체를 상당히 좁힐 수 있다. 발바닥의 피부흔(→p.224)이나 육구(肉球)의 형태가 확인될 때도 있다.

한편 족적의 형태는 지면의 부드러움에도 영향을 받 는데 경우에 따라서는 흔적이 지워지다 만 형태로 화석 화되기도 한다. 또 동물의 걸음걸이도 때와 상황에 따라 변할 수 있어 같은 부드러운 지면에서도 전혀 다른 족적 을 남기기도 한다. 4족 보행하는 동물은 앞다리(손)를 디

딘 자국이 뒷다리(발)에 덮이는 경우도 있다.

족적 화석의 분류는 다른 생흔 화석(→p.118)들과 마찬 가지로 그 형태와 구조에 따라 독자적인 학명이 부여된 다. 그런 이유로 한 동물이 남긴 족적이라도 복수의 족적 속 또는 종으로 분류될 수 있다. 반대로, 발의 형태나 크 기 또는 걸음걸이가 비슷하면 근연이 아닌 동물이라도 비슷한 형태의 족적을 남길 수 있다.

삼첩기부터 백악기에 걸쳐 소형 수각류의 족적 화석 인 게랄레토르 족적 속이 알려져 있는데, 이는 다양한 시 대의 여러 소형 수각류가 비슷한 형태의 족적을 남겼던 것으로 추정된다.

::공룡의 족적을 찾아

세계 각지에서 발견된 공룡의 족적 화석 중에는 용각류와 나란히(추적?) 걷는 수각류의 족적, 이구아노돈류 (→p.34) 50마리 정도의 무리가 해안선을 따라 이동한 족적, 소형 조반류 집단이 '폭주'한 족적도 알려져 있다. 지층이 공룡에 의해 짓밟힌 '공룡 교란'도 보고된 바 있다.

족적 화석 용어

족적 자체뿐 아니라 그에 따른 언더 프린트(underprint)나 내추럴 캐스트(natural cast)도 족적 화석에 포함된다. 언더 프린트로 족적을 남긴 동물의 크기를 과대하게 추정하거나, 족적을 덮은 퇴적물이 족적에 따라 파인 흔적을 언더 프린트로 오인하는 경우도 종종 있다.

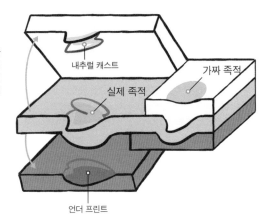

내추럴 캐스트

가짜 족적

실제 족적

언더 프린트

다양한 공룡과 그 족적

수각류나 조각류는 기본적으로 뒷다리를 교차시키며 걷는 모델 워킹이 많다. 4족 보행하는 각룡도 하반신은 모델 워킹에 가깝다.

알
| egg

알은 천연적인 보육기로, 해당 동물의 번식 전략에 따라 다양한 특징을 가지고 있다. 단백질 막 외에도 탄산칼슘으로 된 단단한 껍데기를 가진 알(경질란)은 비교적 화석화되기 쉽고, 공룡의 둥지나 영소지(營巢地) 전체가 화석으로 보존된 예도 상당수이다. 또 최근에는 일부 공룡 그룹이 부드러운 알(연질란)을 낳았다는 사실도 밝혀졌다.

■ 공룡의 알 화석

알은 어미의 종에 따라 형태, 크기, 색깔이 다르고 화석화된 알도 껍데기의 단면 구조에 따라 유형을 분류할 수 있다. 알 화석은 생흔 화석(→p.118)으로 취급되며 난종, 난속, 난과와 같은 독자적인 분류체계가 존재한다. 알 속에 배아(≒태아)의 화석이 남아 있거나 어미가 둥지 안에서 그대로 화석화된 경우에는 알 화석과 어미의 분류를 대조해볼 수도 있다. 한편 오비랍토르(→p.54)와 같이 알 화석의 어미를 잘못 해석해서 오랜 기간 오해가 생긴 사례도 알려져 있다.

알은 탄산칼슘으로 이루어진 껍데기가 주로 화석화되는데 산성 토양에서는 탄산칼슘이 녹아버려 화석화되기 어렵다. 반대로, 조건만 갖춰지면 둥지나 영소지 전체의 알 화석이나 배아가 대량으로 보존되는 경우도 있으며, 한국처럼 공룡 화석이라고 하면 알 화석(혹은 족적 화석)이 주로 발견되는 나라나 지역도 있다.

최근에는 부드러운 단백질 막으로만 구성된 공룡의 알 화석이 몇몇 그룹에서 발견되고 있다. 악어와 조류가 경질란을 낳는 한편, 익룡(→p.80)의 알은 연질란과 경질란이 모두 존재하는 것으로 알려져 있다. 공룡은 원래 연질란을 낳았지만 몇몇 그룹에서 경질란을 낳기 시작했고 그것이 조류로 계승된 듯하다.

일본에서도 공룡의 알 화석이나 둥지의 잔해로 보이는 것들이 여럿 발견되었으며, 새로운 난속·난종으로 기재(→p.138)된 것도 있다. 알을 품는 어미의 화석이나 배아의 화석이 발견될 날도 머지않을지 모른다.

프리즈마톨리투스 난과와 트루돈류

길쭉한 타원형 알로, 긴지름은 약 15cm, 두께는 1mm 정도로 얇은 편이다. 트루돈류의 알로, 공룡치고는 몸에 비해 꽤 큰 편에 속한다. 영소지나 배아의 화석도 알려져 있지만 당초에는 소형 조반류인 오로드로메우스의 영소지와 배아로 추정되었다. 둥지는 땅을 얕게 파서 만든 것으로, 흙을 가볍게 쌓아 가장자리를 둘렀다. 알은 2개씩 나란히 놓여 있었으며, 하나의 둥지에 20개 이상의 알을 낳는 예도 알려져 있다. 둥지는 식물로 덮지 않고 알을 품었을 가능성이 높다.

메갈로올리투스 난과와
티타노사우루스류

구형~타원형의 알로, 긴지름은 15~20cm 정
도였지만 두께가 2mm 이상으로 두꺼운 편이
다. 중형~대형 용각류인 티타노사우루스류의
알로, 어미의 체격에 비해 매우 작은 알이다.
유럽, 인도, 남미에서 둥지와 영소지 화석이
발견되었으며, 특히 남미에서는 수 km에 걸쳐
수천 개의 둥지가 밀집되어 있던 예도 있다.
또 배아의 피부흔(→p.224)도 알려져 있다. 둥
지는 길쭉하게 움푹 파인 형태로, 뒷다리를
사용해 흙을 파낸 것으로 보인다. 알은 20~
40개 정도가 불규칙하게 놓여 있었으며, 위에
는 식물이 덮여 있었던 것으로 추정된다.

스페루리투스 난과와
하드로사우루스류(→p.36)

구형~타원형의 알로, 최대가 20cm 정도, 껍
데기의 두께는 1~3mm 정도이다. 하드로사
우루스류의 알로 추정되며 마이아사우라
(→p.40)나 히파크로사우루스의 배아가 들어
있었던 예가 알려져 있다. 절구 모양의 둥지
에 보통 20~30개, 최대 40개 정도의 알이 여
러 줄로 놓여 있었다. 알은 식물로 덮여 있었
고, 그 발효열로 보온되었던 듯하다.

분석

| coprolite

생물의 유해(체화석)뿐 아니라 생물의 행동과 관련한 다양한 것들이 화석(생흔 화석)으로 보존되는 경우가 있다. 생흔 화석 중에서도 그 생생한 외형과 돌로 변했다는 간극이 결합되면서 인기(?)를 모으고 있는 것이 배설물의 화석, 이른바 '분석(糞石)'이다.

∎∎ 분석과 발견

분석은 글자 그대로 배설물의 화석이다. 형태와 색이 지나치게 생생해서 웃음을 자아낼 정도의 것들도 있다. 1cm 이하의 작은 입자 형태의 화석은 '분립(糞粒)'이라고도 한다.

수분이 많은 퇴적물이 지층의 무게에 짓눌리면 '생생한 형태'로 남게 된다고 알려져 있으며, '분석'으로 전시·판매되는 돌은 대부분 이런 것들이라고 한다. 분석에는 화석화되기 전의 색이나 냄새가 남아 있진 않지만 배설물에서 유래된 인이나 칼슘이 농축되어 있거나 먹이로 삼은 동식물의 잔해가 포함되어 있기도 하다.

분석 자체는 오래전부터 발견되었지만 당초에는 화석화된 전나무 열매나 위장 내에서 형성된 결석(bezoar)으로

여겨졌다. 결석으로 추정되었던 당시에는 이를 만능 해독제라고 믿으며 1575년에는 사형수에 대한 실험(당연히 실패)까지 이루어졌다. '결석 화석'의 정체를 밝혀낸 사람은 전설적인 화석 사냥꾼(→p.250) 메리 애닝이었다. 그녀는 어룡(→p.90) 화석의 배 부위에서 종종 이 '결석 화석'을 발견하고 그 안에 물고기 뼈나 비늘 또는 작은 어룡의 뼈가 포함되어 있다는 사실을 깨달았다.

애닝은 '결석 화석'이 배설물 화석이라는 것을 확신했지만 당시는 여성의 학회 참가가 허용되지 않아 현장 동료였던 윌리엄 버클랜드('최초의 공룡' 메갈로사우루스[→p.32]의 명명자)에게 이 발견을 알렸다. 버클랜드는 애닝의 견해를 지지하며 '결석 화석'을 분석으로 부를 것을 제안했다.

∎∎ 공룡의 분석

티라노사우루스의 분석

분석의 형태를 통해 주인의 배설구의 형태를, 포함되어 있는 소화되지 않은 물질을 통해서는 주인의 식성을 어느 정도 추정할 수 있다. 한편 생흔 화석(→p.118)의 특성상 배설물의 주인을 정확히 특정하는 것은 어려운 경우가 많다.

공룡의 것으로 추정되는 분석은 각지에서 발견되었으며, 캐나다의 백악기 말 지층에서는 티라노사우루스(→p.28)의 분석이 발견된 사례도 있다. 이 화석은 조반류 공룡의 뼛조각까지 포함된 길이 44cm, 높이 13cm, 너비 16cm에 달하는 놀라운 크기였다. 당시 캐나다에는 티라노사우루스 외에 이렇게 큰 배설물을 배설하는 육식 동물이 존재하지 않았기 때문에 이 분석은 티라노사우루스의 것으로 확정되었다.

위석

| gastrolith, stomach stone, gizzard stone

현생 생물 중에는 일부러 돌을 삼켜서 소화기관에 저장하는 경우가 있다. 저장된 소화기관이나 삼킨 돌의 크기에 관계없이 이런 것들은 '위석'이라고 불리며, 조류나 악어의 예가 비교적 널리 알려져 있다. 수장룡이나 공룡의 화석과 함께 종종 작은 돌들이 함께 발견되는데 이것들은 위석으로 해석되는 경우가 많다.

▪▪ 현생 동물의 위석

현생 동물 중에는 공룡과 유연관계가 깊은 악어나 공룡이라고 할 수 있는 조류 그리고 기각류나 고래류에서도 위석을 가지고 있는 사례가 알려져 있다.

이런 위석의 역할은 동물에 따라 다르게 생각되지만 수생 동물의 경우엔 부력 조절을 위한 역할을 한 것으로 여겨진다. 동물원에서 사육되던 악어 중에는 관람객이 던진 동전을 돌 대신 삼킨 경우도 있었다. 한편 조류는 근위(모래주머니 혹은 모래집)에 위석을 모아두고 일단 소화액으로 부드럽게 만든 음식을 위석을 이용해 짓이겼던 것으로 알려져 있다.

▪▪ 공룡의 위석

관절이 연결된 상태(→p.164)로 발견된 공룡 화석 중에는 종종 배 부분에서 이런 돌들이 발견되는데 이런 경우 이 돌들은 해당 공룡의 위석으로 간주되기도 한다. 한편 유해가 운반되거나 매몰되는 과정에서 우연히 함께 섞인 돌을 위석으로 간주한 경우도 있다.

위석인지 아닌지는 산상(→p.160)의 면밀한 관찰을 바탕으로 신중한 판단이 요구된다. 골격의 관절 상태가 좋고 몸통 안의 한 장소에 집중되어 있다면 위석으로 판단할 수 있다.

공룡 중에서도 위석을 가진 사례로 자주 소개되는 것이 용각류이다. 용각류는 몸에 비해 머리가 작고 이빨의 특징으로 볼 때 기본적으로 저작 기능이 부족했던 것으로 여겨지기 때문에 위석이 소화를 보조하는 역할을 했을 것으로 생각된다.

하지만 위석이 용각류에서 발견되는 경우가 상당히 드물고, 위석의 양도 몸 크기에 비해 매우 적은 경우가 많아 최근에는 용각류의 위석이 소화에 도움이 되지 않았을 것으로 여겨지고 있다. 용각류의 위석은 우연히 삼켰거나 칼슘 보충을 위해 집어삼킨 돌의 잔여물이 남아 있었을 가능성이 높다.

다른 공룡 그룹 중에는 소형의 원시적인 각룡 프시타코사우루스나 수각류인 노아사우루스류, 오르니토미모사우루스류(→p.58), 오비랍토로사우루스류(→p.54) 등에서 위석이 밀집된 예가 자주 발견되었다.

이들 공룡은 위석을 소화 보조용으로 사용했을 가능성이 있으며, 노아사우루스류, 오르니토미모사우루스류, 오비랍토로사우루스류가 식물식을 했다는 근거 중 하나로도 여겨진다.

한편 최근 연구에서는 명백한 육식성 공룡들에서도 위석으로 보이는 것을 가진 사례가 확인되고 있다. 또한 현생 조류에서도 위석의 형태, 위의 근육량, 식성이 관련되어 있다는 것이 확인되었다. 지금도 위석의 형태를 통해 공룡의 소화기관의 구조와 식성을 복원(→p.134)하려는 연구가 진행 중이다.

재킷

| jacket

공룡 발굴 현장에서 대부분의 경우 재킷은 필수적이다. 발굴대원이 입는 상의 재킷만이 아니다. 발굴한 화석을 보호하고, 안전하게 가져가기 위한 덮개인 석고 재킷은 공룡 연구에 없어서는 안 될 존재이다. 한편 미처 개봉하지 못한 재킷이 박물관 수장고를 압박하는 상황도 흔한 광경이 되었다.

▪▪ 공룡 발굴과 재킷

공룡 화석을 감싸고 있는 모암(화석을 둘러싸고 있는 퇴적물)의 성질은 다양한데 지표 가까운 곳에서는 풍화가 진행되어 약해져 있는 경우가 많다. 기본적으로 모암을 어느 정도 남긴 상태로 화석을 채집하는 것이 원칙이지만, 발굴 과정이나 운송 중에 모암과 함께 화석이 부서질 우려가 있다. 이를 방지하기 위해 발굴 현장에서 제작되는 것이 재킷이다. 재킷이란 말 그대로 화석을 감싸는 붕대라고 할 수 있다. 일본의 경우 작은 뼈가 포함된 단단한 모암을 덩어리째 채집하는 경우가 많다. 이런 경우엔 단단한 모암이 화석을 보호하는 역할을 하기 때문에 굳이 재킷을 만들 필요가 없다.

재킷 제작에 필요한 재료는 신문지, 화장지, 마포나 붕대 그리고 물과 석고이다. 과거에는 석고 대신 불린 쌀로 만든 녹말풀이나 점토질의 적토를 사용하기도 했다고 한다. 재료는 저렴하지만 제작에는 많은 시간과 인력이 소요된다. 비교적 작은 골격의 경우엔 남는 나무 상자를 이용해 모노리스(monolith, 화석을 둘러싼 퇴적물을 나무 상자에 넣고 빈틈을 석고로 채워 한 덩어리처럼 만든 것을 말한다)를 만들기도 한다. 모노리스는 나무 상자 안을 전부 석고로 채우기 때문에 재킷보다 무거워지는 단점이 있다.

석고가 굳으면 재킷이 완성되는데, 부실하게 만들거나 무리하게 이동하려 애써 만든 재킷이 통째로 부서지는 경우도 있다. 또 재킷이 너무 크면 현장에서 운반하기 어렵기 때문에 발굴 현장의 다양한 조건을 고려해야 한다.

현대적인 재킷이 개발된 것은 화석 전쟁(→p.144) 시기의 미국이었다고 한다. 드넓은 노두가 펼쳐진 황야(배드랜드)에서 채집된 화석은 인력→마차→철도를 통해 박물관으로 운반되었는데 완충재를 넣는 것 정도로는 긴 여정 동안 화석을 온전히 보호하기 힘든 경우도 많았다. 재킷으로 보호함으로써 비로소 공룡 화석을 안전하게 운반할 수 있게 된 것이다.

무사히 연구 시설에 도착한 재킷은 화석의 보존 및 복원 작업을 전문으로 하는 프레퍼레이터(→p.128)에 의해 개봉되어 클리닝(→p.130)이 이루어진다. 하지만 프레퍼레이터의 부족으로 재킷이 오랫동안 개봉되지 못하는 경우도 많다. 미국의 한 대학 박물관에서는 보관 공간이 부족해진 재킷을 대학 풋볼 경기장 스탠드 아래에 수십 년 동안 쌓아두기도 했다. 중국의 한 연구 기관에서는 수장고 정리가 따라가지 못해 쓰레기장 옆에(쓰레기 산으로 위장해) 재킷을 놓아둔 사례도 있었다. 화석 전쟁 당시 채집된 재킷이 여전히 남아 있는 경우도 있다. 화석이 지구가 남긴 타임캡슐이라면, 오랫동안 미개봉된 재킷 역시 화석 사냥꾼(→p.250)이 남긴 타임캡슐이라고 할 수 있을 것이다.

화석에서 분리된 재킷은 폐기되지만 원래의 재킷을 남겨둔 채 클리닝을 끝내는 경우도 많다. 클리닝을 마친 화석이 자체의 무게로 부서지지 않도록 보관용 서포트 재킷을 제작하기도 한다. 재킷이나 모노리스를 부분적으로 남겨둔 상태로 순회 전시 등에 출품할 때는 추가적으로 재킷을 보강하는 경우도 많다.

∷ 재킷을 만드는 방법

① 재킷으로 감쌀 범위를 결정한다

화석 주변을 파내어 고랑을 만들고 재킷으로 감쌀 범위를 결정한다. 커다란 관절 골격(→p.164)의 경우에는 신중히 나누어 여러 개의 재킷으로 감싼다. 또 묻혀 있는 화석의 위치 정보를 기록해둔다. 모노리스를 만드는 경우에는 사용하는 나무 상자 크기에 맞게 고랑을 판다.

② 화석을 보호하는 층을 만든다

석고가 화석에 직접 닿지 않도록, 화석이 드러난 부분을 물에 적신 신문지나 화장지 혹은 알루미늄 포일 등으로 덮는다.

③ 화석을 단단한 층으로 감싼다

소석고의 분말을 물로 녹여 석고액을 만든다. 석고액에 적신 마포나 붕대로 화석이나 모암을 덮고 충분한 두께가 될 때까지 겹겹이 싼다. 모노리스의 경우에는 구멍을 뚫은 나무상자를 덮고 내부를 석고액으로 충전한다.

④ 재킷에 뚜껑을 덮는다

석고가 굳으면 ①에서 판 고랑을 더 깊이 파서 재킷을 노두에서 분리한다. 분리한 재킷을 뒤집어 윗부분을 ③과 같은 방식으로 덮는다. 모노리스의 경우는 나무 상자의 뚜껑을 닫는다.

⑤ 운반한다

화석의 발견일, 발견자, ①에서 기록한 위치 정보 등을 기재한다. 대형 재킷이라면 추가로 위에 보강재를 부착한다. 대부분 트럭에 실어 운반하지만 차량에 싣기 힘든 때는 헬리콥터를 이용해 공수하기도 한다.

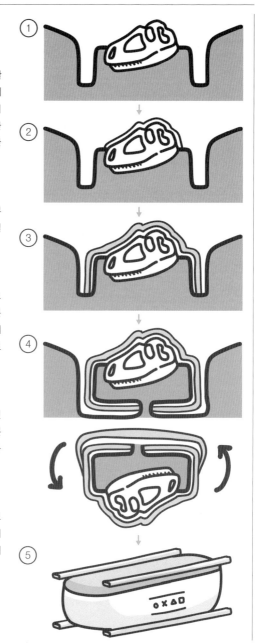

프레퍼레이션

| preparation

발굴된 화석은 재킷으로 감싸는 등의 세심한 주의를 기울여 박물관과 같은 연구 시설로 운반된다. 이렇게 도착한 화석을 연구와 전시에 적합한 상태로 준비하는 일련의 작업을 프레퍼레이션이라고 한다.

이 용어는 종종 클리닝과 같은 의미로 사용되는데 프레퍼레이션 작업은 단순히 클리닝에만 국한되지 않는다. 클리닝을 마친 화석으로 전시용 레플리카를 제작하거나 복원 골격을 배치하는 작업 또한 프레퍼레이션의 일부이다.

프레퍼레이션 작업을 맡는 직원을 프레퍼레이터(preparator)라고 부르며, 요즘은 전담 프레퍼레이터를 두고 있는 연구 시설이 그리 많지 않다. 연구자가 연구 업무를 겸하는 경우도 있고, 자원봉사자가 담당하는 경우도 있으며, 전문 업체에 외주를 맡기기도 한다. 표본의 가치는 프레퍼레이션의 질에 크게 좌우되기 때문에 숙련된 프레퍼레이터는 큰 존경을 받는다.

∷화석을 클리닝한다

프레퍼레이션의 첫 단계이자 가장 중요한 작업이 화석의 클리닝(→p.130)이다. 클리닝은 한번 시작하면 되돌릴 수 없는 작업이기 때문에 세심한 주의를 기울여 진행한다.

클리닝의 난이도는 대상에 따라 천차만별이며, 때로는 많은 인력이 동원되는 경우도 있다. 클리닝 과정에 필요한 특수한 기술은 대부분 프레퍼레이터 개인이 고심 끝에 개발해내는 경우가 많은데 이런 기술들은 학회에서 발표·공유되기도 한다. 뛰어난 프레퍼레이터들의 이름은 후대에까지 전해지며, 박물관 전시를 통해 그들의 작업 결과를 볼 수 있다.

고도의 클리닝 작업을 수행하려면 대상 화석에 대한 뛰어난 관찰력과 높은 수준의 지식이 필수적이다. 그런 이유로 숙련된 전임 프레퍼레이터가 시간이 지나면서 연구자로 변신하는 경우도 드물지 않다. 오늘날 공룡 연구의 대가들 중에는 프레퍼레이터 출신 연구자들도 적지 않다.

클리닝해야 할 화석이 많거나 전시 일정이 촉박할 경우엔 자원봉사자들이 동원되기도 한다. 자원봉사자는 따로 모집하기도 하고, 고생물학을 연구하는 학생들이 현장에 투입되기도 한다.

클리닝이 끝나면 화석은 연구 표본으로 사용할 수 있게 된다. 취급에 주의가 필요한 화석이라면 클리닝과 동시에 보강 작업을 진행하는 것도 프레퍼레이터가 해야 할 일이다.

▪▪ 레플리카를 제작한다

클리닝 과정에서 면밀한 보강을 거친 화석이라도 만일에 대비해 레플리카(→p.132)를 제작하는 경우가 많다. 화석의 레플리카를 제작하는 것도 프레퍼레이션의 중요한 작업이다.

화석을 본떠서 레플리카를 제작하는 데는 화석이 손상될 위험이 따른다. 또 레플리카의 정밀도는 화석을 본뜨는 작업 실력에 좌우되기 때문에 여기서도 프레퍼레이터의 실력이 빛을 발한다. 틀이 어긋나지 않도록 고정하기 위해 시판되는 블록 완구를 이용하는 등 창의성이 빛나는 작업이다.

정성스럽게 제작된 틀은 수십 년에 걸친 열화의 영향을 피하기도 하기 때문에 프레퍼레이터의 기술에 따라 이후의 연구 및 전시의 질이 크게 영향을 받을 수 있다.

▪▪ 아티팩트 · 복원 골격을 제작한다

연구 표본을 프레퍼레이션할 경우, 화석의 클리닝과 보강 그리고 레플리카 제작이 주된 작업이다. 반면 박물관에 전시할 표본을 준비할 경우에는 전시 콘셉트에 맞게 부족한 부분을 아티팩트(→p.136)나 다른 표본의 레플리카로 보충하거나 복원(→p.134) 골격으로 마운트하는 작업이 필요하다.

복원 골격의 제작은 프레퍼레이션 작업의 집대성이다. 실제 화석을 사용할 때는 적절한 보강이 필요하며, 화석을 지지하는 철골이 화석을 가리지 않고 가능한 한 쉽게 분리할 수 있도록 설계해야 한다. 레플리카를 사용할 때는 철골이 외부에 노출되지 않도록 하고, 순회 전시를 고려해 조립과 해체가 용이하도록 해야 한다.

이런 기술적인 문제와 함께 아티팩트나 복원 골격이 해부학적으로 최대한 정확해지도록 연구자와 협력해 제작이 진행된다. 복원 골격을 제작하는 과정에서 이전에는 알지 못했던 특징이나 과거 연구의 문제점이 드러나는 경우도 많다.

실물 화석에 석고 등으로 아티팩트를 추가할 때에는 후속 연구자가 혼동하지 않도록 추가한 부분에 대한 상세한 기록을 남기거나, 추가된 부분이 쉽게 구별되도록 질감을 달리하는 등 여러 가지 주의가 필요하다.

상업 표본(판매용 화석)의 프레퍼레이션 작업을 할 때 상품 가치를 높이기 위해 아티팩트와 실물 화석의 구별이 되지 않게 하는 경우가 많으며, 어떤 뼈인지 알 수 없는 파편들을 이어 붙여 거의 '날조'에 가깝게 만드는 경우도 적지 않다.

박물관이 상업 표본을 구입해 전시나 연구에 사용하는 경우도 있는데 이런 문제들이 연구에 걸림돌이 될 수 있다.

클리닝

| cleaning

발굴된 화석을 연구 가능한 표본으로 처리하는 프레퍼레이션 작업에서 핵심이 되는 과정이 클리닝이다. 모든 수단을 동원해 화석을 감싸고 있는 모암을 제거하는 작업이다. 클리닝은 설비가 잘 갖추어진 공간에서 수행하는 것이 철칙이다. 익룡 화석을 채집한 자리에서 바로 물로 씻었다가 뼈가 전부 씻겨 나가버린 사례도 있었다.

∷ 일반적인 클리닝 과정

① 석고 재킷(→p.126)을 개봉한다. 화석이 손상되지 않도록 주의하면서 톱 등으로 자른다.

② 모암이 화석과 함께 부서지지 않도록 재킷의 하단부는 남겨둔다. 모암이 부드러우면 드라이버나 브러시를, 단단하면 망치나 정 혹은 에어 치즐(끝 부분의 바늘이 공기압으로 고속 진동하는 공구) 등을 이용해 모암을 제거한다.

③ 화석의 윤곽이 드러나기 시작하면 더 섬세한 작업이 가능한 도구로 교체한다. 특히 세밀한 부분은 현미경으로 들여다보며 작업한다. 아주 작은 이빨 화석 등에는 디자인 나이프를 사용하는 경우도 있다. 모암과 화석의 색을 육안으로 구별하기 어려우면 자외선 라이트를 비춰 작업하기도 한다.

④ 화석은 공기에 노출되면 금세 변질된다. 지층의 압력(지압)이 제거되면서 미세한 균열이 생길 수도 있다. 그렇기 때문에 순간접착제 등으로 화석을 수시로 보강하거나 보호한다. 다만 화석을 화학적으로 분석하는 경우에는 성분의 오염(contamination)을 피하기 위해 이런 조치를 취할 수 없다.

⑤ 클리닝 작업의 완료 시점은 화석마다 다르다. 재킷이나 모노리스의 하단부를 남긴 상태로 종료되는 경우도 있다. 모암의 얇은 표면을 제거하는 마무리 작업으로 모래 분사기(sandblaster)로 밀가루를 뿌리기도 한다.

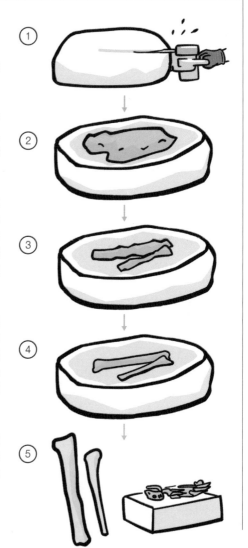

∷ 특수한 클리닝

일반적인 클리닝 방법은 기계적으로 모암을 파괴해 화석에서 제거하는 방식이다. 따라서 복잡한 구조의 화석을 클리닝할 때는 특히 섬세한 기술이 요구된다. 외형을 중시하는 상업 표본을 클리닝할 때는 일부러 화석을 한번 분리한 후 각각 클리닝을 진행하고 다시 접착·수정하는 경우도 종종 있다. 화석이 매우 약하고 섬세하다면 기계적 클리닝을 수행하기가 매우 어렵다.

모암이 산에 약한 반면, 화석 자체는 산에 강하다면 모암을 산에 담가 화학적 클리닝을 시행하기도 한다. 화석이 드러나면 물로 씻어내고 보호제를 바른 후 다시 산에 담그는 과정을 반복하며, 긴 시간을 들여 작업해야 한다. 이 과정에서 유독 가스가 발생하기 때문에 드래프트 체임버(draft chamber)와 같은 강력한 환기 설비도 필요하다.

최근에는 CT 스캔(→P.227)의 초고해상도화로 CT 이미지를 기반으로 화석만을 3D 데이터로 추출하는 디지털 클리닝도 시행되고 있다. 기계적 클리닝이 어렵거나 화학적 클리닝조차 적용할 수 없었던 화석에도 클리닝의 새로운 가능성이 열리고 있는 것이다.

산에 담그는
클리닝

디지털 클리닝

∷ 클리닝에 사용되는 도구

클리닝에 사용되는 도구는 주로 시판 제품이 많지만 직접 제작한 도구를 사용하는 프레퍼레이터(→p.128)도 있다. 어떤 도구를 사용하든 안전한 작업을 위해 보호 장비와 안전 설비가 필요하다.

디자인
나이프

브러시

망치 & 정

모래 분사기 &
작업 선반

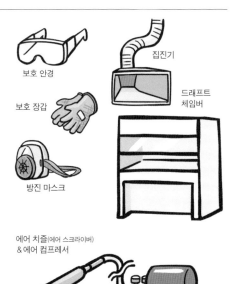

보호 안경

집진기

보호 장갑

드래프트
체임버

방진 마스크

에어 치즐(에어 스크라이버)
& 에어 컴프레서

레플리카

| replica

레플리카를 만드는 방식은 다양하다. 박물관에 전시된 레플리카는 모두 실물의 '복제품'이다. 절대 '가짜'가 아니다. 실물의 틀을 뜨거나 모조품을 만들고 3D 프린트를 활용하기도 하는 등 오늘날 박물관에서는 다양한 방식으로 만들어진 레플리카를 볼 수 있다.

레플리카의 의의

화석은 매우 약하고 부서지기 쉽다. 프레퍼레이터(→p.128)가 아무리 화석을 면밀히 보강해도 박물관에서 전시되는 수십 년간 화석은 점점 열화되고 결국에는 자체 무게를 못 이겨 붕괴되는 경우도 있다.

박물관은 전시 시설인 동시에 연구 시설이기도 하다. 화석이 한번 전시되면 연구 재료로 사용하는 것이 어려워진다. 복원(→p.134) 골격을 만들 때도 무겁고 약한 화석을 사용하는 것은 상당한 위험을 동반한다. 화석을 지지하기 위한 철골이 중요한 화석을 가려버리는 경우도 적지 않다.

이런 이유로 박물관에서 공룡을 전시할 때는 레플리카를 사용하는 경우가 많다. 레플리카는 비교적 취급이 쉽고, 표본으로 구입할 때도 저렴하다. 화석(레플리카와 비교하기 위해 '실물 화석'이라고 부르기도 한다)을 사용해 복원 골격을 만들 때도 결손 부분을 다른 표본의 레플리카로 보완하는 것은 물론 발견된 부위라도 특히 귀중한 부분은 레플리카로 교체하는 경우가 종종 있다.

박물관을 비롯해 연구 기관들 간에는 소장하고 있는 귀중한 표본의 레플리카를 서로 교환하는 경우도 자주 있다. 화석에서 직접 틀을 떠서 제작한 레플리카는 매우 정교해서 형태 연구에도 충분히 활용될 수 있다. 실물 화석이 손상되거나 소실되어도 레플리카가 있다면 어느 정도 보험의 역할을 할 수 있다.

레플리카를 살 수 있다?

실물 화석의 판매는 화석 산지에서의 '밀렵'이나 밀수 등 다양한 문제가 지적되고 있다. 반면 레플리카는 하나의 화석에서 어느 정도 대량 생산이 가능하다. 실물 화석에 비해 훨씬 저렴하기도 하다. 그런 이유로 공룡 화석 수집이 콘셉트가 아닌 박물관에서도 교육·홍보 목적으로 공룡 화석 레플리카를 구입·전시하는 경우가 종종 있다.

박물관에 따라서는 소장하고 있는 표본의 레플리카를 판매하기도 한다. 역사적으로 중요한 표본의 레플리카가 시판되는 경우도 있어 집에서도 공룡 연구의 역사에 대해 생각해볼 수 있다.

∷ 다양한 레플리카

공룡 화석의 레플리카는 ① 화석에서 직접 본을 뜬 것(캐스트) ② 화석과 똑같이 제작한 모형 ③ 화석의 3D 데이터를 기반으로 3D 프린팅한 것의 세 가지로 크게 나눌 수 있다. 오늘날 박물관에서는 ①~③을 조합하여 복원 골격을 제작하는 사례가 늘고 있다. 각각의 특징을 살펴보자.

① 화석에서 본을 뜬 레플리카

가장 널리 보급된 형태로, 19세기 후반에는 이미 하드로사우루스(→p.36)의 레플리카가 대량 생산되었다. 과거에는 석고로 제작되었지만 현재는 가볍고 튼튼한 수지 재질이 주류를 이루고 있다. 크기가 큰 화석은 경량화를 위해 FRP(섬유 강화 플라스틱)로 속이 비어 있는 형태로 제작된다. 복잡한 형태의 화석일수록 틀에서 빼내기가 어렵다.

한번 틀을 만들면 그 틀을 이용해 레플리카를 대량으로 생산할 수도 있지만 틀도 시간이 지나면 열화되기 때문에 반드시 대량 생산이 가능한 것은 아니다. 또 틀의 열화가 진행되면 레플리카의 정밀도도 떨어진다. 시판 레플리카는 대부분 도색이 된 상태인데 두꺼운 도막(塗膜)이 세부적인 디테일을 손상시키는 경우도 많다.

틀에 부어 넣는 재료는 굳는 과정에서 약간 수축하기 때문에 실물 화석에 비해 레플리카의 크기가 미세하게 작아지는 경우가 있다. 수지로 제작하는 경우엔 완전히 굳기 전까지 소재의 유연성을 이용해 손으로 구부리는 등 실물 화석의 변형을 교정한 레플리카를 만들기도 한다.

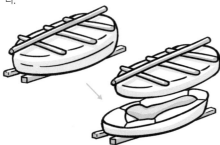

② 화석을 참고로 만든 모형

다양한 이유로 화석의 클리닝(→p.130)이 부분적으로만 이루어지거나 화석이 완전히 뭉개졌다면 관찰할 수 있는 정보를 바탕으로 본래의 상태를 추정해 모형을 제작하기도 한다.

사람의 손으로 만드는 만큼 레플리카로서의 정밀도는 ①이나 ③에 비해 떨어진다. 또 이후 밝혀진 화석의 본래 형태와 다른 것으로 판명되는 경우도 흔하다.

최근에는 실물 화석을 3D 스캔한 데이터를 활용해 이전의 모형에 비해 비약적으로 정밀도가 향상된 모형도 제작되고 있다.

③ 화석의 3D 데이터로 출력한 레플리카

실물 화석을 3차원적으로 스캔해 레플리카를 제작하는 방식은 1990년대 말에는 실용화되었으며, 3D 스캔과 3D 프린팅 기술이 보급된 최근에는 더욱 활발히 활용되고 있다. 레플리카의 정밀도는 3D 모델의 해상도와 프린터 성능에 의존하며 육안으로 보기에는 ①에 뒤지지 않는 경우도 있다.

출력 크기를 자유자재로 변경할 수 있는 것 외에도 이전에는 힘으로만 가능했던 변형의 교정도 데이터상에서 해결할 수 있게 되었다.

일부 연구 기관에서는 소장 표본의 3D 데이터를 공개하고 있어 3D 프린터만 있으면 개인도 레플리카를 제작하는 것이 가능해졌다.

복원

| reconstruction, restoration

우리가 평소 접하는 공룡의 모습은 대부분 '복원'된 것이다. 오늘날 현생 조류를 제외한 모든 공룡은 화석이라는 형태로만 지구상에 존재한다. 그리고 화석의 대부분은 공룡의 유해 중 극히 일부에 불과하며, 그마저도 불완전한 상태이다. 이런 공룡의 화석이나 그들이 서식했던 환경에 관한 지식은 '복원' 없이는 이해는 물론 널리 알리기도 어렵다.

▒ 관찰 · 추정 · 상상

고생물학에서 '복원'이란 화석이나 그 산상(→p.160)에 보존된 정보를 해독하고 화석화 과정에서 소실된 정보를 추정하여 과거 시대의 정보를 하나의 통합된 형태로 재구성하는 것이다. 생물의 모습뿐 아니라 그것을 구성하는 물질의 조성, 생태, 서식했던 지형, 환경, 풍경 등 과거 시대의 모든 것이 복원의 대상이 된다. 복원된 정보는 주로 복원화나 복원 모형으로 시각화되지만 문자 정보로만 표현되는 것도 엄연한 복원이라 할 수 있다.

복원 작업은 '추정'이나 '상상'이 주된 과정으로 여겨지기 쉽지만 그 전에 화석과 산상에 보존된 모든 정보를 관찰하고 해독해야 한다. 또 화석화 과정에서 소실된 정보를 보완하려면 현생 생물이나 현대 환경에 대한 관찰도 필수적이다. 그런 후에 하나의 가설로서 복원을 완성하게 되는 것이다.

대상이 되는 시대에 따라서도 큰 차이가 있겠지만, 복원에는 해상도의 한계가 존재한다. 죽은 생물을 되살릴 수도 없고, 공룡을 죽은 지 얼마 안 된 현생 동물의 유해와 같은 해상도로 복원하는 것도 불가능하다. 또 복원된 정보의 해상도와 시각화를 위해 필요한 해상도 사이에는 큰 차이가 있는 경우가 일반적이며, 그 간극을 메우기 위해서는 (과학적이라고는 할 수 없을지 모르지만) '상상'도 불가피하다. 복원된 정보의 해상도가 그리 높지 않으면 시각화가 '모식도' 수준에 그치는 경우도 있다.

'복원'에는 '復元'과 '復原'이라는 두 가지 한자가 쓰이는데, 후자는 '이전의 상태로 되돌린다'는 뉘앙스가 강하다. 엄격한 구분은 없지만 고생물학에서는 (이전 상태로 되돌리는 것은 불가능하기 때문에) 전자가 주로 사용되는 듯하다. 영어에서는 're-construction'과 'restoration'이라는 단어가 사용되는데 전자는 주로 골격의 복원 등을, 후자는 상상의 요소가 더 큰 복원을 지칭하는 경우가 많다.

▒ 공룡과 복원

공룡은 고생물 중에서도 특히 인기가 많으며, 복원된 모습은 영화 등을 통해 대중문화에도 깊이 스며들어 있다. 박물관에 전시된 공룡의 골격 화석이나 레플리카(→p.132)도 복원 골격이라는 이름 그대로 어엿한 복원이다.

공룡의 모습과 형태를 복원하는 과정은 화석의 결손부를 복원하는 것으로 시작해 전체 골격, 근육 및 복부의 윤곽을 결정하는 내장 기관, 외피, 색상의 복원으로 진행된다. 해당 종의 정보가 부족한 경우에는 근연종의 정보를 가져와 보완한다.

복원은 본질적으로 하나의 '가설'에 불과하며, 다양한 복원이 대립 가설로 존재하는 경우도 있다. '최신 복원'이 기존의 가설을 새롭게 보완하는 것을 넘어 정면으로 부정되는 경우도 드물지 않다.

:: 복원과 팔레오아트

복원은 엄연한 과학이지만, 그것을 널리 알리기 위해 시각화할 때는 분명 '상상'이 필요해진다. 시각화된 복원(일반적으로 접하는 복원)은 예술의 요소가 크게 작용한다. 복원을 진행하는 연구자가 직접 시각화하기도 하지만 대개는 아티스트가 연구자의 감수를 받으며 시각화를 담당한다. 골격 복원과 같은 초기 단계에서부터 연구자와 아티스트가 공동 작업을 하는 경우도 많다.

그런 이유로 고생물의 시각화된 복원은 '팔레오아트(palaeoart)'라고 불리기도 한다. '상상'의 비중은 팔레오아트 중에서도 주제나 작품의 방향성에 따라 다양하다.

골격 복원 고생물의 완전한 골격이 관절 상태(→p.164)로 산출되면 골격 복원에 드는 노력은 크게 줄어든다. 그럼에도 지층의 압력으로 변형된 부분을 복원하는 작업은 반드시 필요하다. 골격을 조립할 때는 화석으로 남기 어려운 연골, 인대, 근육도 고려해야 한다.

생체 복원과 생태 복원 대상 생물이 살아 있을 당시의 모습으로 복원한 것을 생체 복원, 생물이 살았던 당시의 환경까지 포함해 복원한 것을 생태 복원이라고 한다. 공룡의 생체 복원과 생태 복원을 진행할 때는 먼저 골격 복원이 제대로 이루어져야 한다. 골격 복원이 어려운 공룡을 생태 복원화로 그려야 할 경우, 식생(植生)을 이용해 가리거나 배경에 작게 그려 부족한 해상도를 보완하는 기술도 활용된다.

아티팩트

| artifact

아티팩트란 인공물을 의미한다. 고생물학의 세계에서는 화석에 어떤 이유로든 인위적으로 추가된 것을 가리키는 말로 쓰인다. 특히 화석의 결손 부위를 보완하기 위해 더해진 아티팩트를 가리키는 경우가 많다. 다양한 문제를 일으키기도 했던 아티팩트는 화석과 떼려야 뗄 수 없는 관계이다. 공룡과 아티팩트의 관계를 살펴보자.

⠿ 공룡 화석과 아티팩트

화석은 뼈 한 점만 해도 본래의 형상이 그대로 남아 있는 것이 많지 않다. 모서리가 부서지거나 산산조각 나 있어 그대로는 그저 파편에 불과한 것들도 있다. 연구 목적으로만 사용한다면 큰 문제가 되지 않지만 그대로 전시 혹은 공개하기에는 적절치 않은 경우가 있다.

이런 경우엔 프레퍼레이션(→p.128)의 일환으로서 아티팩트가 제작되기도 한다. 복원(→p.134) 골격을 제작할 때 사지나 머리 등이 모두 아티팩트로 이루어진 경우도 적지 않다. 또 골격의 복원도(골격도)에서 추정으로 그려진 부분도 아티팩트라고 부를 수 있다.

같은 종이나 근연종의 더 완전한 표본을 참고하여 결손부의 형태를 추정해 만든 조형물을 이상적인 아티팩트라고 할 수 있다. 실제 화석이나 레플리카(→p.132)와 한눈에 구별할 수 있도록 아티팩트 부분은 질감이나 색상을 다르게 처리하는 경우가 많다.

한편 상업 표본(판매용으로 프레퍼레이션된 화석)은 상품 가치를 우선하여 아티팩트와 실제 화석을 구별하기 어렵게 만드는 경우도 적지 않다.

⠿ 티라노사우루스의 정기준 표본

티라노사우루스(→p.28)의 정기준 표본이 발견된 것은 1902년의 일로, 대량의 아티팩트가 추가된 두개골이 복원되었다. 당시에는 아티팩트에 직접 참고할 만한 다른 수각류의 화석이 발견되지 않았기 때문에 박물관의 연구자와 프레퍼레이터가 시행착오를 거치며 아티팩트를 제작했다.

1908년, 티라노사우루스의 새로운 골격인 AMNH 5027(→p.238)이 발견되면서 완전한 두개골이 채집되었다. AMNH 5027의 두개골은 정기준 표본과는 형태가 완전히 달랐다. 정기준 표본으로 복원된 두개골은 실물 화석에 직접 석고로 아티팩트를 추가해 만들어졌기 때문에 수정이 불가능한 상황이었다.

티라노사우루스의 정기준 표본은 2000년대가 되어서야 재수정되었다. 석고를 덧붙인 실물 화석은 현대의 클리닝(→p.130) 기술을 활용해 분리되고 복원되었다. 새로

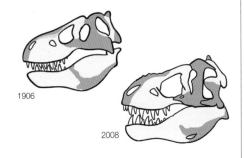

1906

2008

운 복원 두개골은 정기준 표본의 레플리카를 기반으로, 다른 티라노사우루스의 레플리카를 개조해 만든 아티팩트로 보완되었다. 실물 화석에 직접 아티팩트를 추가하면 이후 연구에 방해가 되기 때문에 현재는 레플리카를 이용하는 경우가 많다.

∷ 얼마나 정확할까?
희망적 복원 골격

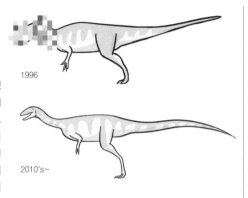

1996

2010's~

1996년, 명명과 동시에 델타드로메우스의 복원 골격이 공개되었다. 델타드로메우스의 골격은 매우 불완전했으며, 당시에는 델타드로메우스의 근연종도 알려진 것이 없었다. 그런 이유로 당시 추정되었던 계통 관계를 참고하여 상당히 희망적인 관측에 기반한 아티팩트가 제작되었다. 특히 두개골이 전혀 발견되지 않아 복원 골격은 전적으로 아티팩트로 만들어졌다. 머리에는 가시 형태의 크레스트가 복원되었지만 이런 특징을 가진 수각류 화석은 아직까지 발견된 적이 없다.

최근 연구에서는 델타드로메우스가 당초 생각했던 것과 전혀 다른 그룹에 속한다는 사실이 밝혀졌다. 새로 제작된 아티팩트로 교체된 복원 골격도 있지만 얼마나 정확한 복원인지 불분명한 상태이다.

델타드로메우스의 복원은 아티팩트의 형태에 따라 외형이 크게 달라진다. 아티팩트는 본래 전시 효과를 고려하여 조형되기 때문에 반드시 '무난한' 형태로 제작되는 것은 아니다.

∷ '짜증 나는 것'

1990년대 초, 독일의 박물관은 한 화석 판매상으로부터 브라질산 '신종 익룡의 두개골' 표본을 구매했다. 그런데 이 표본이 수각류의 두개골이라는 지적이 나와 긴급히 표본을 CT 스캔(→P.227)하기에 이르렀다. 그 결과에 연구자들은 크게 분노했다. 상품 가치를 높이기 위해 날조에 가까운 아티팩트가 추가되었다는 사실이 드러났기 때문이다.

1996년, 이 두개골을 정기준 표본으로 이리타토르가 명명되었다. '짜증나는 것'이라는 속명은 두개골의 아티팩트를 발견했을 당시의 감정을 점잖게(방송 금지 용어 없이) 표현한 것이었다.

그 후 이리타토르의 본격적인 클리닝이 시작되어 1996년의 논문에서는 예상보다 더 많은 아티팩트가 추가되어 있었다는 사실이 밝혀졌다. 두정부의 거대한 크레스트도 아티팩트였던 것이다. 본래의 두개골은 판매

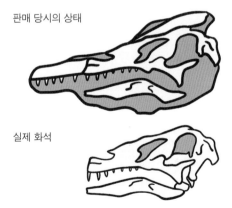

판매 당시의 상태

실제 화석

당시의 모습보다 훨씬 단순했지만 지금도 스피노사우루스류(→p.66)의 두개골로는 최고의 표본 중 하나로 평가된다.

기재

| description

공룡 연구에서 '기재(記載)'란 '관찰 결과'를 논문으로 발표하는 것을 의미한다. 기재 중에서도 특히 주목받는 것이 새로운 종을 기재하고 명명하는 것이다. 새로운 종일 가능성이 있지만 아직 명명되지 않은 것을 '미기재종'이라고 하며, 미기재종을 기재하고 명명한 논문을 '원기재 논문' (단순히 원기재라고도 함), 이미 명명된 종에 대해 다시 기재하는 것을 '재기재'라고 한다.

▪ 기재에 이르는 과정의 예

클리닝(→p.130)이 완료되어야만 비로소 화석의 기재가 가능하다. 클리닝이 충분치 않으면 나중에 문제가 발생할 가능성이 있다.

① 드디어 프레퍼레이션(→p.128)이 끝났다! 발굴 중에는 ○○사우루스라고 생각했는데, 아무래도 두개(頭蓋) 천장의 형태가 이상하다. 부리는 △△사우루스와도 비슷해 보인다. 바로 기재 작업에 들어가야겠다.

새로운 표본

② 새로운 표본

○○사우루스의 정기준 표본

○○사우루스의 정기준 표본을 자세히 검토해보니 기재 논문에서 뼈에 대한 해석에 오류가 있었다. 게다가 새로운 표본과는 전혀 다른 것이었다. 외국 박물관에서 △△사우루스의 부리도 조사해보자.

관련된 표본을 철저히 조사한다. 다른 표본을 재기재할 필요가 생기는 경우도 많다.

기재는 단순하고 꾸준한 작업이다. 하지만 기재는 공룡의 특징을 하나하나 밝혀내는 작업 그 자체이다. 이는 공룡 연구에서 가장 중요한 기초이며, 정확한 기재는 100년이 지나도 그 가치가 퇴색되지 않는다.

기재는 화석과 지층을 세밀히 관찰·측정·비교하면서 진행된다. 발견된 화석을 관찰하는 것만으로는 충분치 않으며, 비교 대상을 관찰하기 위해 전 세계의 박물관을 찾아다니기도 한다.

시대의 변화에 따라 기재해야 할 사항도 달라진다. 과거에는 중요하게 여겨지지 않았던 특징이 오늘날의 연구에는 매우 중요한 사항으로 간주되는 경우도 많다. 그런 이유로 오래전 연구되었던 '역사적인 표본'을 재기재할 필요도 생긴다.

기재를 진행하는 과정에서 화석의 분류를 변경해야 할 필요가 생기기도 한다. 화석을 자세히 관찰하고 비교하여 기존에 기재된 종과의 차이를 명확히 증명할 수 있어야 비로소 '새로운 종'으로 명명할 수 있다.

관찰·비교 결과를 정리한 논문은 동료 평가(학술지에 투고된 논문을 해당 분야의 전문가가 검토하고 내용을 확인하는 과정)를 거쳐 출판되어야만 비로소 '기재되었다'고 할 수 있다. 발견 후 수 년 이내에 기재되는 표본이 있는가 하면, 박물관에 전시되어 널리 알려진 표본임에도 오랫동안 기재되지 않는 경우도 있다.

화려한 '신종 발견'의 이면에는 고생물학자들이 밤낮없이 화석과 씨름하고 있는 것이다.

③

△△사우루스의 부리도 새로운 표본과는 생각보다 비슷하지 않다. ○○사우루스도, △△사우루스도 아니라는 것은 새로운 표본이 미기재종이라는 뜻임이 틀림없다. 새로운 표본을 정기준 표본으로 삼아 새로운 속과 종의 기재 논문을 집필해야겠다!

○○사우루스의 정기준 표본

△△사우루스의 정기준 표본

새로운 표본

• ○○사우루스와 △△사우루스의 재기재
• 새로운 표본의 기재와 ○○사우루스, △△사우루스와의 비교, 계통 분석/ 이 내용을 정리해서 새로운 표본을 새로운 속·종의 ××사우루스·◆◆의 정기준 표본으로 기재하자!

동물이명

| synonym

고생물과 현생 생물을 막론하고, 기존에 알려진(이미 명명된) 종의 표본에 다른 학명을 부여하거나 이전에는 별개의 종으로 여겨졌던 것이 동일한 종으로 판단되는 경우가 있다. '같은 종에 붙은 서로 다른 이름'을 동물이명(同物異名)이라고 한다. 단편적인 화석을 바탕으로 기재·명명되는 경우가 많은 고생물은 동물이명으로 간주할지 여부를 두고 의견이 자주 갈린다.

▪️ 동물이명과 이물동명

생물은 논문을 통해 기재(→p.138)·명명되지만 이것도 일종의 의견이나 가설의 하나로, 새로운 종을 명명했다고 해서 반드시 다른 연구자들이 그 종을 인정하는 것은 아니다. 화려하게 발표된 새로운 종이 명명자 외에는 전혀 인정되지 않는 예도 있다.

같은 종에 서로 다른 학명이 부여되었다고 판단되는 경우, 이러한 학명은 동물이명이라 불린다. 기재 논문이 오래된 쪽(먼저 명명된 쪽)을 상위 동물이명(senior synonym), 기재 논문이 새로운 쪽(나중에 명명된 쪽)을 하위 동물이명(junior synonym)이라고 한다.

이러한 경우에 상위 동물이명이 선취권을 갖기 때문에 하위 동물이명은 무효명으로 처리되고, 상위 동물이명이 우선되어 유효명이 된다. 절차상의 문제(같은 표본을 정기준 표본으로 삼아 다른 학명을 부여한 경우 등)로 발생한 하위 동물이명을 객관적 동물이명이라고 하고, 연구자의 의견이나 가설에 의해 하위 동물이명으로 간주된 경우는 주관적 동물이명이라고 한다.

단순히 동물이명이라고 하면 주관적 동물이명인 경우가 많으며, 연구자들에 의해 유효명(독립 종)으로 볼지 여부에 대해 의견이 갈리는 경우도 적지 않다. 주관적 동물이명인 경우, 이후 연구에서 널리 유효명으로 인정받는 (학명이 부활하는) 경우도 있다.

종소명은 반드시 속명과 함께 사용되기 때문에 다른 생물에서 같은 종소명이 사용되는 것은 크게 문제가 되지 않는다. 하지만 다른 생물에 같은 속명이 붙여지는 이물동명(異物同名)의 경우도 간혹 있는데 그럴 때는 하위 이물동명에 새로운 속명이 부여된다. 식물과 동물은 명명 규약이 다르기 때문에 식물과 동물에서 같은 속명이 사용되더라도 문제가 되지 않는다.

▪️ 의문명

어떤 생물을 신종으로 기재할 때는 근연종과 명확히 구별할 수 있고 가능하면 관찰하기 쉬운 그 종만의 특징(표징)을 찾아내는 것이 중요하다. 어떤 특징을 중요한 표징으로 볼지는 연구자마다 의견이 갈린다. 적은 수의 단편적인 표본에 근거해 새로운 종을 명명하는 일이 많은 고생물학의 경우, 표징으로 여겨졌던 특징이 단순히 화석의 파손으로 생긴 것이었다거나 성장 단계에서 변화하는 것일 수도 있고, 개체 변이의 범주로 일괄적으로 분류되는 경우도 종종 있다.

한번 명명되었지만 재기재 시 표징을 찾아낼 수 없었던 경우도 있다. 또 정기준 표본이 단편적이거나 성장하면서 형태가 크게 변할 수 있는 유체(幼体)인 경우, 기존 종의 동물이명으로 분류하기조차 어려운 경우도 자주 있다. 그러면 그 학명은 '의문명'으로 처리되어 무효명으로 취급된다. 이후 연구에서 표징이 발견되어 유효명으로 되돌아가기도 하고, 기존에 알려진 종의 동물이명으로 밝혀지는 경우도 있다.

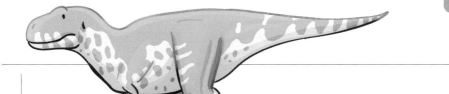

타르보사우루스·바타르

처음에는 티라노사우루
스·바타르로 기재되었으
나 이후 타르보사우루
스·에프레모비의 상위 동물이명이 되었다. 티라노사우루스
(→p.28)와는 별개의 속으로 분류해야 한다는 의견에 따라 속명
에는 타르보사우루스가 사용되었다. 여전히 티라노사우루스
속으로 분류해야 한다는 연구자도 있으며, 최근 논문에서는
티라노사우루스·바타르라는 이름으로 언급되기도 한다.

▓▓ 공룡과 동물이명·의문명

본래 생물의 유해 전체가 화석으로 남는 것은 매우 드
문 일이다. 척추동물은 골격의 극히 일부만 남는 경우가
대부분이다. 이런 상황에서 화석 표본의 표징을 찾아내
는 것은 쉽지 않은 일이다. 고생물 분류에 동물이명이나
의문명이 넘쳐나는 것은 어떤 의미에서는 당연한 일이
다.

공룡의 분류는 고생물학 중에서도 특히 활발한 연구
분야로, 일반 서적에서 소개되었던 공룡이 어느새 낯선
속의 동물이명이 되어 있는 경우도 드물지 않다.

세이스모사우루스·할로룸(→p.246)

‘세계 최대의 공룡’으로 화려하게 데뷔했지만, 우여곡절
끝에 세이스모사우루스속은 디플로도쿠스속의 동물이명
이 되었다. 한편 종으로서는 유효한 것으로 간주된다.

모노클로니우스·크라수스

가장 초기에 명명된 각룡(角龍) 중 하나로,
일찍이 일반 서적을 통해 소개되었다. 센
트로사우루스의 상위 동물이명으로 여겨
진 시기도 있었지만 1990년대에 센트로사
우루스, 스티라코사우루스 등의 아성체와
구별할 수 없다는 것이 밝혀져 의문명이
되었다.

전장

| total length

공룡 도감에 빠질 수 없는 정보가 바로 '전장(全長)'이다. 너비가 포함된 수치가 기재되어 있거나, 같은 공룡이라도 도감에 따라 수치가 다른 경우도 있으며, '체장(體長)'과 자주 혼동되기도 한다. 골격의 극히 일부만 화석으로 발견되는 경우가 많은 상황에서 과연 공룡의 전장은 어떻게 측정하는 것일까?

▪▪ 공룡의 전장 측정

'전장'이란 '주둥이 끝에서 꼬리 끝까지를 직선으로 측정한 길이'를 의미하며 '체장'은 머리부터 몸통의 길이 즉 '주둥이 끝에서 항문까지를 직선으로 측정한 길이(전장 - 꼬리 길이)'이다.

현생 생물의 경우, 등을 곧게 펴고 위를 향해 누운 상태에서 측정하거나 등줄기를 따라 줄자를 대고 측정하기도 한다. 이런 측정 방식 때문에 전장과 체장은 비교적 대략적인 수치가 된다.

공룡의 경우, 복원(→p.134)된 골격을 직접 측정하거나 두개골의 기저 길이(주둥이 끝에서 목뼈와 연결된 후두과까지의 길이)와 척추뼈 전체의 길이를 합쳐 전장을 구하는 것이 기본이다. 골격이 발견되지 않은 부위는 같은 종이나 근연종의 더 완전한 골격을 참조하여 추정한다. 다만 인간

의 경우와 같이 추간판의 두께 같은 요소는 대략적으로만 추정이 가능하며, 결손 부위에 참고가 될 만한 근연종의 화석이 반드시 존재하는 것도 아니다. 그런 이유로 공룡의 전장은 현생 동물보다 더 대략적인 수치가 될 수밖에 없다. 전장 30m 내외의 대형 용각류의 경우, 추정 전장에서 수 미터 정도의 오차 범위가 발생하는 것도 흔하다. 실제 연구에서는 비교적 가까운 종들끼리 대퇴골 등의 특정한(화석으로 발견되기 쉬운) 뼈를 비교하는 경우가 많다.

익룡의 경우 '편 날개 길이(날개를 펼친 상태에서 양 끝을 잇는 길이)'가 크기 비교에 사용된다. 다만 날개가 얼마나 펼쳐졌는지 골격만으로는 명확히 알기 어렵기 때문에 한쪽 날개의 주요 뼈 길이의 2배를 편 날개 길이로 추정하는 경우가 있다.

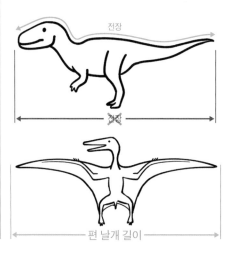

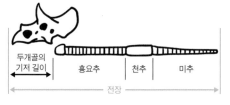

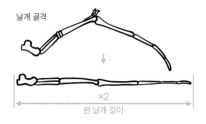

체중
| body mass

'**전**'장'에 비해 '체중'이 실린 공룡 도감은 드문 편이다. 하지만 동물의 체중은 생리적 특성을 연구하는 데 중요한 정보가 된다. 공룡을 생물학적 관점에서 연구할 때는 전장보다 체중이 더 중요한 지표가 될 수 있다. 하지만 공룡의 화석이라고 하면 대부분 뼈뿐이다. 과연 화석을 통해 어떻게 공룡의 체중을 추정하는 것일까?

∷ 공룡의 체중 측정

현생 동물이라면 체중계를 이용해 직접 체중을 측정할 수 있지만, 공룡은 골격 자체의 무게조차 직접 측정할 수 없다. 따라서 특정한 방법으로 추정해야 한다.

공룡의 체중을 추정하는 방법은 크게 두 가지로 나뉜다. 고전적인 방법은 '체적 밀도법'으로, 복원(→p.134) 모형의 체적을 측정한 후 여기에 '공룡의 밀도(현생 동물의 밀도를 기준으로 추정)'를 곱하여 체중을 추정하는 것이다. 이 방법은 비교적 정확도가 높은(변동 폭이 크지 않은) 추정 값을 얻을 수 있지만 복원 모형의 완성도에 따라 전혀 다른 수치가 나올 수 있다는 약점이 있다. 과거에는 공룡의 축소 모형을 수조에 넣어 체적을 측정했으나 현대에는 3D 복원 모델을 만들어 직접 체적을 구하는 것이 일반적이다. 또 살을 붙인 삼면도를 이용해 대강의 수치를 계산하기도 한다.

체중을 추정하는 또 다른 방법은 '현생 스케일법'이다.

현생 동물은 체중을 지지하는 사지 뼈의 굵기와 체중이 상관관계가 있다는 사실이 알려져 있다. 이를 이용해 상완골과 대퇴골의 굵기를 기준으로 계산하는 방법이 자주 사용된다.

이 방법은 복원 모형을 이용한 주관적인 방법이 아니라 현생 동물의 일반적인 법칙을 활용한 객관적인 방법이라는 점에서 정확한 추정 값을 얻을 수 있다. 또 전신의 모습이 명확하지 않아도 상완골과 대퇴골만 발견된다면 체중을 추정할 수 있다. 다만 사지 뼈의 굵기와 체중의 상관성은 변동 폭이 커서 이로부터 도출된 추정 값도 상당한 오차를 포함하게 된다(=정확도가 낮다).

이처럼 공룡의 체중을 추정하는 두 가지 방법에는 각각 장단점이 있다. 그럼에도 각각의 방법으로 산출한 추정 값이 크게 차이 나지 않는 경우가 많다고 한다. 더 정확하고 정밀도 높은 체중 추정을 목표로 연구는 꾸준히 진행되고 있다.

체적 밀도법

현생 스케일법

화석 전쟁

| Bone Wars

미국에서 남북전쟁이 한창이던 1864년, 두 젊은 미국 고생물학자가 베를린에서 만났다. 에드워드 드링커 코프와 오스니얼 찰스 마시 두 사람은 의기투합하여 귀국 후 미국 동부의 화석 산지를 함께 탐사하게 되었다. 그러나 이 만남이 고생물학 역사상 가장 큰 발굴 경쟁의 도화선이 될 줄은 꿈에도 몰랐다.

도발

미 동부에는 비료로 쓰이는 해록석의 채굴 갱이 다수 운영되고 있었는데, 하드로사우루스(→p.36)의 화석도 이런 장소에서 발견되었다.

코프는 채굴 갱 근처에서 머물며 화석 발견 소식이 가장 먼저 자신에게 전해지도록 사전 조치를 해두었다. 그 덕분에 코프는 채굴 갱에서 발견된 북아메리카 최초의 대형 수각류를 라엘랍스라는 이름으로 명명할 수 있었다.

이런 상황을 지켜보던 마시가 코프 몰래 채굴 갱의 현

장 감독에게 접근해 앞으로는 코프가 아닌 자신에게 화석 발견 소식을 전해달라고 매수하려 했다.

엘라스모사우루스 사건

머지않아 코프와 마시 모두 미 동부뿐 아니라 미국 원주민과의 충돌이 계속되던 서부로까지 눈을 돌리기 시작했다.

1869년, 코프는 논문을 통해 자신이 명명한 엘라스모사우루스의 전신 골격도를 발표했다. 이를 본 마시가 코프가 꼬리 끝에 머리를 붙여 복원(→p.134)했다는 점을 지적하자 코프는 필사적으로 인쇄된 논문을 회수하고 수정본으로 바꾸려 했다.

마시는 1890년대에 이런 이야기를 했으나 실제 코프의 오류를 처음 지적한 것은 코프의 스승인 조지프 레이디였다는 말도 있으며, 마시의 지적이 맞는지 레이디에게 보여주었다는 이야기도 전해진다. 진위 여부는 알 수 없지만 코프와 마시의 성격을 잘 나타내는 일화라 할 수 있다.

1870년대가 되면서 코프도 마시의 영역을 침범하기 시작했고, 이로써 두 사람의 치열한 화석 발굴 및 연구 경쟁, 이른바 화석 전쟁이 시작되었다.

1869

1870

꼬리 끝에 머리를 붙이다니!

ꞏꞏ: 치열한 전장이 된 미국 서부

코프와 마시는 여러 화석 사냥꾼(→p.250)들과 계약을 맺고, 미 서부의 쥐라기 및 백악기의 다양한 지층에서 발굴을 진행했다. 화석 사냥꾼들은 잇따라 새로운 화석 산지를 개척했으며, 대량의 화석을 코프가 기다리는 전미자연과학아카데미와 마시의 예일대학교 피바디 박물관으로 보냈다.

화석 사냥꾼들의 수단을 가리지 않는 치열한 발굴 경쟁이 펼쳐졌다. 스파이 활동이나 작업자 빼내기도 흔한 일이었다. 상대 진영에 화석을 빼앗기지 않기 위해 한 계절 내에 다 발굴하지 못한 화석을 다시 현장에 묻는 일뿐 아니라 남은 화석을 파괴하고 철수하기까지 했다. 화석 사냥꾼들끼리 돌을 던지며 싸운 일도 있었다고 한다. 화석 사냥꾼들이 격투를 벌이는 동안 코프와 마시도 학계에서 진흙탕 싸움을 벌이고 있었다. 처세에 능한 마시가 학계의 요직을 역임했지만, 연방 정부의 조사 예산을 낭비한다는 코프의 고발로 결국 사임하기에 이르렀다.

ꞏꞏ: 과연 승자는?

풍부한 개인 자금을 바탕으로 화석 전쟁을 벌였던 코프와 마시였지만 결국 두 사람 모두 파산했다. 코프는 자신의 방대한 화석 컬렉션을 미국 자연사박물관에 팔게 되었고, 마시도 예일대학교에 생활 자금을 요청할 정도로 몰락했다.

코프는 1897년 병으로 세상을 떠나면서 마시와 두뇌 크기를 비교하겠다며 자신의 두개골을 표본으로 만들어 대학에 기증하겠다는 유언을 남겼다. 마시는 이 도발에 응하지 않고, 코프보다 2년 후에 세상을 떠났다.

코프와 마시는 화석 전쟁 동안 공룡을 비롯한 다수의 고생물을 명명했지만 같은 종에 각각 다른 학명을 붙이는 경우도 많아 학명이 의문점이 되는 일도 적지 않았다. 코프가 명명한 공룡은 64종이었지만 2010년 기준으로 명확히 독립된 종으로 남아 있는 것은 겨우 9종에 불과했다. 마시의 경우는 98종을 명명했으며, 그중 35종이 남았다. 종 수로 보면 화석 전쟁은 마시의 승리로 돌아갔다.

화석 전쟁 이후 박물관에 남은 것은 미개봉 상태의 석고 재킷(→p.126)더미였다. 코프와 마시의 후임자들은 화석 전쟁의 전후 처리에 바빴지만 아직도 수장고 깊숙한 곳에는 개봉되지 않은 재킷이 남아 있다.

제2차 화석 전쟁

　명명 경쟁이라는 관점에서 보면 화석 전쟁(→p.144)은 마시의 승리로 돌아갔지만 코프뿐 아니라 마시도 결국 파산에 이르면서 고생물학자로서의 명성은 두 사람 모두 심각하게 훼손되었다. 사실상 두 사람 모두 상처뿐인 무승부로 막을 내린 화석 전쟁은 이후 박물관 관계자들에게는 다양한 분류학적 혼란과 프레퍼레이션(→p.128) 지옥이라는 악몽을 가져온 사건이었다. 화석 전쟁의 승자는 아무도 없었던 것이다.

　하지만 고생물학자들과 연구 기관 간의 화석 발굴 및 연구 경쟁은 이것으로 끝난 것이 아니었다. 화석 전쟁의 상처가 여전히 깊이 남아 있던 1910년대에는 코프와 마시의 제자들 그리고 그다음 세대 연구자들이 또다시 발굴 경쟁을 벌였다. 전장은 미 동부 및 서부에서 캐나다의 앨버타주로 옮겨졌으며, 마차가 아닌 배를 이용한 전쟁이 시작되었다.

　앨버타주에서는 19세기 후반부터 공룡 화석이 잇따라 발견되면서 만년의 코프도 이 지역에 관심을 가졌다. 코프 사후에 이 지역에 주목한 사람은 코프의 제자였던 미국 자연사박물관의 헨리 페어필드 오스본이었다. 오스본은 티라노사우루스(→p.28)의 발견이라는 빛나는 성과를 올린 바넘 브라운을 현지로 보냈다. 그는 마시의 전 조수였던 존 벨 해처의 제자이기도 했다. 브라운의 발굴 팀은 거대한 평저선(平底船) '메리 제인호'를 건조하여 앨버타주를 횡단하는 레드디어강을 따라 내려가며 강기슭에 캠프를 치고 발굴 작업을 진행했다.

　브라운 발굴 팀의 활동을 두고 외국의 화석 사냥꾼이 캐나다의 화석 산지를 파헤치고 있다는 비판이 커지자 캐나다 지질조사소도 이를 그냥 보고만 있을 수는 없게 되었다. 조사소는 브라운 발굴 팀의 활동을 막지는 않았지만 대신 강력한 화석 사냥꾼 집단을 보내 이들을 저지하게 했다. 조사소가 고용한 화석 사냥꾼은 코프와 마시 두 사람 모두와 함께 일했으며, 여전히 현역으로 활동 중이던 찰스 하젤리우스 스턴버그(Charles Hazelius Sternberg)와 그의 아들들이었다.

　브라운 발굴 팀에 맞선 스턴버그 부자는 더 큰 평저선으로 강을 따라 내려가며 조사를 실시했다. 또 캐나다의 로열 온타리오 박물관도 그들의 성과를 바탕으로 독자적인 팀을 레드디어강 유역에 파견했으며, 영국의 대영 자연사박물관도 유력한 화석 사냥꾼들을 투입했다. 이로써 제2차 화석 전쟁이 시작되었다.

　서로 경쟁의식이 있었던 것은 분명하지만 약 10년간 느슨하게 계속된 제2차 화석 전쟁은 평화적인 발굴 경쟁이었던 것으로 보인다. 다른 팀의 발굴 현장을 견학하거나 서로의 고객의 요구에 맞게 발굴한 화석을 교환했다는 일화도 알려져 있을 정도이다. 제2차 화석 전쟁의 결과 '공룡 왕국' 캐나다가 탄생했다.

⠿ 치열한 전장이 된 미국 서부

코프와 마시는 여러 화석 사냥꾼(→p.250)들과 계약을 맺고, 미 서부의 쥐라기 및 백악기의 다양한 지층에서 발굴을 진행했다. 화석 사냥꾼들은 잇따라 새로운 화석 산지를 개척했으며, 대량의 화석을 코프가 기다리는 전미 자연과학아카데미와 마시의 예일대학교 피바디 박물관으로 보냈다.

화석 사냥꾼들의 수단을 가리지 않는 치열한 발굴 경쟁이 펼쳐졌다. 스파이 활동이나 작업자 빼내기도 흔한 일이었다. 상대 진영에 화석을 빼앗기지 않기 위해 한 계절 내에 다 발굴하지 못한 화석을 다시 현장에 묻는 일뿐 아니라 남은 화석을 파괴하고 철수하기까지 했다. 화석 사냥꾼들끼리 돌을 던지며 싸운 일도 있었다고 한다. 화석 사냥꾼들이 격투를 벌이는 동안 코프와 마시도 학계에서 진흙탕 싸움을 벌이고 있었다. 처세에 능한 마시가 학계의 요직을 역임했지만, 연방 정부의 조사 예산을 낭비한다는 코프의 고발로 결국 사임하기에 이르렀다.

⠿ 과연 승자는?

풍부한 개인 자금을 바탕으로 화석 전쟁을 벌였던 코프와 마시였지만 결국 두 사람 모두 파산했다. 코프는 자신의 방대한 화석 컬렉션을 미국 자연사박물관에 팔게 되었고, 마시도 예일대학교에 생활 자금을 요청할 정도로 몰락했다.

코프는 1897년 병으로 세상을 떠나면서 마시와 두뇌 크기를 비교하겠다며 자신의 두개골을 표본으로 만들어 대학에 기증하겠다는 유언을 남겼다. 마시는 이 도발에 응하지 않고, 코프보다 2년 후에 세상을 떠났다.

코프와 마시는 화석 전쟁 동안 공룡을 비롯한 다수의 고생물을 명명했지만 같은 종에 각각 다른 학명을 붙이는 경우도 많아 학명이 의문점이 되는 일도 적지 않았다. 코프가 명명한 공룡은 64종이었지만 2010년 기준으로 명확히 독립된 종으로 남아 있는 것은 겨우 9종에 불과했다. 마시의 경우는 98종을 명명했으며, 그중 35종이 남았다. 종 수로 보면 화석 전쟁은 마시의 승리로 돌아갔다.

화석 전쟁 이후 박물관에 남은 것은 미개봉 상태의 석고 재킷(→p.126)더미였다. 코프와 마시의 후임자들은 화석 전쟁의 전후 처리에 바빴지만 아직도 수장고 깊숙한 곳에는 개봉되지 않은 재킷이 남아 있다.

제2차 화석 전쟁

명명 경쟁이라는 관점에서 보면 화석 전쟁(→p.144)은 마시의 승리로 돌아갔지만 코프뿐 아니라 마시도 결국 파산에 이르면서 고생물학자로서의 명성은 두 사람 모두 심각하게 훼손되었다. 사실상 두 사람 모두 상처뿐인 무승부로 막을 내린 화석 전쟁은 이후 박물관 관계자들에게는 다양한 분류학적 혼란과 프레퍼레이션(→p.128) 지옥이라는 악몽을 가져온 사건이었다. 화석 전쟁의 승자는 아무도 없었던 것이다.

하지만 고생물학자들과 연구 기관 간의 화석 발굴 및 연구 경쟁은 이것으로 끝난 것이 아니었다. 화석 전쟁의 상처가 여전히 깊이 남아 있던 1910년대에는 코프와 마시의 제자들 그리고 그다음 세대 연구자들이 또다시 발굴 경쟁을 벌였다. 전장은 미 동부 및 서부에서 캐나다의 앨버타주로 옮겨졌으며, 마차가 아닌 배를 이용한 전쟁이 시작되었다.

앨버타주에서는 19세기 후반부터 공룡 화석이 잇따라 발견되면서 만년의 코프도 이 지역에 관심을 가졌다. 코프 사후에 이 지역에 주목한 사람은 코프의 제자였던 미국 자연사박물관의 헨리 페어필드 오스본이었다. 오스본은 티라노사우루스(→p.28)의 발견이라는 빛나는 성과를 올린 바넘 브라운을 현지로 보냈다. 그는 마시의 전 조수였던 존 벨 해처의 제자이기도 했다. 브라운의 발굴 팀은 거대한 평저선(平底船) '메리 제인호'를 건조하여 앨버타주를 횡단하는 레드디어강을 따라 내려가며 강기슭에 캠프를 치고 발굴 작업을 진행했다.

브라운 발굴 팀의 활동을 두고 외국의 화석 사냥꾼이 캐나다의 화석 산지를 파헤치고 있다는 비판이 커지자 캐나다 지질조사소도 이를 그냥 보고만 있을 수는 없게 되었다. 조사소는 브라운 발굴 팀의 활동을 막지는 않았지만 대신 강력한 화석 사냥꾼 집단을 보내 이들을 저지하게 했다. 조사소가 고용한 화석 사냥꾼은 코프와 마시 두 사람 모두와 함께 일했으며, 여전히 현역으로 활동 중이던 찰스 하젤리우스 스턴버그(Charles Hazelius Sternberg)와 그의 아들들이었다.

브라운 발굴 팀에 맞선 스턴버그 부자는 더 큰 평저선으로 강을 따라 내려가며 조사를 실시했다. 또 캐나다의 로열 온타리오 박물관도 그들의 성과를 바탕으로 독자적인 팀을 레드디어강 유역에 파견했으며, 영국의 대영 자연사박물관도 유력한 화석 사냥꾼들을 투입했다. 이로써 제2차 화석 전쟁이 시작되었다.

서로 경쟁의식이 있었던 것은 분명하지만 약 10년간 느슨하게 계속된 제2차 화석 전쟁은 평화적인 발굴 경쟁이었던 것으로 보인다. 다른 팀의 발굴 현장을 견학하거나 서로의 고객의 요구에 맞게 발굴한 화석을 교환했다는 일화도 알려져 있을 정도이다. 제2차 화석 전쟁의 결과 '공룡 왕국' 캐나다가 탄생했다.

Dinopedia

2

Chapter

박사 편

공룡에 대해 이야기할 때 고생물학의 전문 용어를 피할 수는 없다.
공룡 연구를 둘러싼 다양한 전문 용어를 살펴보자.

수정궁
| The Crystal Palace

1851년, 런던에서 사상 최초로 개최된 만국박람회의 회장(會場)으로 거대한 유리 건물이 완성되었다. 그 외관 때문에 수정궁(水晶宮)이라고 불린 이 건물은 실용화된 지 얼마 되지 않은 튼튼하고 거대한 판유리로 전면을 덮은 혁신적인 프리패브(prefab) 구조물로, 박람회가 종료된 후에는 사우스 런던의 시드넘으로 이전되었다. 시드넘으로 이전된 후에 수정궁 주변에는 대규모 종합 공원이 조성되었는데 이곳에 다양한 멸종동물의 실물 크기 입상을 전시하게 되었다.

▪▪ 고대의 정원

입상 제작에 발탁된 것은 조각가이자 자연학자인 벤저민 워터하우스 호킨스(Benjamin Waterhouse Hawkins)였다. 귀족들과의 인맥이 두껍고 만국박람회에도 관여했던 그는 이 일에 적임자였다.

호킨스는 당초 멸종한 포유류의 실물 크기 입상으로 정원을 꾸밀 계획이었으나 '공룡'이라는 개념을 만든 리처드 오언 경의 조언을 받아들여 공룡뿐 아니라 어룡(→p.90), 수장룡(→p.86)과 같은 멸종 파충류들도 추가했다. 감수자로는 오언뿐 아니라 이구아노돈(→p.34)의 명명자이자 오언의 라이벌이기도 했던 기디언 만텔의 이름도 거론되었지만, 오랜 병환을 앓던 만텔이 이를 사양하면서 오언이 주요 감수를 맡게 되었다.

호킨스는 건설 중인 종합 공원 안에 공방을 마련하고 그곳에서 입상을 제작했다. 원형은 점토로 제작된 후 틀이 만들어졌고, 이후 시멘트와 벽돌로 만든 입상이었다. 예산 문제로 계획이 축소되어 제작 중이던 입상 몇 점은 폐기되었지만 그럼에도 고생대부터 신생대까지 다양한 입상 33점이 완성되었다.

1853년의 섣달그믐, 입상의 완성을 기념해 이구아노돈의 틀 내부에서 만찬회가 열렸다. 전년도에 세상을 떠난 만텔을 기리는 헌배와 함께 수정궁 공원의 개장을 선언한 이 파티는 대대적으로 보도되었다. 그리고 1854년, 이 입상들은 커다란 연못에 만들어진 섬에 시대별로 배치되어 일반에 공개되었다.

파티의 상상도
'이구아노돈 파티'의 초대장과 메뉴표가 지금도 남아 있지만 실제로 이구아노돈 입상을 만들 때 사용된 틀 내부에서 식사가 이루어졌는지는 확실치 않다. 주빈은 오언이었으며, 입상 제작에 큰 영향을 미친 다른 연구자들은 초대받지 못하거나 만텔처럼 이미 세상을 떠나기도 했다.

∷ 수정궁의 공룡들

수정궁의 입상은 공룡을 비롯한 다양한 고생물을 복원(→p.134)한 모형으로, 사상 최초라고 할 수 있는 시도였다. 큰 반향을 일으키면서 교육 목적의 축소 모델도 판매되었다.

이 입상들은 19세기 중반의 과학적 지식을 바탕으로 제작된 것으로, 당시의 복원으로는 최첨단이라 할 만했다. 한편 만텔과 치열한 적대 관계였던 오언이 감수를 맡았기 때문에 만텔의 최신 의견(이구아노돈의 앞다리가 뒷다리에 비해 가늘다는 등)이 무시되는 등의 한계도 있었다.

19세기 후반이 되자 미국에서 공룡 발굴이 활발해지고 화석 전쟁(→p.144)으로 불리는 발굴 경쟁 속에서 공룡에 관한 이해가 비약적으로 발전했다. 유럽에서도 베르니사르 탄광(→p.252)에서 이구아노돈의 전신 골격이 발견되면서 오언과 호킨스에 의한 수정궁의 공룡들은 완성 후 20년 만에 완전히 '구식 복원'이 되어버렸다.

수정궁은 1936년 화재로 소실되었지만 그 공원은 오늘날에도 시민의 휴식 공간으로 남아 있으며, 공룡 입상들도 복원을 거듭하며 현존하고 있다. 19세기 중반의 최첨단 과학의 결정체는 지금도 공룡 연구 역사의 산증인으로 꿋꿋이 자리를 지키고 있다.

이구아노돈 공원에는 2점의 이구아노돈 입상이 있다. 배를 깔고 엎드린 모습은 1834년경 만텔이 제안한 복원을, 네 발로 서 있는 모습은 1850년대 오언이 제안한 복원을 참고로 제작되었다. 만텔 본인은 당시에도 이미 또 다른 복원을 제안했지만 그것이 실현되지는 못했다. 이 복원의 기초가 된 표본은 현재는 이구아노돈이 아니라 만텔리사우루스라고 불린다.

메갈로사우루스(→p.32) 공원의 복원상은 당시 메갈로사우루스속으로 추정되었던 여러 화석을 바탕으로 복원된 것이다. 어깨 부근이 돌출된 등의 형태는 오늘날 알티스피낙스라고 불리는 공룡의 화석에 기반을 두고 있다.

힐라에오사우루스 힐라에오사우루스의 화석은 지금까지도 1개체의 부분 골격이 발견되었을 뿐이다. 수정궁의 입상은 당시에도 매우 잠정적인 복원이라는 인식을 바탕으로 제작된 것으로 보인다.

공룡 르네상스

| dinosaur renaissance

르네상스란 재생·부활을 의미하는 프랑스어로, 유럽의 중세부터 근대에 걸쳐 일어났던 고대 그리스·로마 시대의 문화를 부흥시키려는 문화 운동을 가리킨다. 오늘날의 서구 문화는 르네상스의 결과라고 할 수 있으며, 이는 공룡 연구에서도 마찬가지이다. 현대의 공룡 연구는 '공룡 르네상스'가 있었기에 가능했던 것이다.

공룡 연구의 고전기와 정체기

19세기 중반부터 유럽에서 시작된 공룡 연구는 북아메리카에서 벌어진 '화석 전쟁'(→p.144)과 그에 따른 발굴 경쟁의 결과 20세기 초에는 활발한 연구 분야로 자리 잡았다. 새로운 종의 공룡을 기재(→p.138)·분류하는 것이 주요 연구 주제였지만 공룡의 진화에 관한 논의도 활발히 이루어졌으며, 공룡을 대상으로 현생 동물과 같은 '생물학적' 연구를 수행하는 연구자도 등장했다.

20세기 초반 공룡 연구를 이끌었던 미국의 박물관들은 공룡의 집객력과 이를 통한 풍부한 예산을 기반으로 활동했다. 그러나 세계 대공황과 이후의 제2차 세계대전으로 연구에 투입할 수 있는 자원이 크게 줄면서 공룡 연구는 점차 활기를 잃기 시작했다.

한편 대중오락 속에서 공룡은 여전히 인기 캐릭터의 자리를 지키며 '구시대적이고 둔한 거대 파충류'라는 이미지가 고착되었다. 세계 각지에서 공룡에 대한 기재 및 분류학적 연구가 이루어지고 있었지만 1940년대부터 1950년대에 걸쳐 공룡 연구는 정체기에 접어들었다.

르네상스의 개막

1969년, 미국의 고생물학자 존 오스트롬(John Ostrom)은 데이노니쿠스(→p.48)의 기재를 발표했다. 오스트롬은 이 골격이 고도의 운동성을 가진 동물의 구조이며, 현생 파충류와 같은 변온성·외온성의 '냉혈 동물'은 이처럼 높은 운동성을 발휘할 수 없다고 생각했다.

그는 데이노니쿠스가 항온성·내온성의 '온혈 동물'이었을 가능성을 제기했다. 더 나아가 오스트롬은 데이노니쿠스와 시조새(→p.78)의 골격이 여러 면에서 매우 유사하다는 점을 지적하며 조류의 기원이 공룡이라는 결론을 내렸다.

공룡이 항온성·내온성 동물로, 항상 활발하게 움직이는 동물이었고 조류와 공룡이 계통적으로 밀접한 관계라는 이런 주장은 19세기에 여러 연구자들이 논의했던 주제였다.

하지만 이런 견해는 20세기 전반에는 부정되었다. 오스트롬의 제자였던 로버트 바커를 비롯한 젊은 연구자들은 오스트롬의 주장을 지지하며 공룡을 파충강에서 분리해 조강과 합친 새로운 '공룡강'을 설립하자는 제안까지 했다.

데이노니쿠스의 발견으로 시작된 이런 움직임은 그야말로 공룡 연구의 '르네상스'였으며, 그 과정에서 다른 다양한 과학 분야의 방법들이 공룡 연구에 응용되었다. 한때 시도되었던 공룡의 '생물학적' 연구가 활발히 진행되었으며, 수학적 방법도 이용되었다. 지질학적 정보를 더욱 엄밀하게 활용했으며, 타포노미(→p.158)와 같은 과거의 사건을 복원하는 연구도 활발히 이루어졌다.

다른 분야와의 협력은 이 시대에 고생물학 전반에서 크게 진전되었으며, 그 결과로 공룡 연구는 다시 활기를 되찾게 되었다.

∷ 르네상스의 현재

1975년 공룡 르네상스가 한창이던 시기에 바커는 삼첩기의 소형 수각류를 '깃털 공룡'(→p.76)으로 복원(→p.134)한 일러스트를 발표했다. 이후 1990년대 후반에는 중국에서 깃털 공룡의 화석이 다수 발견되면서 조류의 조상이 공룡일 뿐 아니라 조류와 유연관계가 먼 공룡들조차 깃털을 가지고 있었다는 사실이 이제는 상식이 되었다.

한편 공룡 르네상스와 같은 시기에 생물 분류에 응용되기 시작한 '분기 분석'(→p.154)에 의해 '강'과 같은 분류 '계급'이 더 이상 의미가 없어지면서 굳이 '공룡강'을 신설할 필요성이 없어졌다. 바커가 주장한 '공룡 온혈설'은 큰 논쟁을 불러일으켰지만 다양한 첨단 과학적 방법을 이용한 연구 결과, 오늘날에는 정도의 차이는 있지만 모든 공룡이 항온성·내온성이라 부를 수 있는 존재였다는 견해가 지배적이다.

공룡 르네상스로 공룡의 '복원' 방법이 매뉴얼화되고 다양한 연구 성과가 더욱 엄밀히 반영되기 시작했다. 여러 일러스트레이터들과 고생물학자 간의 긴밀한 협력으로 공룡과 중생대 환경 전반에 대한 복원 이미지가 크게 바뀌었고 이런 일러스트레이터와 연구자들이 콘셉트 아트 제작과 감수를 맡은 영화 〈쥐라기 공원〉이 크게 히트하면서 일반 대중에게 남아 있던 '구시대적이고 둔한 거대 파충류'라는 이미지는 완전히 불식되었다.

오늘날 공룡 연구는 19세기 중반에 시작된 이래 가장 활발한 상황이다. 공룡 연구의 '흥미'를 부흥시킨 공룡 르네상스가 없었다면 지금의 공룡 연구를 이야기할 수 없을 것이다.

공룡 복원 이미지의 변천사

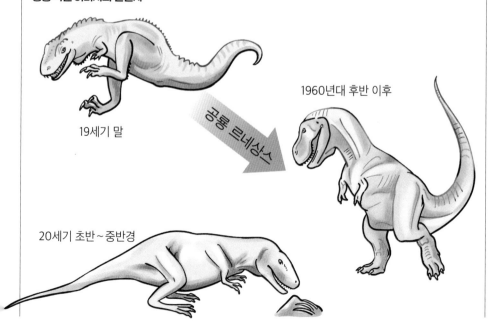

19세기 말

공룡 르네상스

1960년대 후반 이후

20세기 초반~중반경

조후각목

| Ornithoscelida

공룡 연구의 여명기에는 공룡류를 큰 그룹으로 나누는 분류에 관한 활발한 논의가 이루어지며 다양한 분류 이론이 탄생했다. 20세기에는 공룡을 용반류(龍盤類)와 조반류(鳥盤類)라는 두 개의 큰 그룹으로 나누는 설이 정설로 자리 잡고 다른 이론들은 잊혔지만 최근 들어 또 다른 의견이 돌연 주목받고 있다.

▪▪ 용반류와 조반류

1842년, 리처드 오언에 의해 '공룡'이라는 동물의 큰 그룹이 만들어졌다. 당시 공룡류에 포함된 것은 메갈로사우루스(→p.32), 이구아노돈(→p.34), 힐라에오사우루스의 3속에 불과했지만 이후 새로운 발견과 기존 화석의 분류를 재검토함으로써 공룡류의 수는 계속해서 증가하게 되었다.

공룡류의 수가 늘어남에 따라 이를 몇 가지 그룹으로 분류하는 아이디어가 등장했다. 오늘날까지 널리 받아들

여지고 있는 이론은 1888년 영국의 고생물학자 해리 고비에 실리(Harry Govier Seeley)에 의해 제안된 '용반류'와 '조반류'의 두 그룹으로 크게 나누는 견해이다.

용반류는 도마뱀이나 악어와 같은 현생 파충류와 유사한 구조의 골반을 가지고 있으며, 조반류는 용반류와는 크게 다른, 겉보기에는 현생 조류와 비슷해 보이는 골반을 가지고 있다. 당시에는 이 둘의 중간형이라 할 만한 공룡이 발견되지 않았기 때문에 실리는 용반류와 조반류가 완전히 별개의 계통(공룡류는 여러 계통이 섞인 것이다)이라고 주장했다.

▪▪ 조후각목 이론

한편 공룡과 조류의 유연성을 주장하며 진화론의 옹호자로 오언과 격렬히 대립한 토머스 헉슬리는 1870년 실리의 분류와는 크게 다른 분류 방식을 제안했다. 그는 작고 골격이 매우 가는 콤프소그나투스를 공룡류에서 제

외하고, 공룡류와 콤프소그나투스를 포함하는 그룹인 '조후각목(오르니소스켈리다, Ornithoscelida)'을 설립했다. 헉슬리가 조후각목을 제안한 당시에는 용각류라는 그룹이 아직 인식되지 않았으며, 1878년 미국의 고생물학자 새뮤얼 윌리스턴이 공룡류와 조후각목의 정의를 수정했다. 윌리스턴이 수정한 분류안은 콤프소그나투스를 공룡으로 간

실레사우루스 실레사우루스류는 공룡과 매우 유사한 그룹이지만 공룡과 유연관계가 깊은 것으로 여겨질 뿐 공룡 자체는 아닌 것으로 간주되었다. 그러나 최근에는 극히 원시적인 조반류로 간주하기도 한다. 원시적인 공룡류 전반과 마찬가지로 날렵한 체형을 가지고 있으며, 아래턱에는 조반류와 유사한 부리가 존재한다. 한때 식물식으로 여겨지기도 했지만 분화석(→p.124) 연구를 통해 곤충식의 가능성도 제기되고 있다.

주하고, 공룡류를 용각류와 조후각목(지금의 수각류와 조반류로 구성된 그룹)으로 나누는 것이었다.

하지만 헉슬리와 윌리스턴의 조후각목 이론은 수각류와 조반류의 중간형이 발견되지 않은 이유도 있어 특별한 지지를 얻지 못했다. 대신 실리가 제안한 분류안이 일반적으로 받아들여졌으며, 공룡류가 자연 계통군이 아니라는 견해도 퍼지게 되었다.

1980년대 이후 '공룡 르네상스'(→p.150)의 영향을 받은

분기 분석 기반의 계통학 연구(→p.154)를 통해 공룡류가 자연 분류군임이 밝혀졌고, 조류가 공룡류에서 갈라져 나왔다는 사실도 확인되었다. 공룡 르네상스를 이끌었던 로버트 바커는 용반류를 해체하고, 조반류와 용각류를 합친 '피토디노사우리아'라는 그룹을 제안하기도 했으나 분기 분석 결과는 실리가 제안했던 전통적인 2대 분류를 지지하는 것이었다.

▦ 조후각목의 부활

21세기에도 실리가 제안한 대분류가 일반적으로 사용되고 있지만 한편으로는 삼첩기 후기의 공룡 연구가 진전되면서 수각류인지 용각류인지 아니면 애초에 공룡이 맞는지조차 분명치 않은 화석들이 발견되었다. 또한 조반류와 유사한 특징을 가졌지만 공룡이라고는 생각되지 않는 실레사우루스류 등의 독특한 파충류 화석도 삼첩기 후기의 지층에서 잇따라 발견되었던 것이다.

기존의 분류체계에 들어맞지 않는 사례들이 늘면서 공룡류의 대분류에도 재검토가 불가피해졌다. 다양한 데이터를 바탕으로 계통 분석이 시도되면서 수각류가 조반류와 근연 관계이며, 용각류는 이 두 그룹보다 먼저 갈라져 나왔을 가능성이 제기되었다. 이는 윌리스턴이 제안한 조후각목 이론과 유사한 점이 많아 그룹명으로 다시

조후각목을 사용하는 것이 제안되었다.

조후각목 이론은 오늘날에도 활발한 논의가 이루어지고 있으며, 공룡류를 용각류와 조반류로 이분하는 기존의 의견 역시 여전히 강력하다. 피토디노사우리아를 지지하는 계통 분석 결과도 존재하며, 실레사우루스류를 공룡에 포함시킬지 여부에 대해서도 의견이 갈린다. 헉슬리가 조후각목을 제안한 지 150년이 지난 지금도 여전히 조후각목 이론은 공룡 연구의 뜨거운 주제이다.

헤레라사우루스 에오랍토르와 더불어 가장 초기의 공룡 중 하나로 여겨지지만, 수각류와 같은 특징과 용각형류와 같은 특징이 섞여 있을 뿐 아니라 다른 공룡에서는 볼 수 없는 더 원시적인 특징까지 남아 있다. 애초에 공룡이 아니라는 의견도 여전히 강하지만 공룡류의 초기 진화를 이해하는 데 중요한 열쇠를 쥐고 있는 것만은 분명하다.

계통 분석

| phylogenetic analyses

유연관계에 있는 생물들을 연결해 그 계통 관계를 나무에 비유하여 나타낸 그림이 계통수(系統樹)이다. 고생물을 포함한 계통수를 작성함으로써 지구의 역사와 생물 진화의 흐름을 구체적으로 나타낼 수 있다. 생물 분류에도 계통 관계를 바탕으로 한 '계통 분류'가 널리 사용되게 되었다. 과연 계통수는 어떻게 그려지는 것일까?

◾◾ 계통수와 분기 분석

계통수가 과학적으로 엄밀한(검증 가능한) 방법으로 작성되기 시작된 것은 불과 50~60년 전부터이다. 생물의 계통 관계를 추정할 때 생물 간의 다양한 특징(형질)을 비교하는 것이 중요하다는 것은 예나 지금이나 변함없지만 과거에는 연구자의 경험과 직감에 의존해 '중요한 특징'을 찾아내고, 이를 바탕으로 생물의 계통 관계를 도출했다.

오늘날 고생물의 계통 관계를 추정하기 위해 일반적으로 사용되는 방법은 '분기(分岐) 분석'이라고 불리는 것이다. 이 방법은 계통 관계를 밝히고자 하는 분류군(내군)

과 내군의 비교 대상으로 삼을 적절한 분류군(외군)에서 형질(특징)을 추출한 후, 이를 '원시 형질'과 '공유 파생 형질'로 나눈다. 원시 형질은 내군이 외군과 공유하고 있는 (내군과 외군이 갈라지기 이전부터 유지해온) 형질이며, 공유 파생 형질은 내군 안에서만 공유되고 있는(외군과 갈라진 이후 내군 내에서 생겨난) 형질이다.

특정 공유 파생 형질을 가지고 있는 생물들은 서로 근연 관계에 있다고 간주할 수 있다. 따라서 내군 안에서 공유 파생 형질이 어떻게 분포하고 있는지를 조사하면 생물이 갈라지는(분기하는) 과정을 도식화할 수 있다. 이것이 분기 분석으로, 골격이나 연조직의 형태는 물론 유전자 정보까지도 형질로 활용할 수 있다.

◾◾ 공룡과 분기 분석

공룡의 계통 분석에 분기 분석을 사용할 때는 이용 가능한 형질이 화석화된 골격 정보로 한정된다. 분기 분석에 이용되는 형질은 임의적인 선택이 되지 않도록 가능한 한 많이 추출하는 것이 기본이지만 완전한 골격이 보존된 공룡 화석은 극히 드물다.

설령 완전한 골격이라 하더라도 화석의 클리닝(→p. 130)이나 CT 스캔(→P.227)의 기술적인 한계 그리고 화석의 변형 상태에 따라 관찰할 수 없는 형질도 있다. 또한 동일한 표본에서도 관찰자에 따라 상반된 형질이 발견되기도 한다.

표본 관찰을 통해 특정 형질의 유무를 데이터 매트릭스라고 불리는 표로 정리한다. 공룡의 분기 분석이 시작된 1980년대부터 1990년대까지는 약 100개 전후의 형

질의 유무가 판정되는 경우가 많았지만 지금은 데이터 매트릭스에 수천 개의 형질 유무가 정리되는 경우도 흔하다.

그러나 이처럼 많은 형질의 유무를 모두 판정할 수 있는 종은 없으며, 단편적인 화석만 발견된 공룡의 경우는 '?'(판정 불가)가 데이터 매트릭스를 가득 채운다. 데이터 매트릭스는 연구자에 의해 반복적으로 추가·수정되며 점점 더 높은 해상도의 분기 분석이 이루어진다.

데이터 매트릭스는 컴퓨터로 분석되며, 다양한 조건으로 추려낸 '가장 그럴듯한' 계통수(분기도)가 연구자에 의해 가설로 제시된다. 이런 분석 과정에는 수학적 지식도 요구된다.

∷ 계통수를 읽는 법

분기도는 종 간의 직접적인 조상·후손 관계를 그린 것이 아니라는 점에 유의해야 한다. 분기도에서 나란히 연결된 종(자매군)은 분석에 포함된 분류군 중에서 가장 유연관계가 깊다는 것을 의미한다.

그런 이유로 분석 대상 종의 수를 늘려 더 높은 해상도의 분기도를 작성하면 자매군으로 여겨졌던 종이 멀리 떨어지는 경우도 있다. 또 종 A가 종 B의 직접적인 조상이더라도 분기도에서는 종 A와 종 B는 어디까지나 자매군으로 그려진다.

분기도를 활용하면 가상의 공통 조상의 형태나 화석으로는 확인할 수 없던 부분의 형태를 추측하는 것도 가능하다. 분기도상에서 두 종의 공통된 형질을 기준으로 확인되지 않은 형질을 추정하는 방법을 '계통 브래키팅'이라고 하며, 이는 고생물 복원(→p.134)에 자주 활용된다.

고생물과 현생 생물을 불문하고 계통 분석에 사용되는 데이터와 분석 기법은 계속해서 새롭게 변화하고 있다. 특히 단편적인 화석을 바탕으로 계통 분석이 이루어지는 공룡의 경우, 계통 분석 결과는 매우 유동적이다. 계통 관계의 추정과 그 결과를 바탕으로 한 계통 분류는 끊임없이 발전하는 세계인 것이다.

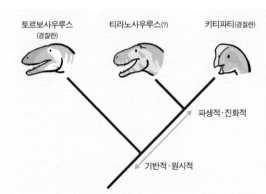

토르보사우루스 (경질란) 티라노사우루스(?) 키티파티(경질란)

파생적·진화적

기반적·원시적

계통 브래키팅의 활용

티라노사우루스(→p.28)의 것으로 단정할 수 있는 알 화석(→p.122)이 아직 발견되지 않았기 때문에 부드러운 껍질의 알(연질란)과 단단한 껍데기의 알(경질란) 중 어느 쪽이었는지는 알 수 없다. 하지만 토르보사우루스와 키티파티는 모두 경질란을 낳았다는 것으로 알려져 있다. 이러한 계통 관계를 이용해 계통 브래키팅 기법을 적용하면 티라노사우루스는 (연질란을 낳는 독자적인 진화를 이루지 않았다면) 경질란을 낳았을 것으로 추정할 수 있다.

분기도와 분기 분류

계통 분류 중에서도 분기도에 따라 엄격하게 진행되는 분기 분류에서는 공통 조상으로부터 갈라져 나온 모든 후손을 묶은 '단계통군'만을 분류군으로 인정한다. '새는 공룡'이라는 표현은 분기 분류에 따른 것이다. 새를 포함하지 않는 전통적인 '공룡(비조류 공룡)'은 '측계통군(여러 계통의 집합체)'이다. 비조류 공룡이나 익룡(→p.80)은 조류가 진화하는 과정에서 갈라져 나온 것으로 볼 수 있다. 계통 분류와는 다른 개념으로, 비조류 공룡이나 익룡류를 '줄기(stem) 조류'라고 부를 수 있다.

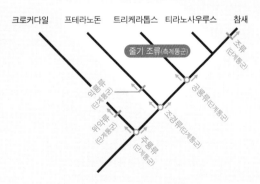

크로커다일 프테라노돈 트리케라톱스 티라노사우루스 참새

줄기 조류(측계통군)

조류 (단계통군)

익룡류 (단계통군)

공룡류(단계통군)

위약룡류 (단계통군)

조경류(단계통군)

주룡류 (단계통군)

기능형태학

| functional morphology

생물의 몸은 다양한 형태와 기능을 가지고 있다. 형태와 기능의 관계를 밝히고자 하는 학문인 기능형태학이 생물학뿐 아니라 의학 분야에서도 연구가 이루어지고 있다. 고생물학에서의 기능형태학은 화석의 형태에서 기능을 유추하고, 이를 통해 생태를 추정하거나 진화에서의 의의를 고찰하는 경우가 많다.

⠿ 고생물학과 기능형태학

최근 고생물을 주제로 한 생물학적인 연구가 활발하다. 고생물의 생태(고생태)를 단순한 상상이 아닌 과학적으로 추정하는 방법 중 하나로, 고생물의 기능 및 형태에 관한 연구가 활발히 이루어지고 있는 것이다.

기능 및 형태 연구에는 살아 있는 생물을 직접 관찰해 그 생물의 형태와 기능의 관계를 조사하는 방법과 어떤 수단을 통해 간접적으로 조사하는 방법이 있다. 고생물의 경우, 살아 있는 개체를 직접 관찰하는 것은 당연히 불가능하며 유해를 조사하더라도 화석으로 남아 있는 부분의 형태만을 분석할 수 있다.

그런 이유로 고생물의 기능 및 형태 연구는 오래전부터 형태가 비슷한 현생 생물에서 기능을 유추하는 방법이 사용되어왔다. 하지만 이 방법에는 '비슷하다'는 전제 자체가 타당한지가 항상 문제가 되었다. 그래서 화석의 산상(→p.160)에 남은 다양한 정보까지 활용하여 종합적인 검토가 이루어진다.

또 화석의 형태에서 특정 기능의 존재를 가정하고, 그 기능을 가진 이론상의 이상적인 형태(패러다임)와 실제 화석을 비교하는 연구 방법(패러다임 기법)도 있다. 하지만 패러다임을 도출할 때 실제 생물이 가진 형태를 참고하거나 패러다임 자체가 정말 이상적인 형태인지에 대한 문제가 따른다.

최근에는 처음부터 가정을 전제로 한 패러다임 기법과 달리, 실제 고생물의 형태와 비슷한 모형이나 컴퓨터 시뮬레이션 모델을 만들어 그것을 활용해 기능과 형태를 검토하는 방법이 자주 사용되고 있다. 특히 모형이나 컴퓨터상의 가상 모델로 기계적으로 검토하는 생체역학은 공룡의 기능과 형태를 연구하는 데 널리 이용되는 방법이다.

⠿ 공룡의 기능형태학적 연구

'공룡 르네상스'(→p.150) 당시에는 다른 고생물과 마찬가지로 상상이 아닌 과학적 추정을 통해 공룡의 고생태를 연구하려는 움직임이 나타났다. 처음에는 현생 동물과의 형태 비교나 모형을 사용한 실험이 활발했지만 CT 스캔(→P.227)의 발전 등으로 화석의 형태를 컴퓨터상에서 정확하게 재현할 수 있게 되면서 최근에는 컴퓨터 시뮬레이션을 이용한 기능형태학 연구가 특히 활발해졌다.

하지만 화석에 남아 있지 않은 정보에 대해서는 여전히 산상의 관찰과 현생 동물과의 비교로 보충할 수밖에 없기 때문에 이런 고전적인 연구 방법도 중요시되고 있다. 공룡을 비롯한 오래된 척추동물 연구에는 유사한 형태를 가진 현생 동물을 해부해 근육이나 연골 등을 관찰하는 경우도 많다. 고생물의 기능과 형태를 밝히는 과정에서 현생 동물의 기능과 형태에 관한 이해도 함께 깊어지는 경우가 많다.

∷ 트리케라톱스의 앞다리의 기능 및 형태

최근까지 트리케라톱스(→p.30)를 비롯한 진화형 각룡류(케라톱스류)가 어떤 자세로 걸었는지는 잘 알려지지 않았다. 팔꿈치를 곧게 펴고 손등을 앞으로 향하게 해서 걸었다는 설(직립설)이 있는 반면, 골격의 형태로 볼 때 팔꿈치를 곧게 펴거나 손목을 비틀어 손등을 앞으로 향하게 하는 것이 불가능하다고 보는 의견도 있어 앞다리를 현생 파충류처럼 옆으로 크게 뻗으며 걸었다는 설(기었다는 설)도 지지를 받았다.

이런 상황 속에서 1990년대에는 토로사우루스의 앞다리 레플리카에 근육처럼 만든 고무 밴드를 붙여 실제로 움직여보는 연구가 진행되었다. 그 결과는 기었다는 설을 지지하는 것이었으나 동시에 발견된 트리케라톱스나 토로사우루스의 것으로 추정되는 행적(→p.120)은 오히려 직립설과 일치하는 것이었다.

2000년대까지 진행된 케라톱스류 앞다리의 기능과 형태에 관한 연구는 대부분 어깨뼈와 상완골의 형태를 중시한 것이었다. 다만 케라톱스류의 앞다리가 손까지 연결된 화석이 드물어 자세한 연구가 진행되지는 못했다. 그런 상황에서 일본의 국립 과학박물관이 구입한 트리케라톱스('레이몬드'라는 애칭이 붙은)는 머리와 꼬리를 제외하면 앞다리 전체를 포함해 오른쪽 반신 전체가 연결된 상태로 발견된 유일무이한 표본이었다.

'레이몬드'의 연구를 통해 케라톱스류가 팔꿈치를 곧게 펴는 것뿐 아니라 손목을 비트는 것도 불가능하다는 것이 다시 한번 입증된 한편, 애초에 앞다리를 옆으로 뻗는 것도 어렵다는 것이 밝혀졌다. 그리고 손뼈의 세밀한 관찰을 통해 옆구리를 붙인 상태로 팔꿈치를 구부리고 손등을 옆으로 향하게 하는 '앞으로 나란히' 자세가 골격적으로도 무리가 없을뿐더러 더 효율적으로 걸을 수 있었을 가능성이 제기되었다. 실제 '레이몬드'의 골격도 '앞으로 나란히' 자세로 연결되어 있었다.

'앞으로 나란히' 자세는 행적과도 매우 잘 일치하며 현생 동물과의 골격 비교에서도 이런 자세가 지지를 받았다. 골격의 형태뿐 아니라 그 산상이나 생흔 화석(→p.118)의 정보 그리고 현생 동물과의 비교도 상당히 잘 맞아떨어지기 때문에 이 '앞으로 나란히' 설은 널리 지지를 받았다.

지금은 다른 케라톱스류나 비슷한 앞다리를 가진 곡룡류도 이 자세로 복원(→p.134)되고 있다. 이로써 공룡의 고생태에 관한 비밀이 또 한 가지 밝혀진 것이다.

직립설

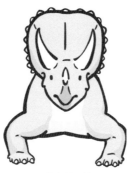

기었다는 설

'앞으로 나란히' 설

타포노미

| taphonomy

생물은 어떻게 화석이 되는 걸까? 화석은 생물의 유해가 어떤 과정을 거쳐 변화한 것일까? 이런 주제를 연구하는 분야가 고생물학의 한 갈래로 자리 잡은 것은 최근 수십 년 사이의 일로, 오늘날 활발히 연구되고 있다. '생물의 유해가 생물권에서 암석권으로 이행하는 과정'을 연구하는 학문이 타포노미이다.

▪▪ 타포노미란?

초기의 고생물학 연구는 주로 고생물의 분류와 진화에 관한 내용이 대부분이었다. 그러나 20세기 중반이 되면서 다른 과학 분야의 지식을 적극적으로 도입해 고생물의 형태에 내재된 기능이나 산상(→p.160)에 초점을 맞춘 연구도 활발히 이루어지게 되었다.

그리고 전자는 기능형태학(→p.156)으로서, 후자는 타포노미로 확립되었다. 고생물을 '생물학적으로' 연구하려는 움직임이나 '공룡 르네상스'(→p.150)도 이런 과정 속에서 탄생한 것이다.

타포노미는 생물이 죽어서 화석이 되기까지의 모든 사건이 연구 대상이 된다. 타포노미는 크게 두 분야로 나눌 수 있다. '생물퇴적론'은 생물이 죽어서 최종적으로 매몰되기까지의 과정을 다루며 '화석 속성'은 매몰된 유해가 화석화되기까지의 과정을 연구한다. 전자는 고고학이나 과학 조사와도 연결되는 개념이며, 후자는 더 화학적인 요소가 강해 라거슈테텐(→p.172)이 좋은 연구 대상이 된다. 단괴(→p.168)나 규화목(→p.203)의 형성 과정에 대한 연구도 진행되고 있다.

▪▪ 공룡의 타포노미

최근에는 공룡 화석을 대상으로 한 타포노미의 연구가 활발히 진행되고 있다. 초기에는 생물퇴적론적 연구가 주를 이루었지만 최근에는 화석 속성에 관한 연구도 점차 늘어나고 있다.

공룡에 관한 타포노미 연구 중 가장 널리 알려진 것이 다양한 골층(→p.170)의 생물퇴적론에 관한 연구이다. 공룡의 골층은 세계 각지의 다양한 시대의 지층에서 발견되며 같은 골층이라도 산상이나 규모는 크게 다르다.

골층에서 발견된 골격의 연결(→p.164) 상태는 유해가 죽은 후 얼마나 먼 거리를 어떻게 운반되었는지에 대한 중요한 단서를 제공한다. 또 화석이 어떤 배열로 발견되었는지도 중요한 정보이다.

골층을 구성하는 화석이 어떤 생물의 어느 부위에 해당하는지도 골층이 형성된 과정을 파악하는 데 중요한 요소이다. 골층 자체나 그 주변 퇴적물의 종류는 골층이 형성된 환경을 직접적으로 보여주는 증거가 된다. 골층에서는 부식동물의 이빨 자국이나 빠진 이빨 화석이 산출되는 경우도 많다.

'깃털 공룡'(→p.76)이나 '미라 화석'(→p.162)처럼 특수한 퇴적 환경에서 화석화된 공룡 화석은 화석 속성을 연구하기에 적합한 사례이다. 연구 결과, 연조직이 화석화되는 과정에 다양한 특수 요인이 관여한다는 점이 밝혀지는 한편, 비교적 평범한 퇴적 환경에서도 미라 화석이 형성될 수 있다는 것이 점차 밝혀지고 있다.

:: 공룡이 화석이 되기까지

공룡의 산상은 모두 다르다. 여기서는 미국 스미소니언 자연사박물관이 소장한 '미합중국의 T. 렉스'라고 불리는 티라노사우루스·렉스 USNM PAL 5550000이 화석이 되기까지의 과정을 소개한다.

② 데스 포즈(→p.258)를 취한다

부력이 작용하면서 유해는 쉽게 데스 포즈를 취했을 가능성이 높다.

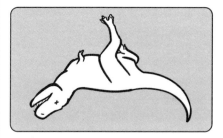

① 유해가 강바닥에 가라앉는다

퇴적물의 특징으로 볼 때, 강의 흐름은 비교적 빨랐던 것으로 추정된다.

③ 골격이 분리되기 시작한다

연조직이 부패하면서 흉곽이 분리되고 두개골도 목에서 떨어져 하류로 떠내려간다

④ 골격이 매몰된다

연조직이 완전히 분해되지 않고, 부분적으로 관절이 연결된 상태로 모래에 덮인다. 여기까지가 '생물퇴적론'에 해당한다.

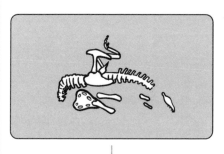

⑤ 골격이 속성 작용으로 화석이 된다

유해를 덮은 모래에서 물이 스며들면서, 물에 녹아 있던 광물질이 뼈로 침투해 광화(鑛化)가 진행된다. 이 표본에서는 뼛속의 혈관 통로와 혈액 세포가 주변 물질과 화학 반응을 일으켜 화석으로 보존되었다. 한편 골격은 지층의 압력을 받아 약간 짓눌렸다.

산상

| occurrence of fossils

화석을 발굴할 때 발견된 화석을 무작정 캐내는 것은 금물이다. 화석을 둘러싼 정보는 경우에 따라 화석의 형태에서 얻을 수 있는 정보보다 훨씬 더 중요할 수 있지만 발굴 과정에서 대부분 소실되고 만다. 따라서 발굴 작업은 지층의 특징, 화석의 지층 내 위치 관계, 보존 상태 등의 다양한 정보를 기록하면서 진행해야 한다. 이런 정보를 통틀어 '산상(産狀)'이라고 하며, 연구를 진행하는 과정에서 매우 중요한 요소로 여겨진다.

▪▪ 산상과 그 가치

화석의 산상은 정보의 보고(寶庫)이다. 고생물의 모습이나 형태 이외의 정보는 산상을 관찰하지 않으면 얻을 수 없는 경우가 많다.

화석의 산상을 조사할 때 가장 먼저 이루어지는 작업은 지층 관찰이다. 화석이 어떤 퇴적물 속에 있고 어떤 지층의 어떤 층준에 있었는지를 확인한다.

또 화석이 지층 내에서 어떤 방향과 자세로 매몰되었는지를 확인하고 기록한다. 공룡과 같은 척추동물의 경우, 각각의 뼈가 지층 내에서 어떻게 분포되어 있는지를 최대한 상세히 기록한 산상도를 작성하는 것이 바람직하다. 이런 정보는 유해가 어떻게 운반·매몰되었는지를 파악하는 데 매우 중요하며, 골격 복원(→p.134)에도 유용하다.

또 부착 생물이나 이빨 자국 등 화석에 다른 생물의 흔적이 남아 있는지를 관찰하는 것 역시 중요하다. 산상에는 태고의 생물들 간의 상호 작용을 보여주는 흔적이 남아 있는 경우가 많아 생태계를 해명하는 데 중요한 단서가 된다.

산상은 생물의 유해가 매몰된 이후의 사건들을 탐구하는 힌트를 제공하기도 한다. 지층 내에서 화석의 보존 상태나 단괴(→p.168)화되었는지 등의 정보는 속성 작용의 실체를 보여준다.

이렇게 산상에서 해독한 정보를 조합해 생물이 어떻게 죽고, 어떻게 운반되고 매몰되었으며, 어떠한 속성 작용을 거쳐 화석화되었는지를 연구하는 것이 타포노미(→p.158)이다.

▪▪ 산상의 생물학

생물이 반드시 살았던 장소에서 화석화되는 것은 아니다. 최종적으로 매몰된 장소가 화석화된 장소이며, 경우에 따라서는 한번 매몰된 유해가 유출된 뒤 다시 다른 장소에서 매몰되는 경우도 있을 수 있다. 생물이 생존하던 그 장소에서 화석화되었다고 판단되는 산상을 원지성(原地性, 자생이라고도 함)이라고 하며, 서식 장소와는 명백히 다른 장소에서 화석화되었다고 판단되는 산상을 이지성(異地性, 타생이라고도 함)이라고 한다. 더 간단히 동상적(同相的), 이상적(異相的)으로 표현하기도 한다. 이동할 수 없는 식물이나 모래나 진흙에 파묻혀 사는 쌍각류 등은 원지

성과 이지성의 엄밀한 판정이 가능하지만, 생물의 생활 방식에 따라 대략적인 판정(육상 동물의 화석이 해양 환경을 나타내는 해성층[→p.108]에서 발견되었다면 이는 이지성이라고 볼 수 있다는 등)만 가능한 경우도 많다.

생물은 살아 있을 때의 자세(생존 자세)가 있기 때문에 생존 자세를 유지한 산상이라면 분명 원지성이라고 할 수 있다. 척추동물은 원지성이라고 하더라도 생존 자세가 보존되는 경우가 드물지만 온전히 관절이 연결된 골격(→p.164)은 생존 자세에 대한 단서가 될 수 있다. 물론 어디까지나 '매몰된 유해'의 자세일 뿐이지만 관절의 상태 등과 같은 정보는 흩어진 산상에서는 얻을 수 없는 단서를 제공한다.

⬛ 공룡의 산상

공룡 화석의 산상은 다양하지만 크기에 따라 어느 정도 경향성이 있다. 소형 공룡은 골격이 섬세해서 분해되기 쉬우며, 일반적으로 이빨을 제외하면 화석으로 남기 어렵다고 여겨진다. 관절이 완전히 분해된 골격이 온전히 남아 있는 경우는 드물지만, 대형 공룡의 골격이 물살에 의해 흩어진 곳에서 전신의 관절이 연결된 소형 공룡의 골격이 발견되는 경우도 종종 있다.

대형 공룡은 뼈 하나하나가 크기 때문에 골격이 완전히 흩어져도 사지 뼈 등이 단독으로 발견되는 경우도 적지 않다. 그러나 거대한 크기 때문에 매몰이 더디게 진행되었는지 사체가 부식동물에 의해 손상된 흔적이 있거나 머리와 사지는 쓸려나가고 온전한 척추뼈가 남아 있는 경우도 많다. 또 원래는 전신이 온전히 보존되어 있었을 골격에서도 머리와 꼬리 같은 말단부가 풍화 작용으로 통째로 소실되는 경우도 흔하다.

⬛ 산상의 예

교련(交連) 골격

살아 있을 때와 같이 뼈의 관절이 연결된 상태로 남아 있는 산상을 이렇게 부른다. 전신의 뼈가 온전히 연결된 상태로 발견되는 예는 극히 드물며, 부패 등의 영향으로 부분적으로 관절이 분해된 상태로 보존된 것이 대부분이다. 용각류 같은 경우 목, 몸통, 꼬리, 사지가 분리된 상태로 각각의 관절이 연결된 상태로 발견되는 예도 많다. 교련 골격은 척추뼈가 새우등처럼 휜 형태를 띠기도 하는데, 이는 '데스 포즈'(→p.258)로 불린다.

트리케라톱스 '레이몬드'의 산상

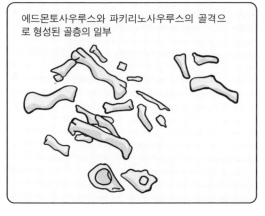

에드몬토사우루스와 파키리노사우루스의 골격으로 형성된 골층의 일부

골층(→p.170)

여러 개체의 화석이 섞여 있는 경우도 종종 있는데, 이를 골층이라고 한다. 교련 골격이 골층을 이루고 있는 경우도 있고, 완전히 흩어진 뼈들이 골층을 형성하기도 한다. 골층을 구성하는 종, 크기, 화석의 분포를 분석하면 다양한 정보를 얻을 수 있다. 그러나 골층 내에서 각각의 개체에 속하는 화석을 식별하는 작업은 매우 어렵다.

미라 화석

| mummified fossils

생물의 유해 중 화석으로 보존되는 것은 대부분 껍데기, 뼈, 이빨처럼 애초에 광물질에 분해되기 어려운 조직뿐이다. 그러나 조건에 따라서는 마치 미라처럼 생생한 외형을 유지한 채 피부나 근육같이 쉽게 부패하는 연조직까지 화석화되는 경우가 있다. 이런 화석은 흔히 '미라 화석'이라고 불리며, 공룡의 미라 화석도 발견된 바 있다.

∷ 화석과 미라

'미라'라고 하면 이집트나 안데스 지역에서 발견되는 것처럼 유해가 건조되어 보존된 것을 떠올린다. 그러나 건조뿐 아니라 다른 작용(동결, 시랍화[屍蠟化] 등)에 의해 보존된 유해도 미라의 일종으로 간주된다.

'미라 화석'에 명확한 정의는 없지만, 피부나 근육이 생전의 모습을 엿볼 수 있는 상태로 보존된 것을 '미라 화석'이라고 부르는 경우가 많다. 단순히 골격과 함께 발톱의 케라틴질이나 깃털(→p.76) 또는 내장이 화석화되어 있는 것만으로는 미라 화석이라고 부르지 않는다.

미라 화석은 어디까지나 2차원적, 3차원적 인상(印象) 화석(→p.226)에 불과하다는 견해도 있지만 몸의 3차원적 윤곽은 물론 내부 장기까지 화석화된 사례도 여럿 알려져 있다. 또 생체에서 유래된 성분이 검출된 예도 있어 적어도 일부 '미라 화석'은 연조직의 인상이 아니라 조직 자체가 화석화된 것이 분명하다.

미라 화석의 타포노미(→p.158)에 대한 연구도 활발히 이루어지고 있다. 미라 화석이라고 해도 그 형성 요인은 다양한 것으로 보인다.

미라 화석은 피부의 질감과 입체감, 근육이나 힘줄, 내부 장기의 구조 등 일반적인 화석에서는 관찰할 수 없는 다양한 연조직을 관찰할 수 있다. 그런 이유로 고생물 복원(→p.134)에도 미라 화석은 매우 중요한 자료가 된다. 그러나 어디까지나 미라 화석은 '미라'의 화석일 뿐 피부의 입체감이나 몸의 윤곽이 생전의 상태와 크게 다를 수 있다는 점에 유의해야 한다.

∷ 미라 화석의 타포노미

미라 화석의 생성 원인은 다양할 것으로 여겨지지만, 연조직이 분해되기 전에 광물로 바뀌거나 외형의 인상이 보존되는 과정이 필요하다.

화석의 '미라화' 요인으로 잘 알려진 것 중 하나가 '인산염화'이다. 인산염이 풍부한 환경에서는 생물 조직이 미세한 구조까지 인삼염으로 바뀌면서 3차원적으로 보존된다.

이런 퇴적 환경에서 인산염화된 상태로 잘 보존된 화석이 다량 산출되는데 이는 라거슈테텐(→p.172)으로 알려져 있다. 고생대 캄브리아기의 작은 무척추동물이 3차원적으로 화석화한 사례나 신생대의 개구리와 도롱뇽이 생전의 입체감을 그대로 유지한 채 내부 장기까지 보존된 사례가 유명하다.

공룡의 경우, 생전의 입체감 그대로 인산염화된 예는 알려져 있지 않지만 뼈 주변에 남아 있던 피부, 근육, 혈관 등이 인산염화되어 연조직의 2차원적 윤곽뿐 아니라 전자 현미경 수준의 미세 구조까지 보존된 사례가 있다.

또한 '미라' 자체가 화석화되는 경우도 있다. 호박(→p.198)에서 깃털공룡의 꼬리가 발견된 사례가 있는데, 이 꼬리는 수지에 갇히기 전에 이미 건조되어 미라화된 상태였던 것으로 보인다.

∷ 공룡의 미라 화석

미라 화석이라 불릴 만큼 연조직이 광범위하게 보존된 공룡 화석은 드물지만, 그럼에도 다양한 공룡의 미라 화석이 알려져 있다. 특히 하드로사우루스류(→p.36)에서 다양한 미라 화석이 발견되었으며, 에드몬토사우루스·안넥텐스는 전신의 대부분이 보존된 미라 화석이 3개체나 보고되었다.

공룡의 미라 화석이 형성되는 타포노미에 대한 논의가 활발히 이루어졌으며, 최근에는 '특수한 환경'이 아니더라도 미라 화석이 형성될 수 있다는 점이 지적되었다. 유해가 바로 매몰되지 않은 상황에서 몇 주에서 몇 달에 걸쳐 미생물이나 소형 동물에 의해 내장과 근육이 분해되면 건조된 피부와 뼈만 남은 '미라'가 형성될 수 있다. 이 과정은 고대 이집트에서 이루어진 미라 제작 방법과 매우 유사하다.

에드몬토사우루스 에드몬토사우루스속에는 2종이 포함되어 있는데, 두 종 모두 미라 화석이 발견되어 복원 연구에 매우 중요한 데이터를 제공하고 있다. 에드몬토사우루스·안넥텐스 3개체의 미라 화석은 글자 그대로 대부분 뼈와 가죽만 남은 상태로, 분해자가 내장과 근육을 전부 먹어 치운 후 미라화되어 매몰된 것으로 보인다.

보레알로펠타 해성층(→p.108)에서 발견된 '기적의 화석'으로, 피골(→p.214)이 생전의 위치 관계 그대로 보존되어 있었을 뿐 아니라 위 속의 내용물, 비늘, 피골을 덮고 있던 각질 그리고 그 안의 색소까지 화석화되었다. 유해는 죽은 후 얼마 지나지 않아 산소가 부족한 근해 바닥으로 가라앉아 급속히 형성된 철탄산염 단괴(→p.168)에 싸여 미라 화석으로 보존되었을 것으로 추정된다.

관절 상태

| articulation

> **동**물의 몸은 영양분 덩어리이기 때문에 유해는 대부분 매우 빠른 속도로 분해된다. 다른 동물에게 공격받지 않고 죽은 경우에도 백골화될 무렵에는 유해가 흩어진 경우가 많다. 동물의 유해가 매몰되는 시점은 다양한데, 경우에 따라서는 뿔뿔이 흩어지지 않고 골격이 생전의 위치 관계를 유지한 채로 화석화되기도 한다.

▪▪관절 상태의 화석

흩어지지 않고 매몰된 유해라도 대부분 외피나 근육과 같은 연조직은 땅속에서 분해되어 골격만 화석화된다. 척추동물의 경우, 이런 화석은 뼈의 관절이 연결된 상태의 산상(→p.160)이 된다. 뼈가 관절(실제로는 중간에 연골이 있다)로 연결된 상태의 골격을 '교련 골격(交連 骨格)'이라고 부르는데, 더 간단하게 '관절 상태의 골격'으로 표현되기도 한다.

'관절 상태의 화석'이라고 해도 실제 산상은 천차만별이다. 전신의 골격이 거의 완전히 연결된 상태로 마치 달리던 중에 화석화된 것처럼 보이는 경우도 있고, 척추뼈가 아름다운 아치를 그리며 '데스 포즈'(→p.258) 상태로 연결되어 있는 경우도 있다.

몸통만 관절이 연결된 상태로 남아 있고, 분리된 사지나 두개골이 주변에 흩어져 있는 경우도 있으며, 목과 몸통, 꼬리, 앞다리, 뒷다리가 각각 관절 상태로 겹쳐져 있는 경우도 있다.

이런 골격의 관절 상태는 주변의 퇴적 구조 등과 함께 타포노미(→p.158) 연구에 매우 중요한 정보가 된다. 일반적으로 연결 상태가 좋은 골격일수록 죽은 뒤 먼 거리를 이동하지 않고 급격히 매몰된 것으로 볼 수 있다. '격투 화석'(→p.166)처럼 산 채로 묻혔을 것으로 생각되는 교련 골격도 적지 않다.

공룡의 경우, 뼈 사이에 두꺼운 연골이 발달해 있었다는 것이 확실시되고 있으며, 관절이 분리된(=비교련 상태) 골격을 마운트(→p.264)해도 관절의 간격이 워낙 커서 본래의 자세를 알기 어려운 경우가 많다. 관절 상태의 골격이라면 연골 자체는 화석화되지 않았더라도 남아 있는 뼈와 뼈 사이의 위치 관계를 통해 본래의 자세를 추정할 수 있다.

▪▪관절 상태의 화석과 프레퍼레이션

관절 상태의 화석은 숨이 멎을 만큼 아름다운 것들이 많다. 이런 화석은 관절 상태를 그대로 유지한 채 클리닝(→p.130)해 전시할지 아니면 골격의 완전도를 활용해 전신의 뼈를 빠짐없이 연구할 수 있도록 완전히 분리해 클리닝할지를 두고 어려운 선택을 해야 한다. 절충안으로, 산상의 레플리카(→p.132)를 제작한 후 모든 뼈를 완전히 클리닝하는 경우도 있다.

한편 전신의 골격이 관절 상태이지만 전체적으로 지층의 무게에 의해 짓눌린 경우도 많은데 그런 경우에는 산상을 확인할 수 있는 범위에서 클리닝을 마치는 경우도 많다.

또 관절 상태이기는 하지만 몸의 일부가 풍화로 소실된 경우, 결손부를 아티팩트(→p.136)로 보충해 벽에 전시하는 경우도 비교적 자주 있다. 전신의 골격이 완벽히 연결된 것처럼 보이는 이런 전시물은 대량의 아티팩트가 포함된 경우가 많다.

∷ 관절 상태의 공룡 화석

관절 상태의 공룡 화석은 상당수가 발견되었다. 전신의 골격이 완벽하게 연결된 것부터 몸통 부분만이 지층의 무게에 짓눌리지 않고 거의 그대로 입체적인 상태로 보존된 것까지 알려져 있다. 전체 골격이 완벽하게 연결된 상태의 화석은 주로 전장이 수 미터인 소형~중형 공룡이 많다.

박물관 등의 전시에서는 이런 화석이 입체적으로 배치된 복원(→p.134) 골격에 가려져 쉽게 눈에 띄지 않는 경우도 있다. 하지만 관절 상태로 보존된 동물 화석은 매우 높은 고생물학적 가치를 지니고 있다.

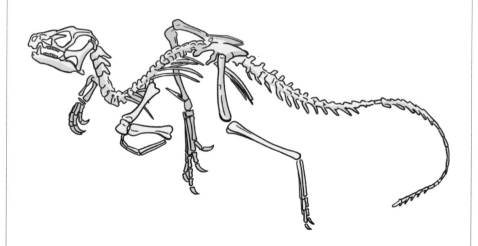

헤테로돈토사우루스·턱키
SAM-PK-K1332

당장이라도 달려 나갈 것 같은 포즈의 교련 골격 표본으로, 알려진 여러 헤테로돈토사우루스의 골격 중에서도 가장 뛰어난 것이다. 골격은 사실상 거의 완전한 상태로, 팔과 다리 끝까지 훌륭하게 보존되어 있다. 확실히 조반류라고 할 수 있는 공룡 중에서는 가장 오래된 것으로, 이 표본에서 볼 수 있는 수각류적 특징은 '조후각목설'(→p.152)의 단서가 되기도 했다.

격투 화석

| fighting dinosaurs

1971년, 고비사막에서 조사 중이던 폴란드·몽골 고생물 공동 조사대는 투그리켄 시레에서 지표에 노출된 프로토케라톱스의 두개골을 발견했다. 발굴이 진행되면서 트로토케라톱스가 두개골 외에도 관절이 연결된 상태로 보존되어 있다는 것이 밝혀졌지만 이야기는 그걸로 끝나지 않았다. 바로 옆에 벨로키랍토르의 완전한 골격이 누워 있었으며, 왼손으로는 프로토케라톱스의 뺨에 있는 돌기를 붙잡고 있는 상태였다.

▓ 격투 화석의 발견

옛 소련의 조사대가 발견한 화석 산지인 투그리켄 시레는 앤드루스 조사대가 발견한 불타는 절벽(Flaming Cliffs, 현재는 바인 자크로 불리는 경우가 많다)과 같은 자도흐타층에 속하지만, 불타는 절벽이 선명한 붉은색 사암인 반면 투그리켄 시레는 흰 기운이 도는 황토색이 특징이다. 이곳에서는 보존 상태가 뛰어난 공룡 화석이 다수 발견되었는데, 그중에서도 이 '격투 화석'은 특히 뛰어난 것 화석 중 하나였다.

프로토케라톱스(→p.52)의 두개골은 풍화로 윗부분이 절반쯤 손실된 상태였지만 벨로키랍토르(→p.50)의 골격은 완벽에 가깝게 보존되어 있었다. 벨로키랍토르 내지는 드로마에오사우루스류의 완전한 골격이 발견된 것은 이것이 처음이었지만 이 화석들은 단순히 주목할 정도를 넘어서는 특이한 산상(→p.160)을 보였다. 이 두 개체의 골격은 화석화 과정에서 우연히 한곳에 모인 것처럼 보이

지 않았다.

클리닝(→p.130)을 마친 후, 마침내 프로토케라톱스와 벨로키랍토르의 처절한 산상이 드러났다. 프로케라톱스가 벨로키랍토르의 오른팔 팔꿈치 아래 부분을 물고 있는 반면, 벨로키랍토르는 왼발 '갈고리 발톱'으로 프로토케라톱스의 목덜미를 정확히 겨누고 있는 상태였다.

이 화석의 타포노미(→p.158)는 큰 화제가 되며 다양한 가설이 제기되었다. 옛 소련의 연구자들은 자도흐타층을 얕은 호수에서 퇴적된 지층이라고 보고, 격투 중이던 프로토케라톱스와 벨로키랍토르가 서로 뒤엉킨 채 호수에 빠져 호수 바닥의 모래에 파묻혀 화석화되었다는 설을 주장했다. 그러나 자도흐타층이 주로 풍성층(바람에 의해 운반되어 퇴적된 지층)이라는 것이 밝혀지면서 이 설은 완전히 부정되었다. 또한 두 개체가 뒤엉켜 있는 것은 먹잇감을 노린 다른 동물들이 접근하면서 발생한 사고의 결과라는 의견도 있었지만, 이 설 역시 특별히 지지를 얻지는 못했다.

▓ 격투 끝에

이후 연구에서는 프로토케라톱스와 벨로키랍토르가 서로에게 치명상을 입혔으며, 그 후 모래폭풍이나 모래언덕의 붕괴로 순식간에 매몰되었다고 여겨졌다.

벨로키랍토르의 골격은 지층의 압력에 의해 짓눌린 것 외에는 거의 완벽한 상태였으나 프로토케라톱스의 골격은 풍화에 따른 손상 이외에 기이한 점이 남아 있었다. 프로토케라톱스는 몸을 웅크린 채 벨로키랍토르의 오른팔을 물고 있었는데 어깨와 앞다리 그리고 허리가 살아 있을 때에는 불가능할 정도로 구부러지거나 비틀려 있었던 것이다. 이는 유해의 일부가 매몰되지 않은 상태에서 죽은 프로토케라톱스를 노린 육식 공룡이 유해를 끌어당기면서 이런 상태가 되었을 것으로 추정된다.

⸭⸭ 그 밖의 '격투 화석'

공룡 간의 싸움에서 생긴 골절 등의 흔적이 화석으로 발견되는 경우는 종종 있지만 싸우는 모습이 그대로 보존된 화석은 극히 드물며, 연구자들이 입을 모아 '격투 화석'으로 인정하는 사례는 프로토케라톱스와 벨로키랍토르의 예가 유일하다. 중국에서는 운나노사우루스 위에 시노사우루스가 겹쳐진 화석이 발견되기도 했다. 시노사우루스가 운나노사우루스의 꼬리를 물고 있는 것처럼 보였기 때문에 이를 격투 화석으로 보거나 운나노사우루스의 사체를 먹은 시노사우루스가 중독사한 결과로 보는 의견도 있었다. 하지만 이 의견은 오늘날 전혀 받아들여지지 않고 있으며, 두 화석이 같은 장소에서 화석화되었다는 것 이상의 의미는 없는 것으로 간주된다.

미국 몬태나주의 헬 크리크층(→190)에서는 각룡과 중형 티라노사우루스류(→p.28)가 뒤엉킨 채 화석화된 것이 발견되면서 신종 각룡과 '나노티라누스'(→p.242)가 서로 싸우다 죽은 것으로 선전된 결과, 금전적 문제와 소송까지 이어졌다. 결국 화석은 박물관이 매입했지만 10년 이상 지속된 분쟁 끝에 본격적인 연구가 시작된 것은 2020년대에 들어서였다. 하지만 이 '몬태나 격투 화석'은 단순히 트리케라톱스(→p.30)와 티라노사우루스의 대형 유체(幼体)의 화석으로 추정되며, 두 공룡이 서로 싸우다 죽었다는 주장에 대해서는 현재로서는 긍정적으로 평가되지 않는다.

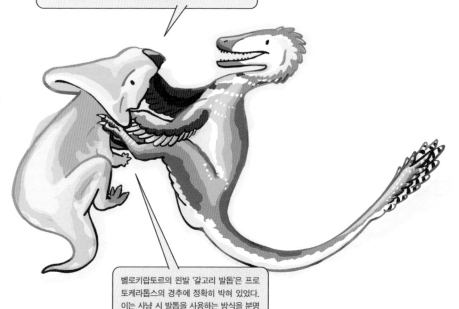

벨로키랍토르의 오른팔은 팔꿈치 부근에서 프로토케라톱스에게 깊이 물린 상태였으며, 벨로키랍토르는 끝내 팔을 빼내지 못한 것으로 보인다. 왼손으로 프로토케라톱스의 머리를 누르며 필사적으로 팔을 빼내려고 했을 가능성도 있다.

벨로키랍토르의 왼발 '갈고리 발톱'은 프로토케라톱스의 경추에 정확히 박혀 있었다. 이는 사냥 시 발톱을 사용하는 방식을 분명히 보여준다.

단괴

| nodule

지층이 형성되는 과정에서 특정 물질이 농축되어 굳어지고, 주변 지층과 구별 가능한 덩어리를 형성할 때가 있다. 농축된 물질이 접착제(cement)처럼 기능하여 주변 퇴적물과 함께 단단해진 덩어리를 콘크리션(concretion)이라고 하며, 콘크리션 중에서도 전체가 구형을 이룬 것을 단괴(團塊)라고 한다(앞서 말한 콘크리션도 일반적으로 단괴라고 부르는 경우가 많다). 콘크리션·단괴는 화석과 밀접한 관계가 있으며, 특히 발굴이나 클리닝 과정에서 피할 수 없는 존재이다.

▪️ 단괴의 특징과 형성 원인

노두를 관찰하면 종종 단괴가 돌출되어 있거나 침식에 의해 노두에서 씻겨 나온 단괴가 아래로 굴러 떨어져 있는 모습을 볼 수 있다. 콘크리션·단괴는 말하자면 천연 콘크리트라고 할 수 있는데, 주변 지층과 비교했을 때 현저히 단단한 경우가 많다. 그런 이유로 지층 자체가 침식되어도 단괴는 무사히 남아 있는 경우가 많다. 그리고 이렇게 남은 단괴 안에는 종종 보존 상태가 훌륭한 화석이 포함되어 있다.

콘크리션의 외형은 다양하다. 화석 주변을 얇게 덮고 있는 경우도 있고, 화석 전체를 구형으로 덮고 있는 경우(=단괴)도 있다. 단괴라고 하면 단순히 광물의 구형 덩어리를 가리키는 경우도 있지만, 화석을 포함한 콘크리션·단괴에서는 탄산칼슘이나 탄산철(능철광)과 같은 탄산염이 시멘트 성분으로 퇴적물을 굳히는 역할을 한다. 이런 탄산염은 생물 유래의 탄산이온이 물속의 칼슘이온이나 철이온과 결합하면서 형성된다.

유해가 분해되는 과정에서 이런 현상이 일어나면 수 주에서 수개월 내에 단괴가 형성되기도 한다. 지질학적으로 보면 이 과정은 순간적으로 일어나며, 내부가 보호되기 때문에 단괴 내부에는 변형이 거의 없는, 보존 상태가 매우 좋은 화석이 포함되어 있는 경우가 많다. 한편 암모나이트(→p.114)와 같은 껍데기를 가진 연체동물의 경우, 부패가 시작된 '몸'(=껍데기의 개구부)을 중심으로 단괴가 형성되기 시작하므로 껍데기 끝부분이 단괴에 완전히 갇히지 않는 경우도 자주 발생한다.

콘크리션의 원인이 되는 탄산이온은 생물의 유해를 분해할 뿐 아니라 예를 들어 해저에서 분출된 메탄가스를 이용하는 화학 합성 미생물의 활동에 의해 생성되기도 한다. 그 때문에 형성된 거대하고 일그러진 콘크리션 속에는 주변 해저에 존재했던 생태계(→p.255)가 온전히 화석으로 보존되는 경우도 있다.

단괴가 생기기까지(예: 암모나이트)

❶ 연체부의 분해가 시작되어 부식산이 발생한다.

❷ 물속의 칼슘이온이 부식산과 반응해 콘크리션이 형성된다.

❸ 콘크리션이 성장하면서 연체부를 중심으로 구형의 단괴가 형성된다.

▪▪ 단괴와 화석

단괴 내부의 화석은 천연 콘크리트에 의해 지층의 압력이나 풍화로부터 보호되기 때문에 보존 상태가 좋은 경우가 많다. 한편 콘크리션·단괴로 둘러싸인 화석은 탄산염에 의해 퇴적물과 접착되어 있어 클리닝(→p.130)이 매우 어려운 경우도 적지 않다. 콘크리션·단괴는 매우 단단할 뿐 아니라 일반적인 모암과 비교해 화석과의 분리가 어려운 경우가 많아 클리닝 과정에서 자칫 화석의 표면이 손상될 가능성이 높다. 암모나이트나 이노케라무스(→p.115)의 경우, 분리된 단괴 조각에 껍데기 일부가 함께 떨어져 나가는 경우도 종종 발생한다. 한편 단괴 자체를 화학적으로 분석하면 형성 당시의 환경을 알 수 있다.

화석이 산에 강한 경우, 산 처리를 통해 단괴의 탄산염을 녹여내는 화학적 클리닝이 매우 효과적이다. 다만 상당한 시간이 소요되는 경우가 많다.

▪▪ 공룡과 단괴

해성층(→p.108)에서 산출된 공룡 화석은 단괴화하는 경우가 종종 있는데, 관절 상태(→p.164)의 골격 일부가 입체적으로 보존된 사례도 알려져 있다. 육성층에서 산출된 공룡 화석도 부분적으로 단괴화되거나 화석 표면이 완전히 콘크리션으로 덮여 있는 경우가 적지 않다.

단괴는 공룡 화석 보존에 공헌해왔지만 동시에 다양한 연구상의 문제를 가져오기도 했다. 클리닝에 오랜 시간이 걸리는 것은 물론, 제거하지 못한 콘크리션을 간과함으로써 존재하지 않는 특징이 실제 존재하는 것으로 오인된 사례도 있었다.

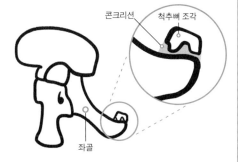

콘크리션   척추뼈 조각

좌골

'세이스모사우루스'의 골반

니폰노사우루스의 거대 단괴

'일본 최초의 공룡 골격'으로 명명된 니폰노사우루스는 1934년 남사할린(당시 일본령)에서 탄광 부속 병원의 건설 공사 중 발견되었다. 거대한 단괴 안에는 골격의 주요 부위가 일부 관절이 연결된 상태로 포함되어 있었으나 당시의 클리닝 기술로는 콘크리션을 완전히 제거할 수 없었다. 2000년대에 이루어진 재기재(→p.138)를 위해 다시 한번 철저한 클리닝이 이루어졌다.

'세이스모사우루스'의 비극

'사상 최대의 공룡'으로 알려졌던 '세이스모사우루스'(→p.246)는 일찍부터 디플로도쿠스와 매우 유사하다는 지적을 받아왔다. 세이스모사우루스와 디플로도쿠스를 구분하는 데 가장 중요한 특징은 골반의 형태였는데, 세이스모사우루스의 좌골은 낚싯바늘 모양 또는 'J'자 형태라고 여겨졌다. 그러나 재클리닝 결과, 좌골의 형태가 실제로는 디플로도쿠스와 거의 동일하다는 것이 밝혀졌다. 세이스모사우루스의 특징으로 여겨졌던 좌골의 돌기는 콘크리션으로 말미암아 척추뼈 조각이 좌골과 결합된 것처럼 보였던 것이었다. 결국 '세이스모사우루스'는 디플로도쿠스의 동물이명이 되었다.

골층

| bone bed

화석은 지층 어디에나 묻혀 있는 것은 아니지만, 화석이 유난히 밀집되어 있는 곳도 있다. 명확한 정의는 없지만 지층 내에서 화석이 밀집해 있는 부분을 '화석 밀집층'이라고 부르며, 다양한 연구의 대상이 되고 있다. 화석 밀집층은 그 조성과 추정되는 생성 원인에 따라 분류되며 그중에서도 동물의 뼈가 주로 밀집된 지층을 '골층(骨層)'이라고 한다.

▪▪ 골층의 산상

화석 밀집층이라는 용어와 마찬가지로, 골층이라는 용어에도 명확한 정의는 존재하지 않는다. 일반적으로 여러 개체의 뼈가 비교적 좁은 범위에 밀집해 있는 산상(→p.160)을 골층이라고 한다. 조개껍데기가 밀집한 경우는 '패각층'이라고 부르며, 동물의 이빨과 같은 작은 화석으로 구성된 골층이나 그 산지를 '마이크로사이트(micro-site)'라고 부르기도 한다. 또 여러 골층이 점점이 이어진 경우에는 이를 아울러 대형 골층이라는 의미의 '메가 본 베드(mega boneBed)'라고도 한다.

골층은 어디까지나 뼈의 밀집도에 주목한 개념으로, 골층 자체의 산상은 다양하다. 전신의 관절이 연결된 상태(→p.164)의 골격이 겹쳐진 경우도 있고, 부분적으로 관절이 연결된 상태의 골격이 흩어져 있는 경우도 있다. 관절이 완전히 분리된 골격이 섞여 있는 경우가 많고, 고밀도로 밀집한 나머지 틈새에 퇴적물이 채워진 산상도 있다. 하나의 골층에서 여러 종의 화석이 산출되는 경우도 많은데, 다양한 종이 고르게 산출되는 경우와 특정 종이 특히 많이 산출되는 경우가 있다. 또한 특정 종이 많이 산출되는 경우에는 동일한 성장 단계와 크기의 개체가 밀집된 사례와 유체부터 성체까지 다양한 성장 단계의 개체가 포함된 사례가 있다.

골층의 산상이 다양한 만큼 골층의 타포노미(→p.158)에서도 다양한 시나리오를 상정할 수 있다. 전신의 관절이 연결된 상태의 골격이 겹쳐진 경우는 다수의 동물이 죽은 후 짧은 시간 안에 매몰되었을 가능성이 있다. 부분적으로 관절이 연결된 상태의 골격이 밀집된 경우는 사망 후 초기 단계에 한번 매몰된 유해가 쓸려 나왔다가 다시 매몰되었을 가능성이 있다. 또 관절이 완전히 분리된

골격이 밀집된 골층은 바람이 몰아치면서 형성된 장소 같은 곳에 퇴적된 것일 수 있다. 야생 동물이나 가축이 자연 재해로 떼죽음을 당하는 경우가 종종 일어나는데 이런 현생 동물의 연구도 골층 연구에 활용되고 있다.

▪▪ 공룡의 골층

공룡의 골층은 세계 각지의 다양한 시대의 지층에서 발견되었다. 일본 후쿠이현의 데토리 층군(→p.230)을 비롯한 육성층에서도 공룡과 다른 동물 화석이 섞여 있는 골층이 여럿 확인되었다. 중국에서는 너비가 수백 미터에 이르는 고밀도 골층이 여러 곳에서 발견되었으며, 캐나다에서는 면적이 2.3㎢에 이르는 대형 골층도 확인되었다.

공룡의 골층에 관한 연구는 다양한 측면에서 활발히 이루어지고 있다. 골층에서 산출된 다양한 성장 단계의 표본을 비교해 공룡의 성장 과정을 밝힌 연구도 있다.

∷ 골층의 공룡들

관절이 분리된 골격이 밀집된 골층에서는 한 개체에 속한 모든 뼈를 특정하는 것이 거의 불가능하다. 따라서 분류군별로 구별하기 쉬운 뼈를 헤아려 골층에 포함된 최소 개체수(MNI)를 계산한다.

골층에서 비슷한 성장 단계와 크기의 표본을 선별해 컴포지트(→p.262)의 복원(→p.134) 골격을 조립하는 것은 상업 표본에서 흔히 쓰이는 방식인데, 실수로 골층에 포함된 다른 종의 공룡이 포함되어 의도치 않게 키메라를 만들어내는 경우도 종종 있다.

티라노사우루스(→p.28)와 근연인 알베르토사우루스, 테라토포네우스, 카르카로돈토사우루스류의 마푸사우루스 같은 대형 수각류가 다양한 성장 단계의 개체가 섞여 골층을 형성한 사례도 있다. 각룡이나 하드로사우루스류(→p.36)처럼 대규모는 아니지만 이런 대형 수각류도 때때로 무리를 이루었을 가능성이 있다.

파이프스톤 크리크의 골층
캐나다 남부 파이프스톤 크리크에서는 유체부터 성체까지 최소 27마리의 파키리노사우루스·라쿠스타이가 포함된 골층이 발견되었다. 대규모 홍수로 무리가 집단 폐사하면서 골층이 형성된 것으로 보인다.

고스트 랜치의 골층
미국 뉴멕시코주의 고스트 랜치에서는 수백 마리의 코엘로피시스가 포함된 거대한 골층이 발견되었다. 이곳에는 다양한 동물 화석도 포함되어 있어 삼첩기 후기 북아메리카의 생태계를 이해하는 데 매우 중요한 화석 산지로 평가된다. 건기로 물이 부족해 코엘로피시스의 여러 무리가 집단 폐사한 결과로 보인다.

라거슈테텐

| fossil Lagerstätte(n)

화석이라고 하면 일반적인 퇴적 환경에서는 분해되기 어려운 껍데기, 뼈, 이빨과 같은 경조직만 이 보존되며, 매몰되기 전에 연조직이 소실되면서 뿔뿔이 흩어진 상태로 보존되는 경우가 많 다. 근육이나 피부와 같은 연조직이 보존되거나 대량 폐사한 생물이 그 자리에서 보존된 화석이 형 성되기 위해서는 특수한 퇴적 환경이 필요하다. 그리고 이런 특수한 퇴적 환경이 광범위하게 존재 한 화석 산지나 지층의 경우, 방대한 양의 '특수한' 화석이 산출되기도 한다. 이런 화석 산지와 지층 은 독일의 광산 용어에 빗대어 '화석 광맥'이라는 의미의 라거슈테텐(단수형은 라거슈테테)이라고 불리 기도 한다.

▪▪ 라거슈테텐의 가치

대량의 화석이 밀집되어 산출되는 등 밀집된 산상 (→p.160) 자체로 중요한 연구 가치를 지닌 화석 라거슈테 텐을 '밀집적 라거슈테텐'이라고 부른다. 이 경우, 화석의 보존 상태가 반드시 좋은 것은 아니며(완전히 파편화된 경우 도 있다), 그 수량 자체가 중요한 정보를 제공한다. 반면 '보존적 라거슈테텐'에서는 양보다 질이 중시된다. 연조 직이 매우 잘 보존되어 있거나 흔히 무게에 짓눌려 2차원 적으로만 보존되는 것이 3차원적으로 화석화되는 등 양 호하고 특수한 보존 상태의 화석이 산출되는 경우가 여 기에 해당한다.

일반적으로 라거슈테텐이라고 하면 보존적 라거슈테 텐을 가리키는 경우가 대부분이다. 한편 밀집과 보존의 요소를 모두 갖춘 라거슈테텐도 존재한다.

보존적 라거슈테텐의 경우, 일반적인 퇴적 환경에서

형성된 화석으로는 알 수 없는 다양한 특징을 확인할 수 있다. 연조직의 형태뿐 아니라 화학적 분석이 가능한 경 우도 적지 않다.

하지만 라거슈테텐의 연구 가치는 화석 생물의 형태 를 아는 데 그치지 않는다. 그 희귀한 산상을 조사함으로 써 생태, 생활사, 당시의 생태계 전반의 개요, 타포노미 (→p.158), 속성 작용의 실태에 이르기까지 다양한 정보를 얻을 수 있다.

라거슈테텐을 형성하는 특수한 퇴적 환경과 조건으로 는 주로 ① 산소가 부족한 환경 ② 빠른 매몰 ③ 급속한 광물화 ④ 수지나 타르에 포획 ⑤ 박테리아 매트로 덮이 는 경우를 들 수 있다. 유해가 분해될 위기를 어떻게 극복 하느냐가 보존적 라거슈테텐의 중요한 열쇠이며, 유해를 어떻게 밀집시키느냐가 밀집적 라거슈테텐의 열쇠이다.

▪▪ 다양한 라거슈테텐

라거슈테텐이라고 불리는 화석 산지는 전 세계의 다 양한 지층에서 발견된다. 선캄브리아 시대의 생물처럼 거의 라거슈테텐에서만 화석이 산출되는 사례도 있으며, 이는 지구의 역사를 해석하는 데 매우 중요한 역할을 한 다.

라거슈테텐 중에는 채석장이나 상업적인 화석 산지로 널리 알려진 것도 있다. 이런 지역에서는 화석 도굴이나 밀수, 악의적으로 가공된 상업 표본의 유통 등 다양한 문 제가 발생하기도 한다.

::공룡 화석과 라거슈테텐

라거슈테텐으로 알려진 화석 산지 중에는 공룡 화석이 산출되는 곳도 있다.

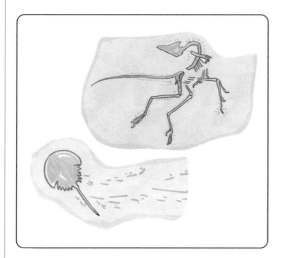

졸른호펜 석회암(독일 남부)

쥐라기 후기의 유럽은 얕은 바다가 펼쳐진 다도해와 아열대의 반건조 기후가 특징이다. 연안 지역에는 다수의 암초가 형성되었고, 그 때문에 외해와 단절된 저산소·고염분의 '죽음의 바다'가 생겨났다. 여기서는 유해의 분해가 일어나기 어려운 데다 석회질 진흙이 가라앉아 치밀한 석회암으로 굳어지기 때문에 화석이 형성되기에 매우 적합했다. 석판 인쇄용 석회암 산지로서 오랜 역사를 지닌 졸른호펜 석회암층에서는 당시 얕은 바다에 살았던 다양한 생물 화석과 주변을 날아다니던 곤충 화석 등이 대량으로 발견되었다. 콤프소그나투스를 비롯한 작은 공룡 화석도 여럿 발견되었으며, 비늘이나 깃털(→p.76)이 보존된 예도 있다. 특히 졸른호펜 석회암은 시조새(→p.78)가 산출된 곳으로 유명하며, 시조새 화석 대부분이 이곳에서 발견되었다.

제홀 층군(중국 동북부)

중국 랴오닝성 일대에 분포한 백악기 초기의 제홀 층군은 다양한 동식물 화석 특히 '깃털 공룡'의 산지로 유명하다. 지층은 주로 호수 바닥 등에 퇴적된 화산재와 용암으로 이루어져 '백악기의 폼페이'라고도 불린다. 전신이 관절 상태(→p.164)로 보존된 척추동물 화석도 드물지 않으며, 고온의 화쇄류에 매몰된 것으로 보이는 화석도 발견되었다. 몸의 윤곽, 비늘, 깃털은 물론 색소의 흔적까지 보존된 화석도 알려져 있다. '깃털 공룡'의 산출뿐 아니라 백악기치고는 비교적 서늘한 환경이었을 것으로 여겨지는 생태계를 잘 보존하고 있다는 점에서도 중요한 가치가 있다.

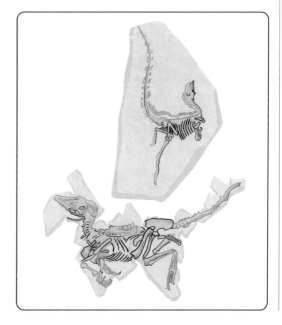

판게아

| Pangaea

오늘날 지구에는 유라시아, 아프리카, 북아메리카, 남아메리카, 오스트레일리아, 남극의 여섯 대륙이 있다. 이들 대륙은 지금도 이동하고 있으며, 과거에는 하나의 대륙으로 이어져 있던 시기도 있었다. 고생대 초기부터 쥐라기 초기에 걸쳐 존재했던 초대륙 '판게아'는 공룡들의 첫 무대가 된 곳이었다.

∷ 판게아의 '발견'

아프리카 대륙과 남아메리카 대륙의 대서양 연안이 퍼즐 조각처럼 정확히 들어맞는다는 점에서, 이들 대륙이 과거 하나의 '초대륙'이었을 것이라고 보는 의견이 16세기 말부터 여러 차례 제기되었다. 20세기 초, 이런 견해를 '대륙 이동설'로서 정립한 인물이 독일의 알프레트 베게너(Alfred Wegener)이다. 베게너는 오늘날 각 지역에서 드문드문 발견되는 고생대 석탄기~중생대 쥐라기의 지질학적 기록이 '초대륙 판게아'를 통해 잘 설명될 수 있음을 밝혀냈다.

베게너는 강력한 상황 증거를 제시했지만 대륙이 분열·이동하는 메커니즘을 제대로 설명하지 못했다. 그런 이유로 20세기 전반에는 큰 지지를 받지 못했으나 해저 지질 조사 기술이 비약적으로 발전하면서 1960년대 후반 판 구조론이 확립되었고 '대륙 이동설'도 이 이론에 통합되었다. 베게너가 판게아를 '발견'한 지 반세기 만의 일이었다.

판게아는 지구상의 모든 대륙이 하나로 이어져 있던 가장 최근이자 최후의 초대륙으로 여겨지지만, 언젠가 지구에 다시 비슷한 초대륙이 출현할 것으로 예상되고 있다.

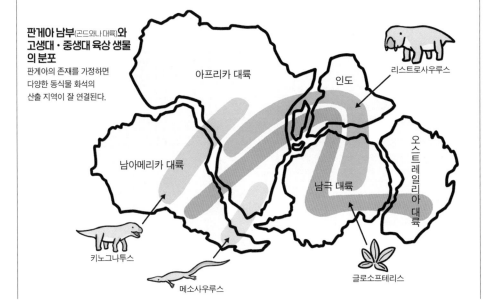

판게아 남부(곤드와나 대륙)**와 고생대·중생대 육상 생물의 분포**
판게아의 존재를 가정하면 다양한 동물 화석의 산출 지역이 잘 연결된다.

아프리카 대륙

인도

리스트로사우루스

남아메리카 대륙

오스트레일리아 대륙

남극 대륙

키노그나투스

메소사우루스

글로소프테리스

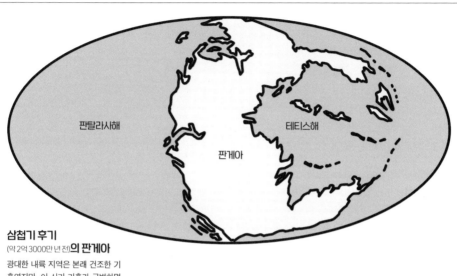

삼첩기 후기
(약 2억 3000만 년 전)**의 판게아**

광대한 내륙 지역은 본래 건조한 기후였지만, 이 시기 기후가 급변하면서 전 세계적으로 습윤한 환경이 확산되었다. 그 이후 쥐라기 중기 무렵까지 북쪽의 로라시아(→p.176)와 남쪽의 곤드와나(→p.182)로 분열되었다.

판게아의 공룡들

판게아가 존재했던 시기는 공룡이 지구상에 출현하여 육상 생태계를 지배하기까지의 중요한 기간에 해당한다. 전 세계가 하나의 대륙으로 이어져 있었기 때문에 공룡의 종류나 형태에 지역 차이가 거의 없었다.

코엘로피시스
시대 : 삼첩기 후기
산지 : 아메리카 남서부

메갑노사우루스
시대 : 쥐라기 전기
산지 : 남아프리카

로라시아

| Laurasia

쥐라기 중기(약 1억 7000만 년 전), 지구상의 유일한 대륙이었던 초대륙 판게아는 테티스해에 의해 북쪽의 초대륙 로라시아와 남쪽의 초대륙 곤드와나로 나뉘었다. 이를 계기로 육상 생태계의 구성은 로라시아와 곤드와나로 크게 갈리며, 각각의 초대륙에 서로 다른 공룡들이 군림하게 되었다.

∷ 로라시아와 오늘날의 북반구

로라시아는 오늘날의 유라시아 대륙과 북아메리카 대륙으로 구성되어 있다. 쥐라기 중기에 곤드와나(→p.182)와 분리된 후, 북대서양의 형성과 함께 서서히 유라시아 대륙과 북아메리카 대륙으로 나뉘었다. 한편 북대서양이 형성된 이후에도 지금의 베링해협이 수차례 육교화되면서 유라시아와 북아메리카 대륙 사이에는 생물의 왕래가 반복되었다.

로라시아에서 발견된 공룡 화석은 19세기부터 활발히 연구되어왔으며 오래전부터 공룡 도감으로 익숙한 공룡도 많다. 반면 오늘날 아시아에 해당하는 지역의 공룡 연구는 유럽과 북아메리카에 비해 늦게 시작된 탓에 여전히 많은 의문을 품고 있다.

쥐라기 후기(약 1억 5000만 년 전)의 로라시아

쥐라기 중기에 시작된 판게아(→p.174)의 분열 이후 얼마 지나지 않아 로라시아의 중앙부 (지금의 유럽 주변)는 테티스해(→p.180)의 일부인 얕은 바다로 뒤덮였다. 당시 아메리카, 유럽뿐 아니라 아프리카에서도 매우 유사한 공룡들이 분포했던 것으로 보아 로라시아와 곤드와나 사이에는 여전히 생물의 왕래가 있었던 것으로 추정된다.

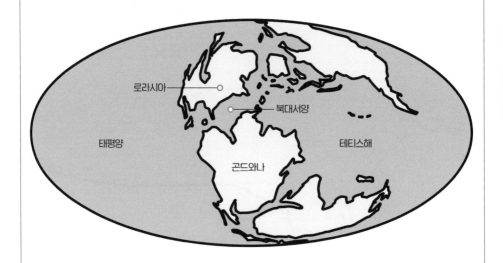

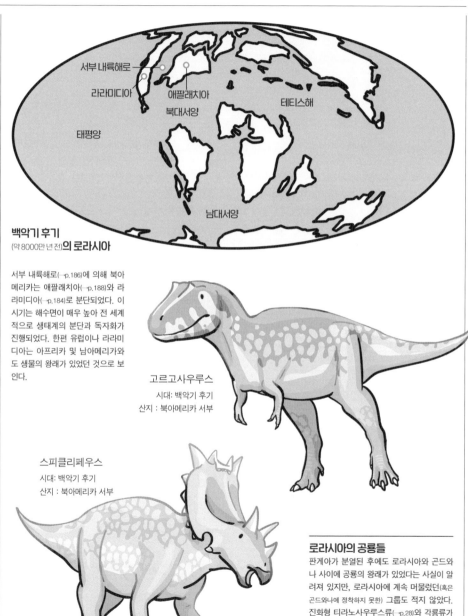

서부 내륙해로
라라미디아
애팔래치아
북대서양
테티스해
태평양
남대서양

백악기 후기
(약 8000만 년 전)의 로라시아

서부 내륙해로(→p.186)에 의해 북아메리카는 애팔래치아(→p.188)와 라라미디아(→p.184)로 분단되었다. 이 시기는 해수면이 매우 높아 전 세계적으로 생태계의 분단과 독자화가 진행되었다. 한편 유럽이나 라라미디아는 아프리카 및 남아메리카와도 생물의 왕래가 있었던 것으로 보인다.

고르고사우루스
시대: 백악기 후기
산지 : 북아메리카 서부

스피클리페우스
시대: 백악기 후기
산지 : 북아메리카 서부

로라시아의 공룡들
판게아가 분열된 후에도 로라시아와 곤드와나 사이에 공룡의 왕래가 있었다는 사실이 알려져 있지만, 로라시아에 계속 머물렀던(혹은 곤드와나에 정착하지 못한) 그룹도 적지 않았다. 진화형 티라노사우루스류(→p.28)와 각룡류가 그 대표적인 예이다.

모리슨층

| Morrison Formation

미 서부의 황야에는 여러 시대의 지층이 드러나 있는데, 특히 넓은 지역에서 확인되는 것이 쥐라기 후기의 육성층인 모리슨층이다. 와이오밍주, 콜로라도주, 유타주를 중심으로 북으로는 몬태나주, 남으로는 뉴멕시코주와 미 서부를 종단하는 이 육성층은 쥐라기 후기의 다양한 공룡 화석의 보고이다.

∷ 모리슨층의 풍경

쥐라기의 북아메리카 대륙에는 태평양 쪽에서 남동 방향으로 북극해와 이어지는 선댄스해가 형성되어 있었다. 모리슨층은 이 선댄스해 남쪽의 광대한 평원에 퇴적된 지층이다. 선댄스해의 남쪽 연안 부근은 비교적 습윤한 환경이었지만 내륙부는 건조했으며, 물가를 제외하면 지금의 사바나와 유사한 환경이었던 것으로 보인다. 또 시기에 따라서는 완전히 사막화된 지역도 있었던 것으로 추정된다.

건조한 내륙부에서도 물가에는 풍부한 식생이 형성되어 있었다. 그러나 모리슨층에서 발견된 식물 화석은 남양삼나무와 유사한 침엽수, 은행나무, 소철, 속새, 양치류, 양치 종자식물(멸종) 등으로 한정된다. 당시에는 속씨식물이 아직 출현하지 않았으며, 양치식물도 지금의 모습과는 다를 수 있다. 한편 침엽수와 은행나무는 지금의 모습과 비슷했던 것으로 보인다.

공룡들은 물가로 모여들었으며, 물이 거의 말라가는 진흙탕에 빠져 집단 폐사하는 경우도 자주 있었던 것으로 보인다. 모리슨층에서 발견된 보존 상태가 좋은 공룡 화석 대부분은 그런 공룡의 유해가 매몰되어 형성된 골층(→p.170)에서 발굴된 것이다.

모리슨층에서는 공룡 외에도 다양한 동물 화석이 발견되었다. 그중에서도 악어류는 상당히 다양한 종류가 확인되었는데, 현생 악어와는 유연관계가 다소 멀기는 하지만 외형이 유사한 종류뿐 아니라 길쭉한 사지를 이용해 뛰어다니던 소형견 크기의 악어류도 알려져 있다.

∷ 모리슨층의 공룡

쥐라기 후기에는 로라시아(→p.176)와 곤드와나(→p.182)가 분리된 지 얼마 지나지 않아 지구상의 각지에서 유사한 공룡들이 서식하고 있었다. 모리슨층에서 발견된 공룡들은 동시대의 유럽에서도 유연관계가 매우 깊은 종들이 알려져 있으며, 곤드와나 쪽의 동아프리카에서도 몇몇 근연종이 발견되었다. 반면 동시대의 유럽과 동아프리카에 서식하던 카르카로돈토사우루스류는 모리슨층에서 아직 발견되지 않았다. 티라노사우루스류(→p.28)나 트루돈류 등 백악기에 크게 번성한 그룹의 원시적인 종들도 화석으로 발견되었다.

카마라사우루스 모리슨층에서 가장 많이 산출된 용각류로, 여러 종이 알려져 있지만 모리슨층 외에서는 발견되지 않았다. 종에 따라 크기와 체형에 상당한 차이가 있지만 하나같이 육중한 체구를 가졌다는 공통점이 있다.

모리슨층에서 발견된 공룡 화석의 대부분은 카마라사우루스와 같은 용각류로, 다른 그룹의 화석은 비교적 드물다. 유타주의 모리슨층은 천연 우라늄 광상을 형성하고 있어 방사선 측정기를 이용해 공룡 화석을 발견한 사례도 있다.

스토케소사우루스 극히 일부의 화석만 발견되었지만 어엿한 원시종의 중형 티라노사우루스류에 속한다. 동시대의 영국에서도 매우 유사한 종이 발견되었다. 티라노사우루스로 이어지는 계통은 아니다.

수퍼사우루스 모리슨층은 다양한 용각류의 보고이지만 '최장(最長)'은 수퍼사우루스일 가능성이 크다. 전장이 39m 이상일 것으로 추정되기도 해 자세한 연구가 기다려진다.

알로사우루스(→p.42)
모리슨층에서 발견된 수각류 화석 대부분이 알로사우루스속이지만 모리슨층 외에는 포르투갈에서만 산출된 사례가 있다.

테티스해

| Tethys Ocean, Neo-Tethys

대륙이 이동하며 합체와 분열을 반복함에 따라 바다의 형태도 변화했다. 그중에서도 초대륙 판게아와 함께 형성되어 판게아가 로라시아와 곤드와나로 분열된 후에도 중생대를 관통해 존재했던 거대한 바다가 바로 테티스해이다. 사라진 테티스해에는 어떤 생물이 살았을까?

:: 테티스해의 성립과 쇠퇴

판게아(→p.174)는 적도를 중심으로 남북으로 펼쳐진 초승달 모양의 대륙이었으며, 테티스해(고생대 초기의 바다와 구별해 신[新] 테티스해라고도 한다)는 이를 둘러싼 거대한 만 형태의 바다로 탄생했다. 판게아의 적도 부근에는 동서 방향으로 대지구대가 형성되어 있었으며, 쥐라기 중기가 되면 이곳에 테티스해가 유입되면서 판게아는 로라시아(→p.176)와 곤드와나(→p.182)로 분열하게 되었다.

테티스해는 중생대 내내 적도 주변을 중심으로 펼쳐져 있었으며, 지금의 알프스산맥 주변 지역부터 지중해 주변, 중동 그리고 히말라야산맥에 이르기까지 테티스해에서 비롯된 열대성 해양 퇴적물과 화석이 풍부하게 발견된다. 이런 테티스해 기원의 석회암과 대리석은 석재로도 널리 이용되었으며, 백화점(→p.256) 등에서는 화석이 포함된 벽이나 기둥도 볼 수 있다. 테티스해는 신생대 중반 이후 사라졌지만 지중해, 카스피해, 흑해, 아랄해가 그 흔적으로 남아 있다.

백악기 후기(약 7000만 년 전)의 테티스해
판게아 분열 이후, 유럽은 줄곧 테티스해 때문에 물에 잠겨 있었다. 북아프리카와 중동 지역에서는 이 시기의 해성층(→p.108)이 드러나 있으며, 다양한 어류와 모사사우루스류(→p.92)의 화석이 대량으로 발굴되어 판매되고 있다.

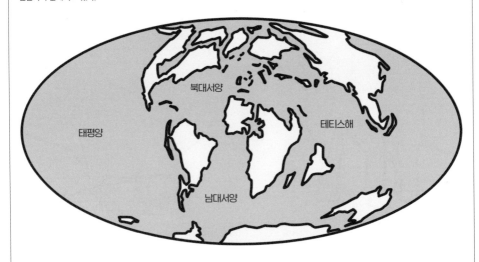

▦ 테티스해의 고생물

테티스해는 매우 따뜻한 바다로, 특히 지금의 유럽, 중동, 북아프리카 지역은 얕은 해역으로 이루어져 매우 풍요로운 환경이 펼쳐져 있었다. 방대한 양의 암모나이트(→p.114)와 이노케라무스(→p.115) 같은 연체동물 화석뿐 아니라 다양한 갑각류, 어류, 해양 파충류 화석의 보고이다. 테티스해에서 유래된 해성층에서 공룡 화석이 발견되는 일도 종종 있었는데, 이는 곤드와나와 유라시아의 생물들이 섬을 통해 왕래했다는 것을 보여준다.

스피노사우루스(→p.66)

지금의 유럽과 북아프리카에 해당하는 테티스해 연안 지역은 스피노사우루스류의 낙원이었다. 대부분 백악기 전기에 멸종했으나 스피노사우루스 등의 일부는 백악기 후기가 시작될 무렵까지 번성했다. 테티스해와 연결된 광대한 기수역이 주요 사냥터였던 것으로 보인다.

프로그나토돈

모사사우루스류는 백악기 중반에 테티스해에서 탄생한 것으로 추정되며, 백악기 말까지 다양한 종이 서식했다. 프로그나토돈속은 북대서양과 서부 내륙해로(→p.186)에서도 발견되지만, 테티스해에 서식하던 종은 매우 거대해서 전장이 약 12m에 달했던 것으로 추정된다.

테티스하드로스

이탈리아의 백악기 후기 해성층에서 관절이 연결된 상태(→p.164)의 골격이 여러 점 발견되었다. 비교적 원시적이고 소형인 하드로사우루스류(→p.36)로, 테티스해에 떠 있던 큰 섬 중 하나에 서식했던 것으로 보인다. 작은 체구는 먹이가 한정된 섬 환경에 적응한 '도서화(島嶼化)'의 결과라는 견해도 있다.

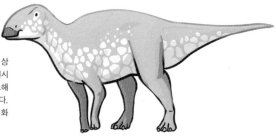

곤드와나

| Gondwana

쥐 라기 중기(약 1억 7000만 년 전), 초대륙 판게아는 테티스해에 의해 남쪽의 초대륙 곤드와나, 북쪽의 초대륙 로라시아로 분단되었다. 판게아 전역에 펼쳐진 생태계는 이를 계기로 남북으로 나뉘어 각각 독자적인 발전을 이루게 되었다. 과연 곤드와나에는 어떤 공룡들이 살았을까?

곤드와나와 지금의 남반구

곤드와나는 판게아(→p.174)의 남반구를 구성했던 초대륙으로 지금의 남아메리카, 아프리카, 남극, 오스트레일리아, 인도 아대륙은 곤드와나의 '조각'이라고 할 수 있다.

판게아가 분단된 후, 곤드와나의 분열은 단계적으로 천천히 진행된 것으로 보인다. 인도 아대륙은 오랫동안 섬 대륙으로 표류하다 신생대에 들어서야 유라시아 대륙과 충돌했다.

고생물학 연구가 서구를 중심으로 시작된 이유도 있어 곤드와나의 공룡 화석 연구는 로라시아(→p.176)와 비교하면 아직 발전 중인 단계이다. 지난 수십 년간 로라시아와는 상당히 다른 공룡 그룹이 번성했던 사실이 속속 밝혀지고 있으며, 앞으로도 미지의 그룹이 발견될 가능성을 품고 있다.

쥐라기 중기(약 1억 7000만 년 전)의 곤드와나
판게아가 분열 직후로, 곤드와나의 분열은 거의 진행되지 않은 상태였다. 백악기 초기까지는 로라시아와 비슷한 종류의 공룡도 서식했으나 점차 두 초대륙에서 서로 다른 공룡 그룹이 번성하게 된다.

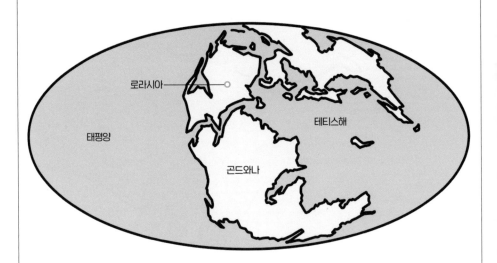

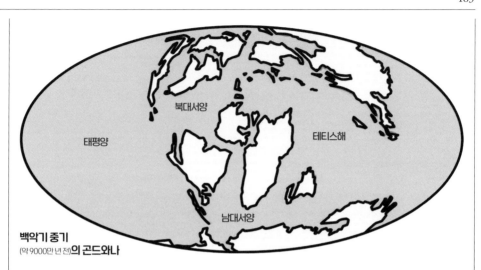

백악기 중기
(약 9000만 년 전)의 곤드와나

로라시아에서는 진화형 티라노사우루스류(→p.28)와 각룡류가 출현했으나 곤드와나에서는 백악기 초기부터 이어져온 카르카로돈토사우루스류와 스피노사우루스류(→p.66)가 번성했다. 이들 그룹은 곧 멸종했으며 대신 아벨리사우루스류와 메가랍토르류(→p.72)가 곤드와나 육상 생태계의 정점에 올라섰다.

곤드와나의 공룡들

백악기 후기에 접어들자 진화형 티라노사우루스와 아벨리사우루스류가 곤드와나에서 로라시아로 유입된 반면, 로라시아에서는 하드로사우루스류(→p.36)와 노도사우루스류가 곤드와나로 들어왔다. 곤드와나에서는 스테고우로스와 같은 소형 곡룡(鎧龍, 갑옷룡)이 독자적으로 발전했으며, 라라미디아(→p.184)에서 온 노도사우루스류와 공존했을 가능성도 있다.

카르노타우루스
(→p.68)
시대: 백악기 후기
산지 : 아르헨티나 남부

스테고우로스
시대 : 백악기 후기
산지 : 칠레 남부

라라미디아

| Laramidia

지구의 표면은 끊임없이 움직인다. 지구 역사에서 대륙은 다양한 모습으로 변화해왔으며, 그 과정에서 '사라진' 대륙도 있다. 오늘날 하나의 대륙으로 존재하는 북아메리카는 백악기 중기부터 후기 말까지 약 3000만 년 동안 얕은 바다 때문에 동서로 나뉘어 있었다. 화석 사냥꾼들이 앞다퉈 공룡 화석을 찾아다니던 북아메리카 서부의 백악기 후기 육성층이야말로 이 사라진 대륙의 한 조각인 서쪽의 라라미디아 대륙이 존재했음을 보여주는 증거이다.

▦ 라라미디아의 공룡들

백악기 중반 무렵, 북아메리카 대륙을 종단하는 서부 내륙해로(→p.186)가 형성되었다. 그 때문에 동서로 나뉜 대륙의 서쪽이 라라미디아, 동쪽이 애팔래치아(→p.188)이다. 라라미디아는 지금의 베링해협에서 유라시아 대륙과 연결·분단을 반복했으며, 백악기 말에는 일시적으로 남아메리카 대륙과 연결된 적도 있었다.

라라미디아 서부에는 활발히 활동하는 화산 지대와 막 형성되기 시작한 로키산맥도 있었다. 계속해서 융기하는 로키산맥은 끊임없이 비바람에 침식되며 동쪽에 대량의 토사를 공급했다. 그 덕분에 로키산맥과 서부 내륙

해로 사이에 좁고 긴 평지가 형성되었고, 다양한 공룡들의 서식지가 되었다. 대량의 토사로 인해 지층 형성도 활발해져, 미국과 캐나다의 공룡 왕국을 떠받치는 여러 육성층이 퇴적되었다. 이런 육성층은 오늘날 광대한 배드랜드(→p.107)로 남아 화석 사냥꾼(→p.250)들의 꿈의 장소가 되었다. 한편 라라미디아의 태평양 연안 지역에서는 육성층이 거의 없으며, 공룡 화석도 해성층(→p.108)에서 소량 발견되는 데 그쳤다. 19세기부터 라라미디아의 공룡들에 대한 활발한 연구가 이루어졌지만, 대륙 동부의 좁고 긴 지역에 살았던 공룡들을 제외하고는 거의 아무것도 밝혀지지 않았다.

백악기 후기 전반(약 9200만 년 전)의 라라미디아

백악기 후기 후반에 번성한 공룡들의 선구자가 등장한 시기로 소형 티라노사우루스류(→p.28)인 수스키티라누스, 뿔과 프릴(→p.212)을 갖춘 초기 각룡 주니케라톱스, 테리지노사우루스류(→p.60)인 노토로니쿠스, 원시적인 하드로사우루스류(→p.36)가 서식했다. 최상위 포식자의 자리는 시아츠와 같은 더 오래된 형태의 대형 수각류가 차지했던 것으로 보인다.

서부 내륙해로
모레노 힐층
태평양

모레노 힐층
(아메리카·뉴멕시코주)

수스키티라누스

주니케라톱스

백악기 후기 후반(약 7400만 년 전)의 라라미디아

이 시대의 육성층은 캐나다에서 멕시코에 이르기까지 광범위하게 분포하며, 공룡 화석의 보고가 되었다. 라라미디아의 남북이 생태적으로 분리되어 있었다는 주장도 제기되는 등 활발한 논의가 계속되고 있다.

다이너소어 파크층(캐나다·앨버타주)

바가케라톱스

고르고사우루스

커틀랜드층(아메리카·뉴멕시코주)

나바조케라톱스

비스타히에베르소르

백악기 말(약 6800만 년 전)의 라라미디아

이 시기에 라라미디아는 애팔래치아와 육지로 이어져 있었던 것으로 보인다. 애팔래치아에서도 트리케라톱스(→p.30)와 같은 진화형 각룡이 진출하기 시작했다는 화석 증거가 발견되었다.

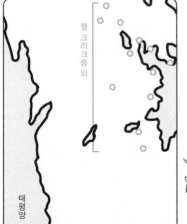

헬 크리크층(아메리카·몬태나주 등) 외

티라노사우루스

트리케라톱스·프로르수스

트리케라톱스·호리두스

서부 내륙해로

| Western Interior Seaway

> **캐**나다 남부에서 멕시코만까지 북아메리카 중앙부에 펼쳐진 대초원은 백악기 후기에는 길쭉한 형태의 바다였다. 북아메리카를 남북으로 관통하며 북극해와 확대 중이던 북대서양 그리고 테티스해(지금의 지중해와 인도양)를 연결했던 이 서부 내륙해로(나이오브라라해라고도 함)는 다양한 생물의 보고였다.

⁞⁞ 서부 내륙해로의 연구

백악기 중반 무렵(백악기 후기 초반)에 형성된 서부 내륙해로는 북아메리카를 라라미디아(→p.184)와 애팔래치아(→p.188)로 분단했다. 최대일 때 남북으로 약 3200km, 동서로 약 1000km, 가장 깊은 곳의 수심이 약 760m로 추정되며, 남북으로 가늘고 긴, 비교적 얕은 바다였다.

서부 내륙해로에서 퇴적된 해성층(→p.108)에 대한 연구는 19세기부터 활발히 이루어졌으며, 화석 전쟁(→p.144) 초기의 주요 무대 중 하나이기도 했다. 백악기 중반부터 서부 내륙해로가 거의 사라지는 백악기 말기까지 다양한 해양 생물의 화석이 발견되었으며, 그 변천에 대한 상세한 연구가 진행되었다. 또 해수면 변동에 관한 연구도 활발히 이루어져 시대별 해안선의 변화가 복원(→p.134)되었다.

라라미디아

서부 내륙해로

애팔래치아

나이오브라라층
스모키 힐 초크층의
화석 산지

태평양

대서양

백악기 후기 중반(약 8400만 년 전)의 서부 내륙해로

서부 내륙해로는 시대에 따라 형태가 크게 변했지만 백악기 후기 중반 무렵의 모습이 특히 잘 알려져 있다. 이 시대의 지층은 미국 캔자스주의 나이오브라라층 스모키 힐의 초크층이 대표적이며, 암모나이트(→p.114), 이노케라무스(→p.115), 상어, 경골어류, 수장룡(→p.86), 모사사우루스류(→p.92) 등 다양한 해양 동물의 화석으로 유명하다. 또 프테라노돈(→p.82)을 비롯한 익룡(→p.80)과 다양한 백악기 해조류 화석도 잘 알려져 있으며, 일부 공룡의 부분 골격도 발견된 바 있다. 이 지층은 플랑크톤의 외골격이 퇴적된 석회암과 초크로 이루어져 있으며, 유해가 속성 작용에 의해 변화한 천연가스와 셰일 오일의 산지로도 주목받고 있다. 백악기 후기 중반의 공룡 화석은 세계적으로 희귀하며, 나이오브라라층의 공룡 화석은 특히 귀중하게 여겨진다. 당시의 고(古)지리적 상황을 고려할 때, 이런 공룡 화석은 애팔래치아 쪽에서 흘러왔을 가능성이 높다.

▓ 서부 내륙해로의 고척추동물들

서부 내륙해로에서 퇴적된 해성층은 백악기 중반부터 백악기 말 가까이까지 약 3000만 년에 걸친 해양 생태계의 변천을 기록하고 있다.

알베르토넥테스
수장룡 중에서도 특히 목이 길다. 목의 길이가 7m에 이른다.

아르케론
최대급 거북 중 하나로, 발달한 부리로 암모나이트나 조개를 먹었을 것으로 알려져 있다.

돌리코린콥스
'목이 짧은 수장룡'의 대표적인 종으로, 전장이 약 3m 정도의 소형 공룡이다.

헤스페로르니스
현생 조류와 유연관계가 깊고 수영에 특화되어 있다. 근연종은 북반구의 넓은 지역에 서식했다.

크시팍티누스
전장이 5m에 달하며, 다른 거대 어류를 통째로 삼킨 '물고기 속의 물고기(fish-within-a-fish)'(→p.257) 화석으로 유명하다. 화석 채굴업자들이 싫어할 만큼 다량으로 발견된다.

플리오플라테카르푸스
전장 약 5m의 모사사우루스류로, 강을 거슬러 올라갔던 것으로 보인다.

애팔래치아

| *Appalachia*

백악기 후기, 북아메리카 대륙은 서부 내륙해로에 의해 동서로 분단되었다. 서쪽의 라라미디아가 티라노사우루스와 트리케라톱스 같은 인기 공룡의 존재로 알려진 반면, 동쪽 애팔래치아의 공룡들의 실상은 여전히 의문에 싸여 있다. 미국 공룡 왕국의 시작점이었던 애팔래치아에는 과연 어떤 공룡들이 있었을까?

▪▪ 애팔래치아의 공룡 화석

미국에서 최초의 공룡 화석이 발견된 것은 라라미디아(→p.184)에 해당하는 지역이었으나 이는 이빨 화석에 불과했다. 미국에서 처음으로 발견된 공룡의 온전한 골격은 하드로사우루스(→p.36)로, 애팔래치아의 대서양 연안 지역에서 발굴되었다. 1870년대 초, 에드워드 드링커 코프와 오스니얼 찰스 마시에 의한 화석 전쟁(→p.144)의 초기 전장은 애팔래치아 지역이 중심이었다.

애팔래치아 지역 중에서 미국 북동부는 유럽인들의 초기 정착지였으며, 19세기에는 '이회토(泥灰土)'라고 불리는 토양 개량제를 채굴하는 활동이 활발했다. 이회토가 풍부하게 포함된 곳이 바로 애팔래치아의 대서양 연안에 퇴적된 백악기 후기의 천해층이었다. 이회토 채굴 과정에서 다양한 해양 생물과 공룡 화석도 산출되었다. 그러나 이회토 채굴은 19세기 말부터 쇠퇴했으며, 공룡 화석을 노린 발굴도 북아메리카 서부의 배드랜드(→p.107)로 이동하게 되었다.

애팔래치아 지역에서는 백악기 후기 육성층의 노출이 극히 드물며, 대부분 해성층(→p.108)으로 이루어져 있다. 게다가 이런 해성층도 노출 범위가 제한적이고, 북아메리카 서부처럼 건조한 기후가 아니었기 때문에 지층이 대규모로 노출된 배드랜드도 존재하지 않는다.

애팔래치아에는 라라미디아에 있는 로키산맥처럼 활발히 융기하여 대량의 퇴적물을 공급하는 산맥도 존재하지 않았다. 그런 이유로 육성층이 두껍게 퇴적되지 않고 대부분 침식되어 사라진 것으로 보인다. 애팔래치아의

해성층에서 발견된 공룡 화석은 단편적인 것이 많고, 심한 황철광병(→p.254)에 '감염'된 것도 많다.

다만 해성층의 공룡 화석은 암모나이트(→p.114)나 이노케라무스(→p.115) 같은 시준 화석(→p.112)을 이용해 정밀한 연대를 추정할 수 있다. 백악기 말, 운석 충돌의 전후 모습을 잘 기록한 지층도 있어 다양한 관점에서 연구가 이루어지고 있다.

북아메리카 서부와 같은 대규모 공룡 발굴은 동부에서는 이루어지지 않았으며, 주로 소규모 지질 조사나 아마추어 화석 사냥꾼들의 활동을 통해 공룡 화석이 조금씩 발견되고 있다. 한편 과거의 거대한 이회토 채굴 갱이 화석 공원으로 조성되고 있어 앞으로의 발견에 기대가 모이고 있다.

애팔래치아에 서식했던 공룡에 대해 알려진 것은 거의 없지만, 동시대의 라라미디아에 비해 오래된 형태의 공룡이 서식했던 것으로 보인다. 라라미디아가 유라시아 대륙과 공룡의 왕래가 있었던 것과 달리 애팔래치아는 백악기 말기까지 약 3000만 년간 고립된 대륙으로 이른바 백악기의 '살아 있는 화석'(→p.116)의 피난처 역할을 했다고 평가된다. 한편 백악기 말기에는 라라미디아와 육로로 연결되면서 트리케라톱스(→p.30)와 같은 진화형 각룡이 애팔래치아로 진출했던 것으로 보인다.

1990년대 이후, 애팔래치아의 공룡에 관한 논문이 다수 발표되었다. 북아메리카에서 공룡 연구의 여명기를 열었던 애팔래치아는 다시 한번 활발한 공룡 연구의 무대가 되었다.

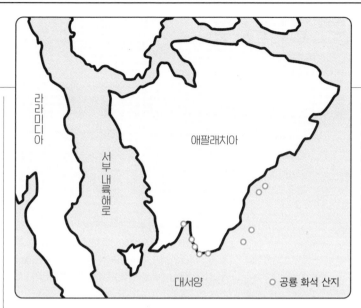

라라미디아

서부내륙해로

애팔래치아

대서양

○ 공룡 화석 산지

애팔래치아의 공룡 화석 산지

애팔래치아는 오늘날 미국과 캐나다의 중부 및 동부 지역으로 이루어져 있었으나 캐나다 측의 상황은 거의 알려져 있지 않다. 애팔래치아 북부는 한때 해로로 분단된 시기도 있었다. 공룡 화석은 대부분 애팔래치아 남부에 퇴적된 해성층에서 발견되었다.

애팔래치아의 공룡들

드립토사우루스·아퀼룬귀스

백악기 말기의 티라노사우루스류(→p.28)에 속하지만, 애팔래치아에 살았던 이전의 애팔래치오사우루스나 동시대 라라미디아에 살았던 티라노사우루스와는 다른 계통에 속한다. 손이 매우 커서 겉보기에는 '나노티라누스'(→p.242)와 비슷했던 것으로 보인다. 원래는 코프가 라엘랍스라고 명명한 공룡으로, 화석 전쟁의 도화선이 되었던 공룡이기도 하다.

파로사우루스·미주리엔시스

애팔래치아의 육성층에서 발견된 희귀한 공룡으로, 최근 발견된 거의 완전한 골격의 프레퍼레이션(→p.128)이 진행되고 있다. 파로사우루스의 생존 시기는 명확히 밝혀지지 않았지만 골격의 특징은 백악기 중반의 원시적인 하드로사우루스류(→p.36)와 매우 유사하다. 애팔래치아에서는 원시적인 형태부터 진화된 형태까지 다양한 하드로사우루스류가 알려져 있는데, 이 종은 그중에서도 특히 대형이었던 것으로 보인다.

헬 크리크층

| Hell Creek Formation

공론에 대해 이야기할 때 고생물학자가 아니라면 지층 이야기는 거의 나오지 않을 것이다. 하지만 티라노사우루스나 트리케라톱스와 같은 인기 공룡의 화석이 산출되는 지층으로 종종 헬 크리크층이 언급될 때가 있다. '지옥의 계곡'이라는 강렬한 이름과 달리 헬 크리크층은 공룡 시대 최후의 수백만 년 동안 퇴적된, 푸른 녹지와 풍부한 물로 가득했던 풍요로운 생태계를 보존하고 있다.

▐▌ 헬 크리크층의 풍경

미 서부에는 과거 라라미디아(→p.184) 동부의 평원이었던 육성층과 서부 내륙해로(→p.186)였던 해성층(→p.108)이 광범위하게 노출되어 있다. 그중에서도 백악기 최후의 약 200만 년 동안 퇴적된 지층이 몬태나주, 노스다코타주, 사우스다코타주에 걸쳐 있는 헬 크리크층이다. 오늘날에는 풍화된 화석 파편들이 흩어져 있는 배드랜드(→p.107)가 되었지만 한때는 녹음이 풍부한 온대~아열대의 습윤한 저지대였다.

헬 크리크층은 강이 범람하면 물에 잠기는 저지대인 범람원이나 하구에서 퇴적된 지층으로, 다양한 동식물 화석이 산출된다. 볏과의 '풀'(→p.200)이 보이지 않는다는 점을 제외하면 식생은 매우 현대적이다. 플라타너스, 빵나무, 야자, 목련, 낙우송, 은행나무와 비슷한 식물이 존재했으며 포도 잎처럼 생긴 화석도 잘 알려져 있다.

헬 크리크층의 과거 풍경은 종종 지금의 미시시피강 델타의 저습지대에 비유된다. 오늘날 이곳이 악어와 다양한 포유류의 서식지라면, 과거에는 티라노사우루스(→p.28)와 트리케라톱스(→p.30)가 살았던 것이다.

헬 크리크층에서는 다양한 속씨식물의 화석이 발견되었지만, 고목은 낙우송이나 세쿼이어와 같은 침엽수가 주를 이루었던 것으로 보인다. 기수역에는 다양한 상어와 가오리가 서식했으며, 해안 근처에는 모사사우루스류(→p.92)가 나타나기도 했던 듯하다.

∷ 헬 크리크층의 공룡

북아메리카 최후의 공룡으로 알려진 대부분의 종이 헬 크리크층에서 발견되었다. 다수의 공룡 화석이 산출되고 있지만 대부분은 대형 공룡의 것으로, 소형 공룡이나 유체 화석은 드물다. 트리케라톱스는 헬 크리크층에서 발견된 공룡 화석의 약 40%를 차지하며, 티라노사우루스와 에드몬토사우루스를 합치면 전체의 80%가 넘는다는 보고도 있다. 한편 소형 동물의 화석이 밀집하여 발견되는 산지도 여럿 알려져 있어 당시의 풍부한 생태계를 엿볼 수 있다.

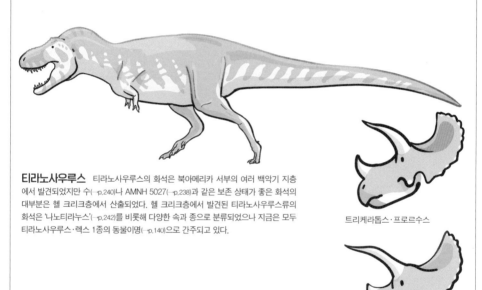

티라노사우루스 티라노사우루스의 화석은 북아메리카 서부의 여러 백악기 지층에서 발견되었지만 수(→p.240)나 AMNH 5027(→p.238)과 같은 보존 상태가 좋은 화석의 대부분은 헬 크리크층에서 산출되었다. 헬 크리크층에서 발견된 티라노사우루스류의 화석은 '나노티라누스'(→p.242)를 비롯해 다양한 속과 종으로 분류되었으나 지금은 모두 티라노사우루스·렉스 1종의 동물이명(→p.140)으로 간주되고 있다.

트리케라톱스·프로르수스

트리케라톱스·호리두스

트리케라톱스 두개골 화석이 주로 발견되기로 유명하며, 전체 골격이 보존된 화석은 매우 드물다. 헬 크리크층 하부에서는 트리케라톱스·호리두스, 상부에서는 트리케라톱스·프로르수스, 중부에서는 두 종의 중간형이 산출되는 것으로 알려져 있다. 같은 시대, 로키산맥이나 더 가까운 지역에서 퇴적된 랜스층에서도 다수의 화석이 산출되었지만 역시 전체 골격이 보존된 경우는 드물다.

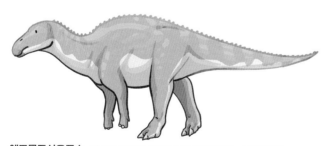

에드몬토사우루스 헬 크리크층에서 발견된 하드로사우루스류(→p.36)의 화석은 트라코돈, 아나토사우루스, 아나토티탄 등의 다양한 이름으로 불렸지만 지금은 모두 에드몬토사우루스·안넥텐스로 분류된다. 헬 크리크층에서는 대규모 골층(→p.170)과 미라 화석(→p.162)이 발견되었으며, 티라노사우루스보다 거대한 개체의 화석도 여럿 발견되었다.

K-Pg 경계

| Cretaceous-Paleogene boundary

지구의 역사는 삼첩기, 쥐라기, 백악기와 같이 다양한 시대로 나뉘는데, 시대의 구분은 화석의 급격한 변화 시점에 따라 이루어지는 경우가 많다. 특히 지구 전체의 생물상이 크게 바뀌는 대량 멸종 시기와 맞물리는 경우도 있다. 중생대와 신생대의 경계 즉, 백악기와 고제3기의 경계 (K·Pg 경계)는 그 대표적인 사례이다.

K-Pg 경계란?

지질학의 세계에서는 시대 간 경계나 그에 대응하는 지층의 경계를 각 시대의 영어 머리글자로 나타낸다. 백악기는 Cretaceous, 고제3기는 Paleogene으로 표기하는데, 백악기의 머리글자와 석탄기 Carboniferous의 머리글자가 겹치기 때문에 독일어 Kreide의 머리글자인 K를 사용해 두 시대의 경계를 K-Pg 경계라고 부른다. K-Pg 경계는 백악기 최후의 '기(期)' 마스트리히티안과 고제3기 최초의 '기' 다니안의 경계이기도 하다. 고제3기는 과거 제3기(Tertiary)에 포함되었기 때문에 오래된 문헌에서는 이를 K-T 경계라고 표기하기도 한다.

K-Pg 경계에서 무슨 일이 있어났는지를 연구하려면, 우선 K-Pg 경계를 확인할 수 있는 지층이 필요하다. 그러려면 마스트리히티안부터 다니안까지 연속적으로 퇴적된 지층(→p.106)이 남아 있어야 한다. 이런 해성층

(→p.108)은 일본을 포함한 세계 각지에서 알려져 있지만, 육성층에서 K-Pg 경계가 명확히 남아 있는 지층은 현재까지 많이 발견되지 않았다.

K-Pg 경계에서 발생한 대량 멸종은 지구 역사상 다섯 번의 대규모 멸종 사건 즉 '빅 파이브'로 꼽힌다. 1982년의 유명한 연구에서는 화석으로 확인된 생물종의 75%가 멸종했다고까지 평가했다. 공룡, 익룡(→p.80), 수장룡(→p.86), 모사사우루스류(→p.92), 암모나이트(→p.114) 등 대형 생물의 멸종이 잘 알려져 있지만 생태계를 지지하는 식물과 식물 플랑크톤도 거의 사라져 육지와 바다를 막론하고 생태계가 밑바닥부터 붕괴했다. 이 대량 멸종의 원인으로는 운석에 의한 '충돌설'과 '화산 분화설'이 오랫동안 대립했지만 지층의 기록과 일치하며 생물의 멸종 패턴을 잘 설명할 수 있는 이론은 '충돌설' 쪽이었다.

K-Pg 경계의 연대

마스트리히티안에서 다니안까지 연속적으로 퇴적한 지층이 오늘날까지 보존된 지역에서는 지층 안에서 K-Pg 경계에 해당하는 지점을 특정할 수 있다. 칙술루브 충돌구(→p.194)를 형성한 운석 충돌로 말미암아 이리듐을 포함한 다양한 물질이 전 세계에 확산되었을 뿐만 아니라 지진이나 해일과 같은 현상도 광범위하게 발생했기 때문에 그 특징적인 흔적을 전 지구적인 건층(鍵層)으로 활용할 수 있는 것이다. 운석 충돌로 퇴적된 지층의 최하

부(운석 충돌의 지질 기록이 시작된 층준)가 K-Pg 경계로 간주된다.

한편 지층 안의 K-Pg 경계가 정확히 어떤 시점의 사건을 의미하는지 절대 연대(→p.110)를 산출하는 일은 간단치 않다. 또한 절대 연대는 측정 기술의 발전에 따라 계속 바뀌는 특성이 있다.

K-Pg 경계의 연대는 1961년에는 63Ma로, 1993년에는 65Ma, 2004년에는 65.5Ma로 수정되어왔다. 2020년 연구에서는 66Ma(더 정확히는 66.04±0.05Ma, 말하자면 약 6604만 년 전)로 추정되었다.

:: K-Pg 경계의 대량 멸종 사건

원인이 '충돌설'로 거의 확정된 오늘날에도 K-Pg 경계에서 발생한 대량 멸종에 관한 연구는 활발히 진행되고 있다.

지금까지의 연구를 통해 운석 충돌 이후 어떤 환경 변화가 일어났는지에 대해 시계열적으로 상당히 구체적인 내용이 밝혀지고 있다. 과연 공룡들이 마지막으로 보았던 풍경은 어떤 모습이었을까?

❶ 운석이 얕은 바다에 충돌해 충돌구를 만든다. 거대한 해일이 발생하고 방대한 양의 먼지와 함께 녹아내린 해저 암석에서 다량의 이산화탄소와 황산 에어로졸 등이 대기 중으로 방출된다. 대기권 밖까지 날아간 파편이 세계 각지에 떨어져 산불을 일으킨다.

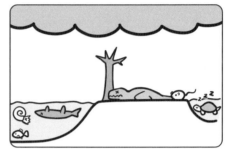

❷ 황산 에어로졸과 먼지 안개가 성층권을 떠다니며 태양광을 차단해 '충돌의 겨울'을 만들어낸다. 식물과 식물 플랑크톤은 광합성을 하지 못해 생태계의 기반이 붕괴한다. 한편 담수 생태계는 광합성 생물보다 생물의 잔해에 더 의존했기 때문에 육상이나 바다에 비해 피해가 덜했던 것으로 보인다.

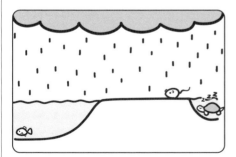

❸ 충돌의 겨울은 수개월에서 수년간 지속되고, 황산 에어로졸 때문에 발생한 산성비가 수년 동안 계속되며, 육상과 얕은 바다의 생태계를 파괴한다. 바다의 표층과 심층 사이에서 이루어지던 영양 순환도 일련의 영향으로 거의 완전히 멈춘다.

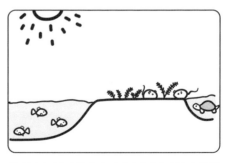

❹ 충돌의 겨울이 끝난 뒤, 악화된 환경에 강한 양치식물이 가장 먼저 재생하고 번성한다. 바다에서도 살아남은 식물 플랑크톤이 서서히 회복되기 시작한다. 한편 바다 생태계나 담수를 제외한 육상 생태계는 여전히 붕괴 상태였으며, 회복에는 각각 수백만 년이 걸렸다.

칙술루브 충돌구

| Chicxulub crater

1 980년, 노벨상 수상자인 물리학자 루이스 앨버레즈와 지질학자인 그의 아들 월터를 중심으로 한 연구팀이 충격적인 가설을 발표했다. 백악기 말에 일어난 공룡의 멸종은 지구에 운석이 충돌하면서 발생한 전 지구적이고 급격한 환경 변화에 의해 초래되었다는 내용이었다.

∷ 이리듐 농축층

앨버레즈 부자가 제창한 이 '충돌설'의 핵심은 이탈리아의 천해층에서 발견된 이리듐이 비정상적으로 농축된 지층이었다. 이리듐은 희소 금속 중 하나로, 지각(지구의 바깥쪽을 차지하는 부분으로, 대륙부는 약 30~40km, 해양부는 약 6km의 두께)에는 극히 소량만 존재한다. 반면, 운석에는 지각보다 훨씬 풍부한 이리듐이 포함되어 있다. 앨버레즈 부자는 이탈리아 외에도 덴마크와 뉴질랜드의 K-Pg 경계(→p.192)에서도 이리듐 농축층을 확인하고, 이런 이리듐이 지구 외부에서 기원했으며, 이리듐 농축층의 원인이 된 운석 충돌이 공룡을 비롯한 백악기 말의 대량 멸종을 초래했다고 보았다.

∷ 초거대 충돌구의 발견

'충돌설'에 대한 반론도 많았으며 애초에 이리듐 농축층이 운석 충돌로 생겨난 것이 아니라고 보는 견해도 있었다. 그러나 세계 각지의 K-Pg 경계에서 잇따라 이리듐 농축이 확인되고, 이런 농축층에서 '충격 석영'과 같은 천체 충돌의 충격으로 형성된 특수한 광물이 발견된 것이다.

북아메리카의 K-Pg 경계에서 발견된 충격 석영은 태평양이나 유럽에서 확인된 것보다 더 컸으며, 멕시코만 주변 지역에서 거대한 해일 퇴적물이 발견되면서 북아메리카 인근에 거대한 운석이 충돌했다는 주장은 더욱 확실해졌다.

1978년의 '충돌설' 발표 이전 멕시코의 유카탄반도 북부 지하에 기묘한 거대 지질 구조가 존재한다는 것이 멕시코 국영 석유회사의 조사로 밝혀졌다. 유카탄반도와 멕시코만의 풍부한 유전을 조사하던 중에 지하 1km 아래에 운석 충돌구로 보이는 구조가 매몰되어 있는 것을 발견한 것이다.

당시에는 크게 주목받지 못했지만 유카탄반도 지하에서 채취한 지질 샘플과 전 세계 K-Pg 경계층에서 수집된 충격 석영 성분이 일치하자 이 충돌구가 백악기 말의 운석 충돌로 형성되었다는 설이 1991년 발표되었다. 그리고 중심부에 위치한 칙술루브 마을의 이름을 따서 칙술루브 충돌구라고 불리게 되었다.

이후, 백악기 말에 지구에 거대 운석이 충돌해 전 세계적으로 K-Pg 경계에 이리듐 농축층이 형성되었다는 의견이 널리 받아들여졌다. 거대 운석의 충돌로 발생한 급격한 환경 변화는 공룡뿐 아니라 다양한 생물의 멸종 원인을 효과적으로 설명할 수 있기 때문에 '충돌설'은 백악기 말 대량 멸종의 원인으로 확실시되고 있다. 과거에는 데칸 트랩(→p.196)을 형성한 거대 화산 분출이 주요 원인으로 제기된 적도 있었으나 현재는 그 영향이 비교적 크지 않았던 것으로 여겨지고 있다.

칙술루브 충돌구에 대한 연구는 지금도 활발히 진행 중이며, 충돌한 운석의 천문학적 기원에 관한 논의도 이어지고 있다.

:: 칙술루브 충돌구의 특징

백악기 말, 유카탄반도 북부는 얕은 바다였으며 해저에는 두께 3km에 이르는 석회암, 백운석, 석고층이 존재했다. 이런 암석은 운석 충돌로 녹으며 대기 중으로 방출되었고, 대량의 먼지와 함께 방대한 양의 이산화탄소와 황산 에어로졸을 뿜어냈다.

칙술루브 충돌구의 지름은 약 180km 전후로 추정되며, 지름 약 10km의 운석이 북북서 방향으로 약 30도의 얕은 각도로 충돌해 형성된 것으로 보인다. 충돌구 자체는 완전히 지하 및 해저에 묻혀 있지만 그 가장자리를 따라 세노테(cenote, 수몰된 대규모 종유굴로, 고대 마야 문명에서는 제사 의식에도 사용되었다)가 분포되어 있다는 것이 알려져 있다.

백악기 말의 세계 지도

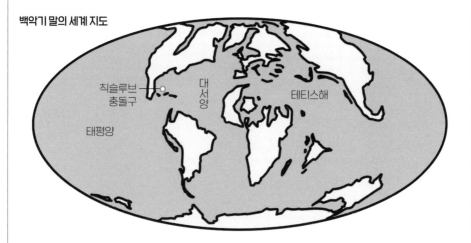

:: 또 다른 충돌구?

칙술루브 충돌구와 함께 백악기 말의 대량 멸종에 다른 천체의 충돌이 관련되었을 가능성이 종종 제기된다. 백악기 말의 초거대 충돌구로 자주 언급되는 것이 인도 북서부에 있는 것으로 알려진 시바 충돌구이다. 힌두교의 파괴와 재생을 관장하는 신의 이름을 딴 이 충돌구는 길이 600km, 너비 400km의 눈물방울 모양으로, 지름 40km의 거대 운석이 매우 낮은 각도로 충돌하여 형성되었다고 알려진다. 그러나 이 시바 충돌구가 애초에 운석 충돌로 형성된 구조가 아니라는 의견이 일반적이며, 백악기 말 대량 멸종의 원인으로 보는 설은 신빙성이 낮다고 평가된다.

K-Pg 경계와 가까운 시대의 운석 충돌 흔적으로는 우크라이나의 볼티시 충돌구가 있다. 이 충돌구는 지름 약 24km로, 칙술루브 충돌구가 형성된 지 약 65만 년 후인 고제3기 초기에 만들어진 것으로 보인다. 백악기 말의 대량 멸종과는 무관하지만 생태계 회복에 부정적인 영향을 미쳤을 가능성이 있다.

최근에는 아프리카 기니해 해저에 지름 8.5km 이상의 충돌구가 매몰되어 있다는 사실이 밝혀졌다. 이 나디르 충돌구의 형성 연대는 아직 명확히 밝혀지지 않았으나 칙술루브 충돌구를 형성한 운석과 같은 쌍성체의 충돌로 형성되었을 가능성이 제기되고 있다. 하지만 칙술루브 충돌구나 백악기 말의 대량 멸종과는 관련이 없을 가능성도 있다.

데칸 트랩

| Deccan Traps

세계에는 방대한 양의 용암이 분출되어 형성된 다양한 시대의 '홍수 현무암'이 존재한다. 이런 홍수 현무암은 대규모 화산 활동의 직접적인 증거이며, 일부는 대량 멸종의 주요 원인으로 여겨지기도 한다. 백악기 말에 형성된 인도의 홍수 현무암 대지 '데칸 트랩'은 대량 멸종에 얼마나 영향을 미쳤을까?

∷ 용암의 바다

육상과 해저를 막론하고, 세계 각지에는 LIPs(Large Igneous Provinces, 거대 화성암 암석구)라고 불리는 화성암(마그마가 식어서 굳은 암석)이 광범위하게 분포한 지역이 존재한다. 이런 LIPs 중에서도 현무암질 용암이 광대한 지표와 해저를 홍수처럼 뒤덮은 것을 홍수 현무암이라고 하며, 대규모 화산 활동의 직접 증거로 알려져 있다.

인도 서부에서 중앙부에 걸쳐 약 50만㎢에 이르는 면적에 두께 2000m 이상의 현무암층이 존재하며, 이를 데칸 트랩이라고 부른다. 이 홍수 현무암은 백악기 말 무렵에 형성된 것으로 알려져 있으며, 당시 대량의 이산화탄소와 이산화황을 포함한 화산 가스를 대기 중으로 방출하여 환경에 악영향을 끼쳤을 것으로 추정된다. 또 화산 분출물에는 고농도의 이리듐이 포함되어 있는 경우도 있다. 백악기 말 대량 멸종의 원인으로 '충돌설'이 제기되자 이에 대한 반론으로 데칸 트랩의 존재가 주목받기 시작했다.

∷ '충돌설'과의 대립

백악기 말 대량 멸종의 원인을 둘러싼 논쟁에서 '운석 충돌설'에 대립하는 가설로 제시된 데칸 트랩의 형성 원인인 '화산 분화설'은 본래 K-Pg 경계(→p.192)에서 관찰되는 이리듐의 이상 농축이 한순간에 농축된 것이 아니라 수십만 년에 걸쳐 축적된 것이라는 전제에 기반을 두고 있다. 세계 각지에서 이리듐 농축층이 확인된 반면, 이리듐의 이상 농축이 순간적인 사건이 아니었음을 보여주는 지층도 발견되었다.

데칸 트랩은 K-Pg 경계를 포함한 약 100만 년 동안 형성되었으며, 이 때문에 발생한 전 지구적 기후 변동과 대기 오염이 공룡을 비롯한 다양한 생물의 점진적인 멸종을 초래했다고 본 것이 1980년대의 '화산 분화설'이다. 이리듐 농축층에서 발견되는 충격 석영도 화산 분화 과정에서 형성될 수 있기 때문에 '화산 분화설'의 약점이 되지 않는다고 여겼다.

그런데 칙술루브 충돌구(→p.194)가 발견된 한편, 데칸 트랩 자체에서는 이리듐 농축이 확인되지 않았다. 결국 이리듐 농축층을 포함한 전 세계 K-Pg 경계에서 나타나는 특징적인 지층은 칙술루브 충돌구의 형성 당시 짧은 시간(수일에서 수년)에 퇴적된 것이라는 의견이 정설로 자리 잡았다.

백악기 말에 거대 운석의 충돌이 발생했다는 점은 확실한 사실로 여겨졌으나 그에 따른 환경 변화가 공룡을 비롯한 생물에게 얼마나 큰 영향을 미쳤는지는 여전히 논쟁의 여지가 있다. 운석 충돌이 대량 멸종의 주된 원인이 아니라 데칸 트랩에 의한 장기적인 환경 변화로 이미 쇠퇴하고 있던 공룡들에 대한 마지막 일격에 불과했다는 것이 1990년대 이후의 '화산 분화설'이었다.

∷ '화산 분화설'의 현재

'충돌설'에 대한 다양한 반론의 중요한 근거가 되었던 것이 K-Pg 경계 이전부터 생물 다양성이 점진적으로 감소했다는 화석 기록이다. 그러나 여러 연구를 통해 이 주장은 반박되었다. 라라미디아(→p.184) 지역에서 공룡의 다양성이 감소한 것은 오늘날에도 인정되고 있지만, 이는 데칸 트랩의 형성에 따른 환경 변동과는 큰 연관이 없는 것으로 보인다. 현재로서는 백악기 말의 대량 멸종이 돌발적인 사건이었으며, 데칸 트랩을 형성한 대규모 화산 활동이 K-Pg 경계 이전 생태계에 미친 영향은 크지 않았다는 것이 일반적인 견해이다.

최근 방사성 연대 측정 기술의 발전으로, 데칸 트랩의 대부분이 칙술루브 충돌구보다 나중에 형성되었을 가능성도 제기되고 있다. 데칸 트랩을 형성하던 대규모 화산 활동이 운석 충돌의 충격으로 촉진되고, 운석 충돌에 따른 급격한 환경 변화를 더욱 악화시켰다는 설도 제기되고 있다. '화산 분화설'은 더는 백악기 말 대량 멸종의 주된 원인으로 여겨지지 않게 되었으나 데칸 트랩과 관련된 연구는 이제부터가 시작이다.

∷ 데칸 트랩의 공룡들

데칸 트랩을 구성하는 홍수 현무암 사이에는 백악기 말 무렵의 육성층이 존재하며, 이곳에서 다양한 공룡의 골격과 알 화석(→p.122)이 발견되었다. 단편적인 골격뿐이었지만 이 지역에 다양한 생태계가 존재했다는 것을 보여준다. 당시 인도는 섬 대륙이었지만 지리적으로 가까운 마다가스카르에 고립적으로 존재했던 공룡과 유사한 속이 주로 서식했던 것으로 보인다.

티라노사우루스류와 사나예
인도에서는 티라노사우루스류의 둥지 화석이 다수 발견되었다. 둥지 안에서 원시적인 뱀인 사나예(추정 전장 3.5m)가 깨진 알과 배아(추정 전장 50cm) 옆에서 똬리를 튼 상태로 화석화된 예까지 알려져 있다. 이는 공룡들이 태어나기 전부터 포식의 위협에 노출되어 있었다는 것을 보여준다.

라자사우루스
인도에서는 라자사우루스를 비롯한 다양한 아벨리사우루스류의 화석이 발견되었다. 마다가스카르의 마준가사우루스와 유연관계가 깊었던 것으로 보인다.

호박
| amber

식물의 화석이라고 하면 이른바 '목엽석(木葉石)'과 같은 나뭇잎 화석이나 규화목처럼 식물체의 형태가 보존되어 있는 것을 떠올린다. 그러나 화석이 되는 것은 식물 본체만이 아니다. 식물의 분비물인 수지(樹脂)가 화석화된 것이 호박(琥珀)으로, 일찍부터 보석으로 귀한 대접을 받았다. 호박의 가치는 단순히 그 아름다움에 머물지 않는다. 호박 내부에는 생물이 '살아 있는' 상태에 가까운 형태로 보존된 경우도 있다.

:: 호박과 문화

겉씨식물이나 속씨식물이 분비한 수액은 시간이 지남에 따라 휘발 성분이 사라지면서 굳어진다. 이를 (천연)수지라고 하며, 지층 내에서 속성 작용을 통해 화학 반응이 진행되면서 휘발 성분이 사라지고 더욱 단단해진 수지를 호박이라고 부른다. 이 과정이 충분치 못한 것을 코펄(co-pal)이라고 하며, 호박의 대체품이나 모조품의 원료로 사용된다.

호박은 천연 플라스틱으로, 광물의 무기 결정에는 없는 따뜻한 질감으로 인기가 있다. 전 세계적으로 구석기 시대의 유적에서 호박으로 만든 장신구가 발견된 사례가 있는데 이를 통해 고대부터 호박이 포함된 교역로가 존재했다는 것을 알 수 있다. 또한 세계 각지에서 호박을 약재로 사용한 기록도 있으며, 바니시의 원료로도 활용되었다.

보석으로 유통되는 호박은 화석 상태로 산출된 호박을 연마해 투명도가 뛰어난 부분만 골라낸 것이다. 호박의 '원석'은 불투명하거나 투명도가 낮은 부분 혹은 나뭇조각이나 기포 등이 포함되기도 하고 균열도 많아 실제 보석으로 사용할 수 있는 부분은 극히 일부이다. 품질이 낮은 호박은 모조품의 재료로 사용되기도 한다.

호박은 유기물이기 때문에 지층의 속성 작용이 강하면 열에 의해 완전히 분해된다. 그런 이유로 호박 산지는 백악기 이후의 지층에서만 발견되며, 상업적인 채굴이 가능한 산지는 세계적으로도 제한적이다. 일본에서는 백악기 전기의 해성층(→p.108)인 조시 층군(지바현)과 백악기 후기의 지층인 구지 층군(이와테현), 후타바 층군(후쿠시마현)에서 양질의 호박이 산출되는데, 구지 층군만이 상업적 채굴이 이루어지는 유일한 산지이다.

호박의 상업적 산지는 인권 문제의 온상이 된 경우도 있는데 최근에는 미얀마산 호박이 그런 이유로 문제시되었다. 또 오래전부터 호박의 모조품이 유통되면서 문제가 되기도 했다.

:: 화석으로서의 호박

호박 자체가 식물의 분비물 화석이지만 동시에 수지에 갇힌 다양한 생물 유해를 보존하고 있는 경우도 있다. 한번 수지에 갇히면 내부는 거의 무산소 환경이기 때문에 유해의 분해가 거의 진행되지 않는다. 또 호박은 속성 작용이 약한 환경에서만 존재할 수 있기 때문에 호박 속 화석은 일반적인 퇴적물에서는 불가능한 수준으로 상태가 양호하고 입체적으로 보존된다.

작은 절지동물이나 깃털 등 일반적인 퇴적 환경에서는 2차원적으로 보존되거나 아예 보존되지 않는 화석을 합성수지로 굳힌 현생 종 표본처럼 관찰할 수 있는 것이다. 거미집이나 버섯이 보존된 예도 있어 과학적으로도 매우 가치가 높다.

이런 이유로 1980년대부터 호박 속 생물 화석에서 DNA를 추출·분석하는 연구가 시작되었다. 여기서 영감을 얻은 것이 바로 호박 속 모기의 체내에서 공룡의 DNA를 추출·복원해 재생시키는 영화 〈쥐라기 공원〉이다.

∷ 호박의 최신 과학

호박에 보존된 생물 화석에서 고생물의 DNA(고대 DNA)를 추출하는 연구는 현재로서는 큰 성과를 거두지 못하고 있다. 호박이라 해도 내부의 화석을 완벽히 공기나 물로부터 차단할 수 없으며, 추출에 성공한 DNA도 본래 생물의 DNA 일부에 불과하거나 많은 경우 다른 생물에서 유래한 DNA가 오염(contamination)된 것으로 여겨진다. 오늘날 신뢰할 수 있는 고대 DNA 정보는 약 10만 년 전의 자료까지가 한계로 알려져 있다.

한편 호박에 보존된 화석의 형태를 고해상도 CT 스캔(→P.227)을 이용해 3차원적으로 분석하거나 이전보다 미량의 시료로도 화학적 분석을 수행할 수 있는 기술이 발전했다. 관찰 기술의 향상으로 호박은 더 많은 정보를 제공해줄 것으로 기대된다.

과거에는 '벌레가 포함된 호박'을 불순물이 섞인 것으로 여겨 기피했지만 영화 〈쥐라기 공원〉의 개봉 이후 시장 가치가 급등하면서 연구용으로도 구매하기가 쉽지 않아졌다고 한다. 호박 속 화석에 대한 연구가 진행될수록 화석이 포함된 호박의 시장 가치가 상승해 연구가 어려워지는 상황이 이어지고 있다. 여기에 호박 산지의 인권 문제까지 겹치면서 호박 속 화석 연구가 더욱 쉽지 않은 상황이다.

호박이 만들어지는 과정

❶ 나무의 수지가 흘러내려 굳는 과정에서 다양한 물질이 포함된다.

❷ 굳은 수지는 지층 내에서 적절한 속성 작용을 받아 휘발 성분이 사라지고 수지→코펄→호박으로 변화한다.

❸ 채굴된 호박은 표면이 검게 변질된 경우가 많아 관상용이나 연구용 모두 연마한 후 사용된다.

∷ 미얀마의 '공룡이 포함된 호박'

미얀마는 백악기 중기의 지층에서 양질의 호박이 대량으로 산출되는 주요 산지로 유명하다. 이곳에서는 작은 깃털 공룡(→p.76)의 꼬리나 원시적인 형태의 조류의 새끼가 호박 속에 갇힌 채 발견되기도 했다. 한편 이 산지는 인권 문제의 온상으로도 알려지며 연구 목적으로도 호박을 구입해서는 안 된다는 목소리가 높아지고 있다.

∷ 일본의 호박 산지

일본의 대표적인 호박 산지인 구지 층군, 후타바 층군, 조시 층군은 모두 백악기의 지층으로, 이 중에 구지 층군과 후타바 층군은 공룡 화석 산지로도 유명하다.

특히 구지 층군은 벌레가 포함된 호박에 대한 연구가 활발히 진행되면서 이곳에서 산출된 다양한 백악기 후기의 곤충 화석이 명명된 바 있다.

풀

| grass

'공룡 시대' 즉, 중생대의 삼첩기 후기부터 백악기 말까지의 기간 중 백악기 후기에는 이미 오늘날과 유사한 식물이 광범위하게 퍼져 있었다. 다양한 속씨식물이 꽃을 피웠고, 우거진 나무들도 현생 속과 구별할 수 없는 것들이 많았다. 백악기 후기의 공룡들은 이런 '현대적'인 풍경 속에서 살았지만, 현대에서 볼 수 있는 한 가지 결정적인 풍경이 빠져 있었던 것으로 보인다.

▓ 속씨식물의 출현

속씨식물의 확실한 화석 기록은 백악기 전기부터 나타나기 시작했으며, 이후 폭발적으로 다양화되었다. 백악기 후기에는 세계 각지에서 속씨식물을 볼 수 있게 되었다. 다양한 중저목과 초본식물이 번성하며, 주로 침엽수, 양치식물, 양치 종자식물이 지배적이었던 쥐라기와는 크게 다른 식생이 나타났다.

이런 속씨식물의 다양화와 함께 하드로사우루스류(→p.36)나 각룡처럼 치판(→p.210)을 가진 식물식 공룡도 다양화된 것으로 보인다. 연구자들 중에는 이런 식물식 공룡과 속씨식물이 서로 영향을 주고받으며 공진화했을 가능성을 제기했다.

이처럼 백악기 말의 풍경은 공룡이 있다는 것을 제외하면 오늘날 우리에게도 익숙한 모습이었을 것이다. 하지만 한편으로 '초원'이라고 부를 수 있는 것은 존재하지 않았던 것으로 보인다. 게다가 극지방을 제외하면 오늘날 어디서나 볼 수 있는 볏과의 '풀'도 백악기에는 아주 소수에 불과했던 것으로 추정된다.

▓ 중생대의 풀

비교적 최근까지 중생대에는 볏과 식물의 화석이 전혀 알려지지 않았으며, 애초에 볏과 식물이 신생대에 들어선 지 약 1000만 년 정도가 지난 후에 출현했을 것으로 여겨졌다. 그러나 2005년, 인도의 백악기 말 지층에서 산출된 티타노사우루스류의 것으로 보이는 분화석(→p.124) 속에서 볏과 식물의 플랜트 오팔(plant opal, 잎 속에 포함된 유리질로, 풀잎에 손이 베이는 원인)이 발견되었다. 당시 인도는 곤드와나(→p.182)의 일부였지만, 백악기 말에는 섬 대륙으로 고립된 상태였다. 이 발견은 볏과 식물이 훨씬 이전에 곤드와나 전역으로 확산되었을 가능성을 보여주는 것이었다.

또 중국의 백악기 전기 지층에서 발견된 원시적인 하드로사우루스류 이콰이주버스의 두개골 골격의 이빨 부근에서 볏과로 보이는 식물의 표피와 그 안에 포함된 플랜트 오팔이 발견되었다. 이를 통해 백악기 전기에 이미 세계 각지에 볏과 식물이 존재했음이 밝혀졌다.

이처럼 최근에는 백악기 전기부터 볏과의 '풀'이 존재했으며, 그것이 공룡의 먹이가 되었다는 것이 확인되었다. 그러나 백악기의 식물 화석이 다수 발견되는 세계 여러 지역의 산지에서는 여전히 '풀'로 보이는 화석이 발견되지 않고 있다. '풀'이 식생 내에서 두드러진 존재감을 얻게 된 것은 신생대에 들어선 이후이며, 지금과 같은 초원은 그보다 더 후대에 나타난 것으로 보인다.

공룡 다큐멘터리 등에서 종종 초원을 달리는 공룡이 등장하는데, 이는 단지 CG로 합성할 적당한 촬영 장소를 찾지 못한 결과이다.

∷ 공룡과 식물

중생대에는 '풀'이 존재하지 않았던 것으로 여겨지기 때문에 최근에는 식물을 먹던 공룡을 '초식 공룡'에서 '식물식 공룡'이라는 표현으로 바꿔 부르는 경우가 늘고 있다. 한편 '초식 동물'이 반드시 '풀'을 먹는 동물만을 가리키는 것은 아니며 최근에는 '풀'을 먹던 공룡이 존재했다는 사실도 밝혀졌다. 중생대는 오랜 시대의 식물과 새로운 시대의 식물이 공존했던 시기였으며, 공룡들도 다양한 그룹의 식물을 먹었던 것이 분명하다.

식물의 화석은 줄기, 잎, 뿌리, 열매가 한꺼번에 발견되는 경우가 극히 드물며, 각각의 부위에 별도의 학명이 부여된다. 식물 화석을 복원할 때는 각 부위에 부여된 여러 속을 조합하는 경우도 많다. 때로는 뜻밖의 조합이 밝혀져 분류체계가 크게 변경되기도 한다.

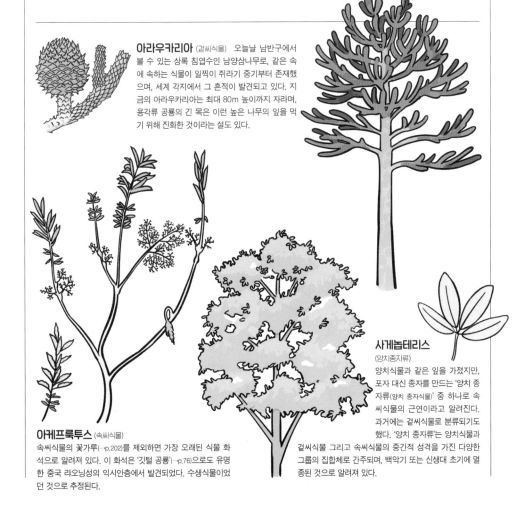

아라우카리아 (겉씨식물) 오늘날 남반구에서 볼 수 있는 상록 침엽수인 남양삼나무로, 같은 속에 속하는 식물이 일찍이 쥐라기 중기부터 존재했으며, 세계 각지에서 그 흔적이 발견되고 있다. 지금의 아라우카리아는 최대 80 m 높이까지 자라며, 용각류 공룡의 긴 목은 이런 높은 나무의 잎을 먹기 위해 진화한 것이라는 설도 있다.

사게놉테리스
(양치종자류)
양치식물과 같은 잎을 가졌지만, 포자 대신 종자를 만드는 '양치 종자류(양치 종자식물)' 중 하나로 속씨식물의 근연이라고 알려진다. 과거에는 겉씨식물로 분류되기도 했다. '양치 종자류'는 양치식물과 겉씨식물 그리고 속씨식물의 중간적 성격을 가진 다양한 그룹의 집합체로 간주되며, 백악기 또는 신생대 초기에 멸종된 것으로 알려져 있다.

아케프록투스 (속씨식물)
속씨식물의 꽃가루(→p.202)를 제외하면 가장 오래된 식물 화석으로 알려져 있다. 이 화석은 '깃털 공룡'(→p.76)으로도 유명한 중국 랴오닝성의 익시안층에서 발견되었다. 수생식물이었던 것으로 추정된다.

꽃가루

| pollen

현대인들에게는 골칫거리로 여겨지는 꽃가루가 고생물학에서는 환영받는 존재이다. 지층에 포함된 꽃가루나 포자의 화석을 조사함으로써 당시의 식생과 고(古)환경을 추정하거나 지층의 형성 시기를 좁힐 수 있기 때문이다.

■■ 꽃가루와 고생물학

꽃가루와 포자의 외벽은 스포로폴레닌(sporopollenin)이라는 산과 알칼리에 강한 물질로 이루어져 있다. 식물의 잎은 비교적 한정된 환경에서만 화석으로 보존되지만, 꽃가루나 포자는 그보다 훨씬 화석화되기 쉽다. '가장 오래된 육상 식물의 화석'도 포자 화석이었다.

꽃가루나 포자는 육안으로는 형태를 관찰할 수 없어 '미화석(微化石)'으로 분류된다. 하지만 퇴적물에서 추출할 수만 있다면 현미경으로 형태를 관찰해 원래의 식물 종류를 어느 정도 특정할 수 있다. 꽃가루나 포자는 바람에 의해 널리 퍼지기 때문에 반드시 같은 장소에서 자란 식물에서 유래했다고 단정할 수는 없지만 퇴적물 속 꽃가루나 포자를 분석하면 당시의 식생을 추정할 수 있다. 현생 종과 유사한 꽃가루나 포자의 화석이 발견되면 현생 종의 생태에서 당시의 환경을 유추하는(현생 아날로그법) 것도 가능하다.

식생은 시대에 따라 변하기 때문에 당연히 꽃가루나 포자의 종류도 달라진다. 따라서 꽃가루나 포자는 시준 화석(→p.112)으로 사용되기도 한다. 특히 암모나이트(→p.114) 같은 해양 동물의 시준 화석을 이용할 수 없거나 절대 연대(→p.110)를 측정하기 어려운 경우(예를 들면, 내륙부의 지층)에는 조개새우나 개형충(介形蟲)과 함께 귀중하게 쓰인다.

꽃가루와 포자의 외벽을 이루는 스포로폴레닌은 비교적 화석화되기 쉬운 편이지만 지층의 속성 작용에 의해 파괴되는 경우도 종종 있다. 몽골 고비사막의 백악기 후기 지층은 공룡 화석의 거대 산지로 유명하지만, 절대 연대를 측정하기 어려운 데다 꽃가루나 포자 화석이 거의 발견되지 않았으며, 달리 시대를 추정할 수 있는 시준 화석도 알려지지 않아 기초적인 지질 정보를 확립하기 어려운 문제를 안고 있다.

규화목

| silicified wood

목화석(木化石)은 그리 드문 화석이 아니며, 풍부하게 산출되는 만큼 자원으로도 중요하게 여겨진다. 목재가 탄화되어 만들어진 화석이 다름 아닌 석탄과 천연가스이며, 물속의 광물질이 스며들면 또 다른 유형의 화석으로 변하기도 한다. 그중 이산화규소가 스며들어 형성된 것이 바로 규화목이다.

▓ 화석으로서의 규화목

화석이 형성되는 과정에서 광화 작용이 일어난다. 퇴적물 속에 매몰된 유해에 지하수가 스며들면 지하수에 녹아 있는 다양한 광물이 유해 내부와 틈새에 침착된다. 본래의 세포 성분은 지층의 속성 작용에 의해 변질되거나 소멸하고, 남은 공간에 광물이 채워지며 완전히 치환된다. 이런 일련의 과정을 광화 작용이라고 한다. 광화 작용이 충분히 일어나지 않으면 목재는 속성 작용에 의해 탄소 이외의 성분이 소실되어 탄화가 일어난다.

광화된 목화석 중에서 이산화규소가 주성분인 것이 규화목이다. 적절히 광화된 규화목은 목재 본래의 세포 조직의 구조가 그대로 남아 있다. 이를 통해 화석화된 식물의 외형뿐 아니라 세포 구조까지 현대의 식물과 비교

할 수 있다. 그러나 광화가 지나치게 진행되면 내부 조직이 손상되어 세포 관찰이 어려운 경우도 있다. 규화목은 아름다운 색상과 무늬를 가진 경우가 많고, 산지에 따라서는 대량으로 산출되기 때문에 관상용으로도 널리 판매되고 있다.

목화석은 대부분 부러진 나무줄기나 가지가 물에 쓸려나간 후 화석화된 것이지만, 드물게 원래 자라던 자리에서 그대로 화석화되는(원지성) 경우도 있다. 뿌리(그루터기) 부분만 남아 있거나, 서 있는 나무 그대로 화석화된 경우도 있는데 이들을 통칭하여 화석림(化石林)이라고 한다. 세계 각지에서 규화목으로 이루어진 중생대의 화석림이 발견되었으며, 일본에서도 데토리 층군(→p.230)의 화석림이 유명하다.

▓ 온천과 규화목

온천수 안에는 광물질이 다량으로 녹아 있어 온천의 배관이 침전물로 막히는 경우도 드물지 않다. 쓰러진 나무가 온천에 잠긴 상태로 광화되어 규화목이 되는 현상도 알려져 있다. 실제로 규소 성분이 풍부한 온천에 목재를 담가 실험한 결과, 지질학적으로는 한순간이라고 할 수 있는 7년 만에 목재 총중량의 40%가 광화된 사례도 보고되었다.

규화목을 포함해 생물의 유해가 화석화되는 과정은 다양하지만, 경우에 따라서는 '한순간'에 화석화가 일어나기도 한다.

골조직학

| bone histology

척추동물의 뼈는 다양한 생물 조직과 인산칼슘이라는 생체 광물이 결합해 만들어진 구조로, 일종의 생체 메커니즘처럼 작동한다. 뼈 내부는 해당 생물의 생리적 특징에 따라 독특한 구조를 가지고 있기 때문에 뼈의 단면을 관찰함으로써 생리적 특징과 함께 생태를 유추할 수 있다. 그리고 내부 구조가 보존된 뼈 화석도 결코 드물지 않다.

▪▪ 공룡의 골조직학

화석화된 공룡 골격의 보존 상태는 다양하다. 화석화 과정에서 납작하게 짓눌리는 경우도 있고, 광화와 속성 작용이 맞물려 화석과 모암의 구별이 어려워지기도 한다. 하지만 광화와 속성 작용이 적절히 진행된 화석은 뼈의 외형뿐 아니라 내부 조직의 구조까지도 잘 보존된다. 이런 화석을 얇게 슬라이스하여 현미경으로 관찰하면 뼈의 본래 내부 구조를 현생 동물과 마찬가지로 세밀하게 관찰할 수 있다.

화석의 보존 상태만 적절하다면 뼈의 일부만으로도 골조직학적 연구를 수행할 수 있다. 지금까지 다양한 공룡 화석이 골조직학 연구의 대상이 되었으며, 이를 통해 대사와 성장에 관한 중요한 자료를 제공해왔다.

공룡의 골조직학 연구에서 가장 큰 성과를 거둔 분야는 공룡의 성장 속도에 관한 연구이다. 동물의 성장 속도는 1년 중에도 변화하는데, 건기나 겨울과 같이 기후가 혹독한 시기에는 일시적으로 성장이 멈추기도 한다. 이런 동물은 일시적으로 성장이 멈췄던 기록이 연륜으로서 뼈에 남는다. 따라서 공룡의 뼈 화석에서 연륜을 세면 죽었을 당시의 나이를, 연륜 사이의 간격을 측정하면 매년 성장 속도의 변화를 파악할 수 있다.

수각류 이빨의 구조

뼈 화석을 다이아몬드 커터로 슬라이스한 후, 슬라이드 글라스에 접착하고 빛이 비쳐 보일 정도로 얇게 연마하여 관찰한다.

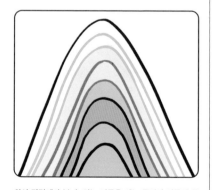

화석 단면에서 볼 수 있는 연륜을 세는 동시에 연륜의 간격의 변화를 분석함으로써 해당 공룡의 성장 패턴을 파악할 수 있다. 다만 뼈의 중심부는 성장 과정에서 재흡수되기 때문에 생후 몇 년 동안의 나이테는 소멸되어 사라진다.

골화 힘줄

| ossified tendon

힘줄과 인대는 뼈와 근육 혹은 뼈와 뼈를 연결하는 생체 조직으로, 주로 콜라겐 섬유로 이루어져 있다. 인간의 경우, 병으로 힘줄이나 인대에 칼슘이 침착해 골화되면 운동에 지장을 초래하기도 한다. 그와 달리 공룡은 병이 아니더라도 척추뼈를 따라 뻗어 있는 힘줄이나 인대가 골화되는 그룹이 존재한다.

::공룡의 골화 힘줄

공룡 중에서도 조반류는 척추를 따라 길게 뻗은 골화 힘줄이 잘 발달해 있다. 골화된 힘줄은 척추뼈의 극상 돌기를 따라 배열되어 있으며, 발달 범위는 어깨부터 꼬리까지로 조반류 내에서도 그룹에 따라 차이가 있는 것으로 보인다. 꼬리가 매우 긴 공룡의 경우, 극상 돌기뿐 아니라 혈도궁 부분까지 골화된 힘줄이 배열된 사례도 관찰된다. 이런 골화 힘줄은 성장 과정에 따라 점진적으로 발달한 것으로 추정된다.

골화 힘줄은 일반적으로 길쭉한 막대 모양으로, 평행하거나 그물망 형태로 배열되어 있다. 견두룡류의 꼬리에는 특수한 골화 힘줄이 존재하는데, 이는 물고기의 단면에서 볼 수 있는 힘줄과 상동(→p.220) 구조인 것으로 보인다.

골화 힘줄은 척추의 자세를 유지하고, 척추뼈의 구조와 결합해 몸을 지지하는 데 기여했을 것으로 추정된다. 한편 골화 힘줄은 어느 정도의 유연성을 가지고 있으며, 척추뼈에 완전히 융합하지 않았기 때문에 척추의 움직임을 지나치게 제한하지는 않았던 것으로 보인다. 화석화 과정에서 원래 자리에서 벗어난 골화 힘줄이 부분적으로 관절이 연결된 상태(→p.164)로 주변에 흩어져 발견되는 경우도 적지 않다.

용반류는 일반적으로 골화 힘줄이 없지만, 용각류에서는 허리를 따라 배열된 인대가 골화되어 척추뼈와 유합된 사례가 종종 관찰된다. 한편 드로마에오사우루스류는 꼬리 중간부터 끝부분에 걸쳐 척추뼈를 따라 가느다란 막대 모양의 뼈가 다수 발달했는데, 이는 골화된 힘줄이 아니라 척추뼈의 관절 돌기나 혈도궁이 앞뒤로 매우 길게 뻗어 형성된 구조이다.

하드로사우루스류(→p.36)의 골격과 골화 힘줄

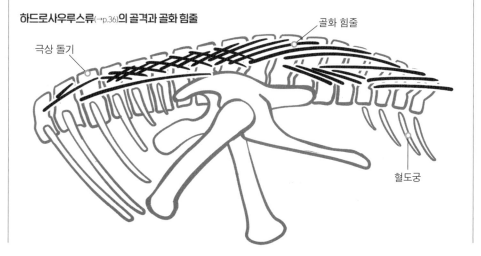

극상 돌기

골화 힘줄

혈도궁

공막 고리뼈

| sclerotic ring

공룡 화석이나 골격도를 보면 안와(눈구멍) 안에 도넛 모양의 뼈가 존재하는 경우가 있다. 이 뼈는 '공막 고리뼈'라고 불리는 '눈의 뼈'로, 생전에는 안구를 지지하는 역할을 했다. 인간을 비롯한 포유류에서는 볼 수 없는 구조이지만 일부 어류, 도마뱀류, 익룡, 공룡 그리고 조류에서는 일반적인 구조이다.

■: 공막 고리뼈와 그 연구

공막 고리뼈는 단일 뼈가 아니라 여러 개의 얇은 판 모양의 뼈가 겹쳐져 고리 모양의 구조를 이루고 있다. 이 뼈의 개수는 종에 따라 다르며, 공막 고리뼈 전체의 모양(고리의 굵기)도 종마다 다양하다.

공막 고리뼈는 '흰자위'를 둘러싸고 있는 공막 내부에 위치하기 때문에 외부에서는 보이지 않는다. 공막 고리뼈의 안지름은 동공의 지름과 거의 일치하며, 공룡의 경우에 살아 있을 때는 흰자위가 외부에서 보이지 않는 것이 일반적이었다. 얇고 섬세한 구조의 공막 고리뼈가 완전한 형태로 화석화되는 것은 매우 드물지만, 일단 발견되기만 하면 살아 있을 때의 눈(동공) 크기를 비교적 정확하게 복원(→p.134)할 수 있다. 공막 고리뼈는 모든 공룡이

가지고 있었던 것으로 여겨지지만, 실제 화석은 비교적 드물다.

동물의 안구가 모두 구형인 것은 아니다. 렌즈 형태의 단면을 가진 경우도 많지만 안구 자체는 내부의 압력으로 구형을 유지하려는 힘이 작용한다. 공막 고리뼈는 이를 억제하고, 평평한 형태의 안구를 유지하는 작용을 했을 것으로 보인다.

공막 고리뼈의 모양은 동공뿐 아니라 안구 전체의 크기와도 밀접하게 연관되어 있어 이를 통해 안구 전체의 형태를 복원할 수 있다. 안구의 형태, 즉 공막 고리뼈의 형태는 주행성 혹은 야행성 같은 동물의 생활 리듬과 관련이 있다는 것이 현생 동물 연구에서 밝혀졌다. 이를 바탕으로 공룡을 비롯한 공막 고리뼈를 가진 고생물에서도 생활 리듬을 추정하려는 시도가 이루어지고 있다.

힙실로포돈의 두개골(길이 약 13cm)과 그 복원

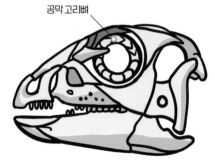

공막 고리뼈

복륵골

| gastralia

최근 새롭게 제작된 공룡의 복원 골격 중에는 가늘고 긴 뼈가 바구니처럼 엮인 형태로 복부에 부착되어 있는 것이 늘고 있다. 일반적으로 '복륵골(腹肋骨)'이라고 불리는 이 뼈는 최근에 존재가 확인된 것은 아니었다. 오래전부터 공룡의 일부 그룹에 존재하는 것으로 알려졌지만, 종종 오해를 불러일으키는 뼈이기도 하다.

∷ 공룡의 복륵골

'늑골'이라는 명칭이 들어가지만 피골(→p.214)의 일종인 이 뼈는 늑골과는 완전히 다른 구조로 늑골과 관절로 연결된 것도 아니다. 명칭 때문에 오해를 불러일으키기 쉬워 영어명 그대로 '가스트랄리아(gastralia)'라고 부르기도 한다. 두 개의 가늘고 유연한 뼈가 교차하며(유합되어 일체화되기도 한다), 복부를 아래에서 지지하는 방식으로 여러 쌍이 배열되어 있다.

복륵골은 수각류와 용각류 그리고 조반류 중 일부 원시적인 공룡에서만 발견된다. 현생 동물 중에서는 악어와 투아타라가 복륵골을 가지고 있지만, 수각류의 한 그룹이라고 할 수 있는 현생 조류는 복륵골이 없다. 복륵골은 복부를 아래에서 지지하는 역할과 함께 복근의 부착점으로 기능하며, 호흡을 보조하는 데도 기여했을 것으로 추정된다. 호흡 구조의 변화에 따라 진화한 유형의 조

반류와 조류 그리고 기타 파충류에서는 복륵골이 퇴화된 것으로 보인다.

복륵골은 가늘고 유연한 뼈로, 죽은 후 쉽게 흩어지기 때문에 살아 있을 때의 위치 관계를 복원(→p.134)할 수 있는 정도로 완전하게 발견되는 경우는 비교적 드물다. 또 쇄골이나 차골(叉骨)과 같은 어깨 부위의 뼈와 혼동되는 경우도 있다. 온전한 상태로 발견되더라도 지층의 압력으로 납작하게 변형되거나 화석 자체가 부서지기 쉬운 경우가 많아 산상(→p.160)을 살린 월 마운트(→p.265) 방식 이외에 복륵골이 복원된 골격은 매우 드물었다.

최근에는 복륵골이 포함된 복원 골격이 늘고 있지만, 복륵골은 크기가 다른 별개의 표본에서 가져온 것이거나 본래 상태와 크게 다르게 변형된 것을 그대로 조합한 사례가 대부분이다.

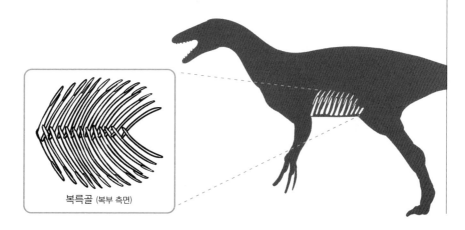

복륵골 (복부 측면)

이치성

| heterodont

인간을 비롯한 대부분의 포유류는 이빨이 나는 위치에 따라 형태가 크게 다르다. 이것은 이치성(異齒性)이라고 불리는 특징으로, 이빨이 나는 위치에 따라 먹이를 포획하거나 음식을 섭취할 때의 기능이 나뉘는 것을 의미한다. 이치성은 포유류의 특징으로 여겨지기도 하지만 실제로는 공룡이나 다른 파충류에서도 종종 볼 수 있다.

:: 공룡의 이치성

이치성은 육식·식물식을 불문하고 다양한 공룡에서 나타나는 특징이다. 조반류에서 특히 두드러지게 나타나며, 원시적인 조반류 헤테로돈토사우루스(이치성 도마뱀이라는 뜻)는 입 앞쪽에 긴 엄니 형태의 이빨이 있는 반면, 턱의 주요 부분에는 식물을 짓이기는 데 적합한 형태의 이빨이 있었다. 이런 이치성은 다른 여러 원시적인 조반류 그룹에서도 볼 수 있지만, 진화형에서는 모든 이빨이 비슷하게 생긴 동치성(同齒性)으로 변화했다. 입 앞쪽 이빨의 유무에 관계없이 조반류는 입 앞부분이 부리 모양으로 변형되었는데, 이것도 일종의 이치성으로 볼 수 있다.

수각류에서는 조반류만큼 두드러진 이치성은 보이지 않지만, 엄니 형태의 이빨이라도 위치에 따라 길이, 굵기, 구부러진 정도가 크게 달라지는 경우가 있다. 티라노사우루스류(→p.28)처럼 '앞니'와 다른 거치(鋸齒, →p.209)가 난 위치가 다르거나 드로마에오사우루스류와 같이 '앞니'가 깃털 손질에 특화된 것으로 추정되는 사례도 알려져 있다.

이치성

헤테로돈토사우루스 (원시적인 조반류)

엄니 형태의 이빨

저작용 이빨

동치성

디살로토사우루스 (원시적인 조각류)

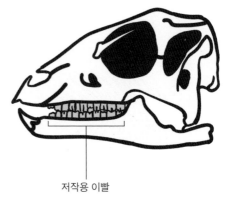

저작용 이빨

거치

| serration

포유류에서는 낯설지만, 파충류나 상어 같은 동물의 이빨에는 종종 '거치(鋸齒)'라고 불리는 톱날 모양의 구조가 있다. '톱 모양' 또는 '스테이크 나이프 모양'으로도 표현되는 이 구조는 음식물을 절단하는 효율을 높이는 기능을 한다. 공룡의 이빨 중에도 거치를 가진 경우가 많아 먹이 습성과 분류를 연구하는 데 중요한 단서로 활용되고 있다.

∷ 공룡의 이빨과 거치

공룡의 거치는 이빨 표면의 '카리나(carina)'라고 불리는 능선에 줄지어 늘어선 치상(齒狀) 돌기로, 용반류와 조반류 모두에서 볼 수 있는 구조이다. 거치는 그룹마다 차이가 있기 때문에 이빨 화석만으로도 어느 정도 분류를 좁힐 수 있다. 또 같은 개체에서도 이빨이 나는 위치에 따라 거치의 구조가 달라지므로, 어느 부위의 이빨인지도 추정이 가능하다.

이빨은 뼈보다 단단하고 견고하며, 대부분의 공룡들이 다수의 이빨을 가지고 있었기 때문에 화석으로 발견되기도 쉽다. 공룡 화석이 대규모로 발견되지 않는 일본과 같은 지역에서는 단 한 개의 이빨 화석이라도 귀중한 연구 자료가 될 수 있다.

수각류의 거치는 작은 치상 돌기가 다수 늘어서 있는 경우가 많고, 조반류의 거치는 각각의 돌기의 크기가 상당히 크다. 이런 차이는 먹이 습성과 관련이 있는 것으로 보인다. 수각류 중에서도 트루돈류처럼 큰 치상 돌기를 가진 그룹은 조반류와 마찬가지로 식물식 공룡이었을 가능성이 제기되고 있다.

거치가 완전히 사라진 수각류도 알려져 있다. 거치를 가진 공룡에 비해 음식물을 절단하는 능력이 떨어졌을 가능성이 높으며, 이를 근거로 육식이 아닌 곤충식이나 잡식 혹은 식물식 공룡이었을 것으로 추정하기도 한다.

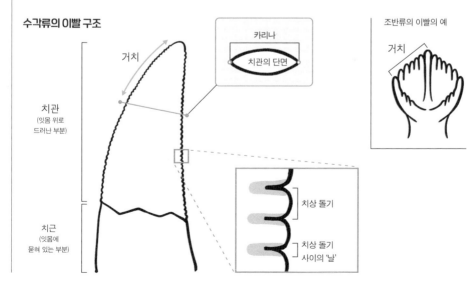

수각류의 이빨 구조

거치

카리나

치관의 단면

조반류의 이빨의 예

거치

치관
(잇몸 위로 드러난 부분)

치근
(잇몸에 묻혀 있는 부분)

치상 돌기

치상 돌기 사이의 '날'

치판

| dental battery, tooth battery

식물은 일반적으로 생각하는 것보다 훨씬 단단하고 소화하기 어려운 음식이다. 식물을 구강 내에서 소화(저작)하는 동물은 늘 이빨의 마모와 싸워야 한다. 대부분의 포유류는 평생 단 한 번만 이빨이 교체되기 때문에 이빨을 얼마나 오래 유지하는지가 중요하다. 반면, 평생에 걸쳐 이빨이 계속해서 교체되는 공룡은 포유류의 입장에서 보면 반칙에 가까운 구조를 완성시켰다.

▦ 공룡과 포유류의 이빨

공룡의 이빨은 치조(齒槽, 이가 박혀 있는 구멍이 뚫린 뼈)에서 자라는데, 이빨이 드러나는 순간 이미 뿌리 아래에서는 다음에 교체될 이빨이 형성되기 시작한다. 다음 이빨이 자라면서 기존의 이빨을 밀어 올리며, 기존 이빨이 빠지면 새로운 이빨이 나오게 된다. 이것이 공룡의 이빨이 교체되는 기본적인 구조이다. 종에 따라 새 이빨이 형성되는 데 걸리는 기간은 다르지만, 평생에 걸쳐 교체되는 것으로 보인다. 이런 구조는 육식 공룡과 식물식 공룡 모두에서 공통적으로 나타난다.

인간을 포함한 대부분의 포유류는 유치에서 영구치로 한번 교체되면 그걸로 끝이다. 이렇게 치아가 한 번만 교체되는 구조 때문에, 영구치를 모두 잃게 되면 음식을 씹을 수 없게 된다. 식물을 먹는 포유류의 경우, 식물에 포함된 플랜트 오팔 등으로 이빨이 마모되기 때문에 단순히 먹는 행위만으로도 스스로 수명을 단축시키는 셈이 된다. 식물 중에서도 매우 단단한 볏과의 풀(→p.200)을 먹는 말은 치관(잇몸 위로 드러난 부분)을 극단적으로 높게 만들어 마모되기까지의 시간을 벌고 있다. 또 쥐와 같은 설치류는 앞니가 평생 자라기 때문에 완전히 닳아 없어지지 않도록 진화했다.

▦ 공룡의 치판

식물식 공룡은 평생에 걸쳐 이빨이 계속 교체되기 때문에 기본적으로 이빨이 마모되어 굶어 죽는 일은 없다. 하지만 일회용처럼 사용되는 식물식 공룡의 이빨은 포유류와 비교해 개별적인 구조가 단순하며, 그만큼 씹는 능력은 떨어진다.

식물식 공룡 중에서도 하드로사우루스류(→p.36), 진화형 각룡류(케라톱스류), 일부 용각류는 '치판(齒板)'이라는 구조를 통해 구강 내 소화 능력을 다른 공룡들보다 크게 향상시켰다. 치판은 교체용 이빨을 포함한 다수의 이빨이 돌담처럼 쌓인 구조로, 치열 전체가 평생에 걸쳐 자라며 거대한 하나의 이빨처럼 기능하는 시스템이다. 각각의 이빨은 마모 과정에서 단단한 법랑질과 더 부드러운 상아질이 교합면(이빨이 서로 맞물리는 면)에 섞여 있으며, 그런 이빨들이 모여 하나의 교합면을 형성한다. 덕분에 치판 전체의 교합면은 법랑질과 상아질이 섞여 울퉁불퉁한 표면을 이루면서 식물을 갈아 먹기 쉽게 만든다.

치판을 가진 공룡은 백악기에 등장했다. 속씨식물이 크게 번성한 시기와 겹치기 때문에 이런 공룡이 새로운 식물에 적응한 결과로 보는 시각도 있다.

치판을 구성하는 이빨은 연조직으로 서로 고정되어 있어 화석화 과정에서 각각의 이빨이 흩어지기 쉽다. 하드로사우루스류나 케라톱스류의 화석은 북아메리카의 백악기 후기 육성층에서 흔히 발견되지만, 치판이 턱뼈에 그대로 남아 화석화된 사례는 비교적 드문 편이다.

각룡의 치판

치열 전체가 가위 날처럼 이루어져 있어 강력한 턱 근육과 결합해 단단한 식물을 잘게 지르는 데 적합한 구조로 보인다. 위아래 치열의 '날'은 서로 끝부분이 맞닿아 계속 갈리면서 항상 날카롭게 유지된다.

하드로사우루스류의 치판

치열 전체가 절구처럼 되어 있어 식물을 갈아 먹기에 적합한 구조이다. 아래턱이 닫힐 때 상악골이 바깥쪽으로 회전하면서 위아래 교합면이 복잡하게 맞물려 식물을 갈아내도록 설계되어 있다.

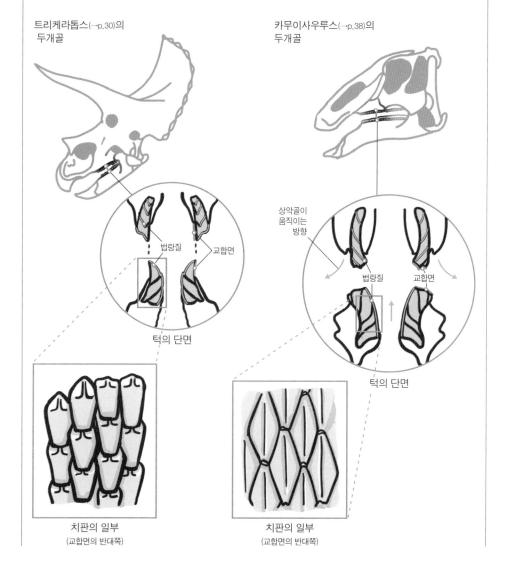

트리케라톱스(→p.30)의
　두개골

카무이사우루스(→p.38)의
　두개골

법랑질

교합면

턱의 단면

상악골이
움직이는
방향

법랑질

교합면

턱의 단면

치판의 일부
(교합면의 반대쪽)

치판의 일부
(교합면의 반대쪽)

프릴

| frill

몇 몇 동물의 후두부에서 볼 수 있는 얇고 넓게 펼쳐진 구조를 프릴이라고 부른다. 프릴을 가진 공룡은 각룡류의 비교적 진화한 유형에만 한정되어 있다. 여기서는 각룡류의 다양한 프릴에 대해 알아보자.

프릴의 진화

프릴이 발달한 것은 각룡 중에서도 네오케라톱스류뿐이지만, 더 원시적인 각룡에서도 프릴의 원형이라 부를

수 있는 구조가 관찰된다. 강력한 턱 근육을 지지하던 구조가 발달해 프릴이 된 것으로 보인다.

각룡류와 근연인 견두룡류에서는 이런 구조가 두정부 돔(dome)의 원형이 된 것으로 추정된다.

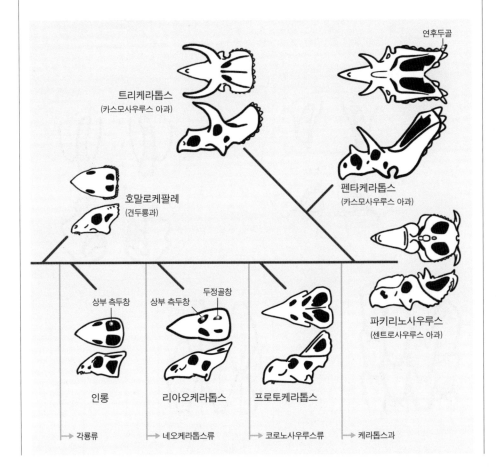

∷ 프릴의 구조

프릴은 두정골과 인상골(鱗狀骨)이라는 후두부의 뼈가 결합하여 형성되며, 케라톱스과 공룡은 여기에 피골(→p.214)로 이루어진 작은 뿔이 추가된다. 네오케라톱스류의 프릴에는 두정골창이라고 불리는 커다란 구멍이 뚫려 있으나 트리케라톱스(→p.30)와 같은 일부 공룡에서는 이 구멍이 이차적으로 퇴화하였다. 두정골이나 인상골에는 다양한 혹 모양의 구조가 발달했으며, 파키리노사우루스는 두정골의 중심선(정중선) 위에도 작은 뿔이 존재한다.

프릴 가장자리에 있는 작은 뿔은 연후두골(epoccipital,

epo라고 줄여서 부르는 경우가 많다)이라고 불리며, 이 중 두정골에 접한 것을 연두정골(epiparietal, ep), 인상골에 접한 것을 연인상골(episquamosal, esq), 두정골과 인상골을 가로지르는 것을 연두정인상골(epiparietosquamosal, eps)이라고 부른다. 연후두골에 접한 부분(두정골과 인상골의 가장자리)은 물결 모양으로, 비슷한 구조를 프로토케라톱스의 두정골에서도 확인할 수 있다.

연후두골의 형태, 개수, 위치 관계는 종을 구분하는 중요한 특징으로 여겨진다. 연후두골은 성장하면서 두개골과 일체화되지만, 개수나 위치 관계는 성장 과정에서도 거의 변하지 않는 것으로 보인다.

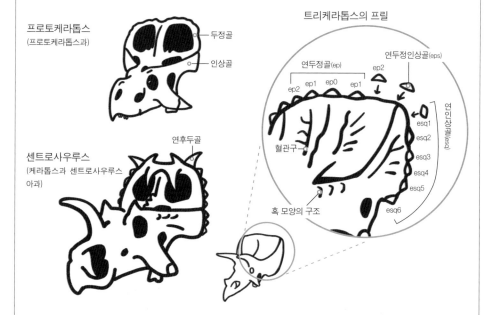

프로토케라톱스
(프로토케라톱스과)
두정골
인상골

센트로사우루스
(케라톱스과 센트로사우루스아과)
연후두골

트리케라톱스의 프릴
연두정골(ep)
연두정인상골(eps)
ep2 ep1 ep0 ep1 ep2
연인상골(esq)
esq1
esq2
esq3
esq4
esq5
esq6
혈관구
혹 모양의 구조

트리케라톱스와 같은 일부 케라톱스과 공룡의 프릴 뼈 표면에는 혈관구(혈관구, 혈관이 지나는 고랑)가 발달해 있다. 이렇게 발달된 혈관구가 뿔이나 부리의 뼈에서도 발견되기 때문에 과거에는 각룡의 프릴 표면이 비늘이 아닌 두꺼운 각질로 덮여 있었을 것이라고 추정하는 연구자들도 있었다. 그러나 최근 트리케라톱스의 프릴에서

비늘 형태의 피부흔(→p.224)이 확인되었다. 프릴뿐 아니라 각룡의 두개골에는 연후두골 외에도 여러 개의 작은 혹이나 돌기가 발달했으며, 이런 구조는 각각 눈에 띄는 비늘 또는 각질의 기초를 이루는 부분이었던 것으로 보인다.

피골

| osteoderm

동물의 피부는 여러 구조가 겹쳐 형성되는데 피부 내부, 특히 표피 아래에 있는 진피 내부에 칼슘이 침착되어 몸의 골격과는 별도로 뼈가 형성되는 경우가 있다. 이렇게 피부 내부에 형성된 뼈를 피골(皮骨)이라고 부른다. 다양한 파충류 그룹에서 피골의 존재가 확인되었으며, 공룡 중에서도 발달된 피골을 가진 종이 적지 않다.

▪▪ 공룡의 피골

다양한 파충류가 비늘 아래에 피골을 가지고 있다. 공룡과 근연인 현생 동물로는 악어의 피골이 잘 알려져 있으며, 등에 있는 울퉁불퉁하고 커다란 비늘 아래에 저마다 피골이 존재한다. 공룡의 피골 역시 살아 있을 때는 비늘이나 각질처럼 화석화되기 어려운 구조로 덮여 있었던 것이 분명하다. 또한 머리에 피골을 가진 공룡은 성장하면서 피골이 두개골과 유합하면서 두개골에 흡수되어 눈에 띄지 않게 되는 경향이 관찰된 바 있다.

▪▪ 조반류의 피골

조반류 중에서는 장순류(裝盾類)와 주식두류(周飾頭類)에서 발달된 피골의 존재가 알려져 있다.

장순류는 다양한 크기의 피골로 이루어진 '장갑(裝甲)'을 발달시켰으며, 검룡류는 등에는 피골로 이루어진 판, 꼬리에는 뾰족한 가시 모양의 골침(→p.216)을 발달시켰다. 곡룡류는 목 부위에 '하프 링'이라고 불리는 피골의 복합체가 있으며, 꼬리에는 망치 모양의 피골 집합체인 '핸들'과 '노브'를 가진 종도 있다. 이런 피골의 형태는 종마다 다르지만, 기본적인 배열 패턴은 근연종끼리 공통된 특징을 보인다. 곡룡류의 유체는 피골이 미발달된 상태이지만, 악어의 유체와 마찬가지로 성체의 장갑과 유사한 비늘 패턴을 가졌을 것으로 추정된다.

주식두류는 이름 그대로 두개골을 둘러싸는 형태로 피골이 발달한다. 견두룡류나 각룡류도 작은 혹 모양 또는 가시 모양의 피골을 가지고 있으며, 일부 견두룡류와 각룡류에서는 이 피골이 길게 뻗어 가시 모양으로 발달하기도 한다. 트리케라톱스(→p.30)와 같은 진화형 각룡류에서는 코뿔의 골심(骨芯)이 피골로 이루어져 있다. 주식두류의 피골은 성장하면서 두개골과 유합해 점차 눈에 띄지 않게 된다.

안킬로사우루스(→p.62)의 꼬리 망치

파키케팔로사우루스(→p.64)의 머리

용각류의 피골

용각류 중에서도 백악기에 크게 번성한 티타노사우루스류는 독특한 피골을 가지고 있었던 것으로 알려져 있다. '루트(root)'와 '벌브(bulb)'라고 불리는 구조가 결합된 피골이 등에 두 줄로 배열되어 있었으며 '벌브'는 각질 가시의 기반이 되었던 것으로 보인다. 이 피골은 단순히 방어용 구조뿐 아니라 칼슘 저장 기관으로서의 역할도 했던 것으로 추정된다. 또한 피골이 알갱이처럼 밀집된 형태가 발견된 사례도 있어 루트＝벌브 구조의 피골 주변에 작은 피골이 산재해 있었던 것으로 보인다.

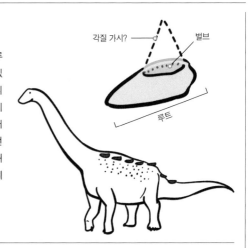

각질 가시?　　벌브

루트

수각류의 피골

기가노토사우루스(→p.70)를 비롯한 카르카로돈토사우루스류와 티라노사우루스류(→p.28)는 안와 위에 여러 개의 피골이 존재하며, 볏 모양의 구조를 형성하고 있었다.

이 구조는 과시용으로 활용되거나 빛 또는 적으로부터 눈을 보호하는 데 도움이 되었을 가능성이 있다. 이 피골은 크기가 작아 화석화 과정에서 소실되기 쉽고, 나이가 든 개체에서는 두개골과 완전히 유합해 눈에 띄지 않게 된다.

케라토사우루스는 척추뼈의 극상 돌기 위를 덮는 형태로 작은 피골이 한 줄로 배열되어 있었다. 현재는 케라토사우루스 이외에 이런 피골을 가진 수각류는 알려져 있지 않다. 과거에는 티라노사우루스가 등에 타원형 피골을 다수 가지고 있다고 여겨졌으나, 이는 티라노사우루스와 함께 발견된 안킬로사우루스의 피골로 밝혀졌다.

티라노사우루스의
머리

기가노토사우루스의
머리

케라토사우루스의 등의 피골

골침

| thagomizer

뾰족한 가시 모양의 돌기를 가진 공룡은 많지만, 꼬리에 눈에 띄게 뾰족한 가시 모양의 피골 구조를 가지고 있는 것은 스테고사우루스를 비롯한 검룡류뿐이다. 이 피골로 이루어진 가시는 명백히 무기로 사용되었으며, 고생물학자들 사이에서는 흔히 '골침(骨針)'이라는 명칭으로 불린다.

■■ 골침과 스플레이트

검룡류의 꼬리 골침(종종 꼬리 가시라고도 불리지만, 특별히 정해진 용어는 없었다)의 화석은 19세기부터 알려져 있었다. 하지만 '골침'이라는 용어가 사용되기 시작한 것은 1990년대부터라고 한다. 이 용어는 원래 고생물학자가 만든 것이 아니라 미국의 유명한 풍자 만화가인 개리 라슨(Gary Larson)이 1982년에 발표한 한 컷 만화에서 등장한 단어였다. 한 원시인이 청중들 앞에서 스테고사우루스(→p.44)의 꼬리 가시에 대해 설명하며 (꼬리 가시로 찔려 죽은) '고(故) 타그 시몬스(Thag Simmons)'의 이름을 따서 '타고마이저'라고 부르기로 했다고 발표하는 내용의 만화였다. 검룡류 꼬리 골침의 살상성을 단적으로 보여준 이 만화에서 유래하여 고지라사우루스(→p.269)의 명명자로 알려진 케네스 카펜터(Kenneth Carpenter)가 학회 발표에서 이 용어를 사용한 것이다.

스테고사우루스와 같이 피골로 이루어진 판(plate)과 가시(spike) 모양의 골침이 형태적으로 명확히 구분된 검룡류는 의외로 많지 않다. 스테고사우루스의 크고 얇은 골판 대신 골침과 골판의 중간 형태인 골침판, 이른바 '스플레이트(splate, 골침과 골판을 합친 조어)'를 가지고 있는 경우가 많다. 골침판은 몸의 뒤쪽으로 갈수록 뾰족한 가시 형태로 바뀌면서 서서히 골침으로 변화한다.

골침은 골판이나 골침판과 마찬가지로 척추와 관절을 통해 연결되는 구조가 아니다. 그러다 보니 위치나 개수를 추정하기 어려운 경우가 많다. 과거 스테고사우루스·웅굴라투스의 골침은 4쌍(8개)으로 복원(→p.134)되었으나, 실제로는 스테고사우루스·스테놉스와 같이 2쌍(4개)이었던 것으로 드러났다.

스테고사우루스　　　　　　　　　　　　　　　　　켄트로사우루스

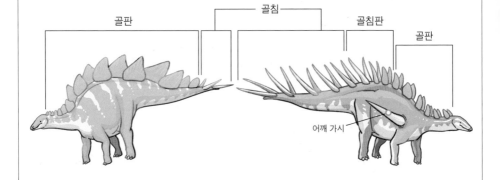

골판　　　　　골침　　　　골침판　　골판

어깨 가시

말절골

| ungual phalanx

공룡의 '발톱 뼈'는 다양한 형태를 가지고 있다. 이 뼈는 어디까지나 발톱의 중심부에 해당하며 실제 발톱은 이를 덮는 각질로 구성되어 있어 화석으로 발견되는 경우는 드물다. 하지만 '발톱 뼈'는 발톱의 형태를 잘 반영하는 경우가 많아 그 기능에 대해 다양한 정보를 제공한다. 공룡의 '발톱 뼈'는 손발을 불문하고 '말절골(말절골)'이라고 부르는 경우가 많다. 이 용어는 인체해부학 용어에서 유래된 것으로, 원래대로라면 '조절골(爪節骨)'이라고 해야 맞을 것이다. 또한 유조골(有爪骨)이라는 명칭도 있지만 널리 사용되지는 않는다. 여기서는 다양한 공룡의 말절골의 예를 소개한다.

손의 말절골

2족 보행 공룡과 4족 보행 공룡은 손의 말절골 형태가 완전히 다르다.

2족 보행 공룡의 말절골은 다양한 형태를 보이지만 4족 보행 공룡은 포유류의 '발굽 뼈'와 유사한 형태가 대부분이다. 또 손가락 전체가 퇴화하면서 '발톱 뼈'가 소실된 경우나 손가락 자체가 소실되고 중수골(손등 뼈)만 남은 경우도 용수류에서 자주 관찰된다.

공룡의 손에 공통적으로 나타나는 특징은 제4지(약지)와 제5지(소지)에 '발톱 뼈'가 존재하지 않으며, 손가락 말단의 뼈는 불규칙한 작은 알갱이 모양으로 되어 있다. 이런 특징은 현생 악어와 공통되며, 악어와 마찬가지로 모든 공룡은 제4지와 제5지에 발톱이나 발굽을 가지고 있지 않았던 것으로 보인다.

말절골이 연결되는 부위에는 힘줄이 부착된 돌기가 있는데, 이 돌기의 발달 정도는 손가락을 구부리거나 펼 때의 힘을 가늠할 수 있는 지표가 된다. 갈고리 발톱은 사냥감을 할퀴거나 찌르는 데 효과적이며, 곡률이 약하거나 갈고리 발톱이 아예 없는 공룡은 사냥할 때 손을 사용하지 않았거나 애초에 육식성이이 아니었을 가능성도 있다.

발의 말절골

발의 말절골은 체중을 지지하는 역할이 크기 때문에 손의 말절골만큼 형태의 다양성은 보이지 않는다. 수각류의 발 말절골은 무딘 갈고리 모양이 많은데, 드로마에오사우루스류나 트루돈류에서는 제2지의 말절골이 '낫 모양(sickle claw)'으로 변형되어 있다. 또 묵직한 체구의 테리지노사우루스류(→p.60)는 발의 말절골이 매우 잘 발달된 얇은 갈고리 모양을 띠고 있다. 용각류 역시 무딘 갈고리 모양의 말절골이 잘 발달되어 있으며, 조반류는 모두 길고 평평한 모양 또는 '발굽 뼈' 형태를 가지고 있다.

갈고리 모양의 말절골(손)의 예

말절골 / 손가락을 펴는 힘줄의 부착점 / 지골 / 혈관구 / 손가락을 구부리는 힘줄의 부착점

'발굽 뼈' 모양의 말절골(발)의 예

지골 / 말절골 / 도르래 모양의 관절

악토메타타잘

| arctometatarsal

공룡의 발등은 최대 5개의 중족골로 이루어져 있으며, 그 구조는 그룹에 의해 크게 다르다. 수각류의 경우는 3개의 중족골이 묶여 있는 형태가 기본 구조이지만, 백악기에 번성한 몇몇 그룹은 각자 독자적으로 '악토메타타잘'이라는 특수한 구조를 발달시킨 것으로 알려져 있다.

악토메타타잘의 구조

오늘날 악토메타타잘이라고 불리는 구조가 처음 확인된 것은 1889년에 발견된 오르니토미무스(→p.58) 화석이다. 이 표본은 완전한 발등을 보존하고 있었는데 제3중족골(발의 중지에 해당)이 제2중족골(발의 검지에 해당)과 제4중족골(발의 약지에 해당)에 의해 양옆에서 '짓눌린' 상태였다. 정면에서 보면 제3중족골의 상단이 제2·제4중족골에 덮여 가려져 있었다. 이 특징은 타조의 어린 개체 발등과 매우 유사하며, 이에 깊은 인상을 받은 오스니얼 찰스 마시가 이 공룡을 '새를 닮았다'는 의미의 오르니토미무스라고 명명한 것이다.

그 후에 티라노사우루스류(→p.28), 알바레즈사우루스류, 카에나그나투스류, 트루돈류, 오르니토미모사우루스류 외의 다양한 백악기 수각류에서도 유사한 특징을 가지고 있다는 것이 밝혀졌다. 이 구조는 1990년대에 주목받기 시작했으며, 그때 비로소 '악토메타타잘(협착된 중족골)'이라는 명칭이 붙었다.

이 구조를 가진 수각류의 몇몇 그룹을 '악토메타타잘류'로 분류하려는 의견도 등장했지만 각 그룹의 원시적인 종들은 모두 악토메타타잘 구조를 가지고 있지 않았으며, 각각의 그룹이 백악기 전기에서 중기에 걸쳐 독립적으로 획득한 구조였다고 추정된다. 이런 점에서 백악기 전기에 수각류 간의 속도 경쟁이 있었을 것이라는 추정도 제기되고 있다.

악토메타타잘의 기능

악토메타타잘을 가진 수각류는 티라노사우루스와 타르보사우루스 등을 제외하면 대체로 날렵한 체형에 뒷다리가 매우 길다. 또 티라노사우루스와 타르보사우루스도 어린 개체는 날렵한 체형에 뒷다리가 매우 길었던 것으로 알려져 있다. 이들 공룡은 그 체형으로 보아 매우 빠른 속도로 달릴 수 있었을 것으로 추정되며, 악토메타타잘의 독특한 구조도 뛰어난 주행 능력에 기여했을 것으로 보인다.

악토메타타잘의 기능형태학(→p.156) 연구에 따르면, 이 구조는 다른 수각류의 발등과 비교했을 때 앞뒤 방향으로의 굴곡이 더 컸던 것으로 보인다. 중족골 자체의 강도가 더 높아질 뿐 아니라 발등 전체가 판스프링처럼 휘어지면서 발에 가해지는 충격을 분산시킨다. 악토메타타잘을 가지고 있지 않은 수각류에 비해 고속 주행으로 생기는 부담을 줄이는 데 효과적이었던 것으로 보인다.

악토메타타잘은 고속 주행 시뿐 아니라 평소에도 체중 때문에 발 뼈가 받는 부담을 줄이는 데도 유용했다. 티라노사우루스 성체는 수각류 중에서도 특히 거대하며, 기가노토사우루스(→p.70)와 같은 유사한 전장을 가진 공룡들보다 더 무거웠을 것으로 추정된다. 티라노사우루스의 주행 능력에 대해서는 의견이 분분하지만, 악토메타타잘이 티라노사우루스류의 거대화에 기여했을 가능성도 제기된다.

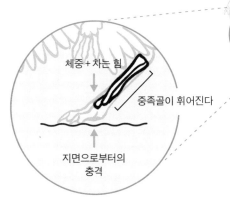

체중＋차는 힘

중족골이 휘어진다

지면으로부터의
충격

중족골

악토메타타잘의 충격 흡수

동물이 걷거나 달릴 때, 중족골이 휘어지면서 발에
가해지는 충격을 흡수한다. 악토메타타잘은 일반적
인 구조의 중족골과 비교해 앞뒤 방향으로의 굴곡
이 커서 더 빨리 달리거나 더 무거운 체중을 가진 경
우에도 충격에 견딜 수 있다.

∷ 수각류의 발등

3개의 중족골이 결합되어 있는 구조는 모든 수각류에
서 공통되는 점이지만 그 결합 정도에는 상당한 차이가
있다. 악토메타타잘의 경우, 정면에서 보면 제3중족골의
상단이 가려져 있지만 발목 관절 쪽에서 보면 제3중족골
의 상단을 확인할 수 있다.

악토메타타잘은 아니지만 그와 비슷한 상태의 구조를
'서브 악토메타타잘(sub-arctometatarsa)', 제3중족골이 발목
관절 쪽에서도 보이지 않게 된 구조를 '하이퍼 악토메타

타잘(hyper-arctometatarsal)'이라고 한다. 한편 노아사우루스
류에서는 악토메타타잘과는 반대로 제3중족골만이 극단
적으로 두꺼워지는 구조가 관찰된다.

중족골 관절이 분리된 상태의 악토메타타잘만을 보고
티라노사우루스류인지 오르니토미모사우루스류인지를
구분하는 것은 수각류 전문가도 어렵다고 한다. 한때 오
르니토미모사우루스류로 기재(→p.138)된 중족골이 나중
에 티라노사우루스류의 것으로 재기재되는 경우도 종종
있었다.

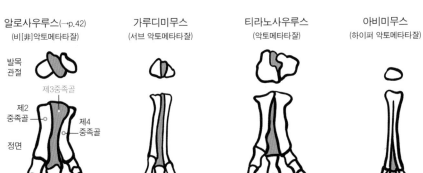

알로사우루스(→p.42)
(비[非]악토메타타잘)

가루디미무스
(서브 악토메타타잘)

티라노사우루스
(악토메타타잘)

아비미무스
(하이퍼 악토메타타잘)

발목
관절

제3중족골

제2
중족골

제4
중족골

정면

상동

| homology

새의 날개는 겉보기에는 다른 척추동물의 앞다리와 다르게 보인다. 깃털을 제거한 상태에서도 앞다리처럼 보이지 않지만 '날개 뼈'에는 3개의 손가락처럼 보이는 구조가 있다. 새의 날개는 수각류의 앞다리가 변형된 것이며, 다른 척추동물의 앞다리와 완전히 같은 기원을 가지고 있다. 이를 '상동(相同)'이라고 하며, 새의 날개는 척추동물의 앞다리의 상동 기관이라고 할 수 있다.

■■ 상동 기관과 상사 기관

계통 발생(=진화적) 및 개체 발생(=성장 과정)에서 같은 기원을 공유하는 것을 '상동'이라고 하며, 이러한 관계에 있는 기관을 상동 기관이라고 한다. 상동 기관은 계통 발생과 개체 발생의 과정에서 형태와 기능이 크게 변할 수 있다. 예컨대 물고기의 부레와 척추동물의 폐는 상동 기관이다.

반대로, 형태와 기능은 유사하지만 계통 발생 및 개체 발생적인 기원이 다른 경우를 '상사(相似)'라고 한다. 곤충의 날개, 익룡(→p.80)의 날개, 박쥐의 날개는 날갯짓을 통

한 비행을 위한 막 구조라는 점에서 상사 기관이라고 할수 있지만, 곤충의 날개와 익룡 및 박쥐의 날개는 전혀 다른 기원을 가진 기관이다(익룡의 날개와 박쥐의 날개는 상동이다).

상동 기관을 비교하는 것은 생물의 진화를 이해하는데 매우 중요하다. 겉보기에는 완전히 다른 형태로 보이는 상동 기관은 공통 조상에서 갈라진 후 각자의 진화 과정에서 변형된 결과이다. 또 상사 기관의 형태적 유사성은 기능형태학(→p.156)의 흥미로운 연구 대상이 되기도 한다.

수각류의 손과 새의 날개 뼈의 상동성과 형태적 유사성

데이노니쿠스(→p.48)
(비조류 수각류)

시조새(→p.78)
(조류)

호아친 새의 새끼
(조류)

호아친 새의 성체
(조류)

미단골

| pygostyle

새의 꼬리는 꽁지깃만으로 구성된 것이 아니다. 꽁지깃 아래에는 매우 짧은 꼬리가 존재하는데, 꼬리뼈의 대부분을 차지하는 것은 '미단골(尾端骨)'이라고 불리는 여러 개의 미추골이 유합되어 하나로 합쳐진 뼈이다. 미단골은 백악기 이후의 조류에서만 존재한다고 여겨져왔으나 최근에는 조류와 유연관계가 다소 먼 수각류에서도 미단골이 확인된 사례가 보고되었다.

::공룡과 미단골

현생 조류의 꼬리는 자유롭게 움직이는 미추골과 단단한 일체형 미단골이 결합된 구조이다. 미단골은 꽁지깃의 부착점으로 기능하며, 현생 조류의 이런 꼬리 구조는 정교한 비행 제어와 관련이 깊은 것으로 여겨진다.

1990년대가 되면 오비랍토르(→p.54)와 근연인 소형 수각류 노밍기아(엘미사우루스의 동물이명(→p.140)이라는 의견이 있다)가 미단골을 가지고 있었다는 것이 확인되었다. 노밍기아는 비행 능력을 가지고 있지 않았으며, 조류와도 원연에 해당한다. 그런 이유로 미단골이 단순히 비행을 위해 발달한 것이 아닐 가능성이 제기되었다.

지금은 노밍기아 외에도 여러 오비랍토르류 공룡이 비슷한 미단골을 가진 것으로 알려져 있다. 또 오비랍토르류보다 조류와 더 먼 관계인 데이노케이루스(→p.56)에

서도 꼬리 끝 부분이 미단골 형태로 변형되어 있다는 사실이 확인되었다.

이 같은 '날지 못하는 공룡'의 미단골이 어떤 기능을 했는지는 아직 명확히 밝혀지지 않았다. 하지만 오비랍토르나 노밍기아의 조상에 가까운 카우딥테릭스는 미단골이 없었으며, 꼬리 끝에 큰 장식 깃털을 가지고 있었던 것으로 알려져 있다. 따라서 노밍기아나 다른 공룡들의 미단골은 장식 깃털 역할을 하는 꽁지깃을 지지하기 위한 구조였을 가능성이 제기되었다. 한편 조류와 더 가까운 드로마에오사우루스류, 트루돈류, 시조새(→p.78) 등에서는 미단골이 발견되지 않았기 때문에 '공룡의 미단골'과 '조류의 미단골'은 상동(→p.220)이 아니라는 주장도 있다.

노밍기아와 현생 조류의 꼬리 골격

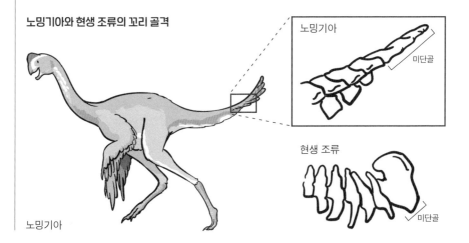

노밍기아

미단골

현생 조류

미단골

노밍기아

함기골

| pneumatized bone

뼈의 내부는 비어 있다. 이 골수강(骨髓腔)이라고 불리는 빈 공간은 골수로 채워져 있어 혈액 세포를 생성하는 중요한 기능을 담당한다. 하지만 뼈 내부의 골수강과 달리 뼈의 외부와 연결된 함기강(含気腔)이라고 불리는 빈 공간을 가진 것도 있다. 현생 조류의 공기주머니는 함기공을 통해 함기강에 침투하는데, 이런 '함기골'은 공룡과 익룡에서도 발견된다.

∷ 공룡과 함기골

　함기골 내부는 뼈를 가로·세로 방향으로 지지하는 벌집 모양으로 연결되어 있어 뼈의 강도를 유지하는 구조이다. 공룡 중에서도 용반류가 함기골을 잘 발달시켰던 것으로 알려져 있으며, 벌집 모양의 단면을 가진 화석이 발견되면 풍화된 파편일지라도 어느 정도 용반류로 식별할 수 있는 경우가 있다. 이런 함기골은 몸의 경량화에 중요한 역할을 했던 것으로 여겨진다.

　조류에서는 날지 않는 종이라도 골격의 함기화가 진행되어 있는 경우가 많다. 척추와 사지의 함기강에는 폐와 연결된 공기주머니(→p.223)가 침투해 있다. 이런 조류의 척추와 수각류, 용각류, 익룡(→p.80)의 척추에 나타나는 함기공 및 함기강의 특징은 매우 유사하며 수각류, 용각류, 익룡에서도 폐와 연결된 공기주머니가 척추 내부로 침투했을 것으로 추정된다.

　조류는 공기주머니 덕분에 매우 뛰어난 호흡 효율을 가지게 되었으며, 용반류나 익룡도 비슷한 구조가 있었을 것으로 여겨진다. 최근에는 익룡, 수각류, 용각류 골격의 함기화가 각각 독립적으로 발달한 것으로 보고 있다. 한편 조반류에서는 골격의 함기화가 상대적으로 덜 진행된 것으로 보인다.

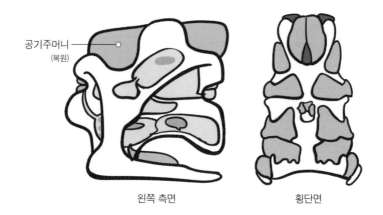

왼쪽 측면　　　　　횡단면

용각류의 경추와 함기화(예: 아파토사우루스) 대형 용각류의 경우, 경추 하나만 해도 길이가 50cm가 넘는 경우가 많아 화석이 매우 무겁다. 하지만 용각류의 경추와 흉요추는 함기화가 매우 잘 진행되어 대부분의 경우 부피의 60% 이상을 함기강이 차지한다. 특히 브라키오사우루스류(→p.46)에서는 89% 이상이 함기강으로 이루어져 있다.

공기주머니

| air sacs

조류가 폐로 호흡하는 동물이라는 것은 말할 필요도 없지만, 폐와 이를 둘러싼 호흡계의 구조는 포유류와 크게 다르다. 종에 따라서는 고도 4000m를 비행하는 경우도 있는 조류는 폐와 '공기주머니'로 이루어진 특수한 호흡계를 갖추고 있어 포유류를 능가하는 호흡 효율을 자랑한다. 이런 조류의 공기주머니는 공룡으로부터 이어받은 특징이다.

∷ 폐와 공기주머니

포유류의 폐는 흡입한 공기(들숨)가 들어온 경로로 그대로 배출되는(날숨) 양방향식 구조로 되어 있다. 기관까지만 도달하는 들숨이 그대로 배출되기 때문에 들숨의 일부만이 가스 교환(혈액 속 적혈구가 운반한 이산화탄소와 들숨 내의 산소를 교환하는 과정)에 사용된다.

반면, 도마뱀이나 악어는 들숨을 모두 가스 교환에 사용할 수 있는 일방통행식 폐를 가지고 있다. 또 조류는 들숨의 일부를 공기주머니에 저장하여 폐를 항상 신선한 공기로 채우고 지속적으로 가스 교환을 수행할 수 있다.

함기골(→p.222)이라고 불리는 내부가 비어 있는 뼈는 다양한 동물에서 발견되지만 조류에서는 함기골을 공기주머니를 수용하는 공간으로 활용하고 있다. 또 척추의 측면에도 공기주머니를 수용하기 위한 오목한 구조가 다수 존재하며 목, 몸통, 허리 그리고 상완골 내부까지도 공기주머니로 가득 차 있다. 이런 골격 구조는 어느 정도 진화한 형태의 용반류 공룡이나 익룡(→p.80)에서도 확인되며, 공기주머니를 가지고 있었던 증거로 간주된다. 조반류에서는 이런 구조가 관찰되지 않지만, 단지 골격을 공기주머니의 수납공간으로 사용하지 않았을 가능성도 있다. 공룡과 익룡이 번성하기 시작한 삼첩기 후기부터 쥐라기 전기까지는 대기 중 산소 농도가 낮았던 것으로 추정되며, 공기주머니의 존재가 번영의 열쇠가 되었을 가능성도 제기된다.

양방향식 호흡계에서는 기관이 길수록 효율이 떨어지기 때문에 기린의 목은 호흡이 가능한 길이의 한계점에 도달한 상태라고도 한다. 하지만 용각류는 공기주머니가 매우 발달했기 때문에 기린보다 훨씬 더 긴 목을 가지고도 전혀 문제가 없었던 것으로 보인다.

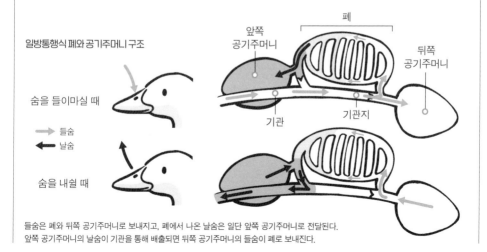

일방통행식 폐와 공기주머니 구조

숨을 들이마실 때

⟶ 들숨
⟵ 날숨

숨을 내쉴 때

앞쪽
공기주머니

폐

뒤쪽
공기주머니

기관

기관지

들숨은 폐와 뒤쪽 공기주머니로 보내지고, 폐에서 나온 날숨은 일단 앞쪽 공기주머니로 전달된다.
앞쪽 공기주머니의 날숨이 기관을 통해 배출되면 뒤쪽 공기주머니의 들숨이 폐로 보내진다.

피부흔
| skin impression

공룡의 복원화 중에는 비늘까지 세밀하게 그려진 것이 있다. 그러나 비늘도 연조직이기 때문에 비늘 자체가 화석화되어 보존된 미라 화석은 매우 드물다. 비늘의 형태나 패턴이 인상(印象)으로 보존된 '피부흔(皮膚痕, 또는 피부 인상)'은 미라 화석보다 훨씬 흔한 화석으로, 복원 시 귀중한 정보를 제공한다.

∷ 공룡과 피부흔

연조직은 유해 중에서도 분해되기 쉽고, 광화(鑛化)가 시작되기 전에 소실되기 쉽다. 따라서 연조직 자체가 어떤 형태로든 화석화되는 것은 매우 드물다.

피부가 완전히 분해되기 전에 유해가 미세한 입자의 퇴적물(고운 모래, 화산재, 진흙 등)에 매몰된 후 빠르게 굳어졌을 경우, 피부의 외형이 인상화석(→p.226)으로 보존되는 일이 있다. 이것이 피부흔이며, 골격과 함께 넓은 범위의 피부흔이 보존된 화석도 '미라 화석'(→p.162)으로 불린다.

연조직 자체가 광화된 진정한 의미의 미라 화석과 비교하면 공룡의 피부흔은 비교적 자주 발견된다. 관절이 분리된 골격이라도 신체 일부의 피부흔이 뼈 주변에 남아 있는 경우가 종종 있다.

공룡의 피부흔은 공룡 연구 초기부터 알려져 있었으며, 생체 복원(→p.134)의 중요한 단서로 오래전부터 주목받아왔다. 유연관계가 깊은 공룡들끼리는 비늘의 패턴이 매우 유사한 경우가 많기 때문에 근연종 간의 정보를 조합해 그룹별 비늘의 기본 패턴을 복원할 수 있다.

하드로사우루스류(→p.36)는 여러 종에서 넓은 범위의 피부흔과 미라 화석이 발견되어 전신 비늘의 기본 패턴부터 종마다 약간의 패턴 차이까지 다양한 정보가 밝혀지고 있다.

∷ 피부흔과 프레퍼레이션

피부흔은 음각 형태로 모암에 남아 있는 경우도 있고, 양각 형태로 골격을 둘러싼 상태로 발견되기도 한다. 모암의 풍화가 심해 야외에서 피부흔이 확인되더라도 채집이 불가능한 경우도 있다.

발굴 중에 피부흔의 유무를 확인할 수 있는 경우는 드물며, 대부분 골격의 클리닝(→p.130) 과정에서 예상치 못한 피부흔이 나타나기도 한다. 또 피부흔은 모암과 동일한 색을 띠고 있는 경우가 많다. 피부흔이 골격을 둘러싸고 있을 경우, 피부흔이 방해가 되어 골격의 클리닝을 진행할 수 없는 상황도 발생한다.

그런 이유로 프레퍼레이션(→p.128) 과정에서 의도치 않게 피부흔을 파괴하거나, 기록 사진이나 레플리카(→p.132) 제작 후 어쩔 수 없이 피부흔을 제거한 사례도 적지 않다. 클리닝 중 제거된 모암 조각에서 비늘 패턴이 발견되어 그제야 피부흔이 골격을 덮고 있었다는 사실을 알게 된 사례도 있다. 단순히 모암의 퇴적 구조나 콘크리션인지, 아니면 비늘의 인상인지 구분하지 못한 채 프레퍼레이션이 진행된 사례도 보고되었다.

이렇게 다양한 피부흔 '파괴' 일화가 알려지면서 아무도 알아채지 못한 채 완전히 제거되거나 파괴된 피부흔이 실제로 상당히 많을 것이라는 말도 나올 정도였다. 현재는 피부흔의 존재를 염두에 두고 더 신중하게 클리닝 작업이 이루어지고 있다.

▓ 공룡의 비늘

공룡의 다양한 그룹에서 피부흔이 발견되었으며, 그 룹마다 비늘의 패턴이 상당히 달랐다는 사실도 밝혀졌다.

공룡의 비늘은 다각형 비늘이 타일처럼 덮여 있는 상 태가 기본이다. 큰 비늘이 배열되어 있고 그 사이를 작은

비늘이 채우고 있는 패턴이 여러 그룹에서 확인되었다. 비늘이 서로 겹쳐진 구조는 비교적 드물며, 몸 전체가 겹 쳐진 비늘로 덮인 공룡은 현재까지 알려지지 않았다.

비늘의 크기는 종이나 몸의 부위에 따라 다양하지만, 수각류는 매우 작은 비늘이 중심이었던 것으로 보인다. 한편 피골(→214)이 발달한 곡룡이나 진화형 각룡은 몸 곳 곳을 거대한 비늘로 단단히 보호하고 있었다.

트리케라톱스(→p.30) '레인'

'레인'이라는 애칭으로 알려진 트리케라톱스·호리두 스의 표본은 거의 완전한 골격과 함께 몸통과 사지를 포함한 상당 범위에 이르는 피부흔이 발견되었다. 현 재 상세한 연구가 진행 중이다.

머리의 비늘 '레인'의 표본에 서는 두개골의 피부흔이 발견되지 않았지만 다른 표본에서 확인된 바에 따르면 큰 비늘과 혹으로 덮 여 있었던 것으로 추정된다.

허리의 비늘 허리부터 허벅지, 꼬리의 시작 부분까지 이어지는 연속적인 피부흔이 발견되었다. 거대한 비늘이 꽃 모양의 무늬를 이 루고 있으며, 꽃무늬 중심에 있는 비늘은 중앙 부분이 돌출되어 있다. 이 돌출부는 강모 형태의 깃털 이 부러진 흔적이 아니라 가시 끝 부분이 부러진 흔적으로 보 인다.

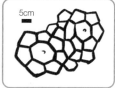

사지의 비늘 움직이는 부위를 제외 하고, 사지 대부분은 커다란 비늘로 손발 끝 부분까지 덮여 있었던 것으로 보인다.

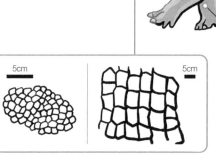

목의 비늘 목 측면의 비늘은 작고 세밀하지만, 앞쪽은 악어와 같은 커다란 직사각형 비늘로 덮여 있었던 것으로 보인다.

앞다리

발등

인상
| impression

생물의 유해 중에서 연조직은 화석화 과정에서 분해되어 대부분의 경우 소실된다. 또 껍데기나 뼈와 같은 단단한 조직조차도 소실되는 경우가 있다. 한편 유해가 매몰된 퇴적물에는 이런 조직의 형태가 찍혀 있는 경우가 있다. 이를 인상(印象, 인상화석)이라고 하며, 실리콘 수지를 주입하거나 CT 스캔을 이용해 원래 조직의 형태를 재구성할 수 있다.

∷화석과 인상, 양각과 음각

인상에는 다양한 명칭이 있는데, 여기서는 쌍각류의 껍데기 화석을 예로 들어 소개한다. 원래 유해의 외부 표면이 도드라지게 남은 흔적을 양각(external mold), 내부 표면이나 외부의 형태가 오목하게 남은 흔적을 음각(internal mold)이라 부른다.

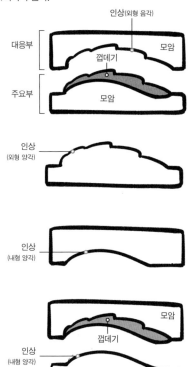

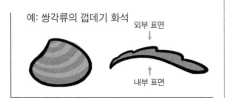

예: 쌍각류의 껍데기 화석

외부 표면의 형태가 보존된 경우

외부 표면을 따라 모암이 분리되면, 모암에 남아 있는 껍데기와는 별도로 껍데기의 외형 음각이 인상으로 나타난다.

풍화·침식 등으로 껍데기가 소실되고, 외형 음각만 인상화석으로 보존된 경우도 많다. 또 화석화 과정에서 껍데기가 지하수에 녹아 사라지고 남겨진 외형 음각을 따라 자연적으로 외형 양각이 형성되기도 한다. 화석화된 껍데기의 보존 상태가 나쁜 경우, 프레퍼레이션(→p.128) 과정에서 껍데기를 완전히 제거하고 모암에 남은 외형 음각에 수지를 주입해 원래의 형태(외형 양각)를 재현하기도 한다.

내부 표면의 형태가 보존된 경우

내부 표면을 따라 모암이 분리되면, 모암에 남아 있는 껍데기와는 별도로 껍데기의 내형 음각이 인상으로 나타난다.

내형 음각만 존재할 경우, 화석의 종을 판별하기 어려운 경우도 많다. 하지만 내부 표면에 남아 있는 다양한 연조직의 흔적을 조사할 수 있는 좋은 기회가 되기도 한다. 왼쪽 그림과 같은 쌍각류 화석의 경우, 내형 음각이나 내형 양각을 껍데기 표면이 매끄러운 쌍각류의 외형 양각이나 외형 음각으로 오해하는 경우도 있으므로 신중한 관찰이 필요하다.

CT 스캔
| CT scan

CT 스캔은 '컴퓨터 단층 촬영 스캔'을 줄인 말이다. 엑스레이 촬영 방식으로 물체를 방사선 등으로 스캔한 뒤, 얻은 데이터를 컴퓨터로 처리하여 다수의 단면 이미지를 얻을 수 있다. 물체에 직접 접촉하지 않고도 내부를 조사할 수 있는 비파괴 검사 방법이다. 의료, 산업, 고생물학 및 고고학 분야에서도 위력을 발휘하고 있다.

▪▪ 고생물학과 CT 스캔

화석은 내부의 미세한 구조까지 광물로 치환되기 때문에 뼈의 내부 구조가 그대로 남아 있는 경우가 많다. 그러나 이런 내부 구조는 화석 표면이 손상되어야만 관찰할 수 있는 경우가 많다. 그런 이유로 CT 스캔이 도입되기 전에는 내부 구조를 관찰하거나 연구하려면 풍화 작용으로 내부 구조가 적절히 노출된 화석을 찾거나 귀중한 화석을 파괴해 내부를 노출시키는 방법밖에 없었다.

CT 스캔을 이용하면 화석과 그 외의 부분 사이의 물리적 성질의 차이를 활용해 직접 손을 대지 않고도 내부 구조를 조사할 수 있다. 의료용 CT 스캐너는 방사선 피폭의 영향을 고려해 성능에 제한이 있지만, 화석 연구에서는 더 강력한 산업용 CT 스캐너나 입자가속기를 이용한 방사광 시설을 활용할 수 있다. 다만 공룡 화석처럼 뼈 하나하나가 거대할 경우 CT 스캐너에 들어가지 않아 사용하지 못하는 경우도 있다.

CT 스캔 기술은 하드웨어와 소프트웨어 모두 비약적으로 발전하고 있다. 최근에는 3D 확장 프린트에 사용할 만큼 고해상도의 3D 모델을 생성하는 것도 가능해졌다. 같은 표본이라도 30년 전과 현재를 비교하면 CT 스캔으로 얻을 수 있는 정보의 해상도는 비교가 되지 않을 정도로 향상되었다.

▪▪ 클리닝에 응용

소형 공룡의 두개골 내부처럼 매우 섬세한 구조가 복잡하게 얽혀 있는 부분은 숙련된 프레퍼레이터(→p.128)조차도 기계적인 클리닝(→p.130)이 불가능하다. 이런 경우, 화학적 클리닝이 효과를 발휘해왔지만 모암이나 화석을 구성하는 광물의 문제로 애초에 불가능한 경우도 많다.

최근에는 CT 스캔 데이터를 활용해 화석과 모암을 구분하는 기술을 이용한 '디지털 클리닝'도 이루어지고 있다. 강력한 CT 스캐너가 필요하지만 기계적, 화학적인 클리닝이 불가능했던 화석도 디지털 데이터상에서 모암을 추출·제거하고 확대 3D 프린트가 가능할 정도의 고해상도의 화석 데이터를 얻을 수 있게 되었다.

다만 아직까지 모암의 추출은 거의 수작업으로 데이터를 조정하는 방식으로 이루어지고 있다. AI를 활용한

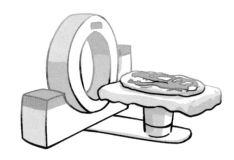

자동 클리닝을 궁극적인 목표로, CT 스캔을 이용한 디지털 클리닝 기술의 개발이 계속되고 있다.

엔도캐스트

| endocast, endocranial cast, cranial endocast

척추동물의 두개골은 다양한 부위와 기능으로 나뉘어 있는데, 그중에서도 뇌를 담아 보호하는 지극히 중요한 역할을 맡고 있는 부분이 뇌함(腦函)이다. 뇌함은 두개골 중에서도 특히 단단한 부위로, 두개골의 관절이 분리되더라도 비교적 화석으로 보존되기 쉽다. 또 뇌함 내부의 뇌가 들어 있던 공간이 퇴적물로 채워져 인상화석으로 남아 있는 경우도 있다.

▒ 엔도캐스트와 그 가치

뇌함 내부의, 뇌가 담긴 공간을 '엔도크래니얼'이라고 한다. 이 공간을 채운 인상화석은 뇌함의 내형 음각(→p.226)으로 볼 수도 있지만 엔도크래니얼 내부의 틀(cast), 이른바 엔도캐스트라고도 할 수 있다. 엔도캐스트의 형태는 엔도크래니얼 내부의 내용물인 뇌와 그 주변에 있는 반고리관 등의 형태를 반영한다. 이런 기관들은 부패하기 쉬워 화석화되는 경우가 거의 없기 때문에 엔도캐스트는 귀중한 연구 자료가 된다.

뇌는 감각 기관별로 정보를 처리하는 영역이 나뉘어 있으며, 각 감각 기관의 발달 정도에 따라 해당 영역의 크기가 다르다. 또한 반고리관의 형태는 해당 동물의 청각이나 평형감각의 발달 정도와 밀접한 관련이 있다. 감각 기관과 평형감각의 발달 정도는 동물의 생태와 연관되어 있기 때문에 엔도캐스트 연구를 통해 해당 동물의 생태를 간접적으로 복원(→p.134)할 수 있다.

▒ 엔도캐스트 연구

공룡의 뇌함과 엔도케스트에 대한 연구는 오래전부터 이루어져왔다. 1871년에는 이구아노돈류(→p.34)의 뇌함에 관한 기재(→p.138)가 발표되었다. CT 스캔(→P.227)이 발전하기 전까지 공룡의 뇌나 반고리관에 관한 연구는 천연 엔도캐스트(＝인상화석)를 활용하거나 뇌함 내부에 실리콘 고무 등의 수지를 부어 인공 엔도캐스트를 제작하는 방식 외에는 다른 방법이 없었다. 뇌함 내부를 완전히 클리닝(→P.130)하지 않으면 엔도캐스트의 본래 형태를 드러낼 수 없지만, 뇌함을 반으로 쪼개지 않는 한 내부의 클리닝은 불가능하다. 뇌함을 포함한 두개골은 공룡 화석 중에서도 특히 귀중한 자료이며, 분류학적으로도 매우 중요한 위치를 차지한다.

그런 이유로 엔도캐스트 연구는 적당히 풍화되거나 침식이 진행되어 뇌함의 단면이 노출된 두개골, 즉 파괴적인 프레퍼레이션(→P.128)의 영향을 덜 받을 것으로 보이는 것에 한정되었다. 이렇게 반으로 잘라 클리닝된 뇌함은 '공룡의 뇌'라는 강렬한 인상 덕분에 인공 엔도캐스트 제작 후 전시용으로 활용되기도 했다.

뇌함의 복잡한 내부를 클리닝하는 데는 한계가 있기 때문에 인공 엔도캐스트는 본래 구조에 비해 세부적인 재현이 떨어지는 경우가 많다. 천연 엔도캐스트 역시 인상화석에 불과하므로 본래 엔도캐스트의 세부 구조까지 완벽하게 재현하지는 못한다. 그런 이유로 오늘날 엔도캐스트 연구에는 CT 스캔이 주로 사용되고 있다. CT 스캔으로 제작한 엔도캐스트 3D 모델을 프린트함으로써 간단하고 높은 정밀도로 엔도캐스트 모형을 제작할 수 있게 되었다.

∷ 공룡의 '뇌'

최근 공룡의 엔도캐스트에 관한 연구가 활발히 진행되면서 다양한 공룡에서 그 형태가 복원되고 있다.

엔도캐스트는 어디까지나 뇌함 내부의 형태를 보여주는 것으로, 만약 뇌가 다른 조직으로 두껍게 덮여 있었다면 엔도캐스트의 형태는 뇌의 형상을 거의 반영하지 못한다. 포유류(→p.98), 조류, 익룡(→p.80)에서는 엔도캐스트의 형태와 뇌의 구조가 거의 일치하는 것으로 알려진 반면, 공룡을 포함한 대부분의 파충류, 양서류, 어류에서는 엔도캐스트가 뇌의 형태를 그다지 잘 반영하지 않는다는 점이 밝혀졌다.

뇌의 크기를 비교·평가하는 지표로 대뇌화 지수(EQ)라고 불리는 것이 사용된다. 이는 현생 파충류의 평균적인 뇌 크기 대비 상대적인 크기를 나타내는 상대 대뇌화 지수(REQ)로 활용되며, 상대 대뇌화 지수가 1보다 크면 현생 파충류의 평균 뇌 크기보다 크다는 것을 의미한다. 예를 들어 현생 조류의 상대 대뇌화 지수는 호도애가 5, 송장까마귀가 17, 금강앵무는 30을 넘는 것으로 알려져 있다. 공룡의 상대 대뇌화 지수는 그룹에 따라 크게 다른데, 수각류나 2족 보행하는 조반류는 현생 파충류보다 훨씬 큰 반면, 항상 4족 보행을 하는 조반류는 현생 파충류와 큰 차이가 없다. 용각류는 현생 파충류와 비교해도 뇌가 더 작았던 것으로 보인다.

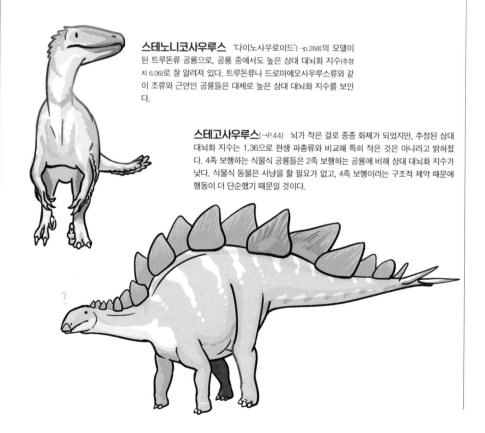

스테노니코사우루스 '다이노사우로이드'(→p.268)의 모델이 된 트루돈류 공룡으로, 공룡 중에서도 높은 상대 대뇌화 지수(추정치 6.06)로 잘 알려져 있다. 트루돈류나 드로마에오사우루스류와 같이 조류와 근연인 공룡들은 대체로 높은 상대 대뇌화 지수를 보인다.

스테고사우루스(→P.44) 뇌가 작은 걸로 종종 화제가 되었지만, 추정된 상대 대뇌화 지수는 1.36으로 현생 파충류와 비교해 특히 작은 것은 아니라고 밝혀졌다. 4족 보행하는 식물식 공룡들은 2족 보행하는 공룡에 비해 상대 대뇌화 지수가 낮다. 식물식 동물은 사냥을 할 필요가 없고, 4족 보행이라는 구조적 제약 때문에 행동이 더 단순했기 때문일 것이다.

데토리 층군

| Tetori Group

일본 후쿠이현, 이시카와현, 도야마현, 기후현의 산간부에는 쥐라기 중기부터 백악기 전기에 형성된 지층이 곳곳에 노출되어 있다. 이 지층들을 아울러 데토리 층군이라고 부르며, 오래전부터 식물 화석과 연체동물 화석의 연구가 이루어졌다. 오늘날 데토리 층군은 공룡 화석이 산출되는 일본의 대표적인 지층으로 알려져 있다.

⁝⁝ 데토리 층군의 지질

데토리 층군 연구의 계기가 된 것은 1874년 독일에서 칠기를 조사하기 위해 일본을 방문한 요하네스 라인(Johannes Rein)이 하쿠산(이시카와현)을 등산한 뒤 돌아가는 길에 식물 화석을 채집한 일이었다. 이후 일본 연구자들이 이와 같은 지층(→p.106)이 넓은 범위에 걸쳐 곳곳에 노출되어 있다는 것을 확인하면서 '공룡'이라는 일본어를 처음 만든 것으로 알려진 요코야마 마타지로(橫山又二郎)가 하쿠산 기슭을 흐르는 데토리강의 이름을 따 이 지층에 명칭을 붙인(잘못 읽은 채로) 것이다.

데토리 층군은 하부(= 오래된 시대)부터 순서대로 구즈류 아층군(구즈류 층군으로 독립시키자는 의견이 많다), 이토시로 아층군, 아카이와 아층군의 3개로 크게 나뉜다. 구즈류(아)층군은 쥐라기 중기~후기의 해성~기수성 지층으로, 암모나이트(→p.114)의 산출지로 잘 알려져 있다. 이토시로 아층군과 아카이와 아층군은 일본에서는 보기 드문 백악기 전기의 육성층으로, 다양한 식물, 쌍각류, 고둥, 곤충, 단궁류(→p.94), 여러 종의 소형 파충류 그리고 공룡 및 조류 등 당시 동아시아의 육상 생태계를 대표하는 화석이 다수 발견되고 있다.

이들 지층에서는 공룡의 족적(→p.120)과 알(→p.122) 화석도 발견되어 세계적으로도 유수의 화석 산지로 손꼽힌다. 또한 보존 상태가 뛰어난 화석이 많아 색과 무늬가 남아 있는 쌍각류 화석까지 발견되었다.

⁝⁝ 공룡 화석의 발견

라인이 처음 식물 화석을 발견한 장소 근처에는 '구와지마 화석벽'이라고 불리는 데도리강에 의해 깎이면서 만들어진 거대한 노두가 솟아 있다. 1952년, 이곳에서 규화목(→p.203)이 늘어선 '화석림'이 발견되자 일부 연구자들은 육성층이 많은 데토리 층군에서의 공룡 화석 발견을 '꿈꾸게' 되었다.

1986년, 그 4년 전에 한 고등학생이 구와지마 화석벽에서 주운 화석이 수각류 공룡의 이빨이었다는 사실이 밝혀지면서 데토리 층군에서의 공룡 발굴이 현실화되었다. 각지에서 데토리 층군의 조사가 활발히 이루어졌으며 골격, 족적, 알 등의 공룡 화석이 잇따라 발견되기 시작했다. 그런 가운데 후쿠이현 가쓰야마시에서 대규모 공룡 화석 산지가 발견되었다.

▓ 데토리 층군의 공룡

데토리 층군의 유명한 산지 중 구와지마 화석벽과 후쿠이현의 가쓰야마시에서는 특히 보존 상태가 뛰어난 공룡 화석이 발견되어 정기적으로 조사팀이 활동하고 있다. 그중에서도 가쓰야마시의 '기타다니 공룡 채석장'에서는 다량의 공룡 화석이 산출되었는데 보존 상태가 뛰어난 후쿠이베나토르의 전신 골격, 골격 대부분이 입체적으로 보존된 원시적인 조류 후쿠이프테릭스, 특수화된 두개골을 가진 이구아노돈류(→p.34) 후쿠이사우루스, 원시적인 메가랍토르류(→p.72) 후쿠이랍토르(→p.232) 등 세계적으로도 귀중한 화석들이 알려져 있다.

후쿠이프테릭스·프리마
백악기 전기의 극히 원시적인 조류이다. 화석이 매우 섬세한 상태였기 때문에 디지털 클리닝(→p.131)을 실시한 결과, 골격의 상당 부분이 거의 변형 없이 보존되어 있다는 사실이 밝혀졌다.

후쿠이베나토르·파라독수스
전신 골격이 발견된 몇 안 되는 일본산 공룡 화석 중 하나이다. 계통 관계는 명확하지 않지만 디지털 클리닝을 통해 계통 분석(→p.154)을 다시 진행한 결과, 매우 원시적인 테리지노사우루스류(→p.60)에 속하는 것으로 밝혀졌다.

알발로포사우루스·야마구치오룸
구와지마 화석벽에서 발견된 두개골을 바탕으로 명명되었다. 매우 원시적인 각룡일 가능성도 제기되었다.

후쿠이랍토르

| *Fukuiraptor*

1991년, 일본 후쿠이현 가쓰야마시에서 거대한 '랍토르'의 화석이 발견되었다. 유타랍토르에 버금가는 크기의 드로마에오사우루스류로 추정된 이 골격은 사실 아시아 최초의 메가랍토르류로 밝혀졌다.

∷ 후쿠이의 '랍토르'

1982년, 일본 후쿠이현 가쓰야마시의 한 강가 노두에서 악어류의 전신 골격과 의문의 뼛조각이 발견되었다. 1988년 이곳에서 단 3일간 이루어진 예비 조사에서 수각류의 이빨 2개가 발견되었고, 의문의 뼛조각도 공룡의 것임이 밝혀지면서 이 장소는 오늘날까지 이어지는 일본 최대의 공룡 발굴 현장이 되었다.

1991년의 조사에서는 거대한 말절골(→p.217)과 그 주변에 흩어져 있던 수각류의 뼛조각이 발견되었다. 이 화석들은 동일한 개체에서 유래된 것으로 보였고, 턱 뼈 조각에는 드로마에오사우루스류로 보이는 특징이 확인되었다. 거대한 말절골도 드로마에오사우루스류의 특징적인 제2지(발의 검지에 해당)에 있는 '낫 발톱'과 매우 유사한 형태를 보여, 거대한 드로마에오사우루스류의 것이라는 데 의심의 여지가 없었다.

자세한 검토 결과, 낫 발톱이라고 생각한 말절골은 앞다리의 것으로 밝혀졌다. 위아래 턱뼈 조각, 앞다리 말절골, 뒷다리 화석을 통해 드러난 것은 유타랍토르보다 약간 작을 뿐인 날씬하고 거대한 드로마에오사우루스류의 모습이었다.

∷ 의문의 중형 공룡

거대한 드로마에오사우루스류 공룡 유타랍토르가 명명된 직후였던 만큼 '후쿠이의 거대한 드로마에오사우루스류'는 전 세계 연구자들의 주목을 받았다. 그리고 1995년부터 시작된 제2차 조사에서 제1차 조사에서 남겨진 화석들이 계속 발굴되었다. '후쿠이의 거대한 드로마에오사우루스류'는 앞다리와 뒷다리 대부분과 함께 몇몇 척추뼈와 다리이음뼈 조각까지 발견되면서 복원(→p.134) 골격이 만들어지게 되었다.

골격의 부위가 어느 정도 갖춰지면서 한 가지 사실이 밝혀졌다. 모두가 거대한 드로마에오사우루스류라고 생각했던 이 공룡은, 오히려 알로사우루스(→p.42)를 축소한 듯한 외형을 가지고 있었던 것이다. 복원 골격의 전장(→p.142)은 약 4.2m였지만, 이 개체는 분명히 아직 아성체였다. 일본에서 처음으로 복원 골격까지 제작하게 된 이 수각류는 후쿠이랍토르 · 기타다니엔시스로 기재(→p.138) · 명명되었다.

드로마에오사우루스류로 복원

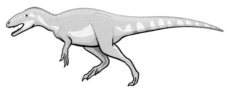

최근의 복원

∷ 아시아의 메가랍토르류

후쿠이랍토르의 정기준 표본은 부분적인 골격에 불과했지만, 흔치 않은 특징을 다수 지니고 있어 그때까지 명명된 수각류들 중 유사한 종은 찾을 수 없었다. 오스트레일리아에서 발견된 정체불명의 수각류의 발목이 비슷한 특징을 가지고 있었지만, 눈에 띄는 유사점은 그 정도뿐이었다. 후쿠이랍토르는 원시적인 유형의 알로사우루스류로 분류되었지만, 자세한 사항은 잘 알려지지 않았다.

가쓰야마시의 발굴 현장에서는 이후 후쿠이랍토르의 유체로 보이는 여러 개체의 화석이 발견되었다. 또 한때 소형 드로마에오사우루스류의 것으로 추정되어 '키타다니류'라고도 불린 이빨 화석도 후쿠이랍토르 유체의 이빨로 여겨지게 되었다.

후쿠이랍토르의 계통적 위치는 오랫동안 불명확했지만 2010년대 들어 메가랍토르류(→p.72)의 원시적인 유형으로 간주되었다. 처음 기재 당시 비교되었던 오스트레일리아산 정체불명의 수각류도 실은 메가랍토르류였지만, 2000년대 수각류 연구의 범위에서 해명할 수 있는 내용이 아니었다. 이후 10년 사이 수각류 연구가 비약적으로 발전한 것이다.

후쿠이랍토르가 메가랍토르류라는 사실을 확인시켜 준 표본으로서는 아시아 최초이기도 했다. 이후 태국에서도 후쿠이랍토르와 유사한 메가랍토르류가 발견되어 백악기 전기 아시아 각지에서 원시적인 유형의 메가랍토르류가 번성했다는 사실이 밝혀졌다.

머리 위아래 턱의 파편과 이빨만 발견되었다. 2000년에 완성한 복원 골격에서는 신랍토르를 참고하여 복원되었으나 실제 어떤 형태였는지는 명확하지 않다. 진화형 메가랍토르류와 비교하면 머리가 더 컸던 것으로 보인다.

척추뼈 발견된 소량의 경추와 흉요추는 유합이 진행되지 않은 상태였다. 이는 후쿠이랍토르의 정기준 표본이 아직 성장 중이었음을 보여준다.

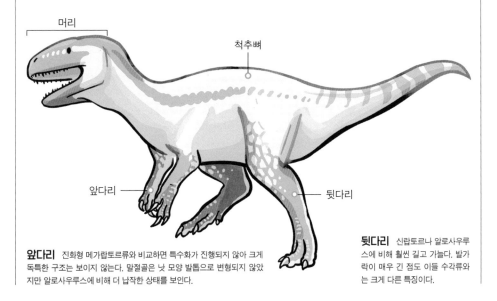

머리

척추뼈

앞다리

뒷다리

앞다리 진화형 메가랍토르류와 비교하면 특수화가 진행되지 않아 크게 독특한 구조는 보이지 않는다. 말절골은 낫 모양 발톱으로 변형되지 않았지만 알로사우루스에 비해 더 납작한 상태를 보인다.

뒷다리 신랍토르나 알로사우루스에 비해 훨씬 길고 가늘다. 발가락이 매우 긴 점도 이들 수각류와는 크게 다른 특징이다.

일본의 공룡 화석

| dinosaur fossils from Japan

한 때 '일본에서는 공룡 화석이 나오지 않는다'는 것이 상식이었다. 과거 일본령이었던 남사할린에서 발견된 니폰노사우루스는 예외적인 사례로 간주되었다. 육성층이 비교적 드물고, 대부분 속성 작용을 강하게 받은 일본의 중생대 지층에서는 공룡 화석이 발견되기 어렵다고 보았던 것이다.

▓ 일본의 공룡 발굴

복잡한 역사를 거쳐 형성된 일본 열도에는 '공룡 시대', 이른바 중생대의 지층(→p.106)이 전국 곳곳에 산재해 있다. 하지만 산악 지형과 울창한 숲이 많은 일본에는 노두가 드러난 광대한 배드랜드(→p.107)가 존재하지 않기 때문에 화석을 탐색하는 단계부터 매우 높은 난관에 부딪힌다.

또 일본의 중생대 지층은 대부분 속성 작용을 강하게 받아 모암이 단단하기 때문에 소규모 발굴조차도 쉽지 않다. 대형 공룡 화석은 대규모 발굴 없이는 채집이 어려운데, 일본에서는 깊은 산속에 중장비를 가지고 들어가야 하는 경우가 많아 허가 신청뿐 아니라 예산 등의 추가적인 난관이 기다리고 있다.

이런 악조건에도 불구하고 1970년대부터 일본 전역에서 산발적으로 공룡 화석이 발견되기 시작했다. 1980년대 이후에는 데토리 층군(→p.230)을 시작으로 각지에서 공룡 화석의 유망한 산지가 발견되었다. 이런 산지는 대부분 육성층이었지만, 최근에는 암모나이트(→p.114)와 이노케라무스(→p.115)가 산출되는 해성층(→p.108)에서도 보존 상태가 좋은 공룡 화석이 발견되었다.

후쿠이베나토르나 카무이사우루스(→p.38)와 같이 세계적으로도 완전성과 보존 상태가 뛰어난 화석이 발굴되는 곳이 바로 지금의 일본 열도이다. 이는 메이지 시대부터 축적된 고생물학 연구의 성과라고 볼 수 있다.

▓ 일본의 공룡 화석의 예

일본의 중생대 지층은 다양한 시대와 다양한 퇴적 환경에서 형성된 육성층과 해성층이 알려져 있으며, 대규모 하천의 범람원(홍수 시 물에 잠기는 지역)이나 얕은 바다에서 퇴적된 지층에서 공룡 화석이 발견되는 경우가 많다. 특히 범람원의 경우, 공룡 화석뿐 아니라 다양한 생물 화석이 동시에 대량으로 발견되는 일이 많아 당시의 생태계 전체를 복원(→p.134)하는 데 중요한 정보를 제공한다.

한편 카무이사우루스처럼 암모나이트가 많이 산출되는 근해에서 퇴적된 해성층에서 전신 골격이 발견된 사례도 있다. 이런 경우, 암모나이트를 시준 화석(→p.112)으로 활용해 매우 높은 정밀도로 시대를 결정할 수 있는 것 외에도 타포노미(→p.158)의 특수한 사례로서도 큰 연구 가치를 지닌다.

일본산 공룡 화석은 대부분 골격의 일부가 분리되어 발견되는 예가 많고, 전신 골격은 물론이고 한 개체 분량의 온전한 골격이 발견되는 경우도 드물다. 화석의 보존 상태는 지층에 따라 차이가 있지만, 데토리 층군처럼 보존 상태가 매우 양호한 공룡 화석이 다수 산출되는 지층도 알려져 있다.

일본에서 발견되는 공룡 화석은 이빨이나 골격 같은 체화석뿐 아니라 족적(→p.120)이나 알(→p.122)과 같은 생흔 화석(→p.118)도 상당수 알려져 있다. 또 호박(→p.198)이 많이 산출되는 지층도 있어 '공룡이 포함된 호박'의 발견도 기대되고 있다.

▒ 일본의 공룡 산지

오늘날 일본 열도는 가운데 부분이 아래로 휘어진 형태이지만, 중생대에는 직선에 더 가까운 형태로 유라시아 대륙의 동쪽 가장자리에 위치해 있었다. 중생대의 지층은 일본 각지 곳곳에 노출되어 있으며, 공룡 화석은 주로 백악기 지층에 집중되어 있다. 홋카이도, 긴키, 규슈 지역에서는 백악기 말기에 가까운 지층에서 공룡 화석이 산출되고 있으며, 나가사키현에서 발견된 공룡 화석 중에는 백악기 최후기의 것으로 보이는 것도 있다.

데토리 층군처럼 비교적 좁은 지역에서 약 2000만 년에 걸친 공룡의 변천사를 관찰할 수 있는 지층도 있는 반면, 홋카이도의 에조 층군과 시코쿠·긴키 지방의 이즈미 층군처럼 동시대의 공룡을 떨어진 지역 간에 비교할 수 있는 지층도 있다.

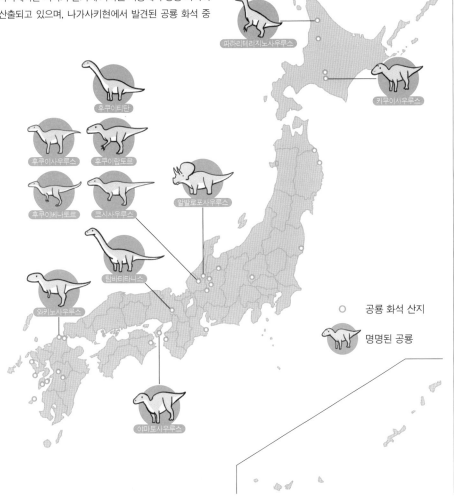

파라리테리지노사우루스

카무이사우루스

후쿠이티탄

후쿠이사우루스

후쿠이랍토르

후쿠이베나토르

코시사우루스

알발로포사우루스

탐바티타니스

와키노사우루스

야마토사우루스

○　공룡 화석 산지

🦕　명명된 공룡

표본과 복원

박물관의 표본에는 저마다 표본 번호가 부여된다. 다음 장에서 소개하겠지만 유명한 표본은 표본 번호 외에도 애칭이 붙여지거나 표본 번호 자체가 공룡 애호가들 사이에서 유명해지는 경우도 있다. 그렇다고 해도 표본 번호는 어디까지나 표본의 정리 번호에 불과하다.

고생물학자가 연구 대상의 표본 번호를 모두 기억하는가 하면 전혀 그렇지 않다. 고생물학자들 사이의 대화에서는 'ㅇㅇ박물관의 그거'라거나 'xx(연구자의 이름) 씨의 △△년 논문에 그림이 실렸던 그거' 같은 식의 표현도 난무한다. 어느 박물관이 어떤 표본을 소장하고 있는지 같은 정보는 연구자에게 매우 중요하므로 표본의 개요와 소장처를 함께 기억하고 있는 경우가 대부분이다. 그렇기 때문에 이런 식으로도 대화가 무리 없이 이루어질 수 있는 것이다.

현생 생물의 경우, 하나의 종에 대해 방대한 수의 표본이 보존되어 있는 경우가 종종 있다. 그리고 방대한 수의 표본을 조사함으로써 해당 종의 '평균적인 개체'를 그려낼 수 있는 것이다. '평균적인 인간'이 존재하지 않듯 '평균적인 개체'도 현실에는 존재하지 않지만, 한 개체에서 볼 수 있는 특징 중 어떤 것이 종의 특징으로 중요한지, 어떤 것이 종 내 변이의 큰 (개체에 따라 다를 수 있다) 특징인지 따위를 파악하는 것은 중요하다.

공룡의 경우, 하나의 종에 대해 현생 생물만큼 많은 표본을 확보하는 것은 불가능하다. 골층(→p.170)에서 채집된 수백 개체 분량의 일부 골격 정도가 고작이며, 개체 변이에 대해 현생 생물만큼 자세히 조사하는 것은 애초에 기대할 수 없다. 이런 열악한 조건 속에서도 고생물학자들은 공룡을 기재(→p.138)하고, 계통 분석(→p.154)을 위해 끊임없이 연구를 이어가고 있다.

이런 고생물 표본과 관련된 문제는 복원(→p.134)에도 큰 영향을 미치고 있다. 정기준 표본만 발견된 공룡의 종이 많고, 표본 수가 많다 해도 보존 상태가 좋은 두개골이나 전신 골격이 거의 알려지지 않은 경우도 많다. 이런 경우는 컴포지트(→p.262)로 복원하는 수밖에 없는데, 이는 당연히 하나의 개체에서 나온 모습과는 상당히 거리가 있는 결과물이 된다. 또 전신 골격이 단 한 개체만 알려져 있는 경우, 복원 자체는 비교적 용이하지만 그 모습은 어디까지나 특정 개체를 표현한 것일 뿐 '평균적인 개체'와는 상당히 다른 모습일 가능성도 있다. '복원의 정확성'이 자주 화제에 오르지만 '무엇을 복원했는가'에 주목해보는 것도 흥미로운 관점이 될 것이다.

3

Chapter

번외 편

공룡은 고생물학의 연구 대상만이 아니다.
고생물학에서 파생된 존재로서 공룡과 화석을 소재로 한
다양한 문화도 존재한다. 그 깊은 세계로 안내한다.

AMNH 5027

| AMNH FARB 5027

1915년 연말, 뉴욕의 미국 자연사박물관에서 사상 최대의 육상 육식동물의 복원 골격이 공개되었다. 세계 최고 수준의 기술을 집결해 완성된 이 골격은 '육식 공룡'의 이미지를 확립하는 계기가 되었다. AMNH 5027이라는 번호로 불리는, 세계에서 가장 유명한 티라노사우루스 표본 중 하나를 소개한다.

∷ 언덕을 폭파하라

티라노사우루스(→p.28)가 명명된 지 약 3년이 지난 1908년 6월, 화석 사냥꾼(→p.250) 바넘 브라운은 조사팀을 이끌고 몬태나주의 배드랜드(→p.107)로 향했다. 과거두 개체의 티라노사우루스 골격(정기준 표본과 '디나모사우루스'의 정기준 표본)을 발견한 적이 있던 브라운 일행이었지만이번 조사는 그다지 순조로운 출발은 아니었다. 일주일에 걸쳐 발굴한 하드로사우루스류의 골격은 목이 없는상태였고, 미국 자연사박물관장 헨리 페어필드 오스본이기대했던 전시용으로 적합한 골격과는 거리가 멀었다. 1906년의 예비 조사에서 발견했던 또 다른 화석도 별다른 주목을 받지 못했으며, 이번 조사 역시 실패로 끝날 것처럼 보였다. 그러나 브라운은 캠프에 돌아가는 길에 언덕 중턱에서 공룡의 꼬리뼈가 흩어져 있는 것을 발견했다.

시험 삼아 주변을 파본 결과, 관절이 연결된 상태(→p.

164)의 꼬리가 언덕을 향해 이어져 있는 것이 드러났다. 이 꼬리는 브라운이 이전에 본 적이 없는 형태였으며, 각룡류나 하드로사우루스의 꼬리도 아니었다. 언덕 안에놀라운 골격이 묻혀 있을 것이라고 확신한 브라운은 캠프를 언덕 가까이로 옮기고, 독립기념일 파티가 끝난 후본격적인 발굴을 시작하기로 했다.

골격은 언덕 중턱에 위치한 층준에 묻혀 있었으며, 발굴을 위해서는 언덕 상부를 모두 제거해야 했다. 브라운은 세심한 주의를 기울이며 다이너마이트로 언덕 상부를폭파해 날려버리는 과감한 방법을 택했다. 쌓인 토사를제거하고 골격 주변을 수작업으로 조심스럽게 파내려갔다.

마침내 모습을 드러낸 것은 꼬리 중간부터 목 끝까지데스 포즈(→p.258)로 연결된 티라노사우루스의 골격이었다. 사지는 골격이 매몰되기 전에 유실되었지만, 두개골은 골반에 걸려 있었다. 브라운은 이를 두고 '절대적으로완벽한' 티라노사우루스의 두개골이라고 표현했다.

∷ 두 개의 복원 골격

발굴 작업은 순조롭게 진행되어 9월에 무사히 완료되었다. 이 골격에는 AMNH 5027이라는 표본 번호가 부여되었고, 곧장 프레퍼레이션(→p.128)이 시작되었다.

AMNH 5027은 정기준 표본과 거의 같은 크기였으며, 두 표본의 레플리카(→p.132)를 조합해 두 개체의 골격을 마운트(→p.264)할 수 있음이 확인되었다. 오스본은 이 아이디어에 매료되어 가동식 목제 골격 모형(6분의 1 축척)을 두 개 제작해 전시 자세를 검토했다. 처음에는 먹잇감인 하드로사우루스를 둘러싸고 싸우는 자세로 결정되었으나 무거운 실물 화석을 그 자세로 조립하는 것이 쉽지 않고 전시 공간도 부족했다.

결국 AMNH 5027의 실물 화석(두개골은 가벼운 레플리카로 교체)에 정기준 표본의 레플리카를 결합하고, 알로사우루스(→p.42)를 참고로 제작한 아티팩트(→p.136)로 보완한 골격을 전시용으로 배치하기로 했다. 자세는 작업이 용이한 '고지라 자세'(→p.270)로 결정되었다.

∷ 티라노사우루스의 얼굴

1915년 12월, 드디어 AMNH 5027의 복원(→p.134) 골격이 공개되면서 신문에 대대적으로 보도되었다. 처음에는 손가락이 3개로 복원되었지만, 1917년 고르고사우루스가 기재(→p.138)되면서 티라노사우루스의 손가락도 2개일 가능성이 급부상했다. 또 꼬리와 발등의 아티팩트가 너무 길고 부적절하다는 사실도 드러났다. 결국 손가락은 2개로 교체되었지만, 지지대가 관통한 꼬리와 발은 수정하지 못했다.

다른 표본들이 전시된 후에도 AMNH 5027은 여전히 티라노사우루스를 대표하는 가장 유명한 복원 골격이었다. '고지라 자세'가 시대에 뒤떨어진 것으로 여겨지게 된 이후에도 〈쥐라기 공원〉의 원작 소설 표지와 영화 로고의 모티브가 되었을 정도였다.

미국 자연사박물관의 화석 전시관은 1980년대 후반부터 리뉴얼 공사에 들어갔고, AMNH 5027도 수평 자세로 재구성되었다. 꼬리의 길이는 수정되었지만 발은 끝내 그대로 유지되었다.

'수'(→p.240)나 '스탠'과 같은 애칭으로 불리는 표본들이 늘어난 현대에도 AMNH 5027은 역사적인 티라노사우루스 표본으로 미국 자연사박물관에 군림하고 있다. 지금은 AMNH FARB 5027(FARB는 화석 양서류, 파충류, 조류를 뜻한다)로 표기하는 것이 정식 명칭이지만, 약식으로 표기해도 오해될 일은 없다.

수
| SUE

발굴 후 연구 기관에 수장된 화석은 연구 표본으로서 고유의 표본 번호가 부여된다. 이렇게 표본 번호로 불리게 되는 화석은 홍보와 대중화를 목적으로 대외적으로 애칭으로 불리는 경우도 있다. 오늘날 특히 티라노사우루스의 골격에는 저마다 애칭이 붙는 경우가 많은데 그 계기가 된 것이 가장 크고 가장 완벽한 티라노사우루스 골격인 '수' 바로 FMNH PR 2081이었다.

▓ 수의 발견

1990년 여름, 미국 사우스다코타주에 펼쳐진 배드랜드(→p.107)에서 화석 발굴, 프레퍼레이션(→p.128), 판매를 전문으로 하는 블랙힐즈 지질학연구소(BHI)가 헬 크리크 층(→p.190)을 조사하고 있었다.

조사팀은 캠프를 세우고 트리케라톱스(→p.30)의 골격을 발굴 중이었으나 작업을 중단하고 트럭 수리를 위해 마을로 떠나야 했다. 그때 현장에 남아 있던 탐험가 수전 헨드릭슨(Susan Hendrickson)이 산책하던 중, 절벽 아래쪽에서 골격 일부가 노출되어 있는 것을 발견했다. 주변에는 수각류 화석에서 자주 발견되는 해면질이 발달한 화석의 파편이 흩어져 있었으며, 골격의 크기로 보아 티라노사우루스(→p.28)일 가능성이 거의 확실했다.

약 3주에 걸친 발굴 끝에 데스 포즈(→p.258)로 최후를 맞은 골격이 모습을 드러냈다. 상반신은 완전히 분리되어 허리와 꼬리 주위에 모여 있었고, 두개골은 허리 아래에 깔려 있었다. BHI에서는 중요한 표본에 표본 번호와

별개로 발견자의 이름을 딴 애칭을 붙이는 것이 관례였기 때문에 이 골격에는 수전의 이름을 따 '수'라는 애칭이 붙었다.

이 시기에 미국 내에서도 화석의 상업적 거래에 관한 논의가 활발히 이루어지고 있었으며, 수가 발견된 산지도 연방 정부와의 권리 문제를 안고 있었다. 1992년, FBI가 수의 화석을 모두 압수했고, 수년간 이어진 법정 공방 끝에 BHI의 대표가 수와는 무관한 혐의로 실형을 선고받는 사태가 벌어졌다. 클리닝(→p.130) 작업 중이던 수는 사우스다코타 주립 광산기술학교에 보관되었으며, 이후 땅 주인인 윌리엄스가 소유권을 인정받았다. 윌리엄스는 수를 경매에 부쳤고, 1997년 디즈니와 맥도널드 같은 스폰서를 얻은 시카고의 필드 자연사박물관이 이를 760만 달러(당시 환율로 약 72억 원)에 낙찰받았다. 이로써 5년 만에 수의 프레퍼레이션이 재개되었다.

수는 두개골을 제외한 실물 화석 골격을 사용해 마운트(→p.264)되어 2000년에 공개되었다. 가장 완전하고 보존 상태가 뛰어난 티라노사우루스의 골격은 다양한 연구에 활용되었으며, 2019년부터는 복륵골(→p.207)도 추가되어 새롭게 조립된 모습으로 전시되었다.

∷ 수의 연구

수의 골격은 몇 개의 척추뼈와 꼬리 끝 부분을 제외하면 거의 모든 뼈가 완벽히 갖추어진 상태로, 수많은 티라노사우루스·렉스 화석 중에서도 가장 완전하고 보존 상태가 뛰어난 골격으로 평가된다. 또 골격 크기도 전장(→p.142)을 명확히 추정할 수 있는 화석 중 최대이며, 추정 체중(→p.143)도 최상위권에 속한다.

골조직학(→p.204) 연구에 따르면 수의 사망 당시 나이는 28세로 추정된다. 이는 티라노사우루스 중에서도 상당히 장수한 개체로 보이며, 그런 이유에서인지 곳곳의 뼈에서 부상이나 질병의 흔적이 확인되었다. 발굴부터 박물관에 안착하기까지 우여곡절을 겪은 수는 생전에도 파란만장한 삶을 살았던 듯하다. 수를 암컷으로 보는 의견이 널리 알려져 있지만 현재로서는 성별 불명으로 여겨지고 있다.

프레퍼레이션을 마친 두개골

복원 골격용 레플리카(→p.132)

변형을 완전히 보정한 두개골

수의 두개골 두개골은 골반 아래에 깔린 상태로 발견되었으며, 지층의 압력으로 심하게 변형된 상태였다. 복원(→p.134)된 골격에는 왜곡을 교정한 레플리카가 사용되었지만 변형을 완전히 보정하지 못해 상당히 길쭉해 보인다. 실제로는 다른 티라노사우루스와 마찬가지로 얼굴이 꽤 높고 입체적인 형태였을 것으로 보인다.

나노티라누스
| *Nanotyrannus*

백악기 후기 후반, 티라노사우루스류는 북아메리카와 아시아에서 최상위 포식자로 군림했다. 백악기 말 라라미디아 지역의 티라노사우루스류라고 하면 티라노사우루스를 떠올리지만, 그 외의 티라노사우루스류는 없었을까? 1940년대 이후 '티라노사우루스와 공존한' 다양한 티라노사우루스류가 명명되었다 사라졌다.

∷ 나노티라누스의 발견

1946년, 공룡 연구의 암흑기로 불리던 이 시기에 드물게 신종 티라노사우루스류(→p.28)가 명명되었다. 이 표본은 미국 몬태나주의 헬 크리크층(→p.190)에서 발견된 추정 전장 약 5m 정도 개체의 두개골로, 같은 지층에서 산출된 티라노사우루스에 비해 훨씬 날렵했다. 연구를 맡은 찰스 길모어는 이 두개골이 성체의 것이라고 판단해 고르고사우루스속의 신종(고르고사우루스·란센시스)으로 명명했지만, 기재 논문(→p.138)이 출판된 때는 이미 세상을 떠난 후였다.

그 후, 고르고사우루스는 알베르토사우루스속의 동물이명(→p.140)으로 간주되었고, 고르고사우루스·란센시스도 자동적으로 알베르토사우루스·란센시스로 불리게 되었다. 같은 시기, 헬 크리크층에서는 새롭게 발견된 전장 8m 정도의 티라노사우루스류 골격도 알려졌는데 이 골격이 티라노사우루스의 유체인지, 알베르토사우루스·란센시스의 대형 개체인지에 대한 명확한 결론은 내려지지 않았다.

1980년대가 되자 알베르토사우루스·란센시스의 정기준 표본에서 볼 수 있는 '알베르토사우루스적'(혹은 '고르고사우루스적') 특징이 석고로 보강된 아티팩트(→p.136)라는 사실이 밝혀졌다. 알베르토사우루스속으로 분류한 이유가 사라지자 '공룡 르네상스'(→p.150)로 유명한 로버트 바커는 이 공룡에게 나노티라누스(작은 폭군)라는 새로운 속명을 부여했다. 바커는 나노티라누스가 티라노사우루스보다 더 뛰어난 입체 시력을 가졌으며, 작은 체구를 활용해 티라노사우루스가 접근하기 어려운 숲속에서 소형 먹잇감을 사냥했을 것이라고 주장했다.

바커가 나노티라누스를 티라노사우루스의 유체가 아니라고 단언한 반면, 타르보사우루스 연구에 근거한 반대 의견도 적지 않았다. 나노티라누스의 정기준 표본의 세부 구조가 티라노사우루스와 매우 유사하며, 성장 과정에서 두개골 전체의 형태가 변화한다는 점을 고려할 때 나노티라누스는 티라노사우루스의 유체로 봐야 한다는 주장이었다. 그러나 헬 크리크층에 여러 종의 티라노사우루스류가 존재하며, 티라노사우루스·렉스와 다른 생태적 지위를 차지하고 있었다는 바커의 아이디어는 무

티라노사우루스의 성장
오늘날 스티기베나토르, 나노티라누스, 디노티라누스는 티라노사우루스의 성장 과정에서 나타나는 단계라고 여겨지고 있다. 성장하면서 이렇게 비율이 크게 변하는 사례는 매우 드물다.

티라노사우루스

척 매력적이었다.

이런 흐름 속에서 여러 아마추어 연구자들이 헬 크리크층에서 발견된 티라노사우루스류의 재분류를 시도했다. 전장 약 8m의 날렵한 부분 골격의 표본은 나노티라누스로 보기에는 너무 크다고 판단되어 디노티라누스(무서운 폭군), 전장 약 3m의 작은 개체의 두개골은 스티기베나토르(지옥의 사냥꾼)라는 무시무시한 속명이 붙었다. 이렇게 1990년대 중반에는 백악기 말기 라라미디아 지역에 거대하고 육중한 체구의 티라노사우루스·렉스, 대형이지만 늘씬한 체구의 디노티라누스·메가그라실리스, 작지만 시각과 후각이 특히 뛰어난 나노티라누스·란센시스, 소형의 스티기베나토르·몰나리의 4속 4종의 티라노사우루스류가 공존했다고 여겨지게 되었다.

▓ 티라노사우루스 일가의 초상

1990년대 후반부터 이런 티라노사우루스류의 재검토가 이루어지면서 모두 티라노사우루스·렉스의 유체나 아성체라는 연구 결과가 발표되었다. 이에 반해 나노티라누스는 독립된 분류군이며 스티기베나토르를 그 유체로 보는 의견도 있었다.

2001년, 헬 크리크층에서 전장 약 7m의 티라노사우루스류의 거의 완전한 골격이 발견되었다. '제인'이라는 애칭이 붙은 이 표본은 나노티라누스나 스티기베나토르의 정기준 표본과 매우 유사했지만 명백히 어린 개체였다. 나노티라누스를 독립된 분류군으로 보는 일부 연구자들은 제인이 나노티라누스의 유체이며, '나노티라누스의 성체'는 아직 발견되지 않았다고 주장했다. 한편 많은 연구자들이 '나노티라누스와 티라노사우루스의 차이점'은 성장 과정에서 나타나는 특징에 불과하다고 지적했다. '몬태나 투쟁 화석'(→p.167) 등으로 알려진 것처럼 '어린 나노티라누스'로 추정되는 사례들이 있지만 여전히 '나노티라누스의 성체'는 발견되지 않았다.

최근에는 두개골의 세부 구조와 체형 차이를 근거로 기존 티라노사우루스·렉스의 표본 중 일부를 티라노사우루스·임페라토르(폭군 도마뱀 황제)와 티라노사우루스·레지나(폭군 도마뱀 여왕)의 두 개의 신종으로 분할하는 논문이 발표되었다.

티라노사우루스·임페라토르가 최초로 출현했으며, 이후 티라노사우루스·렉스와 티라노사우루스·레지나로 진화했다고 주장하는 이 설은 거의 지지받지 못했다. 오늘날 백악기 말기 라라미디아산 티라노사우루스류로 널리 인정받는 종은 티라노사우루스·렉스뿐이다.

티라노사우루스   나노티라누스   스티기베나토르

브론토사우루스

| *Brontosaurus*

한 때 공룡의 대명사로 알려졌지만 공룡 도감에서 사라진 것들도 존재한다. 그중 하나가 브론토
사우루스이다. 대표적인 용각류 공룡으로 여겨졌으나 한때 아파토사우루스속의 동물이명으
로 간주되며 무대 뒤편으로 사라졌다. 화석 전쟁의 희생자라는 평가를 받기도 한 브론토사우루스는
최근 화려하게 복귀할 조짐을 보이고 있다.

∷ 브론토사우루스의 발견

에드워드 드링커 코프와 오스니얼 찰스 마시의 치열
한 '화석 전쟁'(→p.144) 중에 용각류의 발견으로 선수를 친
쪽은 코프였다. 1877년, 코프 휘하의 화석 사냥꾼
(→p.250)은 콜로라도주의 모리슨층(→p.178)에서 다수의
용각류 화석을 발견하고 이를 카마라사우루스로 명명했
다. 용각류로서는 사상 최초의 골격도까지 발표한 코프
에 맞서 마시 역시 모리슨층에서 발굴한 다양한 용각류
를 명명했다.

그는 1877년 아파토사우루스(속이는 도마뱀)속을 설립
하고, 1879년에는 브론토사우루스(천둥 도마뱀)속을 명명
했다. 두 속 모두 머리가 없는 골격만 발견되었지만 이후
마시는 다른 장소에서 발견된 용각류의 두개골을 브론토

사우루스의 것으로 간주하고 이를 컴포지트(→p.262)해
1896년 골격도를 발표했다.

1903년, 브라키오사우루스(→p.46)의 발견으로 유명한
엘머 S. 리그스는 아파토사우루스와 브론토사우루스의
골격이 매우 유사하며 후자를 전자의 동물이명(→p.140)으
로 취급해야 한다는 의견을 발표했다. 이 의견은 논란을
일으켰지만 1905년 미국 자연사박물관이 대표 전시물로
마운트(→p.264)한 사상 최초의 용각류 복원(→p.134) 골격
은 브론토사우루스라는 이름으로 공개되었다. 이 골격에
는 미국 자연사박물관의 프레퍼레이터(→p.128)가 마시의
골격도가 아닌 카마라사우루스를 참고하여 제작한 아티
팩트(→p.136)가 포함되어 있었다.

∷ 머리 없는 공룡

1909년, 오늘날 유타주 공룡 국립공원으로 유명한 지
역에서 대규모 골층(→p.170)이 발견되었다. 이는 공룡의
골층이 다수 발견된 모리슨층 중에서도 질적, 양적으로
최고 수준에 해당하는 것으로, 카네기 자연사박물관의
조사팀은 이곳에서 머리가 없는 거의 완전한 아파토사우
루스의 골격을 발견했다. 골격 바로 옆에는 디플로도쿠
스와 유사한 두개골이 있었는데, 그 크기가 아파토사우
루스의 골격과 완전히 일치했다.

이를 바탕으로 카네기 자연사박물관장인 윌리엄 H.
홀랜드(William H. Holland)는 아파토사우루스(또는 브론토사우루
스)의 두개골이 디플로도쿠스와 매우 유사하며, 두 공룡

이 근연이라고 주장했다. 그러나 카네기 자연사박물관과
경쟁 관계였던 미국 자연사박물관장 헨리 페어필드 오스
본은 이 의견을 강하게 반박했다. 그리하여 카네기 자연
사박물관의 아파토사우루스는 머리가 없는 상태로 전시
되었으며, 홀랜드가 세상을 떠난 후 카마라사우루스의
두개골 레플리카가 추가되었다.

이후의 연구를 통해 아파토사우루스가 디플로도쿠스
과에 속하며, 카마라사우루스와는 유연관계가 그리 깊지
않다는 사실이 밝혀졌다. 이후 발견된 아파토사우루스의
것이 확실해 보이는 두개골 역시 디플로도쿠스와 매우
유사한 형태였다.

∷ 브론토사우루스의 부활

미국 자연사박물관의 복원 골격은 오랫동안 '브론토사우루스'로 불렸지만 연구자 대부분은 1903년 리그스의 의견에 동조하며 논문에서도 브론토사우루스라는 속명을 사용하는 일이 거의 없어졌다. 1990년대에 이루어진 미국 자연사박물관의 리뉴얼 공사에서 '브론토사우루스'의 복원 골격'도 재조립되었다. 전시명도 아파토사우루스로 수정되는 동시에 두개골의 아티팩트도 아파토사우루스의 두개골 레플리카로 교체되었다.

최근 디플로도쿠스과의 계통 관계에 대한 연구가 활발히 이루어지며 브론토사우루스속을 아파토사우루스속에서 분리해 부활시켜야 한다는 의견도 나오고 있다. '천둥 도마뱀'이라는 별명으로 사랑받았던 시절의 복원 골격으로 돌아올 일은 없겠지만 연구의 발전으로 브론토사우루스라는 속명이 다시 부활한 것이다.

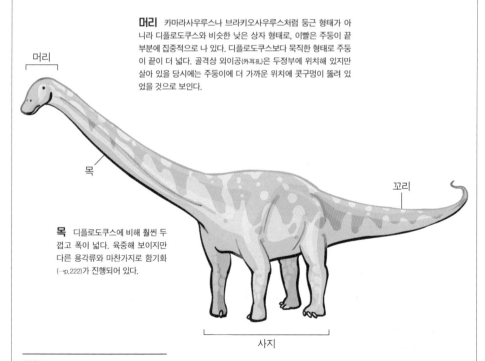

머리 카마라사우루스나 브라키오사우루스처럼 둥근 형태가 아니라 디플로도쿠스와 비슷한 낮은 상자 형태로, 이빨은 주둥이 끝 부분에 집중적으로 나 있다. 디플로도쿠스보다 묵직한 형태로 주둥이 끝이 더 넓다. 골격상 외이공(카퓨兒)은 두정부에 위치해 있지만 살아 있을 당시에는 주둥이에 더 가까운 위치에 콧구멍이 뚫려 있었을 것으로 보인다.

머리

목

꼬리

목 디플로도쿠스에 비해 훨씬 두껍고 폭이 넓다. 육중해 보이지만 다른 용각류와 마찬가지로 함기화 (→p.222)가 진행되어 있다.

사지

체형 디플로도쿠스과의 체형은 속에 따라 다양하지만 대부분 날씬한 편이다. 아파토사우루스와 브론토사우루스는 예외적으로 육중한 체형이다. 브론토사우루스는 아파토사우루스에 비해 약간 날씬한 편이지만, 살을 덧붙여 복원하면 차이를 구분하기 어렵다.

사지 디플로도쿠스와 유사한 구조이지만 훨씬 묵직한 편이다. 손가락은 거의 퇴화되었으며, 발톱이 있는 것은 제1지(엄지에 해당)뿐이다.

꼬리 디플로도쿠스에 비해 다소 짧지만 기본적인 구조는 동일하며, 끝 부분은 '채찍형'으로 불리는 가늘고 유연한 구조로 되어 있다.

세이스모사우루스

| *Seismosaurus*

1970년대부터 1980년대에 걸쳐 미 서부의 쥐라기 후기 지층에서 거대한 용각류 화석이 잇따라 발견되어 신종으로 기재되었다. 이들 공룡은 모두 전장 30m 이상으로 추정되면서 '사상 최대의 공룡'은 단숨에 30m급의 경합이 되었고, 40m급에도 도달할 수 있는 시대가 열렸다. 척추뼈나 견갑골 한 점에서 산출된 추정치를 두고 겨루던 시대에 세이스모사우루스는 '추정 전장 52m의 전신 골격'을 앞세우며 당당하게 등장했다.

::우연한 발견

1979년, 미 남서부의 뉴멕시코주에서 세이스모사우루스의 화석을 발견한 것은 아메리카 원주민이 남긴 암석화를 보러 온 두 사람이었다. 이들은 다른 두 지인을 현장에 불러 자신들의 발견을 국토관리국에 알리기로 결정했다.

이 지역에서 공룡 화석이 발견된 전례는 없었지만 화석이 발견된 장소가 국립공원 내에 있었기 때문에 발굴에 예상되는 제약은 예산 문제만이 아니었다. 결국 국토관리국은 별다른 조치를 취하지 않았고, 화석은 그 자리에 남겨졌다.

1985년, 개관 준비로 바빴던 뉴멕시코 자연사박물관의 데이비드 질레트(David Gillette)에게 이 소식이 전해졌다. 최초 발견자인 네 사람과 국토관리국 직원까지 가세한 자원봉사대에 의한 예비 조사에서 이틀에 걸쳐 작

업 끝에 관절이 연결된 상태(→p.164)의 대형 용각류 꼬리 일부가 채집되었다. 현장에 화석의 상당 부분이 남아 있는 것은 확실했지만, 모암이 극도로 단단하고 화석과 거의 구분되지 않는 상태인 데다 국립공원 규정상 중장비 사용은 물론 인력으로도 무작정 파내는 것이 허용되지 않는 상황이었다.

본격적인 발굴까지의 중단 기간 동안 원자폭탄 개발로 유명한 로스알라모스국립연구소의 연구자들이 원격 탐사(remote sensing, 전자기파나 음파를 이용해 물체에 직접 접촉하지 않고 조사하는 기술)를 제안했다. 일찍이 지질 조사와 고고학(→p.274) 유적 발굴에서 원격 탐사 기술이 사용된 바 있어 화석의 매장 상태를 조사하는 데 즉각적으로 활용할 수 있을 것으로 기대되었다.

1987년부터 본격적인 발굴이 시작되었다. 인공 지진의 반사파를 이용해 지하를 탐사하는 지진파 단층 촬영 기술이 비교적 효과적이라는 것이 판명되었다. 발굴과 동시에 프레퍼레이션(→p.128)과 연구도 진행되었다. 그리고 1991년 이 공룡은 대지를 뒤흔들 정도의 거대함과 지진파 단층 촬영에서 착안하여 '지진 도마뱀'이라는 의미의 세이스모사우루스라고 명명되었다. 당시 클리닝(→p.130)이 완료된 부분은 매우 적었지만 근연종인 디플로도쿠스를 바탕으로 '최소 전장 28m, 추정 전장 39~52m'로 추정되었다. 그리고 가장 큰 추정치에 가까운 수치가 더욱 신뢰할 만하다고 판단되었다.

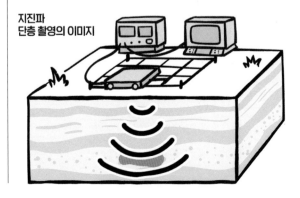

**지진파
단층 촬영의 이미지**

:: 전장 35m

1992년, 세이스모사우루스의 발굴이 종료되었으며 몸통과 꼬리의 앞부분 그리고 몇 개의 목뼈로 추정되는 화석이 채집되었다. 자원봉사자뿐 아니라 다른 박물관에도 클리닝 작업을 위탁했는데, 모암이 워낙 단단하고 육안으로는 화석과 거의 구별되지 않아 클리닝에 난항을 겪었다. 하지만 2002년 일본에서 개최되는 행사에 복원(→p.134) 골격의 전시가 결정되면서 2000년부터 작업이 급속도로 진행되었다.

프레퍼레이션은 복원 골격 제작을 최우선으로 진행되었고, 레플리카(→p.132)의 제작이 가능해진 단계에서 클리닝 작업은 중단되었다. 이 과정에서 목뼈로 추정되었던 것이 화석조차 아니었다는 사실이 밝혀졌다. 또 기존 기재(→p.138)에서 전장의 추정치가 지나치게 낙관적이었다는 점도 드러났다. 프레퍼레이션이 진행될수록 세이스모사우루스의 전장은 점점 줄어들어 완성된 복원 골격의 공식 길이는 35m로 발표되었다.

:: 안녕, 세이스모사우루스

행사장에는 클리닝이 끝나지 않은 세이스모사우루스의 화석도 함께 가져와 클리닝 시연이 진행되었다. 그때 세이스모사우루스의 중요한 특징으로 여겨졌던 부분이 화석에 붙어 있던 콘크리션(→p.168)임이 밝혀지는 사건이 발생했다.

세이스모사우루스의 복원 골격은 행사 종료 후 일본의 한 박물관에 상설 전시되었고, 뉴멕시코 자연사과학박물관의 전시를 위해 복원 골격 2호의 제작이 결정되었다. 동시에 추가 클리닝과 재기재 준비가 시작되었고 그 결과, 복원 골격 1호에서도 꼬리 부분의 복원이 너무 길게 재현된 것이 드러났다. 복원 골격 2호의 전장은 더욱 축소되어 33m로 조정되었다. 추가 클리닝 결과, 세이스모사우루스를 독립된 속으로 간주했던 모든 특징이 잘못된 해석이었음이 밝혀졌다. 그리하여 세이스모사우루스 속은 디플로도쿠스속의 동물이명(→p.140)으로 간주되었으며, 세이스모사우루스·할로룸은 현재 디플로도쿠스·할로룸으로 불리게 되었다.

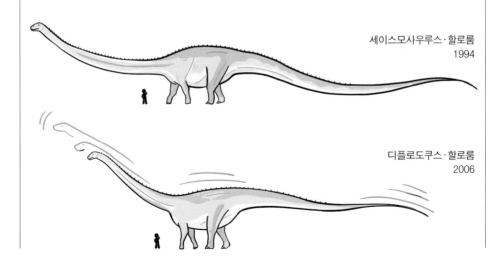

세이스모사우루스·할로룸
1994

디플로도쿠스·할로룸
2006

마라아푸니사우루스

| *Maraapunisaurus*

발굴된 공룡 화석은 재킷에 감싸서 박물관까지 소중히 운반된다. 하지만 다양한 예기치 못한 사고로 말미암아 발굴 때나 운송 중 화석이 복구 불가능한 수준으로까지 손상되거나 박물관 내의 사고 등으로 전시품과 수장품이 완전히 파괴되는 경우도 있다. 이렇게 소실된 화석 중에는 역사상 가장 거대한 육상 동물의 화석도 포함되어 있었던 것으로 보인다.

⁝⁝ 사라진 화석

19세기 후반, 미 서부에서는 에드워드 드링커 코프와 오스니얼 찰스 마시에 의한 '화석 전쟁'(→p.144)이 한창이었다. 공룡 연구의 여명기였던 이 시기에 적지 않은 표본이 발굴·운송 도중 사고로 손상되거나 수장고에서 행방 불명된 사례가 알려져 있다.

1877년, 코프 휘하의 화석 사냥꾼(→p.250) 오라멜 W. 루커스(Oramel W. Lucas)가 미국 콜로라도주의 모리슨층(→p.178)에서 다양한 용각류의 화석을 발견했다. 코프는 이 중 하나에 암피코엘리아스·알투스라는 학명을 붙였는데, 이는 처음으로 발견된 디플로도쿠스류의 부분 골격이었다.

당시 루커스는 매우 거대한 용각류의 흉요추 일부도 채집했다. 논문에 삽화를 거의 싣지 않기로 악명 높았던 코프였지만 이 표본에 대해서는 드물게 스케치를 첨부했고, 이 표본은 1878년 암피코엘리아스·프라길리무스(종소명은 '매우 연약한'이라는 의미)로 기재(→p.138)되었다.

코프는 자신이 기재한 화석 대부분을 개인 소유로 관리했지만 만년에는 자금난에 시달려 자신의 소장품을 미국 자연사박물관에 매각했다. 방대한 양의 화석이 수년에 걸쳐 미국 자연사박물관으로 운반되었고, 박물관 직원과 코프의 컬렉션을 재기재하려는 외부 연구자들이 표본 정리에 투입되었다. 그러나 코프가 기재한 것으로 알려진 몇몇 표본이 그가 살아 있을 때 이미 사라진 상태였다. 거기에는 암피코엘리아스·프라길리무스의 정기준 표본과 그 주변에서 동시에 발견되었다고 하는 거대한 대퇴골 조각도 포함되어 있었다.

미국 자연사박물관은 이 표본들이 정리 작업을 진행하는 과정에서 발견되기를 기대하며 미리 표본 번호를 부여해두기로 했다. 암피코엘리아스·프라길리무스의 정기준 표본에는 AMNH 5777이라는 표본 번호가 부여되었지만, 그에 해당하는 표본은 끝내 발견되지 않았다.

⁝⁝ 초거대 용각류

이처럼 기재 논문과 삽화만 남기고 행방이 묘연해진 AMNH 5777에 대해 코프는 그 높이를 '1500m'라고 기록했다. 이는 높이 1500mm의 표기 실수로 보이지만, 만약 이 높이가 사실이라면 기존에 알려진 어떤 용각류의 흉요추보다 거대한 표본이라는 뜻이다.

암피코엘리아스·프라길리무스를 암피코엘리아스·알투스의 동물이명(→p.140)으로 간주하는 의견이 종종 제기됐는데, 이 의견에 따르면 AMNH 5777은 디플로도쿠스와 매우 유사한 모습의 공룡이었을 가능성이 있다. 이에 디플로도쿠스를 기준으로 계산해보면 AMNH 5777의 추정 전장은 무려 60m에 이르는 상상을 초월하는 거구라는 말이 된다. 이는 지나치게 비현실적인 숫자로 여겨졌다.

∷ 오타인가, 혹은 사실인가

추정 전장이 지나치게 비현실적이고 애초에 표본이 행방불명된 상태였던 탓에 암피코엘리아스·프라길리무스는 공룡의 크기를 진지하게 논하는 연구에서 거의 다뤄지지 않았다. 코프가 남긴 스케치는 극도로 함기화(→p.222)가 진행된 흉요추를 묘사하고 있었는데, 화석이 너무 약해서 발굴 현장에서 운송 중 산산조각 났을 가능성이 크다고 여겨졌다. 전장이 40m가 넘는다고 단언할 수 있는 용각류 화석이 달리 발견되지 않았기 때문에 AMNH 5777의 존재는 그야말로 '전설'로 남게 되었다. 스케치를 바탕으로 실물 크기의 모형이 제작되기도 했지만, 이는 단순한 구경거리 이상의 의미를 부여받지 못했다.

2014년, 이런 상황에 새로운 시각을 제시하는 연구가 발표되었다. 코프는 논문에서 AMNH 5777의 높이를 '1500m'로 기록했는데 '1500mm'가 아닌 '1050mm의 오타였다는 주장이다. 높이 외에도 다양한 부분의 측정값이 기록되어 있는데, 이를 스케치와 비교하면 높이 1500mm라는 값은 다른 측정값들과 정합성이 맞지 않는다. 반면에 높이를 1050mm 가정하면 정합성이 맞는다.

그렇다면 추정 전장은 40m로 여전히 거대하지만 그래도 현실성 있는 숫자가 된다.

이 '오타설'에 대해 오랫동안 암피코엘리아스·프라길리무스 연구에 매달렸던 연구자는 정면으로 반박했다. 그리고 코프의 스케치를 보면 AMNH 5777은 암피코엘리아스·알투스(디플로도쿠스류)보다 흉추골이 더 높은 위치에 있는 레바키사우루스류와 더 비슷하다는 것을 지적했다. 과거에도 공룡 애호가들 사이에서 거론되었던 이 '레바키사우루스류설'에 대한 가능성이 새롭게 제기된 것이다. AMNH 5777이 레바키사우루스류라면, 높이가 1500mm였다고 해도 추정 전장은 30~32m 정도에 그친다. 그리하여 AMNH 5777을 암피코엘리아스속으로 분류하는 것이 부적절하다는 판단이 내려졌으며, 새로운 속인 마라아푸니사우루스('마라아푸니'는 남부 유트 족 언어로 '거대하다'는 의미)가 설립되었다.

암피코엘리아스·프라길리무스에서 마라아푸니사우루스·프라길리무스로 바뀐 AMNH 5777이지만 새로운 표본 없이는 마라아푸니사우루스를 제대로 연구할 방법이 없다. AMNH 5777의 실제 크기를 알 수 있는 방법은 이제 존재하지 않는 것이다.

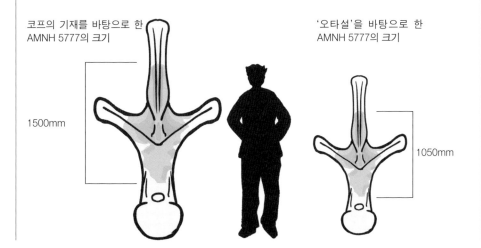

코프의 기재를 바탕으로 한
AMNH 5777의 크기

1500mm

'오타설'을 바탕으로 한
AMNH 5777의 크기

1050mm

화석 사냥꾼

| fossil hunter

고생물학의 여명기인 19세기, 화석을 찾아 헤매며 저명한 수집가나 학자들을 상대로 팽팽한 공방을 벌이던 사람들이 있었다. 언젠가부터 '화석 사냥꾼'이라고 불리게 된 그들은 고생물학자와의 경계마저도 넘나들 정도였다. 화석 사냥꾼의 존재는 고생물학을 지지하는 기둥 그 자체였다.

화석 사냥꾼의 역사

19세기 전반에 이미 화석을 발굴해 수집가나 연구자들에게 판매하며 생계를 이어가는 사람들이 있었다. 일찍이 화석 사냥꾼으로 널리 알려진 메리 애닝은 가족과 함께 화석을 채집·판매하며 생계를 유지했다. 종교적 소수파로서 고단한 삶을 살아야 했던 그녀는 화석 채집의 재능을 발휘해 가계를 도왔다. 여성의 사회적 지위가 낮고 학회 참가조차 허락되지 않았던 당시에 독학으로 고생물학을 익히고 실제 화석에 대한 깊은 지식을 갖춘 애닝을 찾는 지질학자와 고생물학자들이 끊이지 않았다. 애닝은 수장룡(→p.86), 어룡(→p.90), 익룡(→p.80) 등의 화석을 발견했으며, 플레시오사우루스와 익티오사우루스 연구로 유명한 헨리 드 라 비치(Henry De la Beche), 메갈로사우루스(→p.32)를 명명한 윌리엄 버클랜드(William Buckland)와 현장에서 함께 활동하기도 했다. 또 이구아노돈(→p.34)을 명명한 기디언 만텔도 애닝의 상점을 방문한 적이 있었다.

평생 독신이었던 애닝이 경제적으로 어려움을 겪었을 때에는 학계의 중진이 된 드 라 비치와 버클랜드가 그녀를 돕기 위해 앞장섰다고 한다. 사후 학계의 추도를 받으며 '화석 사냥꾼'이 고생물학에 얼마나 중요한 존재인지를 보여주었다. 단순한 화석 판매자가 아니라 화석 산지의 지질과 화석 자체에 정통한 화석 사냥꾼들은 현장에서 활동하는 고생물학자나 다름없었다.

이후로도 고생물학계에서 화석 사냥꾼들의 존재감은 계속 높아졌고 '화석 전쟁'(→p.144)이 한창이던 미 서부에서는 에드워드 드링커 코프와 오스니얼 찰스 마시 휘하의 화석 사냥꾼들이 치열한 발굴 경쟁을 벌였다. 코프와 마시 양 진영에서 활동했던 찰스 하젤리우스 스턴버그(Charles Hazelius Sternberg), 마시의 오른팔로 활약한 존 벨 해처(John Bell Hatcher) 등 오늘날까지 전설로 회자되는 화석 사냥꾼들이 이 시대에 탄생했다.

화석 전쟁이 끝난 후에도 북미 서부에서의 공룡 발굴 열기는 계속되었고, 해처를 사사한 바넘 브라운이나 가족이 모두 화석 채집에 나섰던 찰스 하젤리우스 스턴버그 같은 화석 사냥꾼들이 전 세계 박물관의 의뢰로 각축을 벌였다. 브라운과 스턴버그의 아들들은 프리랜서가 아니라 박물관에 소속되어 활동했으며, 연구자로서도 탁월한 성과를 남겼다.

이처럼 20세기 전반에는 고생물학자와의 경계가 거의 사라졌지만 인기 없는 배드랜드(→p.107)로 조사대를 이끌고 나서는 모습은 여전히 탐험가다운 면모를 보여주었다. 영화 〈인디아나 존스〉 시리즈의 모델 중 한 명으로 알려진 로이 채프먼 앤드루스(Roy Chapman Andrews)처럼 탐험가로서 이름을 알린 화석 사냥꾼들도 있었다.

오늘날 '화석 사냥꾼'은 조사의 일환으로 화석을 채집하는 연구자, 박물관이나 수집가에게 판매하기 위해 발굴하는 상업 발굴자, 취미로 화석을 찾아다니는 애호가들까지 다양한 이들을 아우르는 말이 되었다. 화석을 사랑하고, 화석으로부터 사랑받은 이들의 존재 덕분에 풍화와 함께 사라질 운명이었던 화석들을 직접 눈으로 볼 수 있는 것이다.

▌▌ 화석 사냥꾼들의 초상

Charles H. Sternberg

메리 애닝 생전에는 정당한 평가를 받지 못했지만 지금은 전설적인 존재로 수많은 전기, 영화, 게임 속 캐릭터로 그려질 만큼 인기 있는 화석 사냥꾼이다. 영어의 유명한 빠른 말놀이 'She sells seashells by the sea-shore(그녀는 바닷가에서 조개를 판다)'도 그녀에게서 유래한 것으로 알려져 있지만 사실은 그렇지 않다고 한다.

Mary Anning

스턴버그 일가
찰스 하젤리우스 스턴버그와 세 아들(장남 조지 프라이어, 차남 찰스 모트럼, 삼남 레비)은 뛰어난 화석 사냥꾼이었다. 4남까지 포함한 아들들 모두 고생물학자 또는 지질학자로 활약했으며, 찰스 하젤리우스도 78세까지 현역으로 활동했다.

John Bell Hatcher

존 벨 해처 선천적으로 병약했지만 화석 사냥꾼으로서 미국뿐 아니라 남미에서도 활약했다. 마시의 조수로 일하던 시절에는 혼자 대량의 트리케라톱스(→p.30) 화석을 발굴했다. 연구자이자 프레퍼레이터(→p.128)로서도 뛰어난 그는 미국 자연사박물관에 취직한 브라운을 지도하기도 했다.

바넘 브라운
미국 자연사박물관의 직원으로, 티라노사우루스(→p.28)의 정기준 표본을 비롯한 수많은 유명 화석을 발견했다. 화려한 것을 좋아하는 성격으로 유명해 현장에서도 늘 흰 셔츠를 입었다고 한다. 뛰어난 연구자이기도 했던 그는 스턴버그 가족과 발굴 및 연구 분야에서 우호적인 경쟁 관계를 유지했다.

Barnum Brown

Roy Chapman
Andrews

로이 채프먼 앤드루스 미국 자연사박물관이 처음 개관했을 때부터 활동해 중앙아시아 탐험대를 이끌며 박물관장의 자리까지 올랐지만 모험가 기질이 강했던 그의 적성에는 맞지 않았던 것으로 보인다. 발굴 작업에 서툴러서 프레퍼레이터들은 발굴 중 파손된 화석을 그의 머리글자를 따서 'RCA되었다'고 말했을 정도였다고 한다.

베르니사르 탄광

| Bernissart coal mine

1878년, 벨기에의 베르니사르 탄광 지하 322m에 뻗어 있는 갱도에서 모습을 드러낸 것은 석탄이 아닌 엄청난 수의 완전하고 관절이 연결된 상태의 이구아노돈 골격이었다. 대형 공룡의 완전한 골격이 발견된 최초의 일이었지만, 화석은 심각한 황철석 병에 의해 손상된 상태였다.

▒ 베르니사르의 공룡 광산

벨기에와 프랑스 국경 지대의 지하 수백 미터에는 고생대 석탄기에 형성된 두꺼운 지층(→p.106)이 존재하며, 이 지층은 풍부한 석탄을 포함하고 있었다. 그런 이유로 19세기에는 국경 부근의 베르니사르 마을을 시작으로 각지에서 탄광이 가동되었다.

1878년 봄, 베르니사르 탄광의 지하 322m 갱도에서 '나무 그루터기'와 '황금'이 발견되었다. 이내 '나무 그루터기'가 동물의 화석이며 '황금'은 황철석이라는 사실이 밝혀졌는데, 이런 화석 중에는 이구아노돈(→p.34)의 이빨까지 섞여 있었던 것이다.

브뤼셀의 왕립박물관에서 파견된 드 포는 현장에 엄청난 수의 화석이 매몰되어 있다는 것을 알고, 현장에서 산상(→p.160)을 기록한 뒤 블록 단위로 나누어 운반하기로 결정했다. 갱도 안은 좁고 어두운 데다 때로는 발굴 현장 전체가 수몰될 정도로 지하수가 솟구치기도 했다. 더구나 화석은 황철석 병(→p.254)에 걸려 부서지기 쉬운 상태였다. 드 포는 석고와 점토를 이용해 재킷(→p.126)을 제작했다. 발굴된 이구아노돈은 '묵직한 형태'와 '날렵한 형태'로 나뉘었는데 골층(→p.170)의 대부분을 차지하는 '묵직한 형태'는 신종으로 판단되어 이구아노돈·베르니사르텐시스라고 명명되었다. 이후 고생물학자 루이 돌로(Louis Dollo)의 감독하에 실물 화석을 사용한 마운트(→p.264)가 제작되어 1882년에 공개되었다.

1881년에는 지하 356m 지점에서도 소규모의 이구아노돈 골층이 발견되었다. 그러나 자금 부족으로 이듬해 발굴이 중단되었으며, 이후 오랫동안 재기되지 못했다.

제1차 세계대전 중 독일군이 이 일대를 점령하면서 독일의 고생물학자들이 베르니사르 탄광의 발굴 재개를 시도했다. 그러나 독일군의 패배로 발굴은 또다시 중단되었고, 전후에도 재개되지 못한 채 베르니사르 탄광은 폐쇄되었다.

베르니사르 탄광의 단면도

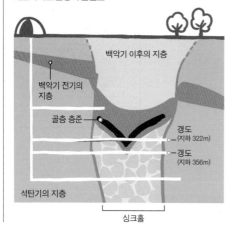

베르니사르 탄광은 여러 개의 수직 갱도와 그로부터 수평으로 뻗어 있는 갱도들이 결합된 구조이다. 이구아노돈의 골층은 석탄기의 지층이 함몰된 자리에 백악기의 지층이 무너져 내리며 형성된 '싱크홀'이라는 지질 구조 안에서 발견되었다. 싱크홀 내부는 외부에 비해 지층이 약하고 붕괴 위험이 높은 데다 백악기 지층에는 석탄이 거의 포함되어 있지 않기 때문에 현장에서는 매우 골칫거리로 여겨졌다.

∷ 공룡 광산의 미스터리

베르니사르 탄광은 폐쇄되었기 때문에 지금은 직접 갱도에 들어가 내부의 지질을 조사하는 것이 불가능하다. 그러나 폐쇄 이후에도 싱크홀이나 골층의 형성 원인에 대한 연구는 계속되고 있다.

베르니사르 탄광의 싱크홀은 석탄기 지층이 침식되어 형성된 거대 협곡의 흔적이라고 여겨졌던 시기가 있었다. 이를 바탕으로 한 골층의 형성 원인에 대한 가설 중에는, 이구아노돈 무리가 육식 공룡에 쫓겨 계곡의 호수로 뛰어들어 익사한 뒤 화석화되었다는 설까지 있었다. 이 설은 일반 독자 대상의 서적에서 종종 소개되었으나 최근에는 완전히 부정되고 있다.

지금은 비교적 평탄한 지역의 물가에 백악기 지층이 퇴적된 후 그 아래에 있던 석탄기 지층이 온천수에 의해 침식되고 서서히 전체가 함몰되면서 베르니사르 탄광의 싱크홀이 형성되었다고 여겨지고 있다.

아직까지 베르니사르

탄광에서 발견된 이구아노돈 골층의 형성 원인은 명확히 밝혀지지 않았지만, 이구아노돈 성체로 이루어진 무리가 어떤 사고에 휘말린 결과로 보인다고 추정된다. 또한 베르니사르 탄광의 골층은 실제 4개의 골층으로 이루어져 있으며, 비슷한 장소에서 반복적으로 이구아노돈의 대량 폐사가 발생했음을 보여준다.

백악기 전기 당시, 이 지역 지하에는 황화수소가 풍부하게 포함된 온천이 존재했던 것으로 보인다. 이 온천이 지표로 흘러나오면서 황화수소 중독으로 생물의 대량 폐사가 빈번히 발생했을 가능성이 있다. 베르니사르 탄광에서는 이구아노돈과 만텔리사우루스뿐 아니라 보존 상태가 좋은 대량의 물고기와 악어 화석도 발견되었다. 이 동물들도 황화수소에 중독돼 사망했을 가능성이 있다.

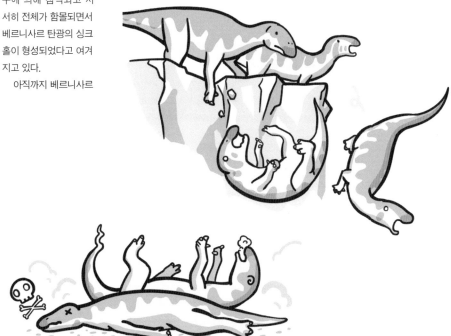

황철석 병

| pyrite disease, pyrite decay

고생물학 세계에는 200년에 걸쳐 두려움의 대상이 되어온 악명 높은 질병이 있다. 바로 황철석 병이다. 한번 황철석 병이 발병한 화석은 완치가 불가능하며, 악화되면 결국 단순한 돌덩어리로 변해버린다. 귀중한 표본을 숱하게 파괴해온 공포의 질병, 황철석 병은 과연 어떤 '병'일까?

▪▪ 황철석과 황철석 병

황철석은 철과 황으로 이루어진 광물로, 은은한 황금빛 때문에 종종 금으로 오인되어 '어리석은 자의 황금'이라고 불리기도 한다. 산소가 부족한 환경(환원 환경)에서는 물속에 녹아 있던 철 이온과 생물 조직 내의 황이 결합하여 황철석이 형성되기도 한다. 이런 환경은 유해의 분해가 잘 이루어지지 않기 때문에 화석이 형성되기 쉬우며 그 때문에 화석 속에 황철석 결정이 포함되거나 화석 자체가 황철석으로 대체(치환)된 경우도 있다.

황철석은 습기에 약해 공기 중의 수분이나 산소와 반응하여 다른 광물로 변하기 쉽다. 화석 내부에 포함된 황철석에서 이런 반응이 발생하면 화석 내부의 다른 원소와도 반응하여 원래의 황철석보다 부피가 크게 증가할 수 있다. 이렇게 되면 화석이 내부에서 팽창하면서 분쇄되고 만다. 또한 최종적으로 황산이 발생해 화석을 구성하는 다양한 광물뿐 아니라 보관된 케이스까지 파괴한다. 이런 붕괴 과정을 황철석 '병'이라고 하며 '발병' 전의 상태로 되돌리는 것은 불가능하다.

▪▪ 투병의 역사와 치료법

황철석 병의 위험은 19세기부터 인식되었다. 대표적인 사례는 1878년 베르니사르 탄광(→p.252)에서 발굴된 이구아노돈(→p.34)과 만텔리사우루스의 화석이다. 오랜 세월 동안 탄광 깊숙한 곳에서 산소와 차단되어 있던 화석이 외부 공기와 접촉하면서 발굴 직후부터 황철석 병이 급격히 진행되었다. 화석은 철제로 보강된 석고 재킷(→p.126)으로 밀봉되어 박물관으로 옮겨졌지만 2년 뒤 재킷을 개봉했을 때 이미 재킷 내부에서 황철석 병이 상당히 진행된 상태였다.

박물관에서는 재킷을 개봉한 후 '방부제'를 녹인 젤라틴을 화석에 발라 황철석 병으로 팽창한 부분을 기계적으로 제거한 뒤 접착제와 주석박 그리고 파피에 마셰(papier-mâché, 종이를 수지 등으로 굳힌 것)를 이용해 수복했다. 이런 과정을 거쳐 이구아노돈의 복원(→p.134) 골격이 전시되었으나 황철석 병의 진행은 막지 못했다. 1930년대에는 대규모 '치료 계획'이 세워지면서 알코올(용제), 비소(살균 목적), 바니시(보호·보강 목적)를 혼합한 물질을 화석에 발

랐다. 그러나 이런 일련의 '치료'는 화석 내부에 수분을 가두어 오히려 역효과를 낳았다.

황철석 병의 원인이 공기 중의 수분과 산소 그리고 황철석 자체라는 사실이 밝혀진 것은 최근 몇십 년 사이의 일이다. 화석 내부의 황철석을 완전히 제거하는 것은 불가능하기 때문에 발굴 후 신속한 프레퍼레이션(→p.128)을 통해 화석 내부의 수분을 완전히 제거하고 수지로 내부를 보호하는 것이 중요하다. 하지만 내부까지 침투한 수지로도 수분이나 산소의 침입을 완전히 막을 수 없으며, 이는 화학 분석이나 CT 스캔(→p.227)에 방해가 되기도 한다. 앞서 언급한 이구아노돈 화석은 이런 처치를 거친 후 습도가 완벽히 관리된 유리 진열장 안에서 공개되고 있다.

용골 군집

| plesiosaur-bone associations

어두운 심해에는 양분이 부족하기 때문에 고래의 유해가 가라앉으면 그곳은 바다 밑바닥의 오아시스가 된다. 유해는 순식간에 뼈만 남게 되지만 이야기는 거기서 끝나지 않는다. 유해가 분해되는 과정에서 생성된 황화수소와 메탄을 에너지원으로 삼는 생물들이 나타난다. 이런 생물들로 이루어진 군집을 '경골(鯨骨) 군집'이라고 하는데, 고래가 등장하기 전에는 이런 군집이 존재하지 않았던 것일까?

‼ 화학합성 군집과 고래

황화수소와 메탄이 발생하는 지역 주변에는 이를 분해해 에너지를 생성하는 화학 합성 세균과 공생하며 살아가는 생물들이 있다. 이런 생물들의 군집을 화학 합성 군집이라고 하며, 메탄을 기반으로 성장한 콘크리션(→p.168)에 포함되어 통째로 화석화된 사례도 보고된 바 있다.

화학 합성 군집은 황화수소와 메탄이 용출되는 장소뿐 아니라 고래의 유해 주변에서도 관찰된다. 유해를 먹는 생물과 그 생물을 포식하는 생물 그리고 유해에서 발생하는 황화수소와 메탄을 이용하는 화학 합성 공생 생물들이 고래의 유해를 중심으로 작은 생태계를 형성하는 것이다.

이렇게 고래 뼈를 중심으로 형성된 생물 군집을 경골 군집이라고 부르며, 화학 합성 군집 사이의 '징검다리' 역할을 하는 중요한 존재로 여겨지고 있다. 하지만 고래류가 바다에 진출하기 이전에도 대형 동물의 유해를 중심으로 한 생물 군집이 존재했는지는 아직 명확히 밝혀지지 않았다.

‼ 중생대의 용골 군집

최근 일본에서 수장룡(→p.86)의 유해를 중심으로 한 화학 합성 군집의 화석이 종종 보고되고 있다. 또 수장룡의 뼈를 먹고 있던 박테리아의 생흔(→p.118)과 이를 먹고 있었던 것으로 보이는 고둥의 화석도 주변에서 발견된 사례가 있다. 즉 경골 군집이 아닌 '용골(龍骨) 군집'이 백악기 후기의 해저에 존재했던 것이다. 카무이사우루스(→p.38)의 골격도 용골 군집을 이루고 있었던 것으로 보인다.

수장룡을 비롯한 대형 해양 파충류 대부분이 백악기 말에 멸종했으며, 이후 고래류가 바다에 진출하기까지 약 1600만 년의 공백이 있었다. 백악기부터 오늘날까지 건재한 바다거북류의 '귀골(龜骨) 군집'이 용골 군집과 경골 군집 사이를 잇는 가교 역할을 했던 것으로 여겨진다.

백화점

| department store

지층이 존재하지 않는 의외의 장소에도 화석이 묻혀 있다. 예컨대 백화점이나 철도역 등 오래된 대형 건물의 벽에는 석회암이나 석회암이 변성된 대리석이 사용되는 경우가 있다. 또 원예용으로 홈 센터 등에서 블록 형태로 판매되기도 한다. 이런 석재에는 다량의 화석이 포함된 경우가 있다.

▓ 고급 석재와 화석

석회암은 물속에 녹아 있던 탄산칼슘이나 탄산칼슘으로 이루어진 생물의 유해(껍데기)가 침전되어 형성된 퇴적암이다. 후자의 경우, 석회암은 화석의 집합체라고도 할 수 있다. 비교적 부드럽고, 탄산칼슘 덩어리이기 때문에 산에도 약하지만(보통의 비에도 조금씩 녹아내린다) 대량으로 채굴되는 데다 가공이 쉽고 따뜻한 색감을 가진 석재로서 오래전부터 전 세계에서 이용되어왔다.

일본 국내에서도 석회암이 대량으로 채굴되고 있으나 이는 석재로 이용되지 않고 주로 시멘트 원료로 가공된다. 일본에서 석재로 이용되는 석회암이나 대리석은 세계 각지에서 수입한 것으로, 다양한 시대의 화석을 포함하고 있는 것을 볼 수 있다.

화석을 포함한 석재로 특히 유명한 것이 '주라 옐로(jura yellow)', '주라 그레이 블루(jura grey blue)'라고 불리는 베이지색과 청회색 석회암이다. 이 석재는 독일산으로, 이름 그대로 쥐라기 중기에서 후기에 걸쳐 테티스해(→p.180)의 라군에서 퇴적된 것이다. 그런 이유로 산호, 암모나이트(→p.114), 벨렘나이트(체내에 화살 모양의 껍질을 가진 오징어처럼 생긴 멸종 두족류)를 비롯해 공룡이나 시조새(→p.78)가 살았던 섬들을 둘러싼 열대 바다의 생물 화석이 풍부하게 포함되어 있다.

석재 속 화석은 다양한 각도로 절단·연마되기 때문에 겉보기에는 어떤 화석인지 전혀 알 수 없는 경우도 많다. 알아보기 쉬운 각도로 절단된 화석을 찾아보는 것도 물론 흥미롭지만 석재 속에 보이는 정체불명의 구조에서 그 실체를 상상해보는 것 또한 도시에서 즐기는 화석 찾기의 묘미일 것이다.

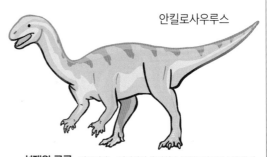

안킬로사우루스

석재와 공룡 미국에서는 원시적인 용각형류 안킬로사우루스의 화석이 포함된 사암이 다리의 재료로 사용된 적이 있다. 하반신 화석은 화석전쟁(→p.144)으로 유명한 오스니얼 찰스 마시가 확보했지만 상반신이 포함된 블록은 이미 교각으로 사용된 상태였다. 이 다리는 1969년 철거되었지만 상반신 화석은 끝내 회수되지 못했다고 한다.

석회암 속 암모나이트의 예

물고기 속의 물고기

| Fish-within-a-Fish

자연계는 가혹하다. 먹잇감을 포획하는 일은 결코 쉬운 일이 아니며, 소중한 먹잇감을 통째로 삼킬 때 그것을 제대로 삼킬 수 있을지 확인할 여유조차 없다. 삼킨 먹잇감이 너무 커서 함께 죽음을 맞이한 사례는 다양한 동물에서 알려져 있으며, 그런 상황을 보존한 화석도 존재한다.

▓ 물고기 속의 물고기

'물고기 속의 물고기(Fish-within-a-Fish)'로 알려진 유명한 화석은 서부 내륙해로 (→p.186)의 나이오브라라층에서 발견된 크시팍티누스의 거의 완전한 골격이다. 전장 4m의 거대한 크시팍티누스가 등지느러미 이외에는 완전한 상태로 관절이 연결된 상태(→p.164)로 보존되어 있었으며, 뱃속에는 전장 1.8m의 길리쿠스가 통째로 들어 있었다. 길리쿠스를 억지로 삼킨 것이 크시팍티누스의 사인이 되었을 가능성이 높다. 너무 큰 길리쿠스를 삼킨 뒤 소화 불량으로 죽은 것으로 추정되는 크시팍티누스 화석은 다른 사례도 알려져 있어서 이 물고기가 매우 탐욕스러운 생물이었음을 보여준다. 나이오브라라층에서

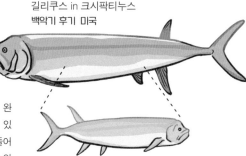

길리쿠스 in 크시팍티누스
백악기 후기 미국

는 길리쿠스가 또 다른 큰 물고기를 통째로 삼킨 상태의 화석도 발견된 바 있다. 이런 사고는 결코 드문 일이 아니었던 것으로 보인다.

최근 확인된 먹이를 통째로 삼키다 죽은 사례 중 하나는 중국 삼첩기의 어룡 구이저우익티오사우루스(전장 약 5m)이다. 이 화석의 몸속에는 추정 전장 약 4m에 가까운 신푸사우루스(의문이 많은 해양 파충류 탈라토사우루스류)의 몸통이 들어 있었으며, 무리해서 삼킨 후 얼마 지나지 않아 죽은 것으로 추정된다. 이처럼 다양한 동물이 먹이를 통째로 삼키는 위험을 감수하며 살아가고 있었던 것이다.

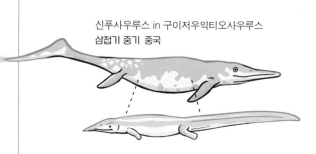

신푸사우루스 in 구이저우익티오사우루스
삼첩기 중기 중국

▓ 공룡을 통째로 삼킨 공룡

공룡 한 마리를 통째로 삼킨 것이 원인이 되어 죽은 것으로 보이는 공룡 화석은 아직 발견되지 않았다. 그러나 캐나다에서는 가슴 안쪽에 자신의 머리 크기만 한 거대

한 뼈(대형 공룡의 사지 뼈로 추정)가 걸린 상태로 보존된 사우로르니톨레스테스의 골격이 발견되었다. 연구는 이제 막 시작된 단계이지만, 어쩌면 고기를 뼈로 통째로 삼킨 것이 이 개체의 사인이었을 가능성이 있다.

데스 포즈

| death pose

화석의 산상은 매우 다양하지만 척추동물은 관절이 연결된 골격이 비슷한 자세로 별견되는 경우가 적지 않다. 몸을 새우처럼 구부린 채 누워 있는 이 기묘한 자세는 죽음을 상징하는 '데스 포즈'라고 불린다.

▪▪데스 포즈와 그 형성 원인

데스 포즈에 명확한 정의는 없지만 관절이 연결된 상태(→p.164)의 골격에서 목과 꼬리가 등 쪽으로 휘어진 산상(→p.160)을 이렇게 부른다. 소형 공룡부터 대형 공룡까지 이런 데스 포즈 상태로 발견된 사례가 알려져 있으며, 전장 20m가 넘는 대형 용각류가 거대한 U자형 데스 포즈를 그리고 있는 상태로 발견된 사례도 보고된 바 있다. 전신의 관절이 연결된 상태의 골격이 데스 포즈를 취하고 있는 경우가 있는가 하면, 척추뼈만 데스 포즈를 유지한 채 두개골이나 사지 뼈는 주변에 흩어져 있는 경우도 있다.

공룡 화석의 일반적인 산상 중 하나라는 점에서 데스 포즈가 결코 우연히 생긴 것이 아니라는 의견이 지배적이다. 데스 포즈에 대한 일반적인 시나리오 중 하나는 목과 꼬리의 자세를 유지하던 인대가 사후 건조로 말미암아 수축하면서 목과 꼬리를 등 쪽으로 당겼다는 설이다. 또 유해가 물살에 휩쓸리면서 목과 꼬리가 하류 방향으로 밀린 것이라는 의견도 있었다. 그러나 유속이 거의 없는 고요한 수중에서 매몰된 것으로 보이는 화석 중에도 데스 포즈로 보존된 사례가 있어서 이런 시나리오만으로는 모든 예가 설명되지 않는다. 뇌 질환 등으로 근육 경련이 일어나 죽기 전에(쓰러지기 전에) 데스 포즈가 생겼을 것으로 보는 의견도 있었지만, 타포노미(→p.158) 연구에서는 데스 포즈를 사후에 일어난 현상일 것으로 추정한다.

최근에는 데스 포즈의 형성 원인을 지극히 단순하게 보는 견해가 지지를 받고 있다. 목이나 꼬리에 있는 인대는 중력과의 균형에 의해 자연스럽게 자세를 유지하지만, 옆으로 쓰러지면 중력과의 균형이 무너져 인대가 목과 꼬리를 등 쪽으로 당기는 힘이 우세해진다는 것이다. 그 때문에 인대가 특별히 건조되거나 물살의 힘이 없더라도 자연스럽게 데스 포즈가 발생한다. 새의 유해를 사용한 실험에서는 유해가 물에 떠 있는 상태에서는 (지면과의 마찰 저항이 감소하기 때문에) 데스 포즈가 쉽게 발생한다는 점 그리고 인대가 절단된 상태에서는 데스 포즈가 나타나지 않는다는 점이 확인되었다.

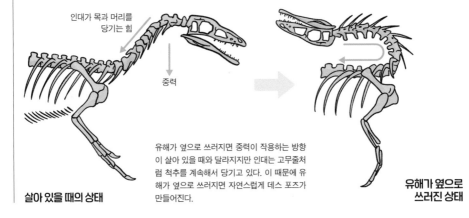

인대가 목과 머리를 당기는 힘

중력

유해가 옆으로 쓰러지면 중력이 작용하는 방향이 살아 있을 때와 달라지지만 인대는 고무줄처럼 척추를 계속해서 당기고 있다. 이 때문에 유해가 옆으로 쓰러지면 자연스럽게 데스 포즈가 만들어진다.

살아 있을 때의 상태

유해가 옆으로 쓰러진 상태

▦ 다양한 데스 포즈

데스 포즈는 매우 인상적인 자세이기 때문에 프레퍼레이션(→p.128) 중간 단계에서 산상의 연구 및 전시를 목적으로 레플리카(→p.132)를 제작하거나, 뼈 하나하나를 완전히 클리닝(→p.130)하지 않고 산상이 잘 관찰되는 상태로 프레퍼레이션을 마치고 데스 포즈 상태로 골격을 전시하는 경우도 적지 않다. 또 데스 포즈 상태의 골격에서 관절이 분리된 부분을 복원하거나 결손부에 아티팩트(→p.136)를 추가해 벽에 전시하기 위한 용도로 마운트(→p.265)하는 경우도 많다. 심지어 관절이 분리된 골격을 데스 포즈 형태로 배치해 전시하기도 한다.

유해가 데스 포즈를 취하고 있어도 매몰 시기가 늦어지면 데스 포즈 상태로 화석화되지 않는다. 척추의 일부만 데스 포즈를 유지하고, 나머지 부위는

주변에 뿔뿔이 흩어져 있거나 흔적도 없이 쓸려나가기도 하는 '데스 포즈의 흔적'도 공룡의 부분 골격이 발견되는 일반적인 형태 중 하나이다.

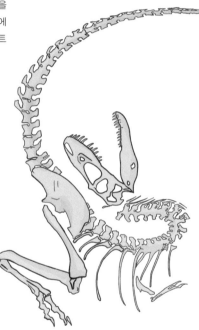

'완전한' 데스 포즈 고르고사우루스는 캐나다 앨버타주에서 상당수의 골격이 발견되었으며, 그중 다수가 데스 포즈 상태였다. 왕립 티렐박물관의 표본 TMP 91.36.500은 특히 보존 상태가 뛰어나 허리와 꼬리 일부가 풍화로 소실된 것 외에는 거의 완전한 상태였다. 이 골격은 실물 화석의 결손부를 아티팩트로 보완하고 자세를 약간 수정해 월 마운트 형태로 전시되었다.

머리가 없는 용각류 마멘키사우루스 중에서도 잘 알려진 종인 마멘키사우루스·호추아넨시스의 정기준 표본은 1957년에 발견되었으며, 매우 긴 목과 용각류치고는 짧은 꼬리가 인상적인 'J'자형 데스 포즈를 취하고 있었다. 화석의 보존 상태는 양호했지만 두개골, 어깨, 앞다리, 늑골, 꼬리 끝 부분은 매몰되기 전에 소실된 상태였다. 용각류의 데스 포즈는 흔히 관찰되지만 뒤로 젖혀진 목에 두개골이 온전히 남아 있는 경우는 매우 드물다.

랍토르
| raptor

'고지라 자세'처럼 대중오락이 과학에 대한 이미지를 크게 바꾸는 일은 종종 일어난다. 공룡의 분류학적 그룹명은 대중을 대상으로 할 때도 학술용어 그대로 사용되는 경우가 많지만, 어떤 그룹은 단 한 편의 영화를 계기로 '랍토르'라는 이름으로 불리게 되었다. 랍토르, 즉 드로마에오사우루스류와 드로마에오사우루스류는 아니지만 '랍토르'라고 불린 공룡들에는 어떤 것들이 있을까?

▪▪ 다양한 '랍토르'

영화 〈쥬라기 공원〉에서 '랍토르'라고 불린 공룡들은 벨로키랍토르(→p.50)와 같은 드로마에오사우루스류이다. 벨로키랍토르를 줄여서 부른 명칭으로 이 '랍토르'는 라틴어로 '도둑', '약탈자', '유괴범' 등을 의미하며 영어에서는 독수리나 매와 같은 맹금류를 가리키는 단어이기도 하다. 벨로키랍토르('날쌘 도둑')를 명명한 헨리 페어필드 오스번은 이 작은 공룡이 재빠르게 움직이며 민첩하게 먹잇감을 낚아채는 모습을 상상했던 것으로 보인다.

영화 속 '랍토르'는 반드시 벨로키랍토르를 모델로 삼았던 것은 아니지만, 이런 단어의 이미지 그대로 활약하는 캐릭터로 등장했다. 한편 드로마에오사우루스류는 크기와 형태가 매우 다양하며 깃털(→p.76)의 유무를 떠나 영화 속 '랍토르'의 이미지와는 거리가 먼 모습을 한 종류도 적지 않다. 전장 약 1m의 활공성 공룡부터 전장 5m에 달하는 육중한 체격의 공룡, 긴 목을 가진 공룡부터 앞다리가 아주 짧은 공룡까지 '랍토르'의 모습은 다양하다.

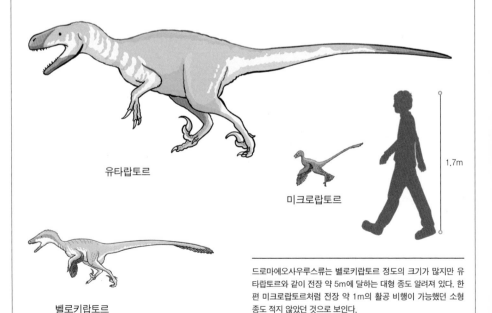

유타랍토르

미크로랍토르

1.7m

벨로키랍토르

드로마에오사우루스류는 벨로키랍토르 정도의 크기가 많지만 유타랍토르와 같이 전장 약 5m에 달하는 대형 종도 알려져 있다. 한편 미크로랍토르처럼 전장 약 1m의 활공 비행이 가능했던 소형 종도 적지 않았던 것으로 보인다.

✲ 그 밖의 '랩토르'들

'랩토르'는 특정 분류군의 정식 명칭이 아니라 드로마
에오사우루스류에서 관례적으로 '○○랩토르'로 명명된
종이 많을 뿐이다. 오스번이 벨로키랍토르와 동시에 '알
도둑(이 경우의 '랩토르'는 유괴범이라는 뉘앙스가 강하다)' 오비랩토
르를 명명한 것처럼 드로마에오사우루스류가 아닌 공룡
이 '○○랩토르'라고 명명되는 경우도 결코 드물지 않다.

소형~중형의 날렵한 체형을 가진 수각류가 '랩토르'라
는 이름을 가진 경우도 많은데, 대형 오비랩토르사우루
스라는 이유로 명명된 기간토랍토르('거대한 도둑')의 사례
도 있다. 또 메가랍토르나 후쿠이랍토르처럼 한때 드로
마에오사우루스류와 유사한 모습으로 복원(→p.134)되었
던 종도 있다.

신랍토르

벨로키랍토르

메가랍토르

기간토랍토르

1.7m

드로마에오사우루스류와는 관련이
없는 '랩토르' 중에는 상당수의 대형
수각류가 포함되어 있다. '랩토르'라
는 이름이 붙었지만 기간토랍토르는
아마 식물식 공룡이었을 것이다.

컴포지트

| composite

진정한 의미의 '완전한' 공룡 골격은 발견된 적이 없다. 결손부가 적으면 인접한 부위에서 형태나 크기를 추정하거나 같은 종의 다른 표본이나 근연종을 참고하여 아티팩트(복제품이 아닌 조형물)로 보완할 수 있다. 한편 결손부가 많은 경우에는 전부 아티팩트로 보완하는 것이 쉽지 않다. 이런 경우에는 같은 종이나 근연종의 동일한 크기의 개체를 조합하여 복원하기도 한다. 여러 개체의 표본을 의도적으로 조합한 것을 컴포지트라고 하며, 의도하지 않은 경우(키메라)와는 구별된다.

▪▪ 컴포지트의 실정

불완전한 골격을 컴포지트로 복원(→p.134)할 때 중요한 것은 동일한 종의 동일한 크기의 개체를 조합하는 것이다. 생물에는 개체 변이가 존재하기 때문에 기본적으로 같은 종이라고 해도 정확히 동일한 형태를 갖게 된다고는 할 수 없다. 동일한 전장의 동일한 종일지라도 골격의 비율에는 약간의 차이가 존재하는데, 이 문제는 대부분 간과되기 쉽다.

골격도나 3D 데이터상에서 복원할 경우에는 크기가 다른 표본이라도 크기를 보정하여 조합할 수 있다. 그러나 성장 과정에 따라 비율이 크게 변하는 공룡도 적지 않기 때문에 명백히 성장 단계가 다른 표본을 조합하는 것은 적절하지 않다.

컴포지트의 복원 골격을 조립할 때는 가급적 크기가 유사한 개체의 실물 화석이나 레플리카(→p.132)를 조합하는 것이 기본이다. 현대에는 3D 데이터로 크기를 보정한 레플리카를 활용할 수 있지만, 과거에는 크기가 다른 여러 개체를 조합했기 때문에 실제와 크게 다른 비율로 복원된 골격도 많았다.

동일한 크기의 동일 종 표본을 사용할 수 없는 경우, 근연종의 부분 골격을 이용해 복원이 이루어진다. 동일 종으로 컴포지트를 제작할 만큼 표본이 알려진 공룡이 많지 않기 때문에 여러 종으로 구성된 컴포지트의 복원 골격이 드문 일은 아니다.

▪▪ 트리케라톱스 '해처'

1905년, 미국 스미소니언박물관에서 사상 최초로 트리케라톱스(→p.30)의 복원 골격이 전시되었다. 이 복원 골격은 적어도 10개체의 실물 화석으로 구성된 컴포지트였다. 당시 각룡의 골격에 대해 알려진 것이 적었기 때문에 두개골은 몸통 부분에 비해 상당히 작은 개체의 것이었다. 또 발은 에드몬토사우루스의 것이 잘못 조합되어 있었다. 그런 이유로 이 복원 골격은 얼굴이 매우 작고 발가락이 3개뿐이었다.

복원과 관련된 다양한 문제가 밝혀진 후에도 이 골격은 그대로 전시되었는데, 노후화로 1998년 해체되어 사상 최초의 3D 프린트된 복원 골격으로 재탄생했다. 이 컴포지트의 기본이 된 골격을 비롯해 수많은 트리케라톱스 화석을 발견한 것으로 알려진 화석 사냥꾼 존 벨 해처(→p.250)의 이름을 따서 '해처'라고 불리게 된 이 복원 골격에는 원래 조합되어 있던 두개골을 확대해 3D 프린트한 것이 부착되었다.

∷ 현대의 컴포지트

고생물을 컴포지트로 복원하는 것은 지극히 일반적인 연구 행위로, 신중하게 조합된 컴포지트는 이후 발견된 완전한 골격과 비교해도 손색이 없다.

여기서는 현재 볼 수 있는 다양한 컴포지트 사례를 살펴보자.

스피노사우루스(→p.66)

스피노사우루스의 골격은 일부만 발견되었으며, 몸통이 잘 보존된 정기준 표본은 전쟁 중 소실되었다. 2014년 '4족 보행설'을 내세우며 공개된 복원 골격은 다양한 표본과 소실된 정기준 표본의 도판 및 사진을 바탕으로 구성된 3D 데이터로 제작되었다. 이후 거의 완전한 스피노사우루스의 꼬리가 발견되면서 꼬리를 전부 교체하는 동시에 앞다리를 더 작게 만든 복원 골격이 새롭게 조립되었다.

트리케라톱스

트리케라톱스의 화석은 대중의 눈길을 끌지만 한 개체의 골격이 제대로 갖추어진 표본은 매우 드물다. 그런 이유로 트리케라톱스의 복원 골격 대부분은 여러 개체를 조합한 컴포지트로 이루어져 있다. 비율뿐 아니라 발가락 개수가 부정확한 것도 있어 주의가 필요하다.

마운트
| mount

일상적인 대화에서는 좋은 의미로 사용되는 경우가 드문 단어이지만, 공룡과 관련해서는 복원 골격을 조립하는 행위나 조립된 복원 골격 자체를 가리킬 때 '마운트'라는 단어가 사용되기도 한다. 여기서는 160년이 넘는 공룡 마운트의 역사를 소개한다.

▪▪ 복원 골격의 역사

1788년, 스페인 마드리드 국립자연사박물관에서 거대 나무늘보류 메가테리움의 복원(→p.134) 골격이 전시·공개되었다. 동물 화석이 마운트된 것은 이것이 처음이었다고 한다. 복원을 맡은 것은 과학 일러스트레이터이자 박제사였던 후안 바티스타 브루(Juan Bautista Bru)로, 현생 동물의 골격을 마운트한 경험도 풍부했다. 이 골격은 꼬리를 제외하면 완전한 상태였다. 브루는 목재를 이용해 실물 화석을 지지할 골조를 제작했다.

공룡 최초의 복원 골격은 1868년 미국 필라델피아에 있는 전미 자연과학아카데미박물관에 전시된 하드로사우루스(→p.36)의 정기준 표본이었다. 이 골격은 상당히 부분적이었으며, 직접 참고할 만한 표본도 없었기 때문에 복원을 맡은 조각가 벤저민 워터하우스 호킨스는 파충류(이구아나), 조류(주조류) 그리고 포유류(캥거루)를 참고해 아티팩트(→p.136)를 제작했다. 이 골격은 나무를 끌어안고 잎을 먹는 자세로 마운트되었는데, 금속으로 만든 골조가 최대한 눈에 띄지 않도록 나무 모형 내부에 지지대를 통과시키거나 아티팩트 내부에 직접 골조를 배치하는 등의 다양한 방법이 활용되었다. 그러나 골조를 고정하기 위해 화석에 직접 구멍을 뚫거나 화석의 열화가 빠르게 진행된 탓에 수년 만에 레플리카(→p.132)로 교체되는 등의 다양한 문제가 발생하기도 했다.

호킨스는 하드로사우루스 복원 골격의 레플리카를 양산했는데, 이 레플리카는 내부에 직접 철골을 넣어 현대의 레플리카를 이용한 복원 골격과 마찬가지로 골조가 거의 외부로 드러나지 않는 형태였다.

**하드로사우루스
복원 골격의 역사**

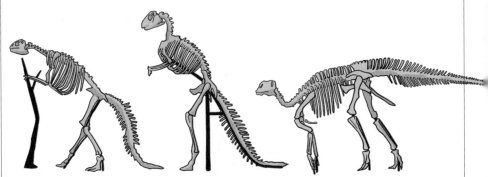

제1호(1868년) → 양산형(1870년대) → 현재(2008년~)

::: 복원 골격의 마운트

복원 골격은 일반적으로 전시나 공개를 목적으로 제작되지만, 관절의 가동 범위 등을 연구하기 위한 목적으로 마운트되는 경우도 있다. 전시용 골격의 경우, 박물관의 공간 설계와 병행하여 골격의 자세와 전시 형태가 검토된다. 과거에는 복원 골격 제작을 박물관 소속의 프레퍼레이터(→p.128)가 담당하는 경우가 많았지만, 요즘은 연구 기관과 전문 업체가 협력해 마운트하는 경우가 많다. 판매용 복원 골격은 업체가 독자적으로 제작하는 경우도 드물지 않다.

복원 골격을 마운트할 때는 발견되지 않은 부분을 아티팩트나 다른 표본(레플리카로 재현된)을 사용해 보완하는 경우가 대부분이다. 간혹 골조를 이용해 결손부의 실루엣만 만들고 별다른 보완을 하지 않는 경우도 있다. 다른 표본으로 결손부를 보완한 컴포지트(→p.262)의 경우, 부품 크기를 맞추지 못하는 사례도 결코 드물지 않다. 전시의 의미를 우선시해 실물 화석을 마운트하는 경우도 많지만, 화석이 황철석 병(→p.254) 등의 영향으로 열화될 위험이 있어 나중에 큰 문제가 될 수 있다. 또 공개 중인 전시물은 연구도 휴관일에만 진행해야 한다는 문제가 있다. 과거에는 실물 화석에 직접 구멍을 뚫어 골조를 삽입하는 경우가 많았지만 지금은 후속 연구를 고려해 화석에 손상을 주지 않고 간단히 탈·부착할 수 있는 골조를 제작하는 사례가 늘고 있다.

복원 골격에 이용되는 화석의 레플리카는 과거에는 무거운 석고나 가볍지만 깨지기 쉬운 파피에 마세(papier-mâché, 종이를 수지 등으로 굳힌 것)가 주로 사용되었다. 그러나 최근 수십 년 사이 섬유 강화 플라스틱(FRP)으로 만든 가볍고 튼튼한 레플리카가 일반화되면서 복원 골격의 자세를 더욱 자유롭게 설정할 수 있게 되었다. 또 최근에는 3D 데이터와 3D 프린터를 활용해 레플리카를 제작하는 사례도 늘고 있다.

골조를 제작할 때에는 골격을 임시로 조립하여 자세를 세심하게 조정하는 작업이 필요한데 3D 데이터를 활용하면 컴퓨터상에서 어느 정도 조정이 가능하다. 실물 화석을 마운트할 때도 레플리카를 제작해 임시로 조립하는 경우가 있다. 이렇게 만든 골조는 대개 받침대 위에 부착되며, 복원된 골격이 완성된 후에도 받침대 그대로 이동이 가능하도록 만드는 경우가 많다.

복원 골격의 종류

월 마운트 부조 형태로 배치한 복원 골격. 관절이 연결된 상태(→p.164)의 화석의 산상(→p.160)을 활용해 아티팩트로 보완해 제작되는 경우가 많다.

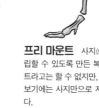

프리 마운트 사지(또는 땅에 고정한 꼬리)의 골조만으로 자립할 수 있도록 만든 복원 골격을 이렇게 부른다. 프리 마운트라고는 할 수 없지만, 천장에서 와이어로 골조를 매달아 겉보기에는 사지만으로 자립한 것처럼 보이게 만든 경우도 있다.

애니매트로닉스

| animatronics

박물관에서 실물 크기의 공룡 로봇을 본 적이 있는가? 비록 그 자리를 벗어날 일은 없지만 그 존재감과 생생한 움직임은 아이들의 본능적인 두려움을 자극하기에 충분하다. 이처럼 생물이나 캐릭터의 형태와 움직임을 모방한 기계를 애니매트로닉스라고 부른다. 어트랙션 이나 영화 촬영에 없어서는 안 될 애니매트로닉스는 공룡의 인기를 지지하는 중요한 요소이다.

⠿ 공룡과 애니매트로닉스

1980년대가 되면 다양한 어트랙션과 영화 특수 촬영에 애니매트로닉스가 활용되면서 공룡을 본뜬 애니매트로닉스도 제작되었다. 어트랙션용은 주로 전신이 제작되는 경우가 많지만, 특수 촬영용은 큰 도구의 일부로 필요한 부분만 제작되기도 했다.

어트랙션용 공룡형 애니매트로닉스 분야에서 초기부터 높은 점유율을 자랑한 것은 일본의 제조사였다. 또 이 제조사의 북미 대리점으로 시작한 기업도 독자적인 애니매트로닉스를 개발해 1990년대에는 전 세계에서 이들 제조사의 공룡형 애니매트로닉스가 널리 보급되었다. 후자는 공룡 화석의 발굴과 연구를 하는 비영리 부문을 설립해 학회를 지원하는 수준으로까지 성장했으나 2000년대 초반에 파산해 애프터서비스를 받을 수 없게 된 공룡형 애니매트로닉스가 세계 각지에 남겨지게 되었다. 한편 일본의 제조사는 지금도 높은 점유율을 유지하며 박진감 있는 움직임과 복원(→p.134) 모형으로서의 품질을 겸비한 '움직이는 조각'으로 칭해진다.

영화의 특수 촬영용 애니매트로닉스의 대표적인 사례로는 〈쥐라기 공원〉 1편에서 제작된 대규모 애니매트로닉스를 들 수 있다. 당시 공룡에 관한 최신 연구 성과를 반영해 제작된 CG 영상이 호평을 받은 한편 배우들과 함께 등장하는 장면에서는 애니매트로닉스가 적극적으로 활용되었다. 이런 촬영 방식은 시리즈 최신작에 이르기까지 계속되고 있다.

애니매트로닉스의 골격은 금속 프레임으로 이루어지며, 여기에 구동 장치가 장착된다. 구동 장치는 안전성을 고려해 컴퓨터로 제어되는 공기압 방식이 채용되는 경우가 많다. 에어실린더가 근육의 역할을 담당하며, 공기를 공급하는 튜브가 혈관처럼 전신에 뻗어 있다. 가벼운 우레탄 수지로 살을 덧붙인 후, 유연한 라텍스나 실리콘 고무 등의 수지로 피부를 만들고 경우에 따라서는 깃털을 본뜬 섬유를 심기도 한다.

압도적인 존재감을 자랑하는 애니매트로닉스는 어트랙션 전시의 꽃으로, 그 배치는 전시 설계자의 실력을 보여주는 중요한 요소이다. 피할 수 없는 위치에 떡하니 버티고 서 있는 공룡 애니매트로닉스 앞에서 울음을 터뜨리는 아이들의 모습도 종종 볼 수 있다.

애니매트로닉스와 나

이 책을 읽고 있는 당신에게도 자주 찾던 박물관이 있었을지 모른다. 일본 이바라키현에서 나고 자란 내게는 지금의 반도시에 있는 이바라키현 자연박물관이 바로 그런 곳이었다.

외할아버지가 건립에 깊이 관여하기도 한 이 박물관이 개관한 것은 우연하게도 내가 태어나 처음 맞는 가을이었다. 생후 10개월 정도였던 나는 그야말로 박물관의 '세례'를 받은 것이다. 기획전이 열릴 때마다 집으로 초대권이 왔고, 그에 맞춰 박물관에 가는 것이 우리 가족의 단골 나들이 코스였다.

박물관의 공룡 전시실에는 티라노사우루스(→p.28), 람베오사우루스, 드로마에오사우루스의 애니매트로닉스가 있었으며, 백악기 후기를 재현한 디오라마 속에서 그것들이 서로를 노려보고 있었다. 내가 가장 좋아한 트리케라톱스(→p.30)는 없었지만 디오라마 속에서 포효하는 갈색 티라노사우루스는 공룡에 대한 나의 첫 기억이었다. 애니매트로닉스도 나도 나이를 먹고 때로는 수리를 거치며 세월이 흘렀다.

나는 고생물에 대한 흥미를 그대로 간직한 채 성장했고, 기획전에 맞춰 가족들과 박물관을 찾기로 한 약속도 변치 않았다. 대학에서 고생물학을 전공하고, 졸업 논문과 석사 과정 연구에는 이바라키현에서 발견된 암모나이트를 주제로 선택했다.

내가 석사 과정 1학년이었을 때, 박물관의 공룡 전시실은 리뉴얼 공사가 한창이었다. 20년 이상이 흘러 노후화된 애니매트로닉스는 모두 은퇴하고 최신 복원을 반영한 신형 티라노사우루스와 트리케라톱스로 교체될 예정이었다. 마침 박물관에서는 암모나이트를 주제로 한 특별전이 열리게 되었고, 나는 이바라키현산 암모나이트 전시 협력자로서 내람회에 초대받게 되었다.

내람회가 끝난 뒤, 내 선배이기도 했던 학예사의 배려로 리뉴얼 공사 중인 공룡 전시실에 들어가볼 기회를 얻었다. 이미 디오라마에는 신형 티라노사우루스와 트리케라톱스가 설치되어 있었다. 그때 익숙한 얼굴이 눈에 들어왔다. 받침대 위에 놓여 있던 것은 애니매트로닉스에서 분리된 초대 티라노사우루스의 머리였다. 이빨이 제거된 채 세월과 함께 낡아져 외피가 드러난 그 머리를 보며 나는 고생물학 그리고 내가 해왔던 일의 무상함을 깨달았다.

디노사우로이드

| Dinosauroid

1982년, 세계적 공룡 연구자이자 캐나다 국립박물관 학예사였던 데일 러셀(Dale Russell)과 프레 퍼레이터인 론 세갱(Ron Séguin)이 충격적인 논문을 발표했다. 논문의 전반부는 캐나다산 소형 수각류 스테노니코사우루스의 복원에 관한 내용이었지만 후반부는 러셀이 진행한 사고 실험, 즉 스테노니코사우루스의 후손이 현대까지 살아남았다면 어떤 모습일지에 대한 내용이었다.

■■ '공룡 인간'의 등장

'공룡 르네상스'(→p.150)가 한창일 때, 체격에 비해 특히 거대한 뇌 엔도캐스트(→p.228)를 가진 트루돈류가 주목을 받았다. 당시에는 트루돈류의 전신 골격이 발견되지 않았으며, 제대로 된 복원(→p.134)조차 시도된 적이 없었다.

공룡 르네상스를 이끈 주요 인물 중 하나로 트루돈류의 전문가였던 데일 러셀은 론 세갱과 함께 스테노니코사우루스의 실물 크기 복원 모형 제작에 착수했다. 러셀은 이 복원 모형에 오래전부터 구상해왔던 아이디어를 표현하기로 했다.

공룡이 K-Pg 경계(→p.192)에서 멸종하지 않고 살아남았다면, 스테노니코사우루스 같은 공룡의 뇌가 더 커지면서 인류를 대신할 '지적 생명체'가 등장했을지도 모른다. 이런 사고 실험의 결과로 탄생한 것이 디노사우로이드, 즉 '공룡 인간'의 모형이었다.

■■ 디노사우로이드와 현대의 공룡들

러셀은 스테노니코사우루스의 다른 특징에도 주목했다. 두개골의 형태를 통해 뛰어난 양안 입체시 능력을 가졌으며, 더 나아가 손의 제1지(엄지에 해당)를 다른 손가락과 마주 보게 하여 물건을 잡을 수 있었을 것이라고 판단했다. 이런 특징은 영장류와 매우 유사하며, 스테노니코사우루스는 이미 뛰어난 2족 보행 능력을 갖추고 있었다. 러셀은 이런 동물이 6000만 년 이상 진화를 계속했다면 인간과 유사한 형태와 능력을 갖추게 되었을 것이라고 생각했다.

하지만 이 디노사우로이드는 지나치게 의인화되었다는 비판이 많았고, 이후 연구를 통해 트루돈류가 실제로는 손의 제1지를 다른 손가락과 마주 보게 할 수 없었다는 사실도 밝혀졌다. 그럼에도 이 디노사우로이드는 대중에게 큰 충격을 주었으며, 러셀의 의도대로 다양한 논쟁의 불씨를 지폈다. 심지어 '갓파(일본의 요괴)의 정체는 디노사우로이드'라는 식으로 오컬트 세계에까지 영향을 미쳤다.

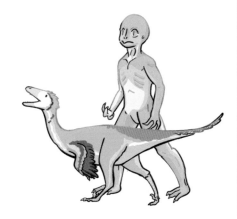

오늘날 트루돈류는 조류와 유연관계가 깊은 것으로 여겨진다. 까마귀나 앵무새는 놀랄 만큼 높은 지능으로 사람들을 놀라게 할 때가 있는데, 이런 현생 조류야말로 진정한 디노사우로이드일지 모른다.

고지라사우루스
| *Gojirasaurus*

세상에는 두 부류의 고생물학자가 있다. 괴수를 사랑하는 고생물학자와 괴수에는 별다른 관심이 없는 고생물학자이다.

고생물 중에는 전설이나 이야기 속 괴물에서 유래한 학명이 붙은 경우가 종종 있다. 괴수 애호가로 세계적으로 이름을 알린 고생물학자가 붙인 속명은 '괴수 왕' 고지라에서 따온 것이었다.

▉▉ 삼첩기의 고지라

미국 남서부에는 삼첩기 후기에 형성된 지층(→p.106)이 드러나 있어 공룡이 지구상에 출현한 지 얼마 안 된 시기의 생태계를 연구하기에 더없이 좋은 지역이다. 이런 지층에서는 다양한 공룡 외에도 대형 파충류(광의의 악어류 등), 양서류 그리고 '포유류형 파충류'(→p.94)의 화석이 잘 알려져 있다.

프레퍼레이터(→p.128) 출신의 고생물학자 케네스 카펜터(Kenneth Carpenter)는 미국에서 발견된 중생대 파충류 화석을 폭넓게 연구해왔으며, 1990년대 후반에는 특정 삼첩기 화석에 주목했다. 이 화석은 뉴멕시코주의 삼첩기 후기 지층에서 발견된 단편적인 골격으로, 추정 전장이 약 6m에 달하는 이 시기 수각류 중에서는 단연 거대한 것이었다.

카펜터는 1980년대에 이 골격에 대해 한 차례 연구한 바 있으나 1994년 다른 연구자의 박사 논문에서 '레브엘토랍토르'라는 이름이 붙었다. 그러나 '레브엘토랍토르'의 기재 논문(→p.138)이 끝내 정식으로 출판되지 못했기 때문에 이 학명은 폐기명이 되고 말았다.

재검토를 통해 이 수각류가 코엘로피시스류의 새로운 속과 종이라고 결론지은 카펜터는 이 공룡에 어릴 때부터 좋아했던 괴수의 이름을 붙이기로 했다. 일본인 어머니의 손을 잡고 영화관에서 본 고지라는 카펜터에게 강렬한 인상을 남겼으며, 이 경험이 그를 고생물학자의 길로 이끌었던 것이다. 영어 표기는 'Godzilla'이지만, 일본어의 로마자 표기를 선택해 '고지라사우루스(Gojirasaurus)'라는 속명이 붙었다.

'고지라가 괴수화되기 전의 모습'이라는 영화 속 설정과는 전혀 다른 모습이었지만, 삼첩기 후기의 최대급 수각류 중 하나라는 점에서 주목을 받았다. 그러나 이후 연구에서 정기준 표본이 악어류 화석과 섞인 키메라라는 사실이 밝혀지면서 고지라사우루스 고유의 특징으로 간주되었던 요소들이 모두 악어류 화석에서 비롯된 것임이 확인되었다.

본래의 수각류 화석에서는 거대함 외에 뚜렷한 특징을 찾기 어려웠기 때문에 오늘날 고지라사우루스는 의문명(→p.140)으로 취급되고 있다. 하지만 삼첩기 후기 미국 남서부에 거대한 코엘로피시스류가 존재했다는 것은 분명한 것으로 보인다.

고지라 자세

| upright standing

오늘날에는 완전히 '구식 복원'으로 여겨지고 있지만 1990년대 초반까지 일본의 대충매체에 등장하는 공룡은 상반신을 곧게 세운 자세가 많았다. 이른바 '고지라 자세'라고 불리는 이런 모습은 CG와 애니매트로닉스를 구사해 공룡 탈로는 불가능했던 특수 촬영을 실현한 〈쥐라기 공원〉의 공개 이후 '구식 복원'의 대표적인 예로 언급되게 되었다. 과연 이 '고지라 자세'는 어떤 역사를 가지고 있었을까?

::복원 골격 여명기

1858년 하드로사우루스(→p.36)가 발견되면서 직립 2족 보행을 했던 공룡이 존재한다는 것이 처음 확인되었다. 1868년, 벤저민 워터하우스 호킨스에 의해 공룡 최초의 복원(→p.134) 골격이 제작되었다. 이 골격은 조지프 레이디의 견해를 바탕으로 꼬리를 지지대 삼아 일어서서 나뭇잎을 먹고 있는 자세로 만들어졌다.

당시 호킨스는 복원 골격의 자세를 참고하기 위해 캥거루 골격을 이용했다. 캥거루의 골격은 발꿈치를 지면에 붙이고 있다는 점에서 하드로사우루스와 다르다는 것이 명백했지만, 짧고 가느다란 앞다리와 길고 튼튼한 뒷다리 그리고 길고 견고한 꼬리를 가진 현생 동물은 오늘날 캥거루류밖에 존재하지 않았다. 호킨스는 동시에 수각류 드립토사우루스의 복원 골격 제작도 진행했는데(미완성 상태로 파괴되었다) 이 골격도 캥거루처럼 긴 꼬리를 땅에 늘어뜨린 자세였다.

1870년대 후반에는 벨기에의 베르니사르 탄광(→p.252)에서 이구아노돈(→p.34)의 관절 상태(→p.164)의 골격이 대량으로 발견되면서 1883년 공룡의 전신 골격을 바

탕으로 한 최초의 복원 골격이 공개되었다. 당시에도 역시 캥거루를 참고했으며, 호킨스가 제작한 하드로사우루스와 트립토사우루스의 복원 골격과 유사한 자세였다.

19세기 후반부터 20세기 초반에 걸쳐 조립된 복원 골격들은 대부분 '고지라 자세'였지만 모두 상반신을 수직으로 세운 자세는 아니었다. 긴 꼬리를 땅에 늘어뜨렸지만 느긋하게 서 있거나 먹이를 먹는 상태를 표현한 경우가 많았다. 골조가 필요 없기 때문에 자세의 자유도가 비교적 높았던 월 마운트(→p.265) 방식에서는 1901년 수평에 가까운 자세로 질주하는 에드몬토사우루스가 복원되기도 했다.

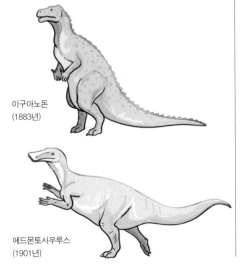

이구아노돈
(1883년)

에드몬토사우루스
(1901년)

캥거루

:: 공룡 연구의 암흑시대

20세기 초, 공룡의 복원 골격은 박물관의 주요 전시물로 큰 인기를 끌며 활발히 제작되었다. 오늘날의 프레퍼레이터(→p.128)들에게 계승된 다양한 기술이 개발된 시기이기도 했다. 당시 화석의 레플리카(→p.132)는 대부분 무겁고 약한 석고로 만들어졌으며, 간혹 파피에 마세나 목재로 제작되기도 했다. 또 복원 골격을 지지하는 철골도 지금에 비하면 품질이 낮았기 때문에 역동적인 자세로 골격을 조립하는 것은 거의 불가능에 가까웠다.

1930년대에 세계 대공황이 발생하고, 곧이어 제2차 세계대전이 발발하면서 박물관의 재정은 크게 악화되었다. 전시의 꽃으로 여겨지던 공룡 연구는 비용 부담 때문에 쇠퇴했으며, 학계의 관심 또한 '진화의 막다른 길에서 포유류에게 패배한 구시대적이고 둔한 거대 파충류'에서 다른 주제로 향했다.

전후에도 이런 상황은 계속되었지만 연구가 침체된 이 시대에도 공룡은 대중오락의 '악역'으로 큰 인기를 끌었다. 오락 영화에 등장한 공룡들은 장면별로 촬영된 움직이는 인형이나 공룡 탈을 쓴 배우 혹은 살아 있는 도마뱀에 뿔이나 등지느러미를 붙인 것으로 20세기 초까지 확립된 공룡의 과학적 이미지와는 상당히 거리가 멀었다.

이런 환경에서 상반신을 수직으로 세우고 꼬리를 질질 끌며 어색하게 걷는(격투만은 유독 화려한) 공룡의 이미지가 탄생했다. 여기에 괴수 영화까지 영향을 미쳐, 괴수와 공룡이 같은 지면에서 다뤄지는 일까지 있었다.

:: '고지라 자세'의 종언

1960년대에 '공룡 르네상스'(→p.150)가 일어나면서 공룡 연구는 활기를 되찾았다. 20세기 초까지의 연구가 재평가되면서 애초에 공룡의 골격이 '고지라 자세'에 적합하지 않다는 점이 여러 관점에서 지적되었다. 공룡의 골반 구조는 '고지라 자세'로 체중을 지탱하기에 부적합했으며, 긴 꼬리도 '고지라 자세'로 끌릴 경우 탈구될 위험이 있었다. 골격 구조나 화석의 산상(→p.160)을 고려할 때 공룡의 꼬리는 거의 곧게 뻗은 상태가 기본 자세였으며, 특별히 힘을 들이지 않아도 그 자세를 유지할 수 있었다는 것을 보여준다. 족적 화석(→p.120)에서 꼬리를 끌고 다녔던 흔적이 발견된 사례는 극히 드물었다. 2족 보행을 하는 공룡은 타조와 같은 주조류와 달리 긴 꼬리를 가졌는데 이를 이용해 상반신과 꼬리를 수평으로 유지해 균형을 잡을 수 있었다는 것도 밝혀졌다.

이렇게 1960년대 이후부터는 '고지라 자세'가 점차 쇠퇴하기 시작했다. 1950년대의 이미지에서 좀처럼 벗어나지 못했던 일본에서도 1993년 영화 〈쥐라기 공원〉의 개봉이 '고지라 자세'에 마지막 일격을 가했다. 대중오락에 의해 퍼졌던 이미지가 또 다른 대중오락에 의해 종언을 맞는 순간이었다.

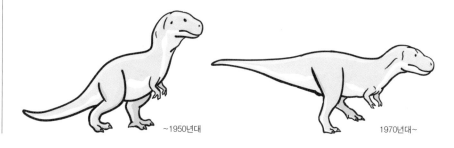

~1950년대   1970년대~

악마의 발톱

| Devil's toenails, *Gryphaea*

예부터 사람들은 간혹 발견되는 기묘한 돌을 주우면 그 정체에 대해 다양한 상상을 펼쳤다. 다양한 생물과 그 신체 일부를 닮은 모양의 돌이 알려져 있지만, 그 기원에 대해서는 '자연이 생물을 모방했다'는 생각이 일반적이었다. 실상은 화석이었던 이런 돌에 특별한 힘이 깃들어 있다고 여긴 사람들은 가루로 만들어 약재로 사용하기도 했다.

악마의 발톱

유럽 북서부에는 쥐라기 전기의 해성층(→p.108)이 널리 드러나 있다. 이곳에서는 오래전부터 암모나이트(→p.114)와 다양한 조개 화석이 발견되었다. 이런 화석들은 다양한 전설과 연관되어 있는데, 특정 종류의 암모나이트는 꽈리를 튼 뱀이 신에 의해 목이 잘려 돌로 변한 것(뱀돌)이라고 생각했다. 훗날 이 '뱀돌'에 머리를 붙여 가공한 것이 기념품으로 유통될 정도로 이 전설은 인기가 있었던 것으로 보인다.

다양한 화석이 요정이나 악마 등의 전설과 연관되어 있었는데 그중에서도 '악마의 발톱'이라는 무시무시한 이름으로 알려진 화석이 멸종한 굴류 그리파이아(및 근연종인 엑소기라)였다. 오늘날의 식용 굴과는 원연이며, 둥그스름한 껍데기가 강하게 구부러진 형태가 특징으로 사람의 발톱(특히 내향성 발톱)이나 발굽처럼 보였다. 당시 유럽에서는 악마가 염소의 발굽을 가진 것으로 묘사되었는데, 그런 이유로 그리파이아나 그 근연인 굴류 화석은 '악마의 발톱'으로 불리게 되었다.

그리파이아류는 지금의 식용 굴과는 달리 껍데기가 매우 두껍고 단단하다. 그러다 보니 풍화나 침식에 강하고 원래 형태 그대로 노두에서 쓸려 내려와 강변에서 발견되었던 것이다. 특히 영국에서 널리 알려져 있으며, 그리파이아의 명산지로 유명한 마을에서는 가문의 문장 도안으로 쓰일 정도였다.

무서한 이름과는 달리 '악마의 발톱'은 류머티즘(면역계 이상으로 발생하는 관절 질환)을 막아준다는 부적으로 인기가 있었다고 한다. 그리파이아 화석은 손바닥 크기가 많은데, 이를 몸에 지니고 있으면 예방 효과가 있다고 여겼다.

용골
| lónggǔ

연체동물의 화석이나 상어의 이빨 화석만이 고대부터 알려진 것은 아니다. 척추동물의 화석도 오래전부터 종종 발견되었으며, 고대인들은 그 정체에 대해 다양한 상상을 펼쳤다. 6m급 악어류가 서식하던 고대 중국이나 그 문화적 환경을 받은 지역에서는 이런 화석을 '용골(龍骨)'이라고 불렀는데 '용골'의 정체는 공룡은커녕 파충류의 화석조차 아니었던 경우가 대부분이었다고 한다.

약재로 사용된 용골

중국에서는 일찍부터 '용골', '용치(龍齒)', '용각(龍角)'에 정신 안정 효과가 있다고 여겨 다양한 생약과 배합해 한방 약재로 사용되었다. 일본 정창원(正倉院)에도 보관되어 있었던 것을 보면 8세기 중반에는 일본에서도 사용되었을 가능성이 있다.

용골의 산지는 중국 각지에 존재하며, 오늘날에도 채굴이 계속되고 있다. 정창원에 수장된 용골, 용치, 용각은 멸종한 사슴류, 하이에나류, 코끼리류의 화석으로 오늘날 이용되는 용골도 다양한 포유류의 화석인 것으로 보인다.

용골의 원료가 되는 화석을 채집하는 사람들은 '용골 채약인'이라고 불리며, 그들이 채집한 화석은 세척 및 건조 과정을 거친 후 출하된다. 한방 약재로 사용할 경우에는 이 상태로 수입 후 분쇄·가공한다고 한다.

최근에는 용골 산지의 고갈이 진행되고 있다는 우려와 함께 연구 가치가 높은 화석도 구분 없이 용골로 사용될 위험성이 지적되고 있다. 베이징 원인 화석이 발견된 장소도 용골 산지였으며, 약국에서 판매되던 용골에서 갑골 문자(한자의 원형)가 발견된 일화도 유명하다.

일본의 용골

일본에서도 척추동물의 화석을 용골이라고 부른 사례가 알려져 있으며, 보물로 보관되어 오늘날까지 현존하는 것도 있다. 특히 유명한 것이 에도 시대 후기인 1804년 지금의 시가현에서 발견된 코끼리류 스테고돈·오리엔탈리스 유체의 부분 골격이다. 이 두개골은 함께 발견된 사슴류의 두개골과 결합해 '용의 두개골'로 복원된 그림이 그려져 화석과 함께 오늘날까지 전해지고 있다. 이 두개골은 메이지 시대에 고용되었던 외국인 지질학자 하인리히 에드문트 나우만(Heinrich Edmund Nauman)에 의해 코끼리류의 두개골로 확인되었지만, 에도 시대 본초학자들에 의해 이미 코끼리 화석으로 확인된 용골도 존재했다.

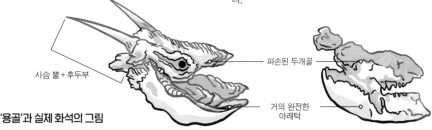

사슴 뿔 + 후두부

파손된 두개골

거의 완전한 아래턱

'용골'과 실제 화석의 그림

고고학

| archaeology

고 생물학과 고고학은 모두 과거의 일을 발굴한다는 점에서 자주 혼동되곤 한다. 대학에서는 고생물학을 이과계, 고고학을 문과계 학문으로 분류하는데 과연 고고학과 고생물학은 어떤 차이가 있을까? 고생물학과 고고학은 서로 교차되는 부분이 없는 학문일까?

⠿ 고생물학과 고고학

고생물학은 지질학과 생물학을 아우르는 학문으로, 고생물과 관련된 모든 것이 연구 대상이다. 현생 생물과의 비교를 통해 연구를 진행하는 것도 고생물학의 중요한 요소 중 하나이다.

고고학은 흔히 '유적과 유물을 통해 인간의 과거를 연구하는' 학문이라고 일컬어진다. 인간의 역사를 연구하는 역사학의 한 분야로, 인류의 역사를 간직한 다양한 유적 및 유물과 같은 고고 자료가 연구 대상이 된다.

고생물학과 고고학은 땅에 묻힌 것을 연구 대상으로

한다는 점에서 연구 방법이 상당히 유사한 부분이 있다. 고생물학에서 화석의 산상(→p.160)을 관찰하는 것은 고고학에서 유물의 출토 상태를 관찰하는 것과 비슷하다. 또 고생물학에서 시준 화석(→p.112)을 이용해 생층서를 확립하는 것처럼 고고학에서도 석기나 토기를 바탕으로 '편년'을 한다. 문자 기록이 없는 시대의 절대 연대(→p.110)를 밝히기 위해 방사성 연대 측정을 활용하거나 고(古)기후를 밝히기 위해 꽃가루(→p.2020) 등의 미화석(微化石)을 활용하는 점에서도 두 학문은 공통점이 있다.

⠿ 고생물학과 고고학의 경계

고고학에서는 인간의 뼈를 비롯해 유적에서 출토된 생물의 유해도 연구 대상이 된다. 조개 화석이라 하더라도 단순한 패각층(→p.170)이 아닌 패총(→p.275)을 이루고 있다면 고고학의 연구 대상이 된다.

문자가 존재하지 않을 정도로 오래된 시대의 인류 역

사는 특히 생물로서의 인류와 문화를 가진 인간이라는 요소가 복합적으로 얽혀 있다.

공룡 토우(→p.276)와 같은 사례를 제외하면, 공룡과 관련된 것이 고고학의 연구 대상이 되는 경우는 거의 없다. 하지만 인류가 출현한 이후의 시대를 다루는 고생물학에서는 고고학과의 경계가 매우 모호해지는 경우도 적지 않다.

패총

| shell midden, shellmound

일본에서는 농경이나 공사 도중 지표면 바로 아래에서 대량의 조개껍데기가 밀집된 상태로 발견되는 경우가 있다. 이것들은 얼핏 보면 단순히 조개껍데기가 모여 있는 패각층처럼 보이지만, 실제로는 조몬 시대의 엄연한 유적지인 '패총'인 경우도 있다. 고고학의 연구 대상이 되는 패총은 패각층과 무엇이 다를까?

▪▪ 패각층과 패총

패각층은 골층(→p.170)의 조개껍데기 버전으로, 특정한 이유로 조개껍데기가 대량으로 밀집해 퇴적된 것이다. 본래 밀집해서 서식하던 조개들이 그 자리에서 죽어 퇴적되거나 생매장된 경우도 있고, 이런 퇴적물이 한번 씻겨 내려가 퇴적되거나, 한번 퇴적된 장소에서 조개껍데기만 물살에 의해 선별되어 쌓이는 등 그 산상(→p.160)에 따라 다양한 원인을 상정할 수 있다.

패총은 인위적으로 형성된 것으로, 고대인들이 특정 장소에 조개껍데기를 지속적으로 버리면서 만들어진 것이다. 조개껍데기 외에도 다양한 유물과 다른 생물의 유해(사람의 뼈를 포함한)가 포함되어 있는 경우도 많다. 패총 중에서도 조개껍데기가 많은 것을 '인위적 패각층', 고생물학에서 말하는 패각층을 '자연적 패각층'이라고 부르는 경우도 있다.

패각층과 패총 모두 당시의 해안선을 따라 형성된다. 수십만 년 전부터 약 1000년 전까지 내해였던 일본의 이바라키현 가스미가우라 주변에서는 수십만 년 전의 패각층과 조몬 시대의 패총이 다수 확인되었다.

▪▪ 패총의 특징

패총에서 출토된 사람의 뼈는 정성스럽게 매장된 것도 있어서 패총이 단순한 쓰레기장만이 아니었다는 것을 보여준다. 여러 마을이 하나의 패총을 공유하거나 한 마을에서 소비하기 어려운 양의 조개를 저장 식품으로 가공하던 작업장이었을 가능성도 지적되었다.

일본의 토양은 산성 토양이 많은데, 이런 환경에서는 매장된 동물의 뼈가 광물화되기 전에 녹아 버려 잘 보존되지 않는다. 하지만 패총은 대량의 조개껍데기에서 유래한 탄산칼슘 덕분에 토양이 산성으로 변하지 않아 패총에 묻힌 동물의 유해나 사람의 뼈는 보존 상태가 좋은 것으로 알려져 있다. 패총은 일본의 조몬 시대를 엿볼 수 있는 '창'으로서 중요한 역할을 하고 있다.

공룡 토우

| Acámbaro figures

1944년(또는 1945년), 멕시코 과나후아토주의 아캄바로시 외곽에 위치한 세로델토로산(황소 산) 기슭에서 기묘한 토우가 발견되었다. 이 토우들은 인물상을 비롯해 다양한 동물의 모습을 본뜬 것이었는데, 그중에는 공룡을 닮은 형태의 것들도 상당수 포함되어 있었다.

▪▪ 아캄바로의 공룡 토우

흔히 '공룡 토우'라 불리는 이 유물을 발견한 것은 독일 이민자 출신으로 철물점을 운영하던 발데마르 율스루트였다. 전해지는 바에 따르면 율스루트는 말을 타고 가던 중 토우를 발견하고 지역 농민들을 고용해 발굴 작업을 시켰으며, 발굴된 양에 따라 임금을 지불했다고 한다. 율스루트는 유명한 고고학 애호가로, 1923년에는 세로델토로산 근처에서 추피쿠아로 문화(기원전 400년부터 기원후 200년경까지 멕시코에서 번성한 문화) 유적 발견에도 기여한 인물이었다. 그는 7년 동안 3만 2000점 이상의 유물을 수집했는데 그중에는 '수염을 기른 백인'이나 공룡처럼 보이는 토우도 포함되어 있었다.

이 유물들은 추피쿠아로 문화의 토우와 유사한 양식으로 만들어졌지만 공룡처럼 보이는 조각상이 포함되어 있다는 점에서 위조품으로 판정되었다. '발굴 현장'에서는 최근에 흙을 메운 흔적이 확인되었고, 지역 농민들이 용돈벌이로 율스루트에게 판매한 것일 가능성이 제기되었다. 한편 다양한 방법으로 시행된 방사성 연대 측정(→p.110)에서는 공룡 토우가 추피쿠아로 문화보다 훨씬 이전 시기에 땅에 묻혔을 가능성을 보여주는 결과도 나왔다. '공룡 토우' 중 일부는 공룡 르네상스(→p.150) 이후 널리 알려진 복원 모습과 비슷한 것도 있어 '시대를 벗어난 공예품' 이른바 오파츠(OOPARTS, Out-of-place artifacts)의 사례로 주목받게 되었다.

이런 다양한 방사성 연대 측정 결과는 이후 연구에서 모두 부정되었으며, 오히려 그러한 연구에서 제시된 데이터를 통해 공룡 토우가 율스루트에 의해 '발견'되기 수년 이내에 매장되었을 가능성이 제기되었다. 당시 상황을 알고 있던 관계자들도 이제는 모두 세상을 떠나 진실은 미궁 속에 남아 있지만, 공룡 토우들은 율스루트의 옛집이었던 박물관에서 조용히 방문객들을 기다리고 있다.

공룡과 인류의 족적

| dinosaur and human footprints

공룡 족적 화석의 대규모 산지에서는 상당한 거리에 걸쳐 공룡들의 연속적인 보행 흔적(행적)을 관찰할 수 있는 경우가 많다. 이런 산지에서는 공룡뿐 아니라 거의 같은 시기에 같은 장소를 걸었던 다양한 동물의 족적도 다수 발견되어 당시의 정경을 전해준다. 그리고 이런 산지에서는 종종 '공룡 시대의 인류의 족적'도 발견되었다.

∷ 팔룩시강의 족적 화석 산지

1908년, 미국 텍사스주 팔룩시강의 강바닥에서 백악기 전기 공룡의 족적 화석(→p.120)이 발견되었다. 팔룩시강의 강바닥에는 약 4km에 걸쳐 공룡의 족적 화석들이 곳곳에 드러나 있으며, 지금은 주립 공원으로 보호되고 있다. 족적의 대부분은 대형 수각류와 대형 용각류의 연속 보행 흔적으로, 용각류의 행적과 나란히 달리는 수각류의 행적도 알려져 있다.

1930년대부터 1940년대에 걸쳐 이 일대에서 대규모 발굴이 실시되는 동시에 '인류의 족적 화석'도 발견되었다는 이야기가 퍼지기 시작했다. 명백히 가짜인 것도 있고, 강물의 흐름에 깎여나가 그럴듯하게 보이는 것도 있었지만 실제로 '인류의 족적'처럼 보이는 화석이 팔룩시강의 강바닥에서 발견되기도 했다.

∷ 공룡 시대의 '인류의 족적'

이런 '인류의 족적' 화석은 연속 보행 흔적까지 포함되어 있었으며, 다른 지층에서도 보고된 바 있다. 팔룩시강의 '인류의 족적' 화석은 발 크기가 40cm 이상으로 종종 '거인의 족적'이라고 불리기도 한다.

오컬트 세계에서도 자주 언급되는 '인류의 족적' 화석 중에는 발끝에 세 개의 돌출부를 가진 사례가 여럿 존재한다. 이 돌출부는 3개의 발가락 흔적으로 '공룡 시대의 인류의 족적 화석'은 사실 수각류 공룡의 족적이었던 것이다.

이런 족적은 수각류 공룡이 진흙 위를 발꿈치를 대고 걸어간 후, 부드러운 진흙이 무너져 발가락의 인상(→p.226)이 사라진 결과로 간주되었다. 최근에는 발목까지 진흙에 빠지며 미끄러지듯 걸어간 결과라는 가능성도 제기되었다. 이 가설이 '인류의 족적'이 형성된 과정을 좀 더 단순하게 설명할 수 있는 것으로 보인다.

'뒤꿈치 걷기' 모델

공룡 시대의 인류의 족적 화석

'관통' 모델

네시

| Nessie, Loch Ness monster

영국 북부, 스코틀랜드의 하일랜드 지방을 지배한 고대 픽트인들은 물갈퀴를 가진 의문의 괴물을 돌에 새겼다. 565년, 성 콜룸바는 네스호에서 흘러나오는 네스강에서 '물짐승'을 퇴치했다. 그리고 오랜 세월이 흐른 1933년, 사람들은 '물짐승'이 아직도 네스호에 살아 있다는 것을 알게 되었다.

￭ 네스호의 괴물

스코틀랜드의 하일랜드 지방에서 아일랜드섬에 걸쳐 거대한 단층이 존재하며, 이를 따라 빙하가 침식되면서 생긴 길고 깊은 호수가 존재한다. 길이 37km, 최대 수심 230m로 상당히 거대한 이 호수가 바로 네스호이다. 이탄(泥炭)이 녹아 있어 물은 항상 탁하지만 고대부터 사람들이 주변에 모여 살았으며, 고성의 폐허도 남아 있다.

네스호 주변을 비롯한 하일랜드 지방 곳곳에는 고대부터 '물짐승'에 대한 전설이 전해 내려왔다. 이러한 전설은 네스호 주변 지역에서만 구전으로 남아 있었다고 한다. 그러던 1933년 5월, 네스호의 물속을 누비듯 헤엄치는 거대한 '고래를 닮은 물고기'가 목격되었다.

6세기 이후 '네스호의 괴물'이 목격된 일은 거의 없었지만 이를 계기로 목격 정보가 급증했다. 그해 여름에는 '전장 7.5m의 가늘고 긴 목을 가진 괴물'이 목격되었으며, 1934년에는 '외과의사의 사진'으로 알려진 유명한 사진이 촬영되었다. 그 사진에는 물 위로 긴 목을 내민 '네스호의 괴물'의 모습이 담겨 있었다.

￭ 네시와 뉴 네시

이렇게 '네스호의 괴물'은 큰 화제가 되었고, 개조한 수중 총을 들고 괴물을 잡으려는 포획대와 '네스호의 괴물'을 보호하려는 현지 경찰들 사이에서 갈등이 빚어지기도 했다. 목격자 중에는 호숫가 도로에서 괴물을 목격한 수의학과 학생도 있었는데, 그는 도로를 건너 호수로 사라진 괴물의 모습이 '바다표범과 수장룡(→p.86)을 섞어놓은 듯한 모습'이었다고 증언했다.

제2차 세계대전 동안에는 '네스호의 괴물'에 대한 목격 정보가 끊겼지만 전후에는 '물 위로 돌출된 두 개의 혹'이 헤엄치는 모습이 목격되기 시작했다. 어느새 '네스호의 괴물'은 '네시'라는 애칭으로 불리며 네스호의 관광 명물로 자리 잡았다. 한편 1930년대부터 반복적으로 결성되었던 네시 조사대는 전후에 최첨단 기기를 동원해 탐사를 이어갔으나 네시라고 단정할 만한 것은 여전히 발견되지 않았다.

1977년, 일본의 저인망 어선이 뉴질랜드 근해에서 조업 중 거대한 생물의 부패한 사체를 건져 올렸다. 그물에 걸린 것은 지느러미가 있는 전장 약 10m의 동물 사체로 약 1.5m 정도의 다소 긴 목을 가진 모습이 수장룡과 비슷해 보였다. 조업 중이었던 탓에 엄청나게 부패한 냄새를 풍기던 사체는 다시 바다에 던져졌지만 그 과정에서 사진과 스케치가 남겨지고 섬유상 조직의 샘플도 채취되었다. 이 뉴스는 전 세계적으로 반향을 일으키며 이 '뉴 네시'의 정체에 대한 다양한 논쟁을 불러일으켰다. 일본에서는 미확인 생물체에 대한 관심이 치솟으며 그 열기가 공룡으로까지 확대되었다.

:: 네시 VS. 수장룡

네시나 뉴 네시의 정체에 대해서는 다양한 의견이 제기되었지만, 둘 다 수장룡의 생존 개체라는 설이 가장 널리 알려져 있다. 수장룡의 화석은 신생대 지층에서는 발견되지 않았지만 신생대의 화석이 발견된 적이 없음에도 현생 종이 있는 '살아 있는 화석'(→p.116) 실러캔스(→p.117)의 사례도 존재한다. 네시와 뉴 네시의 정체는 과연 무엇

네시
전장 : 약 7.5m?
목격지 : 네스호 주변

뉴 네시
전장 : 약 10m
목격지 : 뉴질랜드 근해

아리스토넥테스
전장 : 약 10m
서식지 : 남태평양, 남극해
시대 : 백악기 말

돌묵상어
전장 : 최대 12m
서식지 : 중위도~고위도 해역

이었을까?

네시의 사진으로 알려진 것들은 모두 조작이거나 다른 물체를 오인한 것이라는 의견이 지배적이다. 또 네스호에는 유럽 뱀장어와 바다표범이 서식하고 있어 목격 정보나 음파 탐사 결과 중 일부는 이런 동물들을 괴물로 착각한 사례도 있는 것으로 보인다. 한편 뉴 네시의 정체에 대해서는 돌묵상어의 부패한 사체가 우연히 수장룡처럼 보였을 뿐이라는 주장이 신빙성을 얻고 있다.

참고 문헌

이 책을 집필하면서 다수의 문헌 자료를 참고했다. 주요 참고 문헌을 이곳에 소개한다. 서점에서 비교적 쉽게 구할 수 있는 것, 도서관에서 열람할 수 있는 것, 인터넷에서 무료로 볼 수 있는 것, 해외 웹사이트에서 구독해야만 접근할 수 있는 것 등 다양하지만 원전을 직접 접하는 즐거움을 꼭 한번 느껴보길 바란다.

박물관 등에서 기획전이나 특별전에 맞춰 제작·판매하는 도록은 이 책에서도 다수 참고했는데 최신 연구 주제에 대해 전문가들이 집필한 경우가 많아 매우 귀중한 자료가 된다. 분량에 비해 가격도 매우 저렴한 편이니 구입해도 후회하지 않을 것이다.

∷ 본서 전반에 걸쳐 참고한 자료

단행본

Brett-Surman, Holtz, T. R. Jr., Farlow, J. O. (eds.), 2012. The complete dinosaur. 1112 pp. Indiana University Press, Broomington
일본지질학회 필드 지질학 출판위원회(편), 아마노 카즈오·아키야마 마사히코(저), 2004. 필드 지질학 입문. 154쪽. 교리쓰출판
일본지질학회 필드 지질학 출판위원회(편), 하세가와 시로·나카지마 타카시·오카다 마코토(저), 2004. 층서와 연대. 170쪽. 교리쓰출판
일본지질학회 필드 지질학 출판위원회(편), 야스나가 코이치·구몬 후지오·마츠다 히로키(저), 2004. 퇴적물과 퇴적암. 171쪽. 교리쓰출판
Fastovsky, D. E.·Weishampel, D. B.(저), 미나베 마코토(감수), 후지와라 신이치·마쓰모토 료코(역), 2015. 공룡학 입문: 형태·생태·멸종. 400쪽. 도쿄화학동인
Gradstein, F. M., Ogg, J. G., Schmitz, M. D., and Ogg, G. M. (eds.), 2020. Geologic time scale 2020. 1357 pp. Elsevier, Amsterdam

나이시, D.·배럿, P.(저), 고바야시 요시쓰구·구보타 카쓰히로·지바 겐타로·다나카 고헤이(감수), 오시다 미치요(역), 2019. 공룡의 교과서: 최신 연구로 풀어보는 진화의 미스터리. 239쪽. 소겐샤
노렐, M. A.(저), 다나카 고헤이(감수), 구보 미요코(역), 2020. 미국 자연사박물관 공룡 대도감. 239쪽. 화학동인
일본 고생물학회(편), 2010. 고생물학 사전. 584쪽. 아사쿠라서점
Weishampel, D. B., Dodson, P., and Osmólska, H. (eds.), 2004. The Dinosauria second (second edition). 880 pp. University of California Press, Berkeley.

잡지

공룡학 최전선 ①~⑬ (1992년~1996년). 학습연구사
디노프레스 vol.1~vol.7 (2000년~2002년). 오로라 오벌

∷ 제1장 이후 각 항목에서 주로 참고한 문헌

1 장

● 티라노사우루스
Carr, T. D., 2020. A high-resolution growth series of Tyrannosaurus rex obtained from multiple lines of evidence. PeerJ, 8.
Osborn, H. F., 1905. Tyrannosaurus and other Cretaceous carnivorous dinosaur. Bulletin of American Museum of Natural History, 21 (14), 259-265.
Osborn, H. F., 1906. Tyrannosaurus, Upper Cretaceous carnivorous dinosaur (second communication). Bulletin of American Museum of Natural History, 22 (16), 281-296.

● 트리케라톱스
Carpenter, K., 2006. "Bison" alticornis and O. C. Marsh's early views on ceratopsians. In Carpenter, K., ed., Horns and beaks: ceratopsian and ornithopod dinosaurs, p. 349-364. Indiana University Press, Bloomington.
Dodson, P., 1998. The horned dinosaurs: a natural history. 346 pp. Princeton University Press, New Jersey.
Hatcher, J. B., Marsh, O. C., and Lull, R. S., 1907. The Ceratopsia. U.S. Geological Survey Monographs, 49, 300 pp.
Scannella, J. B., Fowler, D. W., Goodwin, M. B., and Horner, J. R., 2014. Evolutionary trends in Triceratops from the Hell Creek Formation, Montana. Proceedings of the National Academy of Sciences, 111(28), 10245-10250.

● 메갈로사우루스
Benson, R. B., Barrett, P. M., Powell, H. P., and Norman, D. B., 2008. The taxonomic status of Megalosaurus bucklandii (Dinosauria, Theropoda) from the Middle Jurassic of Oxfordshire, UK. Palaeontology, 51(2), 419-424.
Britt, B. B., 1991. Theropods of Dry Mesa quarry (Morrison Formation, Late Jurassic), Colorado, with emphasis on the osteology of Torvosaurus tanneri. Brigham Young University Geology Studies, 37, 1-72.
Sadleir, R., Barrett, P., and Powell, H. P., 2008. The anatomy and systematics of Eustreptospondylus oxoniensis, a theropod dinosaur from the Middle Jurassic of Oxfordshire, England. Monograph of the Palaeontological Society, 160 (627), 1-82.

● 이구아노돈
Norman, D. B., 1980. On the ornithischian dinosaur Iguanodon bernissartensis from the Lower Cretaceous of Bernissart (Belgium). Mémoires de l'Institut Royal des Sciences Naturelles de Belgique, 178, 1-105.
Norman, D. B., 1986. On the anatomy of Iguanodon atherfieldensis (Ornithischia: Ornithopoda). Bulletin de l'Institut Royal des Sciences Naturelles de Belgique Sciences de la Terre, 56, 281-372.
Norman, D. B., 1993. Gideon Mantell's 'Mantel-piece': the earliest well-preserved ornithischian dinosaur. Modern Geology, 18, 225-245.

● 하드로사우루스
Leidy, J., 1858. Hadrosaurus foulkii, a new saurian from the Cretaceous of New Jersey, related to Iguanodon. Proceedings of the Academy of Natural Sciences of Philadelphia, 10, 213-218.
Leidy, J., 1865. Cretaceous reptiles of the United States. Smithsonian Contributions to Knowledge, 14, 1-13.
Lull, R. S, and Wright, N. E., 1942. Hadrosaurian dinosaurs of North America. Geological Society of America Special Papers, 40, 1-242.

● 카무이사우루스
Kobayashi, Y., Nishimura, T., Takasaki, R., Chiba, K., Fiorillo, A. R., Tanaka, K., Tsogtbaatar, C., Sato, T., and Sakurai, K., 2019. A new hadrosaurine (Dinosauria: Hadrosauridae) from the marine deposits of the Late Cretaceous Hakobuchi Formation, Yezo Group, Japan. Scientific Reports, 9.

● 마이아사우라
Horner, J. R. and Makela, R., 1979. Nest of juveniles provides evidence of family structure among dinosaurs. Nature, 282, 296-298.
Prieto-Marquez, A. and Guenther, M. F., 2018. Perinatal specimens of Maiasaura from the Upper Cretaceous of Montana (USA): insights into the early ontogeny of saurolophine hadrosaurid dinosaurs. PeerJ, 6.

● 알로사우루스
Antón, M., Sánchez, M., Salesa, M. J., and Turner, A., 2003. The muscle-powered bite of Allosaurus (Dinosauria; Theropoda): an interpretation of cranio-dental morphology. Estudios Geológicos, 59 (5-6), 313-323.
Carrano, M., Mateus O., and Mitchell J., 2013. First definitive association between embryonic Allosaurus bones and Prismatoolithus eggs in the Morrison Formation (Upper Jurassic, Wyoming, USA). Journal of Vertebrate Paleontology, Program and Abstracts 2013, 101.
Chure, D. J., and Loewen, M. A., 2020. Cranial anatomy of Allosaurus jimmadseni, a new species from the lower part of the Morrison Formation (Upper Jurassic) of Western North America. PeerJ, 8.
Gilmore, C. W., 1920. Osteology of the carnivorous Dinosauria in the United States National Museum, with special reference to the genera Antrodemus (Allosaurus) and Ceratosaurus. Bulletin of the United States National Museum, 110, 1-154.
Madsen Jr, J. H., 1993 [1976]. Allosaurus fragilis: A revised osteology. Utah Geological Survey Bulletin 109 (2nd ed.). Utah Geological and Mineral

Survey, Bulletin, 109, 1-163.

● 스테고사우루스

Gilmore, C. W., 1914. Osteology of the armored Dinosauria in the United States National Museum: with special reference to the genus Stegosaurus. United States National Museum Bulletin, 89, 1-143.

Lull, R. S., 1910. Stegosaurus ungulatus Marsh, recently mounted at the Peabody Museum of Yale University. American Journal of Science, 4 (180), 361-377.

Maidment, S. C. R., Brassey, C., and Barrett, P. M., 2015. The postcranial skeleton of an exceptionally complete individual of the plated dinosaur Stegosaurus stenops (Dinosauria: Thyreophora) from the Upper Jurassic Morrison Formation of Wyoming, USA. PLoS ONE, 10 (10).

● 브라키오사우루스

D'Emic, M. D. and Carrano, M. T., 2019. Redescription of brachiosaurid sauropod dinosaur material from the Upper Jurassic Morrison Formation, Colorado, USA. The Anatomical Record, 303 (4), 732-758.

Taylor, M.P., 2009. A re-evaluation of Brachiosaurus altithorax Riggs 1903 (Dinosauria, Sauropoda) and its generic separation from Giraffatitan brancai (Janensch 1914). Journal of Vertebrate Paleontology, 29 (3), 787-806.

● 데이노니쿠스

Ostrom, J.H., 1969a. A new theropod dinosaur from the Lower Cretaceous of Montana. Postilla, 128, 1-17.

Ostrom, J. H., 1969b. Osteology of Deinonychus antirrhopus, an unusual theropod from the Lower Cretaceous of Montana. Peabody Museum of Natural History Bulletin, 30, 1-165.

Roach, B.T., and Brinkman D.L., 2007. A reevaluation of cooperative pack hunting and gregariousness in Deinonychus antirrhopus and other nonavian theropod dinosaurs. Bulletin of the Peabody Museum of Natural History, 48, 103-138.

● 벨로키랍토르

Powers, M. J., 2020MS. The evolution of snout shape in eudromaeosaurians and its ecological significance. A thesis of Master of Science in Systematics and Evolution, Department of Biological Sciences, University of Alberta, 437 pp.

● 프로토케라톱스

Brown, D. B, and Schlaikjer, D. E. M., 1940. The structure and relationships of Protoceratops. Transactions of the New York Academy of Sciences, 40 (3), 133-266.

Czepiński, Ł., 2020. Ontogeny and variation of a protoceratopsid dinosaur Bagaceratops rozhdestvenskyi from the Late Cretaceous of the Gobi Desert. Historical Biology, 32 (10), 1394-1421.

일본경제신문사(편), 2022. 특별전 〈화석 헌터전-고비사막의 공룡과 히말라야의 초대형 동물〉 152쪽. 일본경제신문사·BS 텔레비전 도쿄

● 오비랍토르

Barsbold, R. 1983. O ptich'ikh chertakh v stroyenii khishchnykh dinozavrov. Transactions of the Joint Soviet Mongolian Paleontological Expedition, 24, 96-103.

Funston, G. F., 2019MS. Anatomy, systematics, and evolution of Oviraptorosauria (Dinosauria, Theropoda). A thesis of Doctor of Philosophy in Systematics and Evolution, Department of Biological Sciences, University of Alberta, 774 pp.

Norell, M. A., Balanoff, A. M., Barta, D. E., and Erickson, G. M., 2018. A second specimen of Citipati osmolskae associated with a nest of eggs from Ukhaa Tolgod, Omnogov Aimag, Mongolia. American Museum Novitates, 3899, 1-44.

● 데이노케이루스

Lee, Y. N., Barsbold, R., Currie, P. J., Kobayashi, Y., Lee, H. J., Godefroit, P., Escuillié.F., and Tsogtbaatar, C., 2014. Resolving the long-standing enigmas of a giant ornithomimosaur Deinocheirus mirificus. Nature, 515 (7526), 257-260.

Osmólska, H. and Roniewicz, E., 1970. Deinocheiridae, a new family of theropod dinosaurs. Palaeontologica Polonica, 21, 5-19.

● 오르니토미무스

Claessens, L. P. and Loewen, M. A., 2016. A redescription of Ornithomimus velox Marsh, 1890 (Dinosauria, Theropoda). Journal of Vertebrate Paleontology, 36(1).

Kobayashi, Y., and Lu, J. C., 2003. A new ornithomimid dinosaur with gregarious habits from the Late Cretaceous of China. Acta Palaeontologica Polonica, 48 (2), 235-239.

van der Reest, A. J., Wolfe, A. P., and Currie, P. J., 2016. A densely feathered ornithomimid (Dinosauria: Theropoda) from the Upper Cretaceous Dinosaur Park Formation, Alberta, Canada. Cretaceous Research, 58, 108-117.

Zelenitsky, D. K., Therrien, F., Erickson, G. M., DeBuhr, C. L., Kobayashi, Y., Eberth, D. A., and Hadfield, F., 2012. Feathered non-avian dinosaurs from

North America provide insight into wing origins. Science, 338(6106), 510-514.

● 테리지노사우루스

Barsbold, R., 1976. New information on Therizinosaurus (Therizinosauridae, Theropoda). Transactions of Joint Soviet-Mongolian Paleontological Expedition, 3, 76-92. [in Russian]

Maleev, E. A., 1954. New turtle-like reptile in Mongolia. Priroda, 3, 106-108. [in Russian]

Zanno, L. E., 2010. A taxonomic and phylogenetic re-evaluation of Therizinosauria (Dinosauria: Maniraptora). Journal of Systematic Palaeontology, 8 (4), 503-543.

● 안킬로사우루스

Arbour, V. M. and Mallon, J. C., 2017. Unusual cranial and postcranial anatomy in the archetypal ankylosaur Ankylosaurus magniventris. Facets, 2 (2), 764-794.

Brown, C. M., 2017. An exceptionally preserved armored dinosaur reveals the morphology and allometry of osteoderms and their horny epidermal coverings. PeerJ, 5.

Brown, C. M., Henderson, D. M., Vinther, J., Fletcher, I., Sistiaga, A., Herrera, J., and Summons, R. E., 2017. An exceptionally preserved three-dimensional armored dinosaur reveals insights into coloration and Cretaceous predator-prey dynamics. Current Biology, 27 (16), 2514-2521.

Carpenter, K., 1984. Skeletal reconstruction and life restoration of Sauropelta (Ankylosauria: Nodosauridae) from the Cretaceous of North America. Canadian Journal of Earth Sciences 21 (12), 1491-1498.

● 파키케팔로사우루스

Evans, D. C., Brown, C. M., Ryan, M. J., and Tsogtbaatar, K., 2011. Cranial ornamentation and ontogenetic status of Homalocephale calathocercos (Ornithischia: Pachycephalosauria) from the Nemegt Formation, Mongolia. Journal of Vertebrate Paleontology, 31 (1), 84-92.

Horner, J. R. and Goodwin, M. B., 2009. Extreme cranial ontogeny in the Upper Cretaceous dinosaur Pachycephalosaurus. PLoS ONE, 4 (10).

Maryanska, T. and Osmólska, H., 1974. Pachycephalosauria, a new suborder of ornithischian dinosaurs. Palaeontologia Polonica, 30, 45-102.

Sullivan, R. M., 2006. A taxonomic review of the Pachycephalosauridae (Dinosauria: Ornithischia). New Mexico Museum of Natural History and Science Bulletin, 35(47), 347-365.

● 스피노사우루스

Dal Sasso, C., Maganuco, S., Buffetaut, E., and Mendez, M. A., 2005. New information on the skull of the enigmatic theropod Spinosaurus, with remarks on its size and affinities. Journal of Vertebrate Paleontology, 25(4), 888-896.

Evers, S. W., Rauhut, O. W., Milner, A. C., McFeeters, B., and Allain, R., 2015. A reappraisal of the morphology and systematic position of the theropod dinosaur Sigilmassasaurus from the "middle" Cretaceous of Morocco. PeerJ, 3.

Hone, D. W. and Holtz Jr, T. R., 2021. Evaluating the ecology of Spinosaurus: Shoreline generalist or aquatic pursuit specialist?. Palaeontologia Electronica, 24(1), 1-28.

Ibrahim, N., Sereno, P. C., Dal Sasso, C., Maganuco, S., Fabbri, M., Martill, D. M., Zouhri, S., Myhrvold, N., and Iurino, D. A., 2014. Semiaquatic adaptations in a giant predatory dinosaur. Science, 345(6204), 1613-1616.

Ibrahim, N., Maganuco, S., Dal Sasso, C., Fabbri, M., Auditore, M., Bindellini, G., Martill, D. M., Unwin, D. M., Wiemann, J., Bonadonna, D., Amane, A., Jakubczak, J., Joger, U., Lauder, G. V., and Pierce, S. E., 2020. Tail-propelled aquatic locomotion in a theropod dinosaur. Nature, 581, 67-70 (2020).

Sereno, P. C., Dutheil, D. B., Iarochene, M., Larsson, H. C., Lyon, G. H., Magwene, P. M., Sidor, C. A., Varicchio, D. J., and Wilson, J. A., 1996. Predatory dinosaurs from the Sahara and Late Cretaceous faunal differentiation. Science, 272, 986-991.

Smith, J. B., Lamanna, M. C., Mayr, H., and Lacovara, K. J., 2006. New information regarding the holotype of Spinosaurus aegyptiacus Stromer, 1915. Journal of Paleontology, 80(2), 400-406.

● 카르노타우루스

Bonaparte, J. F., Novas, F. E., and Coria, R. A., 1990. Carnotaurus sastrei Bonaparte, the horned, lightly built carnosaur from the middle Cretaceous of Patagonia. Contributions in Science, 416, 1-41.

Carrano, M. T., 2007. The appendicular skeleton of Majungasaurus crenatissimus (Theropoda: Abelisauridae) from the Late Cretaceous of Madagascar. Journal of Vertebrate Paleontology, 27 (S2), 163-179.

Hendrickx, C. and Bell, P. R., 2021. The scaly skin of the abelisaurid Carnotaurus sastrei (Theropoda: Ceratosauria) from the Upper Cretaceous of Patagonia. Cretaceous Research, 128.

O'Connor, P. M., 2007. The postcranial axial skeleton of Majungasaurus crenatissimus (Theropoda: Abelisauridae) from the Late Cretaceous of

280
▼
281

Madagascar. *Journal of Vertebrate Paleontology*, 27 (S2), 127-163.

Sampson, S. D. and Witmer, L. M., 2007. Craniofacial anatomy of *Majungasaurus crenatissimus* (Theropoda: Abelisauridae) from the Late Cretaceous of Madagascar. *Journal of Vertebrate Paleontology*, 27 (S2), 32-104.

Stiegler, J. B., 2019MS. Anatomy, systematics, and paleobiology of noasaurid ceratosaurs from the Late Jurassic of China. A thesis of Doctor of Philosophy. The Faculty of the Columbian College of Arts and Sciences, the George Washington University. 693 pp.

● 기가노토사우루스

Canale, J. I., Apesteguía, S., Gallina, P. A., Mitchell, J., Smith, N. D., Cullen, T. M., Shinya, A., Haluza, A., Gianechini,F.A., and Makovicky, P. J., 2022. New giant carnivorous dinosaur reveals convergent evolutionary trends in theropod arm reduction. *Current Biology*, 32(14), 3195-3202.

Coria, R. A. and Salgado, L., 1995. A new giant carnivorous dinosaur from the Cretaceous of Patagonia. *Nature*, 377 (6546), 224-226.

Novas, F. E., Agnolín F. L., Ezcurra, M. D., Porfiri, J. and Canale, J. I., 2013. Evolution of the carnivorous dinosaurs during the Cretaceous: the evidence from Patagonia. *Cretaceous Research*, 45, 174-215.

● 아르헨티노사우루스

Bonaparte, J. F., and Coria, R. A. 1993. A new and huge titanosaur sauropod from the Rio Limay Formation (Albian-Cenomanian) of Neuquen Province, Argentina. *Ameghiniana*, 30, 271-282. [*in Spanish*]

Carballido, J. L., Pol, D., Otero, A., Cerda, I. A., Salgado, L., Garrido, A. C., Ramezani, J., Cúneo, N. R., and Krause, J. M., 2017. A new giant titanosaur sheds light on body mass evolution among sauropod dinosaurs. *Proceedings of the Royal Society B, Biological Sciences*, 284 (1860).

Novas, F., Salgado, L., Calvo, J., and Agnolín, F., 2005. Giant titanosaur (Dinosauria, Sauropoda) from the Late Cretaceous of Patagonia. *Revista del Museo Argentino de Ciencias Naturales Nueva Serie*, 7(1), 31-36.

● 깃털

Cincotta, A., Nicolai, M., Campos, H. B. N., McNamara, M., D'Alba, L., Shawkey, M. D., Kischlat, E., Yans, J., Carleer, R., Escuillié.F., and Godefroit, P., 2022. Pterosaur melanosomes support signalling functions for early feathers. *Nature*, 604(7907), 684-688.

Longrich, N. R., Vinther, J., Meng, Q., Li, Q., and Russell, A. P., 2012. Primitive wing feather arrangement in *Archaeopteryx lithographica and Anchiornis huxleyi*, *Current Biology*, 22 (23), 2262-2267.

● 시조새

Foth, C. and Rauhut, O. W., 2017. Re-evaluation of the Haarlem *Archaeopteryx* and the radiation of maniraptoran theropod dinosaurs. *BMC Evolutionary Biology*, 17, 1-16.

Longrich, N., 2006. Structure and function of hindlimb feathers in *Archaeopteryx lithographica*, *Paleobiology*, 32 (3), 417-431.

Rauhut, O. W., 2014. New observations on the skull of *Archaeopteryx*. *Paläontologische Zeitschrift*, 88 (2), 211-221.

● 익룡

구보 야스시(편저), 2012. 익룡의 미스터리: 공룡이 올려다본 「용」. 116쪽. 후쿠이 현립 공룡박물관

Witton, M. P., 2013. Pterosaurs. 291 pp. Princeton University Press, Princeton.

● 프테라노돈

Bennett, S. C., 2001. The osteology and functional morphology of the Late Cretaceous pterosaur *Pteranodon* Part I. General description of osteology. *Palaeontographica Abteilung A*, 260(1), 1-112.

Bennett, S. C., 2001. The osteology and functional morphology of the Late Cretaceous pterosaur *Pteranodon* Part II. Size and functional morphology. *Palaeontographica Abteilung A*, 260(1), 113-153.

● 케찰코아틀루스

Andres, B., and Langston Jr, W., 2021. Morphology and taxonomy of *Quetzalcoatlus* Lawson 1975 (Pterodactyloidea: Azhdarchoidea). *Journal of Vertebrate Paleontology*, 41(sup1), 46-202.

Brown, M. A., Padian, K., 2021. Preface. *Journal of Vertebrate Paleontology*, 41(sup1), 1-1.

Brown, M. A., Sagebiel, J. C., and Andres, B., 2021. The discovery, local distribution, and curation of the giant azhdarchid pterosaurs from Big Bend National Park. *Journal of Vertebrate Paleontology*, 41(sup1), 2-20.

Frey, E., and Martill, D. M., 1996. A reappraisal of *Arambourgiania* (Pterosauria, Pterodactyloidea): one of the world's largest flying animals. *Neues Jahrbuch für Geologie und Paläontologie-Abhandlungen*, 199(2), 221-247.

Henderson, D. M., 2010. Pterosaur body mass estimates from three-dimensional mathematical slicing. *Journal of Vertebrate Paleontology*, 30(3), 768-785.

Lehman, T. M., 2021. Habitat of the giant pterosaur *Quetzalcoatlus* Lawson 1975 (Pterodactyloidea: Azhdarchoidea): a paleoenvironmental

reconstruction of the Javelina Formation (Upper Cretaceous) Big Bend National Park, Texas. *Journal of Vertebrate Paleontology*, 41(sup1), 21-45.

Padian, K., Cunningham, J. R., Langston Jr, W., and Conway, J., 2021. Functional morphology of *Quetzalcoatlus* Lawson 1975 (Pterodactyloidea: Azhdarchoidea). *Journal of Vertebrate Paleontology*, 41(sup1), 218-251.

Witton, M. P., and Habib, M. B., 2010. On the size and flight diversity of giant pterosaurs, the use of birds as pterosaur analogues and comments on pterosaur flightlessness. *PloS ONE*, 5(11).

● 수장룡

나카타 겐타로(편저), 2021. 해룡: 공룡 시대 바다의 맹자들. 109쪽. 후쿠이 현립 공룡박물관

● 후타바스즈키류

안도 도시오·오모리 히카루, 2022. 후쿠시마현 후타바 층군(상부 백악계: 코니아시안~산토니안)의 해양 화석층의 타포노미. 일본 고생물학회 2022년 연회 예고집, 22쪽

하세가와 요시카즈, 2008. 후타바스즈키류 발굴 이야기. 193쪽. 화학동인

사토 다카키, 2018. 후타바스즈키류 또 하나의 이야기. 215쪽. 북맨사

Sato, T., Hasegawa, Y., and Manabe, M., 2006. A new elasmosaurid plesiosaur from the Upper Cretaceous of Fukushima, Japan. *Palaeontology*, 49(3), 467-484.

Shimada, K., Tsuihiji, T., Sato, T., and Hasegawa, Y., 2010. A remarkable case of a shark-bitten elasmosaurid plesiosaur. *Journal of Vertebrate Paleontology*, 30(2), 592-597.

● 모사사우루스

Lindgren, J., Caldwell, M. W., Konishi, T., and Chiappe, L. M., 2010. Convergent evolution in aquatic tetrapods: insights from an exceptional fossil mosasaur. *PloS ONE*, 5(8).

Street, H. P., 2016MS. A re-assessment of the genus *Mosasaurus* (Squamata: Mosasauridae). A thesis submitted in partial fulfillment of the requirements for the degree of Doctor of Philosophy in Systematics and Evolution, Department of Biological Sciences, University of Alberta, 315 pp.

● 단궁류

도미타 유키미쓰, 2011. 신판 멸종 포유류 도감. 256쪽. 마루젠출판

● 디메트로돈

Brink, K. S., Maddin, H. C., Evans, D. C., and Reisz, R. R., 2015. Re-evaluation of the historic Canadian fossil *Bathygnathus borealis* from the Early Permian of Prince Edward Island. *Canadian Journal of Earth Sciences*, 52(12), 1109-1120.

● 포유류

Velazco, P. M., Buczek, A. J., Hoffman, E., Hoffman, D. K., O'Leary, M. A., and Novacek, M. J., 2022. Combined data analysis of fossil and living mammals: a Paleogene sister taxon of Placentalia and the antiquity of Marsupialia. *Cladistics*, 38(3), 359-373.

● 생흔화석

Woodruff, D. C. and Varricchio, D. J., 2011. Experimental modeling of a possible *Oryctodromeus cubicularis* (Dinosauria) burrow. *Palaios*, 26(3), 140-151.

● 족적

고이케 와타루·안도 도시오·고쿠보 요시키·오카무라 요시아키, 2007. 이바라키현 다이고가리의 하부 중신통 기타다케층에서 산출된 포유류 및 조류 족적 화석군의 산상과 표본. 이바라키 현립 자연박물관 연구보고, 10, 21-44쪽

Lockley, M. G., 1991. The dinosaur footprint renaissance. *Modern Geology*, 16(1-2), 139-160.

● 알

이마이 다쿠야(편저), 2017. 공룡의 알: 공룡 탄생에 숨겨진 미스터리. 109쪽. 후쿠이 현립 공룡박물관

● 분석(분화석)

Chin, K., Tokaryk, T. T., Erickson, G. M., and Calk, L. C., 1998. A king-sized theropod coprolite. *Nature*, 393(6686), 680-682.

● 위석

다카사키 료지·고바야시 요시쓰구, 2021. 주요 공룡류의 위의 진화: 위석의 형태 변화. 일본고생물학회 2021년 연회 예고집, A21

● 아티팩트

Delcourt, R., 2018. Ceratosaur palaeobiology: new insights on evolution and ecology of the southern rulers. *Scientific Reports* 8.

Martill, D. M., Cruickshank, A. R. I., Frey, E., Small, P. G., and Clarke, M., 1996. A new crested maniraptoran dinosaur from the Santana Formation (Lower Cretaceous) of Brazil. *Journal of the Geological Society*, 153(1), 5-8.

Sues, H. D., Frey, E., Martill, D. M., and Scott, D. M., 2002. *Irritator challengeri*, a spinosaurid (Dinosauria: Theropoda) from the Lower Cretaceous of Brazil. *Journal of Vertebrate Paleontology*, 22(3), 535-547.

● 동물이명

Sampson, S. D., Ryan, M. J., and Tanke, D. H., 1997. Craniofacial ontogeny in centrosaurine dinosaurs (Ornithischia: Ceratopsidae): taxonomic and behavioral implications. *Zoological Journal of the Linnean Society*, **121**(3), 293-337.

2장

● 공룡 르네상스

Bakker, R. T., 1975. Dinosaur renaissance. *Scientific American*, **232**(4), 58-79.

Ostrom, J. H., 1976. *Archaeopteryx* and the origin of birds. *Biological Journal of the Linnean Society*, **8**(2), 91-182.

● 오르니소스켈리다

Baron, M. G., Norman, D. B., and Barrett, P. M., 2017. A new hypothesis of dinosaur relationships and early dinosaur evolution. *Nature*, **543**(7646), 501-506.

Huxley, T. H., 1870. On the classification of the Dinosauria, with observations on the Dinosauria of the Trias. *Quarterly Journal of the Geological Society*, **26**(1-2), 32-51.

Qvarnström, M., Fikáček, M., Wernström, J. V., Huld, S., Beutel, R. G., Arriaga-Varela, E., Ahlberg, P., E., and Niedźwiedzki, G., 2021. Exceptionally preserved beetles in a Triassic coprolite of putative dinosauriform origin. *Current Biology*, **31**(15), 3374-3381.

Williston, S. W., 1878). American Jurassic dinosaurs. *Transactions of the Kansas Academy of Science*, 6, 42-46.

● 기능형태학

Fujiwara, S. I., 2009. A reevaluation of the manus structure in *Triceratops* (Ceratopsia: Ceratopsidae). *Journal of Vertebrate Paleontology*, **29**(4), 1136-1147.

Johnson, R. E., 1997. The forelimb of *Torosaurus* and an analysis of the posture and gait of ceratopsian dinosaurs. *In* Thomason, J. J., ed., Functional morphology in vertebrate paleontology, p. 205-218. Cambridge University Press, Cambridge.

● 산상

Campbell, J. A., Ryan, M. J., and Anderson, J. S., 2020. A taphonomic analysis of a multitaxic bonebed from the St. Mary River Formation (uppermost Campanian to lowermost Maastrichtian) of Alberta, dominated by cf. *Edmontosaurus regalis* (Ornithischia: Hadrosauridae), with significant remains of *Pachyrhinosaurus canadensis* (Ornithischia: Ceratopsidae). *Canadian Journal of Earth Sciences*, **57**(5), 617-629.

마쓰우라 게이이치, 2003. 표본학—자연사 표본의 수집과 관리(일본 국립 과학박물관 총서). 250쪽. 도카이대학 출판회

● 미라 화석

Drumheller, S. K., Boyd, C. A., Barnes, B. M., and Householder, M. L., 2022. Biostratinomic alterations of an *Edmontosaurus* "mummy" reveal a pathway for soft tissue preservation without invoking "exceptional conditions". *PLoS ONE*, **17**(10).

● 교련 화석

Galton, P. M., 2014. Notes on the postcranial anatomy of the heterodontosaurid dinosaur *Heterodontosaurus tucki*, a basal ornithischian from the Lower Jurassic of South Africa. *Revue de Paléobiologie*, **33**(1), 97-141.

● 격투 화석

Carpenter, K., 1998. Evidence of predatory behavior by carnivorous dinosaurs. *Gaia*, 15, 135-144.

● 단괴

Yoshida, H., Yamamoto, K., Minami, M., Katsuta, N., Sin-Ichi, S., and Metcalfe, R., 2018. Generalized conditions of spherical carbonate concretion formation around decaying organic matter in early diagenesis. *Scientific Reports*, **8**(1).

Nagao, T., 1936. *Nipponosaurus sachalinensis*: a new genus and species of trachodont dinosaur from Japanese Saghalien. *Journal of Faculty of Science of Hokkaido Imperial University*, **4**(3), 185-220.

Nagao, T., 1938. On the limb-bones of *Nipponosaurus sachalinensis* Nagao, a Japanese hadrosaurian dinosaur. 일본 동물학회보, **17**, 311-317.

Suzuki, D., Weishampel, D.B., and Minoura, N., 2004. *Nipponosaurus sachalinensis* (Dinosauria: Ornithopoda): anatomy and systematic position within Hadrosauridae. *Journal of Vertebrate Paleontology*, **24**,145-164.

● 골층

Currie, P. J., Langston, Jr, W., and Tanke, D. H., 2008. New horned dinosaur from an Upper Cretaceous bone bed in Alberta. 144 pp. Canadian Science Publishing, Ottawa.

● 라거슈테텐

셸든, P.·니즈, J.(저), 진세이 세이타카(역), 2009. 세계의 화석 유산—화석 생태계의 진화—. 160쪽. 아사쿠라서점

● 모리손층

딕슨, D.(저), 무쿠다 나오코(역), 2009. 공룡 시대에서의 생존. 275쪽. 학습연구사

● 라라미디아

Fowler, D. W., 2017. Revised geochronology, correlation, and dinosaur stratigraphic ranges of the Santonian-Maastrichtian (Late Cretaceous) formations of the Western Interior of North America. *PLoS ONE*, **12**(11).

● 헬 크리크층

Lehman, T. M., 1987. Late Maastrichtian paleoenvironments and dinosaur biogeography in the Western Interior of North America. *Palaeogeography, Palaeoclimatology, Palaeoecology*, **60**, 189-217.

● K-Pg 경계

고토 가즈히사, 2011. 끝장! 공룡 멸종 논쟁. 186쪽. 이와나미서점

● 칙술루브 충돌구

Chatterjee, S., 1997. Multiple impacts at the KT boundary and the death of the dinosaurs. *Proceedings of the 30th International Geological Congress*, 31-54.

Nicholson, U., Bray, V. J., Gulick, S. P., and Aduomahor, B., 2022. The Nadir Crater offshore West Africa: A candidate Cretaceous-Paleogene impact structure. *Science Advances*, 8(33).

● 데칸 트랩

Schoene, B., Eddy, M. P., Keller, C. B., and Samperton, K. M., 2021. An evaluation of Deccan Traps eruption rates using geochronologic data. *Geochronology*, **3**(1), 181-198.

Wilson, J. A., Mohabey, D. M., Peters, S. E., and Head, J. J., 2010. Predation upon hatchling dinosaurs by a new snake from the Late Cretaceous of India. *PLoS biology*, **8**(3).

● 호박

Xing, L., McKellar, R. C., Xu, X., Li, G., Bai, M., Persons IV, W. S., Miyashita, T., Benton, M. J., Zhang, J., Wolfe, A. P., Yi, Q., Tseng, K., Ran., H., and Currie, P. J., 2016. A feathered dinosaur tail with primitive plumage trapped in mid-Cretaceous amber. *Current Biology*, **26**(24), 3352-3360.

● 풀

Prasad, V., Stromberg, C. A., Alimohammadian, H., and Sahni, A., 2005. Dinosaur coprolites and the early evolution of grasses and grazers. *Science*, **310**(5751), 1177-1180.

Wu, Y., You, H. L., and Li, X. Q., 2018. Dinosaur-associated Poaceae epidermis and phytoliths from the Early Cretaceous of China. *National Science Review*, **5**(5), 721-727.

● 규화목

Akahane, H., Furuno, T., Miyajima, H., Yoshikawa, T., and Yamamoto, T., 2004. Rapid wood silicification in hot spring water: an explanation of silicification of wood during the Earth's history. *Sedimentary Geology*, **169**(3-4), 219-228.

● 골화 힘줄

Parks, W. A., 1920. Osteology of the trachodont dinosaur *Kritosaurus incurvimanus*. *University of Toronto Studies, Geology Series*, 11, 1-75.

● 공막 고리뼈

Galton, P. M., 1974. The ornithischian Dinosaur *Hypsilophodon* from the Wealden of the isle of Wight. *Bulletin of the British Museum (Natural History), Geology*, **25**(1), 1-152.

● 이차성

Huebner, T. R., and Rauhut, O. W., 2010. A juvenile skull of *Dysalotosaurus lettowvorbecki* (Ornithischia: Iguanodontia), and implications for cranial ontogeny, phylogeny, and taxonomy in ornithopod dinosaurs. *Zoological Journal of the Linnean Society*, **160**(2), 366-396.

● 거치

Hendrickx, C., Mateus, O., Araújo, R., and Choiniere, J. (2019). The distribution of dental features in non-avian theropod dinosaurs: Taxonomic potential, degree of homoplasy, and major evolutionary trends. *Palaeontologia Electronica*, **22**(3).

● 치판

Erickson, G. M., Krick, B. A., Hamilton, M., Bourne, G. R., Norell, M. A., Lilleodden, E., and Sawyer, W. G., 2012. Complex dental structure and wear biomechanics in hadrosaurid dinosaurs. *Science*, **338**(6103), 98-101.

Ostrom, J. H., 1966. Functional morphology and evolution of the ceratopsian dinosaurs. *Evolution*, **20**(3), 290-308.

● 프릴

Horner, J. R., and Goodwin, M. B., 2008. Ontogeny of cranial epi-ossifications in *Triceratops*. *Journal of Vertebrate Paleontology*, **28**(1), 134-144.

● 피골

D'Emic, M. D., Wilson, J. A., and Chatterjee, S., 2009. The titanosaur (Dinosauria: Sauropoda) osteoderm record: review and first definitive specimen from India. *Journal of Vertebrate Paleontology*, **29**(1), 165--177.

Vidal, D., Ortega, F., Gascó, F., Serrano-Martínez, A., and Sanz, J. L., 2017. The internal anatomy of titanosaur osteoderms from the Upper Cretaceous of Spain is compatible with a role in oogenesis. *Scientific Reports*, **7**(1).

● 악토메타타잘

White, M. A., 2009. The subarctometatarsus: intermediate metatarsus architecture demonstrating the evolution of the arctometatarsus and advanced agility in theropod dinosaurs. *Alcheringa*, 33(1), 1-21.

● 상동

바커, R. T.(저), 세토구치 레쓰지(역), 1989. 공룡이설. 326쪽. 헤이본샤

● 말절골

Barsbold, R., Osmólska, H., Watabe, M., Currie, P. J., and Tsogtbaatar, K., 2000. A new oviraptorosaur [Dinosauria, Theropoda] from Mongolia: the first dinosaur with a pygostyle. *Acta Palaeontologica Polonica*, 45(2), 97-106.

● 함기골

Aureliano, T., Ghilardi, A. M., Müller, R. T., Kerber, L., Fernandes, M. A., Ricardi-Branco, F., and Wedel, M. J., 2023. The origin of an invasive air sac system in sauropodomorph dinosaurs. *The Anatomical Record*.

Schwarz, D., Frey, E., and Meyer, C. A., 2007. Pneumaticity and soft-tissue reconstructions in the neck of diplodocid and dicraeosaurid sauropods. *Acta Palaeontologica Polonica*, 52(1).

● 피부흔

모토노부 히가리(편) 2021. DinoScience 공룡과학전 라라미디아 대륙의 공룡 이야기. 192pp. 소니 뮤직솔루션즈.

● 인상

오모리 쇼헤이, 1998. 화석의 생성 원인에 대한 고찰-연구의 발상과 전개에 관한 노트(2). *지학 교육과 과학 운동*, 29, 37-44.

● CT 스캔

후쿠이 현립 대학교 공룡학 연구소(편저), 2021. 후쿠이 공룡학. 78pp. 후쿠이 현립 대학교.

● 엔도캐스트

가와베 소이치로(편저), 2019. 공룡의 뇌력 공룡의 생태를 뇌과학으로 밝힌다. 92pp. 후쿠이 현립 공룡박물관.

● 데토리 층군

히가시 요이치 · 가와고시 미쓰히로 · 미야가와 도시히로(편), 1995. 데토리 층군의 공룡. 157pp. 후쿠이 현립 박물관.

Hattori, S., Kawabe, S., Imai, T., Shibata, M., Miyata, K., Xu, X., and Azuma, Y., 2021. Osteology of *Fukuivenator paradoxus*: a bizarre maniraptoran theropod from the Early Cretaceous of Fukui, Japan. *Memoir of the Fukui Prefectural Dinosaur Museum*, 20, 1-82.

● 일본의 공룡 화석

시바타 마사테루 · 유 하이루 · 히가시 요이치, 2017. 일본의 공룡 연구는 어디까지 왔는가? 동아시아 및 동남아시아의 전기 백악기 포유류 비교. *화석*, 101, 23-41.

미야타 카즈노리 · 나가타 미쓰히로 · 시바타 마사테루 · 오토 시게루, 2022. '아카자키 층군' 요부코노세 층군은 백악계 마스트리히트층 최상부. *일본 고생물학회* 제171회 정기총회 예고집. B06.

3 장

● AMNH 5027

Brown, B., 1908. Field Book, Barnum Brown 1908, Hell Creek Beds - Montana. Archival Field Notebooks of Paleontological Expeditions, American Museum of Natural History. https://research.amnh.org/paleontology/notebooks/brown-1908/

● 수

라슨 P. 도넌 C.(저), 도미타 유키미쓰(감수), 이케다 히사코(역), 2005. 수, 사상 최대의 티라노사우루스 발굴. 420pp. 아사히 신문출판.

● 나노티라누스

Carr, T. D. and Williamson, T. E., 2004. Diversity of late Maastrichtian Tyrannosauridae (Dinosauria: Theropoda) from Western North America. *Zoological Journal of the Linnean Society*, 142(4), 479-523.

● 브론토사우루스

McIntosh, J. S. and Berman, D. S., 1975. Description of the palate and lower jaw of the sauropod dinosaur *Diplodocus* (Reptilia: Saurischia) with remarks on the nature of the skull of *Apatosaurus*. *Journal of Paleontology*, 49(1), 187-199.

Riggs, E. S., 1903. Structure and relationships of opisthocoelian dinosaurs. Part I, *Apatosaurus* Marsh. *Publications of the Field Columbian Museum Geographical Series*, 2 (4), 165-196.

Tschopp., E., Mateus, O., and Benson, R. B., 2015. A specimen-level phylogenetic analysis and taxonomic revision of Diplodocidae (Dinosauria, Sauropoda). *PeerJ*, 3.

● 세이스모사우루스

Gillette, D. D., 1994. *Seismosaurus*: The Earth Shaker. 205 pp. Columbia University Press, New York.

Herne, M. C, and Lucas, S. G., 2006. *Seismosaurus hallorum*: osteological reconstruction from the holotype. *New Mexico Museum of Natural History and Science Bulletin*, 36, 139-148.

● 마라아푸니사우루스

Carpenter, K., 2018. *Maraapunisaurus fragillimus*, ng (formerly *Amphicoelias fragillimus*), a basal rebbachisaurid from the Morrison Formation (Upper Jurassic) of Colorado. *Geology of the Intermountain West*, 5, 227-244.

Woodruff, D. C, and Foster, J. R., 2014. The fragile legacy of *Amphicoelias fragillimus* (Dinosauria: Sauropoda: Morrison Formation-latest Jurassic). *Volumina Jurassica*, 12(2), 211-220.

● 베르니사르 탄광

Godefroit, P. (ed.), 2012. Bernissart dinosaurs and Early Cretaceous terrestrial ecosystems. 648 pp. Indiana University Press, Bloomington.

● 황철석 병

Tacker, R. C., 2020. A review of "pyrite disease" for paleontologists, with potential focused interventions. *Palaeontologia Electronica*, 23(3).

● 용골 군집

Kaim, A., Kobayashi, Y., Echizenya, H., Jenkins, R. G., and Tanabe, K., 2008. Chemosynthesis-based associations on Cretaceous plesiosaurid carcasses. *Acta Palaeontologica Polonica*, 53(1), 97-104.

● 백화점

Galton, P. M., 1976. Prosauropod dinosaurs (Reptilia: Saurischia) of North America. *Postilla*, 169, 1-98.

● 물고기 속의 물고기(fish within a fish)

Jiang, D. Y., Motani, R., Tintori, A., Rieppel, O., Ji, C., Zhou, M., Wang, X., Lu, H., and Li, Z. G., 2020. Evidence supporting predation of 4-m marine reptile by Triassic megapredator. *Iscience*, 23(9).

Walker, M. V. and Everhart, M. J., 2006. The impossible fossil-revisited. *Transactions of the Kansas Academy of Science*, 109(1), 87-96.

● 데스 포즈

Reisdorf, A. G. and Wuttke, M., 2012. Re-evaluating Moodie's opisthotonic-posture hypothesis in fossil vertebrates part I: reptiles—the taphonomy of the bipedal dinosaurs *Compsognathus longipes* and *Juravenator starki* from the Solnhofen Archipelago (Jurassic, Germany). *Palaeobiodiversity and palaeoenvironments*, 92, 119-168.

양전젠(楊鍾健), 구시샤오(趙喜進), 1972. 허촨호 계곡 유적. 중국과학원 고척추동물 및 고인류 연구소 보고서, 8, 1-30.

● 마운트

기무라 유리(감수), 후지모토 준코(편). 2022. 화석을 복원합니다. 고생물 복원가들의 작업. 174 pp. 북맨사.

Piñero, J. M. L., 1988. Juan Bautista Bru (1740-1799) and the description of the genus *Megatherium*. *Journal of the History of Biology*, 21(1), 147-163.

● 애니매트로닉스

Costello, J. C., 2001. The decline of the Dinamation dinos: How one man's robots became passe. *Wall Street Journal*, 21 May 2001.

● 고지라 자세

Beecher, C. E., 1902. The reconstruction of a Cretaceous dinosaur, *Claosaurus annectens* Marsh. *Transactions of the Connecticut Academy of Arts and Sciences*, 11(1), 311-324.

● 악마의 발톱

Natural History Museum, London. Fossil folklore: Devil's toenails. http://www.nhm.ac.uk/nature-online/earth/fossils/fossil-folklore/fossil_types/bivalves.htm

● 용골

고노 나오키(甲能 直樹), 2013. 코끼리의 친척은 물속에서 진화했다?! 안정 동위원소가 밝혀낸 조류의 요람. 도요하시 시 자연사 박물관 연구보고, 23, 55-63.

마스토미 가즈노스케(益富 寿之助), 1957. 정창원 약물을 중심으로 한 고대 석약 연구. 생약학잡지, 11(2). 17-19.

오구리 가즈키(小栗 一輝), 2014. 용골 화석 자원의 보존과 활용의 공생. 생물공학회지. 92(7)), 350-353.

오스기 제약 주식회사. 용골. https://ohsugi-kanpo.co.jp/kanpo/kenbun/ryuukotu

● 공룡 토우

Carriveau, G. W. and Han, M. C., 1976. Thermoluminescent dating and the monsters of Acambaro. *American antiquity*, 41(4), 497-500.

● 공룡과 인류의 족적

Lallensack, J. N., Farlow, J. O., and Falkingham, P. L., 2022. A new solution to an old riddle: elongate dinosaur tracks explained as deep penetration of the foot, not plantigrade locomotion. *Palaeontology*, 65(1).

● 네시

Naish, D., 2013. Photos of the Loch Ness Monster, revisited". *Scientific American*, 10 July 2013. https://blogs.scientificamerican.com/tetrapod-zoology/photos-of-the-loch-ness-monster-revisited/

Tikkanen, A., 2023. Loch Ness monster. *Britannica*, 15 February 2023. https://www.britannica.com/topic/Loch-Ness-monster-legendary- creature

STAFF

일러스트 : 쓰쿠노스케
디자인 : 이노우에 다이스케(GRiD)
DTP : 아오쿠 기획
편집 : 후지모토 준코
편집담당 : 마쓰시타 다이키(세이분도신코샤)

일러스트 공룡 대백과

초판 1쇄 인쇄 2025년 2월 10일
초판 1쇄 발행 2025년 2월 15일

저자 : G. Masukawa
번역 : 김효진

펴낸이 : 이동섭
편집 : 이민규
디자인 : 조세연
기획 · 편집 : 송정환, 박소진
영업 · 마케팅 : 조정훈, 김려홍
e-BOOK : 홍인표, 최정수, 김은혜, 정희철, 김유빈
라이츠 : 서찬웅, 서유림
관리 : 이윤미

㈜에이케이커뮤니케이션즈
등록 1996년 7월 9일(제302-1996-00026호)
주소 : 08513 서울특별시 금천구 디지털로 178, B동 1805호
TEL : 02-702-7963~5 FAX : 0303-3440-2024
http://www.amusementkorea.co.kr

ISBN 979-11-274-8565-8 03490

DINOPEDIA: KYOURYUUZUKI NO TAME NO IRASUTO DAIHYAKKA
© G.MASUKAWA, TUKUNOSUKE 2023
Originally published in Japan in 2023 by Seibundo Shinkosha Publishing Co., Ltd.,TOKYO.
Korean translation rights arranged with Seibundo Shinkosha Publishing Co., Ltd.,TOKYO,
through TOHAN CORPORATION, TOKYO.

창작을 위한 자료집

AK 트리비아 시리즈

환상 네이밍 사전
신키겐샤 편집부 지음 | 유진원 옮김
의미 있는 네이밍을 위한 1만3,000개 이상의 단어

중2병 대사전
노무라 마사타카 지음 | 이재경 옮김
중2병의 의미와 기원 등, 102개의 항목 해설

크툴루 신화 대사전
고토 카츠 외 1인 지음 | 곽형준 옮김
대중 문화 속에 자리 잡은 크툴루 신화의 다양한 요소

문양박물관
H. 돌메치 지음 | 이지은 옮김
세계 각지의 아름다운 문양과 장식의 정수

고대 로마군 무기 · 방어구 · 전술 대전
노무라 마사타카 외 3인 지음 | 기미정 옮김
위대한 정복자, 고대 로마군의 모든 것

도감 무기 갑옷 투구
이치카와 사다하루 외 3인 지음 | 남지연 옮김
무기의 기원과 발전을 파헤친 궁극의 군장도감

중세 유럽의 무술, 속 중세 유럽의 무술
오사다 류타 지음 | 남유리 옮김
중세 유럽~르네상스 시대에 활약했던 검술과 격투술

최신 군용 총기 사전
토코이 마사미 지음 | 오광웅 옮김
세계 각국의 현용 군용 총기를 총망라

초패미컴, 초초패미컴
타네 키요시 외 2인 지음 | 문성호 외 1인 옮김
100여 개의 작품에 대한 리뷰를 담은 영구 소장판

초쿠소게 1,2
타네 키요시 외 2인 지음 | 문성호 옮김
망작 게임들의 숨겨진 매력을 재조명

초에로게, 초에로게 하드코어
타네 키요시 외 2인 지음 | 이은수 옮김
엄격한 심사(?!)를 통해 선정된 '명작 에로게'

세계의 전투식량을 먹어보다
키쿠즈키 토시유키 지음 | 오광웅 옮김
전투식량에 관련된 궁금증을 한 권으로 해결

세계장식도 1, 2
오귀스트 라시네 지음 | 이지은 옮김
공예 미술계 불후의 명작을 농축한 한 권

서양 건축의 역사
사토 다쓰키 지음 | 조민경 옮김
서양 건축의 다양한 양식들을 알기 쉽게 해설

세계의 건축
코우다 미노루 외 1인 지음 | 조민경 옮김
세밀한 선화로 표현한 고품격 건축 일러스트 자료집

지중해가 낳은 천재 건축가
-안토니오 가우디
이리에 마사유키 지음 | 김진아 옮김
천재 건축가 가우디의 인생, 그리고 작품

민족의상 1,2
오귀스트 라시네 지음 | 이지은 옮김
시대가 흘렀음에도 화려하고 기품 있는 색감

중세 유럽의 복장
오귀스트 라시네 지음 | 이지은 옮김
특색과 문화가 담긴 고품격 유럽 민족의상 자료집

그림과 사진으로 풀어보는
이상한 나라의 앨리스
구와바라 시게오 지음 | 조민경 옮김
매혹적인 원더랜드의 논리를 완전 해설

그림과 사진으로 풀어보는 알프스 소녀 하이디
지바 가오리 외 지음 | 남지연 옮김
하이디를 통해 살펴보는 19세기 유럽사

영국 귀족의 생활
다나카 료조 지음 | 김상호 옮김
화려함과 고상함의 이면에 자리 잡은 책임과 무게

요리 도감
오치 도요코 지음 | 김세원 옮김
부모가 자식에게 조곤조곤 알려주는 요리 조언집

사육 재배 도감
아라사와 시게오 지음 | 김민영 옮김
동물과 식물을 스스로 키워보기 위한 알찬 조언

식물은 대단하다
다나카 오사무 지음 | 남지연 옮김
우리 주변의 식물들이 지닌 놀라운 힘

그림과 사진으로 풀어보는 마녀의 약초상자
니시무라 유코 지음 | 김상호 옮김
「약초」라는 키워드로 마녀의 비밀을 추적

초콜릿 세계사
다케다 나오코 지음 | 이지은 옮김
신비의 약이 연인 사이의 선물로 자리 잡기까지

초콜릿어 사전
Dolcerica 가가와 리카코 지음 | 이지은 옮김
사랑스러운 일러스트로 보는 초콜릿의 매력

판타지세계 용어사전
고타니 마리 감수 | 전홍식 옮김
세계 각국의 신화, 전설, 역사 속의 용어들을 해설

세계사 만물사전
헤이본샤 편집부 지음 | 남지연 옮김
역사를 장식한 각종 사물 약 3,000점의 유래와 역사

고대 격투기
오사다 류타 지음 | 남지연 옮김
고대 지중해 세계 격투기와 무기 전투술 총망라

에로 만화 표현사
키미 리토 지음 | 문성호 옮김
에로 만화에 학문적으로 접근하여 자세히 분석

크툴루 신화 대사전
히가시 마사오 지음 | 전홍식 옮김
러브크래프트의 문학 세계와 문화사적 배경 망라

아리스가와 아리스의 밀실 대도감
아리스가와 아리스 지음 | 김효진 옮김
신기한 밀실의 세계로 초대하는 41개의 밀실 트릭

연표로 보는 과학사 400년
고야마 게타 지음 | 김진희 옮김
연표로 알아보는 파란만장한 과학사 여행 가이드

제2차 세계대전 독일 전차
우에다 신 지음 | 오광웅 옮김
풍부한 일러스트로 살펴보는 독일 전차

구로사와 아키라 자서전 비슷한 것
구로사와 아키라 지음 | 김경남 옮김
영화감독 구로사와 아키라의 반생을 회고한 자서전

유감스러운 병기 도감
세계 병기사 연구회 지음 | 오광웅 옮김
69종의 진기한 병기들의 깜짝 에피소드

유해초수
Toy(e) 지음 | 김정규 옮김
오리지널 세계관의 몬스터 일러스트 수록

요괴 대도감
미즈키 시게루 지음 | 김건 옮김
미즈키 시게루가 그려낸 걸작 요괴 작품집

과학실험 이과 대사전
야쿠리 교시쓰 지음 | 김효진 옮김
다양한 분야를 아우르는 궁극의 지식탐험!